ベクトル・行列がビジュアルにわかる

線形代数と幾何

多次元量の図形的解釈

江見 圭司　江見 善一　著

共立出版

まえがき

　線形代数（linear algebra）とよばれる分野が大変重要になってきている。この分野は微分積分（「解析学」とよばれることも多い）とともに，理工系のみならず社会科学系への応用としても大変重要であり，2本柱として語られてきた。

　本書では，2次元，3次元，4次元などの多次元量をあつかう。世の中に存在する量はいくつかの数をまとめて組にして，ベクトルや行列のようにひとまとめにしてあつかうことになる。これらの量の計算ルールは小学校以来展開してきたものと若干異なることがある。足し算や引き算は基本的には同じで理解しやすいが，掛け算や割り算（割り算とはいわないが）はルールが異なったりするので注意が必要である。

　ここで重要な性質は「線形性」である。線形とは linear の訳語であるが，なぜか高校数学では「1次」と訳されている。ベクトルの1次結合や1次従属は「線形結合」や「線形従属」と言うべきである。かつて高校数学にあった1次変換も本書では「線形変換」とよぶことにしている。ちなみに，「線形」はかつては「線型」とも書くことがあった。さて，線形とは「直線」（正確には原点を通る直線）のことであるが，つぎの2つの性質をもっている。

1　$f(x+y)=f(x)+f(y)$
2　$f(kx)=kf(x)$　　　　　　ただし k は実数

　第1の性質は入力 x，y の出力の和は入力 $x+y$ の出力と同じであるというものである。$f(x)$ が2次関数であったり，三角関数であれば，このような性質はない。正比例（原点を通る1次関数）のとき，つまり $f(x)=ax$ はこの性質を満たす。第2の性質は入力が k 倍になれば出力も k 倍になる。これも当たり前のようだが，実はこれを満たすのも $f(x)=ax$ だけである。それでは使い道が何もないように見える。x が数，つまり1次元量（スカラー）ではなくベクトル，つまり多次元量である場合にこの性質は重要になる。このとき比例係数 a は「行列」の形をしているのである。

　さて，2次元量や3次元量の場合は平面や空間で幾何学的なイメージを描くことができる。記号を操作して処理する「代数」と図形を操作してして空間を把握する「幾何」とは別々ではなく，表裏一体のものである。最近はやりの脳の話でいえば，代数は左脳処理で，幾何は右脳処理である。左脳と右脳を両方働かせると人間の脳の働きが活発になるとのと同様に，代数と幾何の関係を意識することは線形代数の理解に大いに役立つのである。代数と幾何はどちらかが苦手でどちらかが得意かもしれないが，双方を補いながら学ぶことを期待する。

2004年5月

著者しるす

目次

第1章 ベクトル

第1節 多次元量とベクトル ……………………………………………2
- 1.1.1 多次元量＝量の組で表す　2
- 1.1.2 ベクトルの図形的解釈　4
- 1.1.3 ベクトルの大きさ　11
- 1.1.4 三角関数によるベクトルの表現　14

第2節 ベクトルの内積 ……………………………………………17
- 1.2.1 ベクトルの垂直条件と内積　17
- 1.2.2 積の和を内積と見る　25

第2章 行列

第1節 行列の計算 ……………………………………………30
- 2.1.1 ベクトルの線形結合と行列　30
- 2.1.2 線形写像の合成と行列の積　34
- 2.1.3 行列の積の性質　36
- 2.1.4 行列の和，差，実数倍　38
- 2.1.5 m 行 n 列の行列　40

第2節 逆行列とべき乗行列 ……………………………………………49
- 2.2.1 逆写像と逆行列　49
- 2.2.2 連立方程式の解法　52
- 2.2.3 連立方程式の不定・不能　53
- 2.2.4 行列のべき乗　55
- 2.2.5 行列のそのほかの性質　56

第3節 3元連立方程式の解法 ……………………………………………60
- 2.3.1 連立3元1次方程式と行列　60
- 2.3.2 掃き出し法　60
- 2.3.3 3元連立方程式の不定・不能　63
- 2.3.4 掃き出し法と逆行列　64
- 2.3.5 連立1次方程式の解法とコンピュータ　67

第3章 線形変換

第1節 2次元線形変換 ……………………………………………78
- 3.1.1 いろいろな線形変換　78
- 3.1.2 合成変換，逆変換　83

       3.1.3　線形変換による図形の像　87
第 2 節　線形性の利用 …………………………………………92
　　3.2.1　線形性　92
　　3.2.2　線形性を利用して公式を導く　95
　　3.2.3　逆行列をもたない線形変換　98
第 3 節　固有値問題 ……………………………………………103
　　3.3.1　同じ方向への変換と対角化　103
　　3.3.2　固有値問題の具体例　108
　　3.3.3　そのほかの固有値問題　114
第 4 節　3 次元幾何変換 ………………………………………120
　　3.4.1　3 次元アフィン変換と 4 次行列　120
　　3.4.2　3 次元幾何変換　121
第 5 節　行列の演算と群 ………………………………………127
　　3.5.1　群　127

第 4 章　空間図形

第 1 節　空間内の直線の方程式 ………………………………134
　　4.1.1　ベクトルによる直線の方程式　134
　　4.1.2　2 直線の位置関係　138
　　4.1.3　球面の方程式　141
第 2 節　空間内の平面の方程式 ………………………………145
　　4.2.1　平面のベクトル方程式　145
　　4.2.2　平面の方程式　146
　　4.2.3　平面の高さ　149
　　4.2.4　2 次元平面上の直線と法線ベクトル　153
第 3 節　ベクトルの外積 ………………………………………157
　　4.3.1　2 次元ベクトルの外積　157
　　4.3.2　3 次元ベクトルの外積　157
　　4.3.3　三垂線の定理　162
第 4 節　空間図形の総合問題 …………………………………166
　　4.4.1　直線と平面の問題　166
　　4.4.2　3 元連立 1 次方程式の不定・不能　170
　　4.4.3　多変量解析への道　174

第 5 章　2 次曲線

第 1 節　円錐曲線 ………………………………………………181
　　5.1.1　円錐曲線と 2 次曲線の幾何学的関係　181
　　5.1.2　円錐曲線の代数的表現（2 次曲線の方程式）　184
　　5.1.3　円錐曲線の，準線，離心率　190
　　5.1.4　2 次曲線の媒介変数表示　194
第 2 節　2 次曲線の応用 ………………………………………196
　　5.2.1　円錐曲線と接線　196
　　5.2.2　2 次曲線の標準化　200
　　5.2.3　コンピュータと 2 次曲線　204

　　練習問題の解　214
　　節末問題の解　228
　　章末問題の解　239
　　索引　247

本書を読むにあたって

　本書は以前，高等学校の学習指導要領で取り上げられていた学習項目を中心に制作した本である。そのため，高等学校の数学の雰囲気を残しているが，自習書として使うことも配慮している。ここから本書の取り扱い上の注意点を述べたい。

本書の特徴
　本書は以前，基本的には 1982 年度の学習指導要領の改訂実施で登場した「代数・幾何」という科目を母体に，94 年度の改訂実施での「数学 C」を加えて構成している。そのため，2 次元の行列とベクトル，3 次元のベクトルを主体に，3 次元の行列を追加的に記述している。

　これまでの大学の線形代数は n 次元を主体に講義が行われてきた。2 次元の行列が高等学校で必須科目となっていた頃とちがって，2012 年度以後の高等学校入学者は，行列や線形変換が高等学校から消えてしまった。以前，高校であつかった内容を知らずに学生は大学に入学してくるので，その内容を大学で講義する必要がある。本書はそのための教科書として位置づけている。

第 1 章「ベクトル」の特徴
　本章は，本書の導入的部分である。ベクトルについては大部分の学生は高校で学習してくるので，3 次元のベクトルを中心にあつかっている。はじめに多次元量のあつかい（代数的あつかい）をして，その後幾何的なあつかいによって，多次元量の図形的解釈を行っている。

第 2 章「行列」の特徴
　「ベクトルからベクトルへの線形写像の係数が行列である」という定義を行う。この定義方法の基本は，ベクトルの線形結合である。そしてその例は産業連関表である。この定義方法では，行列の積が先に定義されて，行列の和，差，実数倍を後から定義するため，他の本との違いに驚くかもしれない。後で述べるように，行列は比例係数であるから，ベクトルが外延量なのに対して，行列は内包量であるので，行列には単純な加法性はないのである。事実，行列の足し算や引き算の例は大変少ない。このことをよく押さえて，読んでいただきたい。

　3 次の行列については，サラスの公式と掃き出し法のみあつかい，余因子展開はあつかっていない。本書のあつかいでは 4 次元への拡張は不可能であることを読者は知っていてほしい。

第 3 章「線形変換」の特徴
　前の章で行列は比例係数であることを学ぶが，本章では行列に変換の図形的意味を解説する。第 2 章が代数であれば，本章は幾何にあたるのである。

　また，本章では特にコンピュータグラフィックスへの応用を意識している。

　そして，固有値問題で行列の n 乗を計算することを最終目標においている。

第 4 章「空間図形」の特徴
　本章は 3 次元特有のあつかいを書いている。特に，平面の法線ベクトルとベクトルの外積には力を入れている。

また，3次元コンピュータグラフィックスの最新の技術で書いた図を採用している。

第5章「2次曲線」の特徴

円錐の断面が2次曲線であることから記述して，円錐曲線の歴史的な発見を中心に解説した。本章は本書でもっとも発見が古い分野である。しかし，最終的には，2次曲線の標準化をとおして，行列やベクトルとの融合が見えてくるのである。

高校数学のカリキュラムの変遷

かつて行列やベクトルは大学で初めて学ぶものであった。第二次世界大戦直後の1951年度（昭和26）の高校の学習指導要領では，微積分を到達目標とした解析Ⅰ，解析Ⅱと証明を主体とした幾何で高校数学は構成された。1955年度（昭和30）の学習指導要領では，数学Ⅰ，数学Ⅱ，数学Ⅲ，応用数学という構成に変更されるが，根本はかわっていない。

1961年度（昭和36）の学習指導要領改訂で，初めて高校数学にベクトルが導入されたが，行列はなかった。数学Ⅰ，数学ⅡA，数学ⅡB，数学Ⅲという科目構成になり，昭和20年度生まれ（正確には1日のずれがあるのだが）から昭和31年度生まれの方がこのカリキュラムを受けた。

1973年度（昭和48）の改訂実施（1970年の学習指導要領改訂）で高校数学ではじめて線形代数が本格的に取り上げられた。数学Ⅰ，数学ⅡA，数学ⅡB，数学Ⅲという科目構成で昭和32年度生まれから昭和40年度生まれの方がこのカリキュラムを受けた。要するに，昭和31年度生まれより年上の方は，大学以外では行列や線形変換（1次変換）に関しての教育は受けていないことが賢明な読者には理解できる。この頃は大学進学熱は高いが，大学の入学定員は少なく，受験が厳しかった。1973年当時は線形代数分野の入試問題は前例がないために，問題集などは未整備であったと聞いている。1979年から共通1次試験（現在のセンター試験）が実施されたことで受験戦争は激しくなった。

1982年度（昭和57）の改訂実施（1978年の学習指導要領改訂）で数学Ⅰ，数学Ⅱ（工業高校など），代数・幾何，基礎解析，微分・積分，確率・統計となった。「代数・幾何」という科目設定で，高校での線形代数のあつかいは一人前になったように見える。昭和41年度生まれから昭和52年度生まれまでの方がこのカリキュラムを受けた。このカリキュラムは高校での「ゆとりカリキュラム」第1段であり，昭和43年度生まれは小学校6年からゆとりカリキュラムを受けていることが特徴である。中学校でのゆとり教育では英語の時間数削減（週4時間から3時間へ）の影響で，英語学力の低下は目に見えたようである。たとえば，ある予備校の先生の調査で昭和41年度生まれの学年と昭和43年度生まれの学年の英語の試験の比較でははっきり低下が見られた。しかし数学の学力低下はそれほど問題になったことはなかった。この世代は第2次ベビーブームの世代を含んでおり，昭和49年度生まれが人口ピーク（1992年春が大学受験）である。大学受験は見かけ上激化したが，大学入学定員も年々拡大しており，「だれでも大学受験」という状態ができた。線形代数の学習という観点ではこの世代の人（昭和32年度から52年度生まれ）は文系理系とわず，この分野を勉強してきた。このころの大学入試では空間図形と線形変換（1次変換）は入試の花であった。最近のITの進歩で表計算ソフトなどで多次元量をあつかうことが容易になり，この世代の人は実社会で線形代数の重要性を痛いほど認識しているはずである。

講義計画書

最近，どこの大学でもシラバスとよばれものが公開されている。講義概要と講義予定表のことを指していることが多い。アメリカではシラバスは評価基準や参考文献もすべて指す。ここでは講義予定の例と参考文献を上げておく。学生が自学自習するときも参考になると考えている。

①講義予定表

本書は 1982 年改訂の高校数学「代数・幾何」をもとにかなりの追加をして書いている。当時の「代数・幾何」は 3 単位であるから，50 分授業 105 回分（87.5 時間）に相当する。大学での 90 分授業では週 1 コマ通年（半期 14 回の講義を想定）で 42 時間となるため，ほぼ週 2 コマ通年講義でこなすことができるが，現実には週 1 コマ通年，または 2 コマ半期となるであろう。最近は半期には必ず 14 回（15 回目は定期試験）の講義を行うことが多いため，演習問題もつけている。前期で第 1 章から第 3 章，後期で第 4 章と第 5 章を行えば，ちょうどよい分量となる。両者は並行して授業を行うこともできる。

〈講義予定表見本〉

回数	前期講義内容	本書	回数	後期講義内容	本書
1	ベクトルの線形結合	1章2節	1	3次元ベクトルの内積	1章2節
2	ベクトルの内積	1章3節	2	直線の方程式球面の方程式	4章1節
3	行列の導入	2章1節	3	平面の方程式と法線ベクトル	4章2節前半
4	逆行列と連立方程式	2章2節	4	平面の方程式	4章2節後半
5	3×3行列	2章3節	5	ベクトルの外積と法線ベクトル	4章3節
6	行列の n 乗ハミルトン・ケーリーの定理	2章2節 ここは省略可	6	平面と直線	4章4節
7	線形変換の導入	3章1節	7	3元連立方程式の図形的解釈	4章4節
8	回転・鏡映の線形変換	3章2節	8	空間図形総合問題	4章4節 ここは省略可
9	逆行列をもたない線形変換，ほか	3章2節	9	円錐曲線	5章1節
10	固有値問題	3章3節	10	2次曲線の応用	5章2節
11	固有値問題問題演習	3章3節 ここは省略可	11	2次曲線総合，コンピュータのあつかい	5章2節
12	3次元幾何変換	3章4節	12	3次元に関する話題・幾何変換・2次曲面	3章4節 5章5節 ここは省略可
13	第2章のまとめ	2章	13	第4章のまとめ	4章
14	第3章のまとめ	3章	14	第5章のまとめ	5章
15	定期試験		15	定期試験	

さらに，線形代数をあつかう時間の少ない大学では以下のように授業を組み立てるとよい。半期1コマ12回の開講である。演習時間はない。以前の高校数学でのあつかいから考えると，履修時間は5分の1である。とても少ないといえる。

回数	講義内容	本書	講義の際の注意点
1	ベクトルの内積 「積の和を内積とみる」，射影を講述する	1章	高校数学Bで履修済み
2	行列の導入 ベクトルの内積を拡張して，行列の必要性を講述。積の交換則が成り立たないことにもふれる	2章	横ベクトル×縦ベクトルの計算に習熟する
3	逆行列と連立方程式 逆行列を用いて2元連立1次方程式を解く	2章	3元のあつかいは自習
4	線形変換の導入 ベクトルの正比例では比例係数は行列になることを講述する	3章	線形結合と線形変換の関係に注意する
5	回転と鏡映の線形変換 三角関数を使って，回転と鏡映をあつかう	3章	
6	逆行列をもたない線形変換 逆行列をもたない行列による線形変換がなぜ特殊な現象が起きるのかを講述する	3章	
7	ベクトルによる直線と平面の方程式 3次元ベクトルの基本	4章	パラメータ表示に慣れさせる
8	平面の法線ベクトル 平面に垂直な法線ベクトルの重要性にふれる。法線ベクトルの求め方として，外積も導入する	4章	法線ベクトルが重要
9	空間図形の応用 3次元ベクトル量の図形的な解釈を講述する。外積もあつかう	4章	3垂線の定理は省く
10	円錐曲線 円錐を平面で切ると，切り取る角度によって楕円，双曲線，放物線ができることを講述する	5章	離心率，準線は省く
11	線形変換の演習 もう一度線形変換の計算練習を行う	3章	3次元幾何変換はあつかうほうがよい
12	空間図形の演習 もう一度空間図形の計算練習を行う	4章	
13	予備		固有値問題をあつかう
14	予備		
15	定期試験		

②参考文献

ここで紹介するときの文中で「本書」とあれば，「ベクトル・行列がビジュアルにわかる　線形代数と幾何－多次元量の図形的解釈－」を指し，「この本」といえば参考文献を指すものとする。

1 作花一志，村上宗隆『Excel で学ぶ基礎数学』(共立出版，2000 年)

　表計算ソフトでの数学のあつかいを補うのに利用してほしい。本書の第 2 章，第 3 章がこの本では第 3 章に対応する。高校生が数学 C と情報の関連であつかうとよい。

2 馬場敬之，高杉豊『線形代数キャンパスゼミ』(マセマ，2003 年)

　本書を読破後に読むと大変よい。

3 石村園子『やさしく学べる線形代数』(共立出版，2000 年)

　本書を読破後に読めば，やさしく感じるであろう（本書の第 2，3，5 章に対応する）。

4 小寺平治『テキスト線形代数』(共立出版，2002 年)

　演習書である。本書の読破後に，演習すると効果的である（本書の第 2，3 章に対応する）。

5 銀林浩『線形代数学序説　－ベクトルから固有値問題へ－』(現代数学社，1971 年)

　本書から量の概念を追放すれば抽象代数学（数学科で学ぶ数学）となるが，この本は量概念を追放する前の抽象代数学への入口的な教科書である。

(1) 線形空間・線形写像のような数学的構造が中心におかれている。

(2) 初等教育との合理的つながりが強く意識されている。

(3) 固有値問題を到達点に据え，線形差分方程式や線形微分方程式への適用までをあつかうことによって，応用と接触させ，その意義が十二分に汲み取れるように配慮されている。

　また，従来の証明一辺倒的教科書の欠陥を補う意味もあって，線形代数の計算的側面にも焦点があてられている。本書で学習した読者がつぎに読むべき本であろう。数学科，物理学科向けである。

6 山内淳，馬場正昭『改訂版　現代化学の基礎』(学術図書出版，改訂版 1993 年)

　この本は物理化学の教科書として大学でよく使われている。この本では量子化学の初歩が書かれており，化学における行列の利用がわかりやすく書かれている。また反応速度論にふれており，これは線形微分方程式の応用でもある。

7 金谷一朗『3D-CG プログラマーのためのクォータニオン入門』，『3D-CG プログラマーのための実践クォータニオン』(工学社，ともに 2004 年)

　クォータニオン（四元数）は，従来から航空宇宙やロボット工学では使われてきたが，CG プログラミング（DirectX や OpenGL など）などのパソコン用ソフト開発でもサポートされたため，ゲームなどへの応用が盛んになってきた。ところが，クォータニオンはベクトルや行列とは違い，従来は一般的なものでなかったため，適当な参考書がなく，プログラマーは手探りでプログラミングしているのが現状であった。

　そこでこの本では，3 次元 CG プログラマーを対象に，数学，プログラミングの両面からクォータニオンを解説する。クォータニオンを理解するためには，「数」とは何か，「行列」とは何か，「ベクトル」とは何かという洞察が必要であり，この本ではこれらの疑問に，C++ プログラミングの技法を使いつつ切り込むことで，クォータニオンの本質を明らかにしている。CG プログラマーは本書読破後に読めば効果が上がるであろう。

8 三土修平『初歩からの多変量統計』(日本評論社，1997 年)

　線形代数の社会科学への応用が書かれている。ただし，この本を読むために多変数の微分積分を学ぶ必要がある。

9 遠山啓『数学入門（上），（下）』（岩波新書，それぞれ 1959 年，1960 年）

「一般から特殊，特殊から一般」を掛け声にした「水道方式」という数学教育の提唱者である。遠山啓（「とおやまひらく」と読む）は，高等数学の現代化として「微分方程式」と「線形代数」を 2 本柱として上げていた。確かに，1973 年度改訂実施と 1982 年度改訂実施の指導要領では，「微分方程式」と「線形代数」が重視されていた。ところが 1994 年度指導要領改訂実施後は，線形代数はあつかいが小さくなり，微分方程式は全くなくなった。

10 清史弘『分野別 受験数学の理論(5) ベクトル』（駿台文庫，2004 年）

本書の第 1 章と第 4 章に対応する内容である。もっと深いことを勉強したいときや難関大学を受験または再受験するときには便利である。

11 清史弘『分野別 受験数学の理論(9) 行列』（駿台文庫，2004 年）

本書の第 2 章と第 3 章に対応する内容である。もっと深いことを勉強したいときや難関大学を受験または再受験するときには便利である。

12 清史弘『分野別 受験数学の理論(10) 2 次曲線』（駿台文庫，2004 年）

本書の第 5 章に対応する内容である。もっと深いことを勉強したいときや難関大学を受験または再受験するときには便利である。

以下の文献は絶版あるいは入手困難な参考文献であるが，大学の図書館では置いてあることが多い。

13 森毅『線形代数 生態と意味』（日本評論社，1980 年）

京都大学名誉教授の森毅の著書である。筆者は京都大学在学中 2 年間は森先生は教官として在籍しておられた。その当時，森先生はさまざまな話題をよんでいた。京大教養部の象徴的な教授であった。森先生の数学のつかみ方は独特であるが，現在では森先生のような観点で数学を語る人がいないのは残念である。

14 石谷茂『行列再入門』（現代数学社，1990 年）

この本は 2 次行列にのみスポットをあてている。再版前書名は「2 次行列のすべて」であった。

15 笠原晧司『新微分方程式（新版）』（日本評論社，1995 年）

固有値問題と対角化の応用の 1 つは多次元の線形微分方程式である。本書で学習した人はこの本で微分方程式を学ぶとおもしろいであろう。旧版は現代数学社から出ていた。

16 小平邦彦編『文部省検定済み教科書 新訂 数学ⅡB』（東京書籍，1973 年検定）

これは 1973 年度改訂実施の教科書として参考にした。このころは，高校で群論をあつかっているのは驚きである。

17 何森ほか『文部省検定済み教科書 高等学校の代数・幾何』（三省堂，1988 年検定），『高等学校の代数・幾何 教科書ガイド』（三省堂，1988 年）

1982 年度改訂実施の教科書として使用した。本書執筆に多大な影響を与えた教科書である。挿入されているイラストは安野光雅作成で，本の装丁のセンスの良さからして既存の数学教科書のイメージを打ち破るものである。このメンバー（遠山啓の共鳴者のようである）による検定済み教科書が普及すれば日本の数学がかわったようにも思う。残念ながら，1994 年度改訂実施以来の教科書はパワ

ーダウンしている。この本の「数学の歴史」は森毅が執筆したそうである。
18　永尾ほか『文部省検定済み教科書　高等学校　数学C』(数研出版，1999年検定)
　　　1994年度改訂実施の教科書として参考にした。
19　古川昭夫『SEG数学シリーズ4　代数・幾何プロムナード』(SEG出版，1992年)
　　　古川氏はSEG（Scientific Education Group）という大学受験塾の代表である。
20　『解法の探求』(東京出版，1986年版)
　　　筆者が高校3年のときの受験に使ったものである。現在のバージョンと異なって，線形変換（1次変換）が大々的にあつかわれている。

本書出版から10年が経過して

　本書が10年以上も読者に支えられていることに感謝します。高等学校では大変残念なことに，行列や線形変換をまったく扱わなくなりました。高等学校では複素数平面で図形の変換を扱っています。線形変換と複素数平面との対応はp98の［コラム］に記述していますので，ここも参考してほしく思います。行列の計算は成分が多いので，一見計算は複雑ですが，読者は紙と鉛筆をもってしっかりと学習してほしく思います。

2015年9月吉日　著者しるす

1994年度（平成6）の改訂実施（1989年の学習指導要領の改訂）で数学Ⅰ，数学Ⅱ，数学Ⅲと学習分野が選択となる数学A，数学B，数学Cの6科目体制となった。線形代数は数学Bと数学Cに分割され，そのあつかいは縮小された。この改訂の特徴は第2次ゆとり教育と情報化時代に対応することを柱に数学のカリキュラムは大きく変更され，線形代数のあつかいは縮小して，コンピュータ（BASIC）と複素数平面と平面幾何を追加した。空間図形から平面の方程式（法線ベクトル）はなくなり，線形変換（1次変換とよばれていた）は複素数平面であつかえるために消えてしまった。カリキュラム作成上，これは重要なミスではないかと思われる。なぜなら，ITでは複素数をあつかうことは通常困難であり，むしろ多次元量である行列や線形変換のほうがあつかう頻度が高いからである。代数と幾何の関係が見えにくいことも問題である。そして，微分・積分などの解析学が重視されていることも時代に逆行した感があり，大学教員や受験産業関係者から「代数・幾何」という科目を懐かしむ声はよく聞かれる。昭和53年度生まれから昭和61年度生まれまでの方がこのカリキュラムである。この世代は1997年度以後に大学へ入学しており，数学や理科の学力低下が叫ばれはじめた世代である。この世代の中学校でのゆとり教育は，英語のみならず数学や理科でも進んでおり，学力は大変低下した。大学では「リメディアル」とよばれる補習教育が実施され始めた。

さて，2003年度（平成15）の改訂実施（1998年の学習指導要領改訂）では，第3次ゆとり教育に対応している。線形代数分野では，行列で点の移動が復活するので，線形変換（1次変換）を少しはあつかう。<u>また2012年度から改定実施の学習指導要領では，数学C自体がなくなったため，高等学校で行列や線形変換を学ぶことはなくなった。</u>

このような状況を考えて線形代数の基礎的な教科書として本書を制作した。本書は1982年度改訂実施で登場した高校の「代数・幾何」という科目の文部省（現在は文部科学省）検定済み教科書を参考にして，3次元行列とコンピュータでのあつかい（1994年度改訂実施の数学C）を追加して作成した。本書の内容は大学での教科書を前提としているが，以前は高校であつかわれていた「代数・幾何」に1994年度改訂実施の数学Bと数学Cの内容を前提しているため，高校生でも読むことができる。2003年度からの新教科「情報」の実施と併せて本書で「線形代数と幾何」を学んでいただければ幸いである。

線形代数はどこで使うのか？

最近，数学＝微積分の固定観念がぶり返してきているのではなかろうか。1994年度以降実施されている高校数学の指導要領は解析重視であるし，2003年度以後の指導要領はいっそうその色彩が強くなった。では，線形代数は不必要なのか？

電気・電子系　電磁気学はベクトルの外積・内積と微積分の組み合わせたベクトル解析が必須である。

情　報　系　画像処理やコンピュータグラフィックスでとてもよく使う。数値処理の分野では半分は行列の計算，半分は微分積分である。

化　学　系　量子化学の分野では固有値問題は必須である。行列の計算は言うまでもない。

物　理　学　系　電磁気学はベクトルの外積・内積と微積分の組み合わせたベクトル解析が必須。量子力学では固有値問題が必須である。

数　学　系　解析学よりも代数学を専攻する方が多いと思われるので，必須である。この分野ではn次元をあつかうので，2～3次元でつまずいていては学習は困難であろう。

本書を読む準備

1　計算の意味と量の体系

[1] 数と量

　数学を中学 1 年から学んできた読者にとって，数と量の区別がなぜ必要か全くわからないだろう。実はヨーロッパ言語では数と量は区別されている。

　世の中にはリンゴやミカンの個数の 1 個，2 個，3 個，…と**数える**ことができる量と水や気体の体積のように容器に入れて**測る**量がある。前者は**離散量**とよばれ，整数で表されるが，後者は**連続量**とよばれて小数や分数で表される。これらの区別は日本人には全くわかりにくい。このように「数える＝数」と「測る＝量」とは異なる概念なのである。

[2] 可算と不可算

　英語の辞書をみると大抵数えられる名詞（可算名詞　countabale noun）として C のマークが，数えられない名詞（不可算名詞 uncountable noun）として U のマークがついている。これらをわざわざ区別して覚える日本人は少ないが，この考え方そのものが欧米のものの考え方である。

　ここで，可算名詞は整数つまり離散量で数えるのである。一方，不可算名詞は数えるのではなく測るのであり，これは連続量の世界である。たとえば，水は water であるが，これは不可算名詞であり，1 リットルという容器に入れて測るのである。決して数えない。日本人は数字を見たときに，整数と小数の区別はなく数字と思っているが，欧米人は整数は number であり，小数は value（数値）という単語を使用して明確に区別している。たとえば，3.14 という数字が表示されているのを見て，日本人がアメリカ人に What is the number？ と質問しても理解できない風であったが，それを見ていた別の日本人が What is the value？ と質問し直すと，そのアメリカ人はすぐに回答したのである。

　さて，コンピュータの世界に話をうつそう。C などのプログラミング言語では，変数を定義するときに，整数型か小数点型（通常は浮動小数点を使う）に区別して定義する。日常生活で離散量と連続量の区別のない日本人にとってこの区別は，難しい。プログラミングになれてくると，この区別の必要性は徐々にわかってくるが，欧米人よりは不利である。

可算と不可算という考え方が，日本の英語教育では全く軽視されるのは残念である。

[3] 引き算の意味

引き算 $A-B$ はどういう意味があるだろうか？ 引き算は「差」を求めると思われているが，これは全く正確ではない。これは B をゼロにしたときの A の値をいうのである。つまり，$A-B$ とは B を基準点としたときの A の値である。引き算は基準点の取り直しを行う演算なのである。

[4] 割り算の意味

割り算 A/B はどういう意味があるだろうか？ 割り算は B を 1 にしたときの A の値を意味するのである。この場合，A と B が同じ単位系であれば，A/B は割合を示して，多くは**率**（円周率，失業率など）とよばれる。A と B が異なる単位系であれば A/B は単位あたり量を示して，多くは**度**（速度，濃度，密度など）とよばれる。ちなみに，アメリカの高校の math の参考書には度や率の概念が述べられている。

《One Point Advice》
 アメリカでは，計算主体のものを math とよび，証明や論理主体のものを mathematics とよんで使いわけているようである。本書は math を指向している。

2　演算の方法

量には**外延量**と**内包量**がある。外延量は extensive quantity，内包量は intensive quality の訳であり，熱力学の世界ではそれぞれ示量変数，示強変数とよばれる。特に，intensive は intensity という名詞形が「強さ」の意味で使われるので，何となくわかると思う。

外延量は加法性の成り立つ量である。距離，時間，体積，重さなどである。内包量は加法性の成り立たない量であり，速度，密度，温度などである。内包量は解説が必要である。たとえば，時速 30 km で 3 時間進んでその後時速 50 km で 4 時間進むとき，平均速度はという問題では 30 と 50 を足して 2 で割ることはできない。あるいは 30 ℃の水 20 g と 50℃ の水 40 g の水を混ぜても 40℃ にはならない。内包量は単純な加法性が成立しない量なのである。

3　関数
[1] ブラックボックス

関数は $y=f(x)$ と表される。入力 x に対して，出力 y がある。x から y が生成される過程はブラックボックスで，その仕組みはどうでもよいというのが，関数という考え方である（図 1）。本書では入力が

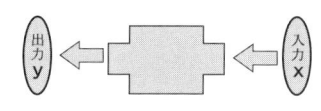

図 1　関数の概念

ベクトルで，出力もベクトルであるものを取り上げる。昔は「函数」と書かれたが，こちらのほうが，ブラックボックスイメージに合っている。なお，本書では，西洋言語に合わせて，入力が右，出力が左になるように図を描いている。最初のうちは違和感があるだろうが，そのうちに読者は，この合理性に気づくであろう。

[２] 関数の意味

関数の背後には，xに対してyを対応させる「作用の手」，あるいは「働き（function）」を想定するという考えがひそんでいる（表１）。たとえば，xが現実の物理的原因であってyがその結果である場合には，この「働き」は「法則（law）」ともよばれ，そうした考えは因果律（causality）といわれている。同じような考えは，工学では，入力—出力（input−output）とよばれ，それらをつなぐ《働き》は暗箱（black box）と名づけられている。また，同じ対応を経済学では投入—産出といい，生物学や心理学では刺激—反応（Stimulous−Response）などという。

表１　諸分野における関数概念

分野名	出力	入力
因果律	結果	原因
機能	効果	作用
経済学	産出	投入
医療/治療	治癒	診察
生物学	反応	刺激
心理学	反応	刺激
計算機	返値	引数

[３] 現代数学での関数の定義

一般に，関数（function），写像（mapping），変換（transformation）とは，１つの集合Eの各要素（元）xに別の集合Fの要素yを対応させる働きfのことである。そして，Eをfの域，あるいは変域（domain, source），Fを余域，あるいは値域（codomain, target）などということがある。

写像fを要素間の対応（これを「写像」とよぶことが多い）として表したいときは

$$f : x \to y$$

と書き，また集合で表したい場合（これを「関数」とよぶことが多い）には，普通の矢印で

$$f : E \to F$$

と表すことが多い。

4　不適切な用語

[１] １次変換か線形変換か

linear transform の訳であるので「線形変換」が素直である。ところが，linear function は１次関数であるので，「１次変換」と訳したのであろう。しかし，１次関数には２次関数，３次関数と次数があがるが，１次変換に対して２次変換はない。だから，これは線形変換のほ

うが適切であろう。ちなみに線形に対しては非線形という言葉がある。

［2］関数

関数は元来「函数」と表記されていた。「函」は「はこ box」の意味である。function をいう言葉を昔の中国人が「ファンスウ」と聞こえたため，「函数」と書いたようである。このイメージは大変よく出ている。

さて，関数は「関係の数」のイメージを持ちやすい。つまり x と y の関係である。確かに間違いではない。写像（mapping）という考え方は関係の数という考え方に近い。しかし，関数は入力 x に対して何らかの機能（function）が及んで出力 y がでてくると解釈するべきであろう。写像では入力と出力の間の機能が意識されないので筆者は写像という考え方を好まない。

［3］有理数と無理数

有理数は英語では rational number，無理数は irrational number という。rational を辞書で調べると「合理的な」という意味が出てきて，ration（理性）の派生語とされている。だから明治時代の数学者は rational は ration（理）があるので，「有理」，irrational は ration がないので「無理」と訳したと思われる。しかし，rational number の rational は ratio（割合，比）の派生語であるという説もある。この場合，ratio を分数という意味で解釈すると rational number は分数にできるという意味で「可分数」と訳すとか，「有比数」あるいは「可比数」と訳せばよかったのでないか。さらに以下のような式

$$f(x)=\frac{x^3+5x+2}{x^4+x^2+4}$$

は「有理関数」とよぶこともあるが，これでは何のことかわからない。ここは「分数関数」とよぶべきである。このように，数学で「有理」といえば「分数」と思えば，ほぼ間違いなく理解することができる。全く，先人のおもわぬ訳し方で後輩であるわれわれが迷惑をこうむるのである。一方，irrational number は「無理数」ではなく，「無比数」あるいは「不可比数」と訳すべきだった。

5　正比例，線形代数，微分の関係

ここで，森毅氏（京大名誉教授）が提唱する「森ダイヤグラム」といわれている数学の流れを紹介する（図2）。

小学校で正比例について学ぶ。これを数学的にあつかうのが中学数

学での正比例で

$$Y = aX$$

となる。実数 X から実数 Y への写像，あるいは関数である。このとき，比例定数の a も実数である。ちなみに，遠山啓は X, Y は外延量（加算的な量）で，a は内包量（強さを表す量）であるといっている。さて，一般の関数 $y=f(x)$ では，微小な x の変化に対して微小に y が変化する。その比例定数（接線の傾き）が微分である。

$$dy = \frac{\partial f}{\partial x} dx \Longleftarrow y = f(x)$$

となる。

全く別の流れとして，多変数の正比例がある。ベクトル同士の掛け算つまり内積によって定義される。

$$Z = (a, b) \cdot \begin{pmatrix} X \\ Y \end{pmatrix} = ax + by$$

これが線形代数のもとである。さて，一般の関数 $z=f(x,y)$ では，y が一定で微小な x の変化に対して微小に z が変化する。その比例定数（接線の傾き）が偏微分である。同様に x が一定で微小な y の変化に対して微小に z が変化する。これら 2 つの偏微分係数は和として以下の式にまとめられる。

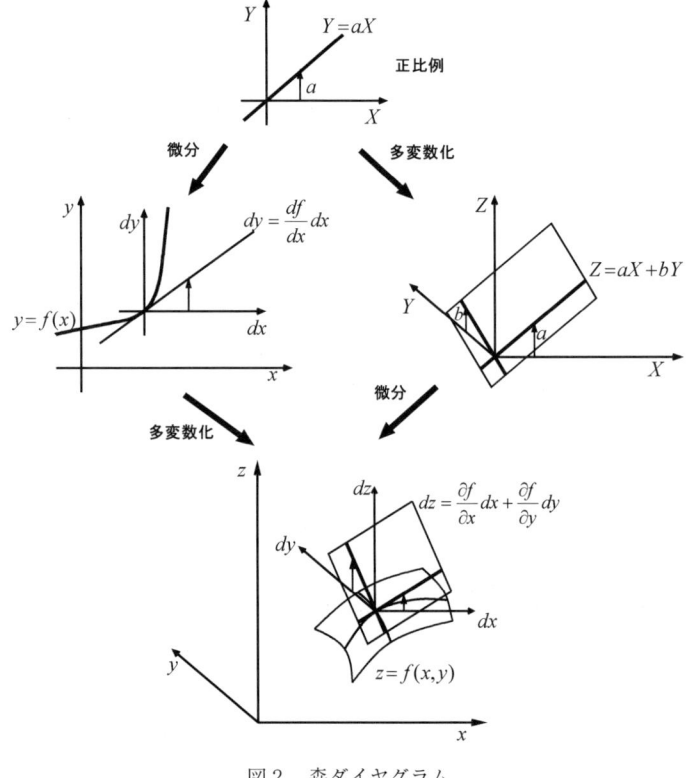

図 2　森ダイヤグラム

$$dz = \frac{\partial f}{\partial x}dx + \frac{\partial f}{\partial y}dy \Longleftarrow z = f(x, y)$$

さて，関数の入力側が1変数から多変数になることを考察したが，出力側が多変数になることも考える必要がある。

$$\left. \begin{aligned} Z_1 &= (a, b) \cdot \begin{pmatrix} X \\ Y \end{pmatrix} = aX + bY \\ Z_2 &= (c, d) \cdot \begin{pmatrix} X \\ Y \end{pmatrix} = cX + dY \end{aligned} \right\} \Longleftrightarrow \begin{pmatrix} Z_1 \\ Z_2 \end{pmatrix} = \begin{pmatrix} a & b \\ c & d \end{pmatrix} \begin{pmatrix} X \\ Y \end{pmatrix}$$

これは線形変換である。比例係数は行列である。この比例係数が偏微分係数になると以下のようになる。

$$\left. \begin{aligned} dz_1 &= \frac{\partial f_1}{\partial x}dx + \frac{\partial f_1}{\partial y}dy \\ dz_2 &= \frac{\partial f_2}{\partial x}dx + \frac{\partial f_2}{\partial y}dy \end{aligned} \right\} \Longleftarrow \begin{cases} z_1 = f_1(x, y) \\ z_2 = f_2(x, y) \end{cases}$$

これを行列で表現すると以下のようになる。

$$\begin{pmatrix} dz_1 \\ dz_2 \end{pmatrix} = \begin{pmatrix} \dfrac{\partial f_1}{\partial x} & \dfrac{\partial f_1}{\partial y} \\ \dfrac{\partial f_2}{\partial x} & \dfrac{\partial f_2}{\partial y} \end{pmatrix} \begin{pmatrix} dx \\ dy \end{pmatrix} \Longleftarrow dz = \frac{\partial f}{\partial x}dx$$

ベクトルをベクトルで微分すると行列となるのである。

6　代数と幾何の違いによる文字のノーテーションの違い

代数学的な考え方からすると，多次元量は n 次元への拡張を考えているので，文字は $x_1, x_2, x_3, \ldots, x_n$ となる。線形写像などで変換するのであれば，変換前が x で変換後は y とすることが多い。コンピュータ科学を専攻する方は，最近のプログラミング言語では文字の添え字は0から始まることが多いので，はじめから，x_0, x_1, x_2 として学習することをオススメする。3次元ベクトルなのに2で終わるのは奇異に感じるかもしれない（図3）。

さて，幾何学的な発想では，従来の学校教育で用いられてきた x, y, z で充分である。そして変換後は x', y', z' となる。ちなみに x' は「エックスプライム」と発音する。小中学校で x' を「エックスダッシュ」と教えているようであるが，間違いなので各自覚えなおしてほしい。

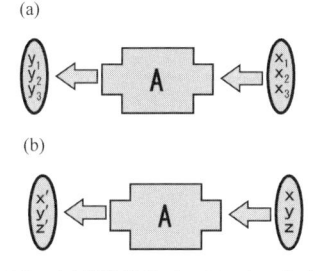

図3　(a) 代数学的ノーテーションと (b) 幾何学的ノーテーション

7　プログラミング

［1］ N88互換 BASIC for Windows（N88BASIC 互換のプログラムを実行）

N88BASIC 互換のソースコードをプログラムとして実行できるソフト。NEC PC-98 用の N88BASIC のソースコードをプログラムとして実行することも可能。内蔵のテキストエディターでソースコードの編集ができ，編集したソースコードはコンパイルしなくてもすぐにプログラムとして実行できる。強力なデバッグ機能も搭載。BASIC 言語の命令文や関数の一覧表が用意されているため，BASIC 言語によるプログラムの作成方法を学びながら，手軽にオリジナルのプログラムを作成できる。

【著作権者】潮田康夫　氏

http://www.forest.impress.co.jp/library/n88basic.html

［2］Borland C++Compiler（フリーの C/C++ コンパイラ）

　C/C++ 言語による Windows アプリケーションの開発が可能なコンパイラや開発支援ソフトなどを同梱したフリーのツール群。コンパイラを含め，ほとんどのツールがコマンドプロンプトで動作するコマンドラインアプリケーションだが，ウィンドウを表示する GUI アプリケーションを開発することもできる。関数の使い方が記述されたリファレンスは同梱されていないため，他の開発環境やリファレンスと組み合わせて利用するとよいだろう。

【著作権者】ボーランド（株）

http://www.forest.impress.co.jp/library/borlandcpp.html

本書の構成

問題には以下の段階がある。

- **問または例題**：解説をするために設定した問題である。講義では必ず取り上げる必要がある問題である。「問」は定理や公式などの証明で，「例題」は定理や公式を使った問題である。
- **練習**：「問」や「例題」に対する練習問題である。講義時間が余れば，あつかえばよい。
- **復習問題**：「練習」レベルの問題で，講義での復習用である。原則的には節末にあるが，復習問題のない節もある。
- **章末問題**：自習用問題である。かなり難しいものもある。
- 図の番号は「章．節．節内番号」で表し，式番号，表番号，練習番号はそれぞれ，（節．節内番号），表．節．節内番号，練習節．節内番号となっている。

第1章　ベクトル
〜多次元量への序曲〜

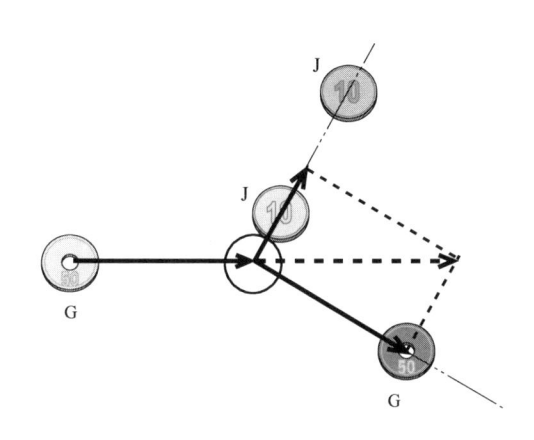

第1節　多次元量とベクトル ——————————————————————— 2
  1.1.1　多次元量＝量の組で表す ……………………………………………… 2
  1.1.2　ベクトルの図形的解釈 ………………………………………………… 4
  1.1.3　ベクトルの大きさ ……………………………………………………… 11
  1.1.4　三角関数によるベクトルの表現 ……………………………………… 14

第2節　ベクトルの内積 ————————————————————————— 17
  1.2.1　ベクトルの垂直条件と内積 …………………………………………… 17
  1.2.2　積の和を内積と見る …………………………………………………… 25

章末問題 ————————————————————————————————— 28

第1節　多次元量とベクトル

多次元量？　それとも矢印？

本節の半分くらいは，高校で学習していると思われる。そこで，高校の教科書にあまり書かれていない側面について書いておくのでよく注意して読んでほしい。

1.1.1　多次元量＝量の組で表す

●多次元量＝ベクトル量●

その昔，ある高等学校で多次元量か矢印ベクトルかで教員が割れていたそうである。ここではベクトルは必ずしも矢印ではないことを示したい。

まず，多次元量を理解するためにスーパーへ買い物に行こう。大根3本，りんご2個を買った場合，「今日，大根とりんごを合わせて5本個買ったよ」などとは言わない。各々の量を区別して表現するのがふつうである。そこで，上の買物をつぎのようにまとめて表してみる。また，ひとの体型を表すのに「Aさんはバスト，ウエスト，ヒップ合わせて234センチだ」とは言わない。「Aさんはバストは81センチ，ウエストは73センチ，ヒップは80センチである」と言う。身体測定のデータなどは身長（cm），体重（Kg），胸囲（cm）のように単位が異なるものを組み合わせることも日常的によくやる。上と同様に考えてつぎのように表してみる。このように，あることがらや1つの物，あるいはものの動き方，位置などを表すのにいくつかの量をひとまとめにして考えていくことは日常生活のなかでもしばしば見られる。こういうあつかいを**多次元量**という。本書では多次元量をはじめに代数的（数式）にあつかい，あとから数式を幾何的（図形的）に解釈するという方法をとる。

$$\begin{pmatrix}3\\2\end{pmatrix}\begin{matrix}\Leftarrow 大根の本数\\\Leftarrow リンゴの個数\end{matrix}\qquad \begin{pmatrix}81\\73\\80\end{pmatrix}\begin{matrix}\Leftarrow バスト\\\Leftarrow ウェスト\\\Leftarrow ヒップ\end{matrix}\qquad \begin{pmatrix}170\\64\\90\end{pmatrix}\begin{matrix}\Leftarrow 身長（cm）\\\Leftarrow 体重（Kg）\\\Leftarrow 胸囲（cm）\end{matrix}$$

このように，数の組を用いて表された多次元量のことを一般的には**ベクトル量**といい，数の組を**ベクトル**という。また，ベクトルは，それぞれ

$$(3,2,4),\ (2,5,6)$$

と，横に数を並べて表現してもよい。ベクトルを表すのに，

$$\vec{a} = \begin{pmatrix} 3 \\ 2 \\ 4 \end{pmatrix}, \quad \vec{b} = \begin{pmatrix} 2 \\ 5 \\ 6 \end{pmatrix}$$

のように,文字 $\vec{a}$, $\vec{b}$, … などを使う。

このようなベクトル $\vec{a}$ において,数 $a_1, a_2, \ldots, a_n$ のそれぞれを $\vec{a}$ の成分という。そして成分の個数が n 個のとき,$\vec{a}$ を n 次元のベクトルという。

$$\vec{a} = \begin{pmatrix} a_1 \\ a_2 \\ a_3 \\ \vdots \\ a_n \end{pmatrix}, \quad \vec{b} = \begin{pmatrix} b_1 \\ b_2 \\ b_3 \\ \vdots \\ b_n \end{pmatrix}$$

もうひとつ n 次元のベクトル $\vec{b}$ が与えられ,$\vec{a}$ と対応する成分がすべて等しいとき,すなわち

$$a_1 = b_1, \ a_2 = b_2, \ \cdots, \ a_n = b_n$$

であるとき,ベクトル $\vec{a}$ と $\vec{b}$ は等しい,といい $\vec{a} = \vec{b}$ と書く。

●ベクトルの和,差,実数倍●

表1.1は,ある家電メーカーのA,B2つの工場で,ひと月に生産される冷蔵庫,パソコン,テレビの生産台数を表したものである(A工場,B工場の生産台数をそれぞれ表1.1のように表すことにする)。

表1.1 ひと月の生産台数
(単位は万台)

	工場A	工場B
冷蔵庫	3	2
パソコン	2	5
テレビ	4	6

A工場 $\begin{pmatrix} 3 \\ 2 \\ 4 \end{pmatrix}$, B工場 $\begin{pmatrix} 2 \\ 5 \\ 6 \end{pmatrix}$

この例で,A,B二つの工場を合わせたひと月の生産台数は,

$$\begin{pmatrix} 3 \\ 2 \\ 4 \end{pmatrix} + \begin{pmatrix} 2 \\ 5 \\ 6 \end{pmatrix} = \begin{pmatrix} 3+2 \\ 2+5 \\ 4+6 \end{pmatrix} = \begin{pmatrix} 5 \\ 7 \\ 10 \end{pmatrix}$$

というベクトルで表せる。また,A工場の2か月分の生産台数は

$$\begin{pmatrix} 2\times 3 \\ 2\times 2 \\ 2\times 4 \end{pmatrix} = \begin{pmatrix} 6 \\ 4 \\ 8 \end{pmatrix} \iff 2\times \begin{pmatrix} 3 \\ 2 \\ 4 \end{pmatrix} = \begin{pmatrix} 6 \\ 4 \\ 8 \end{pmatrix}$$

というベクトルで表せる。もちろん,両矢印の右のように書いてもよい。

このことを一般化して,ベクトルの和,差,実数倍をつぎのように定める。

(i) ベクトルの和，差

$$\vec{a} = \begin{pmatrix} a_1 \\ a_2 \\ \vdots \\ a_n \end{pmatrix}, \quad \vec{b} = \begin{pmatrix} b_1 \\ b_2 \\ \vdots \\ b_n \end{pmatrix} \text{のとき}, \quad \vec{a} + \vec{b} = \begin{pmatrix} a_1 + b_1 \\ a_2 + b_2 \\ \vdots \\ a_n + b_n \end{pmatrix},$$

$$\vec{a} - \vec{b} = \begin{pmatrix} a_1 - b_1 \\ a_2 - b_2 \\ \vdots \\ a_n - b_n \end{pmatrix} \text{と定める}。$$

(ii) ベクトルの実数倍

実数 k に対し，上の $\vec{a}$ について $k\vec{a} = \begin{pmatrix} ka_1 \\ ka_2 \\ \vdots \\ ka_n \end{pmatrix}$ と定める。

● ベクトルの演算則 ●

ここでベクトルの演算規則をまとめておこう。2 次元，3 次元とも共通に，数の演算と同じような公式に従う。

(i) $\vec{a} + \vec{b} = \vec{b} + \vec{a}$ 　　　　　　　　交換法則
(ii) $(\vec{a} + \vec{b}) + \vec{c} = \vec{a} + (\vec{b} + \vec{c})$ 　　結合法則
(iii) 零ベクトルを $\vec{0}$ と書くとき，$\vec{a} + \vec{0} = \vec{a}$
(iv) $\vec{a}$ の逆ベクトル $-\vec{a}$ と書くとき，$\vec{a} + (-\vec{a}) = \vec{0}$
(v) $k(\vec{a} + \vec{b}) = k\vec{a} + k\vec{b}$
(vi) $(k + l)\vec{a} = k\vec{a} + l\vec{a}$
(vii) $k(l\vec{a}) = kl\vec{a}$
(viii) $1\vec{a} = \vec{a}$

1.1.2 ベクトルの図形的解釈

● 2 次元ベクトルの図形的解釈 ●

ベクトルの和，差，実数倍を図形的に解釈してみよう。

2 次元のベクトルを，その成分を座標とする xy 平面上で P, Q を表してみよう（図 1.1.1(a)）。

$$\text{ベクトル } \overrightarrow{OP} = \begin{pmatrix} a_1 \\ a_2 \end{pmatrix}, \quad \overrightarrow{OQ} = \begin{pmatrix} b_1 \\ b_2 \end{pmatrix}$$

とする。その和

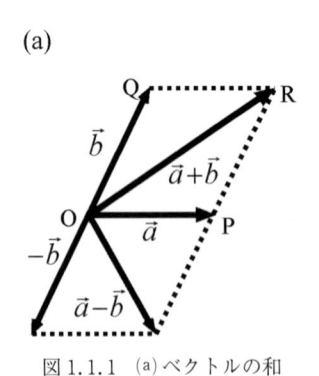

図 1.1.1　(a) ベクトルの和

$$\overrightarrow{OR} = \vec{a} + \vec{b} = \overrightarrow{OP} + \overrightarrow{OQ} = \begin{pmatrix} a_1 + b_1 \\ a_2 + b_2 \end{pmatrix}$$

とすると，OR は OP と OQ の張る平行四辺形の対角線となる．

その差を

$$\vec{a} - \vec{b} = \overrightarrow{OP} - \overrightarrow{OQ} = \begin{pmatrix} a_1 - b_1 \\ a_2 - b_2 \end{pmatrix}$$

とすると，QP と平行なベクトルが差となる．これも平行四辺形の対角線となる．

また，$\overrightarrow{OP}$ の実数倍を表す矢線を $\overrightarrow{OS}$ とすると，

$$k\overrightarrow{OP} = \begin{pmatrix} ka_1 \\ ka_2 \end{pmatrix} = \overrightarrow{OS}$$

となり，図 1.1.1(b) のように，点 S は直線 OP 上にきて，OS=$|k|$OP であり，$k>0$ のときは，O からみて P と同じ側，$k<0$ のときは，O からみて P と反対側にくる．そして $k=0$ のときは，

$$\overrightarrow{OS} = \begin{pmatrix} 0 \times a_1 \\ 0 \times a_2 \end{pmatrix} = \begin{pmatrix} 0 \\ 0 \end{pmatrix}$$

となり，点 S は原点 O と重なる．なお，成分がすべて 0 のベクトル $\begin{pmatrix} 0 \\ 0 \end{pmatrix}$ は零ベクトルといい，$\vec{0}$ で表す．

実数倍の例は，直線上を等速で進む点の移動を考えるとよい．点 P からの 1 秒間の変位を $\overrightarrow{PQ} = \begin{pmatrix} 4 \\ 3 \end{pmatrix}$ とすると，2 秒間では，

$$\overrightarrow{PR} = 2\overrightarrow{PQ} = 2\begin{pmatrix} 4 \\ 3 \end{pmatrix} = \begin{pmatrix} 8 \\ 6 \end{pmatrix}$$

という変位が得られる．このように物理学では速度はベクトルとしてあつかうのである．

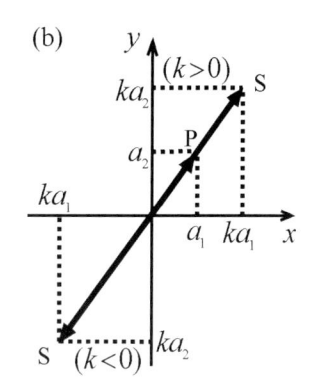

図1.1.1 (b) ベクトルの実数倍

●線形結合●

ぶどうパン P, Q をそれぞれ 1 箱つくるのに必要な材料が，表 1.2 のように与えられたとする．

このとき，P を 5 箱，Q を 2 箱つくるのに必要な小麦粉，干しぶどうは，ベクトルの実数倍の和の形で

$$5\begin{pmatrix} 4 \\ 1 \end{pmatrix} + 2\begin{pmatrix} 1 \\ 3 \end{pmatrix} = \begin{pmatrix} 20 \\ 5 \end{pmatrix} + \begin{pmatrix} 2 \\ 6 \end{pmatrix} = \begin{pmatrix} 22 \\ 11 \end{pmatrix}$$

として計算できる．

ぶどうパン P を x_1 箱，ぶどうパン Q を x_2 箱つくるとき必要な材料は，小麦粉，干しぶどうをそれぞれ y_1 袋，y_2 袋とすると，

表 1.2 ぶどうパン P, Q を 1 箱つくるのに必要な材料

	パン P	パン Q
小麦粉（袋）	4	1
干しぶどう（袋）	1	3

$$\begin{pmatrix} y_1 \\ y_2 \end{pmatrix} = x_1 \begin{pmatrix} 4 \\ 1 \end{pmatrix} + x_2 \begin{pmatrix} 1 \\ 3 \end{pmatrix} \tag{1.1}$$

と，表すことができる．式 (1.1) はまた，
$$\vec{a} = \begin{pmatrix} 4 \\ 1 \end{pmatrix}, \quad \vec{b} = \begin{pmatrix} 1 \\ 3 \end{pmatrix}$$
というベクトルで表すことにすると，P を 5 箱，Q を 2 箱つくるのに必要な材料は
$$5 \begin{pmatrix} 4 \\ 1 \end{pmatrix} + 2 \begin{pmatrix} 1 \\ 3 \end{pmatrix}$$
すなわち，ベクトル $5\vec{a} + 2\vec{b}$ で表すことができる．

一般に，2 つのベクトル $\vec{a}$, $\vec{b}$ が与えられたとき，任意の実数 s, t を使って $s\vec{a} + t\vec{b}$ の形で表されるベクトルを，$\vec{a}$ と $\vec{b}$ の**線形結合**または **1 次結合**という．いずれも linear combination の訳である．このとき，$\vec{a}$ と $\vec{b}$ が平行ではないことが重要である．そして，$\vec{a}$ と $\vec{b}$ が平行ではないことを**線形独立**あるいは **1 次独立**（linear independence）という．逆に，$\vec{a}$ と $\vec{b}$ が平行であるときは**線形従属**あるいは **1 次従属**という．

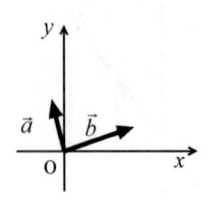

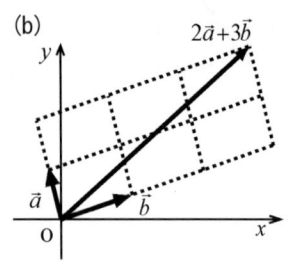

図 1.1.2　線形結合

例題　線形結合

(1) 2 つのベクトル $\vec{a}$, $\vec{b}$ が図 1.1.2(a) のように矢線で表されたとき，線形結合 $2\vec{a} + 3\vec{b}$ を表す矢線を図示せよ．

(2) $\vec{a} = \begin{pmatrix} 1 \\ 2 \end{pmatrix}$, $\vec{b} = \begin{pmatrix} 3 \\ -1 \end{pmatrix}$ のとき，$\vec{c} = \begin{pmatrix} -1 \\ 12 \end{pmatrix}$ を $\vec{a}$, $\vec{b}$ の線形結合で表せ．

【解】

(1) $2\vec{a} + 3\vec{b}$ は，$2\vec{a}$ と $2\vec{b}$ をつくってからそれらを加える．すると，図 1.1.2(b) のような矢線で表せる．

(2) $\begin{pmatrix} -1 \\ 12 \end{pmatrix} = s \begin{pmatrix} 1 \\ 2 \end{pmatrix} + t \begin{pmatrix} 3 \\ -1 \end{pmatrix}$ とおくと，$\begin{pmatrix} -1 \\ 12 \end{pmatrix} = \begin{pmatrix} s + 3t \\ 2s - t \end{pmatrix}$ だから，連立方程式
$$\begin{cases} s + 3t = -1 \\ 2s - t = 12 \end{cases}$$
を解いて，$s = 5$, $t = -2$

よって，$\vec{c} = 5\vec{a} + (-2\vec{b})$

《注》　右辺は成分を考えると，$5\vec{a} - 2\vec{b}$ と一致する．そこで，この線形結合を $\vec{c} = 5\vec{a} - 2\vec{b}$ と表してもよい．

●基本ベクトルと線形結合●

特に $\vec{e}_1 = \begin{pmatrix} 1 \\ 0 \end{pmatrix}$, $\vec{e}_2 = \begin{pmatrix} 0 \\ 1 \end{pmatrix}$ を選ぶと

$\begin{pmatrix} a_1 \\ a_2 \end{pmatrix} = \begin{pmatrix} a_1 \\ 0 \end{pmatrix} + \begin{pmatrix} 0 \\ a_2 \end{pmatrix} = a_1 \begin{pmatrix} 1 \\ 0 \end{pmatrix} + a_2 \begin{pmatrix} 0 \\ 1 \end{pmatrix}$ であるから，任意のベクトル

$\vec{a} = \begin{pmatrix} a_1 \\ a_2 \end{pmatrix}$ は $\vec{a} = a_1\vec{e}_1 + a_2\vec{e}_2$ と，$\vec{e}_1$, $\vec{e}_2$ の線形結合で表せる（図1.1.3）。この $\vec{e}_1$, $\vec{e}_2$ を**基本ベクトル**という。

図1.1.3 平面の基本ベクトル

練習 1.1

ベクトル $\begin{pmatrix} 3 \\ -4 \end{pmatrix}$, $\begin{pmatrix} -2 \\ 0 \end{pmatrix}$ を，それぞれ基本ベクトル $\vec{e}_1$, $\vec{e}_2$ の線形結合で表せ。

●3次元座標の右手系と左手系●

3次元空間において位置を指定したり図形を操作するには座標系が必要である。座標系は，原点および原点で交差する3つの直交する方向をもった軸からなるが，その方向づけの仕方により右手系と左手系に大別される。右手系は図1.1.4(a)(b)に示すように，右手の親指，人差指，中指が互いに直交するように広げたとき，それぞれの指の方向を順に x 軸，y 軸，z 軸の正の方向とするものである。左手系は，左手について同様に定義したもので，3つの直交軸の関係は図1.1.4(c)のようになる。

《One Point Advice》
コンピュータの画面は通常の数学の座標と異なり，左上が原点になっている（図1.1.5）。そのため，y 軸が下向きになり，なれないものにはわかりにくい。3次元のコンピュータグラフィックスでは，z 軸は画面方向と垂直な方向にとる。そのため，コンピュータグラフィックスではシステムに応じてそれらの両方が使い分けられている。

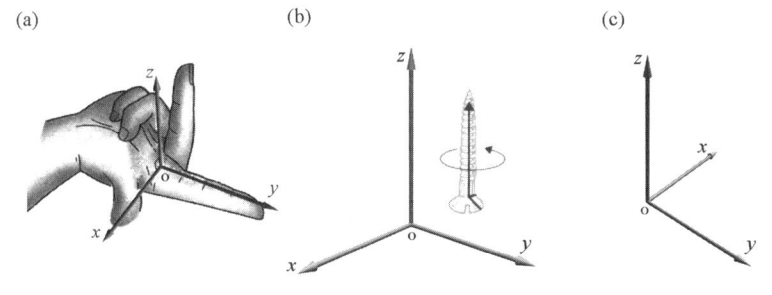

図1.1.4 (a)右手のイメージ (b)右手系 (c)左手系

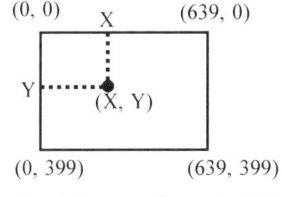

図1.1.5 コンピュータの画面座標

●空間の座標●

空間における点を，座標を用いて表すことを考えよう。

空間内に1点Oを定め，Oで互いに直交する3直線 Ox, Oy, Oz を引く。これらの各直線を，Oを原点とする数直線と考えたとき，Ox,

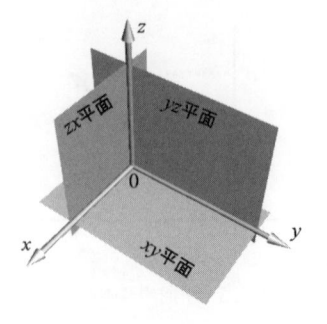

図 1.1.6 座標平面

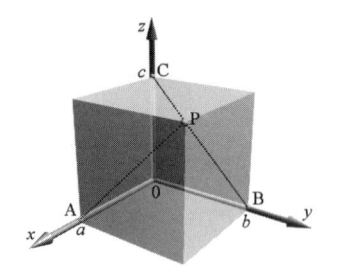

図 1.1.7 空間座標の切片

表1.3 バターケーキとカップケーキ

材料	バターケーキ	カップケーキ
小麦粉	4	1
砂糖	1	3
バター	2	3

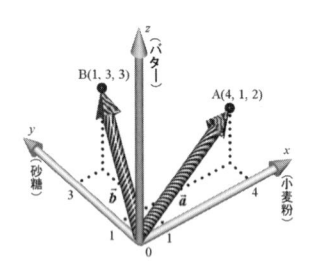

図 1.1.8 材料ベクトル空間

Oy, Oz を **座標軸**，または直交座標軸といい，座標軸の定められた空間を **座標空間** という．3次元では座標平面は3つある．また，点Oを座標空間の原点といい，Ox, Oy, Oz をそれぞれ，x軸，y軸，z軸という．さらにx軸とy軸を含む平面をxy平面，y軸とz軸を含む平面をyz平面，z軸とx軸を含む平面をzx平面という（図1.1.6）．

座標空間の点Pを通り，3つの座標軸のそれぞれに直交する各平面がx軸，y軸，z軸と交わる点を，それぞれA, B, Cとする．点A, B, Cの各座標軸上における座標を，それぞれa, b, cとすると，点Pに対して，3つの実数の組 (a,b,c) が定まる．このようにして定まる実数の組 (a,b,c) を，点Pの座標といい，a, b, c をそれぞれ，Pのx座標，y座標，z座標という（図1.1.7）．座標が (a,b,c) である点Pを，P(a,b,c) と表す．たとえば，原点Oは O$(0,0,0)$ と表される．図1.1.7において，点A, B, Cはそれぞれ，A$(a,0,0)$, B$(0,b,0)$, C$(0,0,c)$ と表される．

また，点A, B, Cはそれぞれ，点Pからx軸，y軸，z軸に下ろした垂線の足である．

● **3次元ベクトルの図形的解釈** ●

製菓店でバターケーキとカップケーキをそれぞれ1個つくるのに必要な材料が，表1.3のように与えられたとする．

ここでは，バターケーキとカップケーキをそれぞれ1個つくるのに必要な材料を

$$\vec{a} = \begin{pmatrix} 4 \\ 1 \\ 2 \end{pmatrix}, \quad \vec{b} = \begin{pmatrix} 1 \\ 3 \\ 3 \end{pmatrix} \begin{matrix} \Leftarrow 小麦粉 \\ \Leftarrow 砂糖 \\ \Leftarrow バター \end{matrix}$$

という3次元のベクトル（これを「材料ベクトル」とよぼう）で表すことにする．この2つのベクトルは，空間座標を用いて図1.1.8のような点A, Bあるいは矢線 $\overrightarrow{OA}$, $\overrightarrow{OB}$ で表すことができる．$\vec{a}$ と $\vec{b}$ の和は

$$\vec{a} + \vec{b} = \begin{pmatrix} 4 \\ 1 \\ 2 \end{pmatrix} + \begin{pmatrix} 1 \\ 3 \\ 3 \end{pmatrix} = \begin{pmatrix} 5 \\ 4 \\ 5 \end{pmatrix}$$

であるが，これは，バターケーキとカップケーキをそれぞれ1個ずつつくったときの材料の合計を示すベクトルである．

このベクトルを表す矢線を $\overrightarrow{OC}$ とすると，2次元の場合と同じく，四辺形 OACB が平行四辺形になる．

また，ケーキAを2個つくったときの材料を表すベクトル$2\vec{a}$を示す点Dは，直線OA上で，線分OAを2倍した位置にくる（図1.1.9）。さらに，バターケーキとカップケーキをそれぞれ3個と2個つくったときの材料は，$\vec{a}$，$\vec{b}$の線形結合として$3\vec{a}+2\vec{b}$で求めることができる。実際に計算してみると，

$$3\begin{pmatrix}4\\1\\2\end{pmatrix}+2\begin{pmatrix}1\\3\\3\end{pmatrix}=\begin{pmatrix}12\\3\\6\end{pmatrix}+\begin{pmatrix}2\\6\\6\end{pmatrix}=\begin{pmatrix}14\\9\\12\end{pmatrix}$$

である。これを矢線で表すと，2次元の場合と同様に，矢線の延長と平行四辺形を使って，図1.1.10のようになる。

練習1.2

図1.1.10において，点P，Q，Rの座標をいえ。また，各点は，バターケーキとカップケーキをそれぞれ何個ずつつくった場合の材料を表す点といえるか。

いま，与えられたベクトル$\vec{a}$に対して$\vec{a}=\overrightarrow{\text{OP}}$となる点Pをとる。ただし，Oは原点である。点Pの座標が(a_1, a_2, a_3)であるとして，

$$\text{I}(a_1, 0, 0)，\text{J}(0, a_2, 0)，\text{K}(0, 0, a_3)$$

とおく。また，点Pからxy平面に下ろした垂線の足をP′とすれば，図1.1.11から明らかに

$$\overrightarrow{\text{OP}}=\overrightarrow{\text{OI}}+\overrightarrow{\text{IP}'}+\overrightarrow{\text{P}'\text{P}}，\quad \overrightarrow{\text{IP}'}=\overrightarrow{\text{OJ}}，\quad \overrightarrow{\text{P}'\text{P}}=\overrightarrow{\text{OK}}$$

したがって

$$\vec{a}=\overrightarrow{\text{OP}}=\overrightarrow{\text{OI}}+\overrightarrow{\text{OJ}}+\overrightarrow{\text{OK}} \tag{1.2}$$

つぎに，x軸の正の向きと同じ向きをもつ単位ベクトルを$\vec{e}_1$とすれば，$\overrightarrow{\text{OI}}=a_1\vec{e}_1$となる。同様に$y$軸，$z$軸の正の向きと同じ向きをもつ単位ベクトルをそれぞれ$\vec{e}_2$，$\vec{e}_3$とすれば，$\overrightarrow{\text{OJ}}=a_2\vec{e}_2$，$\overrightarrow{\text{OK}}=a_3\vec{e}_3$となる。これらを式(1.2)に代入すれば

$$\vec{a}=a_1\vec{e}_1+a_2\vec{e}_2+a_3\vec{e}_3 \tag{1.3}$$

上の$\vec{e}_1$，$\vec{e}_2$，$\vec{e}_3$をx軸方向，y軸方向，z軸方向の**基本ベクトル**（fundamental vector）といい，式(1.3)ででてくるa_1，a_2，a_3をそれぞれ$\vec{a}$のx成分，y成分，z成分という。

例題　3次元座標

2点A(2, 1, 2)，B(3, 3, 5)に対して$\overrightarrow{\text{AB}}=\vec{a}$とおき，$\vec{a}$を基本ベクトルで表せ。

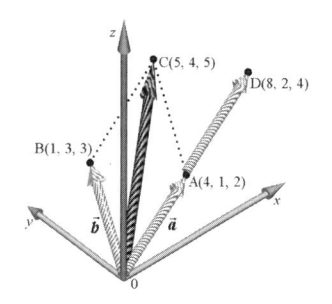

図1.1.9　バターケーキ2個

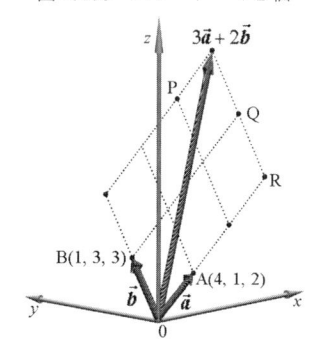

図1.1.10　バターケーキ3個，カップケーキ2個

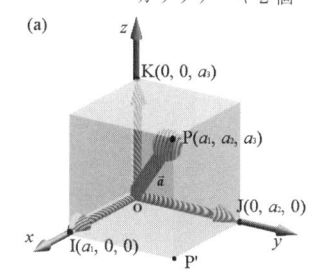

図1.1.11　(a) 3次元ベクトルと座標

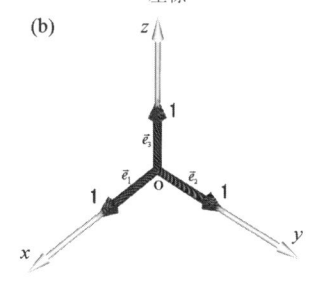

図1.1.11　(b) 3次元の単位ベクトル

《One Point Advice》
物理学では$\vec{e}_1$，$\vec{e}_2$，$\vec{e}_3$のかわりに$\vec{i}$，$\vec{j}$，$\vec{k}$というノーテーションを用いる。

【解】
　Oを原点とし，$\vec{a}=\overrightarrow{OP}$ となる点Pをとる。点Aを原点にうつす平行移動によって，点Bは点Pにうつる。よって，点Pの座標は $(3-2, 3-1, 5-2)$，すなわち $(1, 2, 3)$。
　よって，求める基本ベクトル表示は $\vec{a}=\vec{e}_1+2\vec{e}_2+3\vec{e}_3$

　ベクトル $\vec{a}$ の x 成分，y 成分，z 成分がそれぞれと a_1, a_2, a_3 とすれば，$\vec{a}=a_1\vec{e}_1+a_2\vec{e}_2+a_3\vec{e}_3$ であるとき，ベクトル $\vec{a}$ を簡単にベクトル (a_1, a_2, a_3) と書く。つまり $\vec{a}=(a_1, a_2, a_3)$ と表記し，この書き方をベクトル $\vec{a}$ の成分表示という。

$$\vec{a}=a_1\vec{e}_1+a_2\vec{e}_2+a_3\vec{e}_3 \quad \text{（基本ベクトル表示）}$$
$$\vec{a}=(a_1, a_2, a_3) \quad \text{（成分表示）}$$

特に $\vec{e}_1=(1,0,0)$, $\vec{e}_2=(0,1,0)$, $\vec{e}_3=(0,0,1)$, $\vec{0}=(0,0,0)$ である。
また，ベクトルの相等と成分との関係はつぎのようになる。

$$(a_1, a_2, a_3)=(b_1, b_2, b_3) \iff a_1=b_1,\ a_2=b_2,\ a_3=b_3$$

●変位ベクトル●
　空間内の点 $P(a_1, a_2, a_3)$ を始点とし，点 $Q(b_1, b_2, b_3)$ を終点とする変位ベクトル PQ は，平面の場合と同様に考えて $\overrightarrow{PQ}=\begin{pmatrix} b_1-a_1 \\ b_2-a_2 \\ b_3-a_3 \end{pmatrix}$ と成分表示される（図1.1.12）。すると，平面の場合の変位ベクトルと同じく，図1.1.13のように AB∥CD, AB=CD（ベクトルの大きさについては次項で述べる）のとき，$\overrightarrow{AB}=\overrightarrow{CD}$ である。また，2つの変位のつぎ足しがベクトルの和に対応し，変位の延長が実数倍に対応することも平面の場合と同じである。

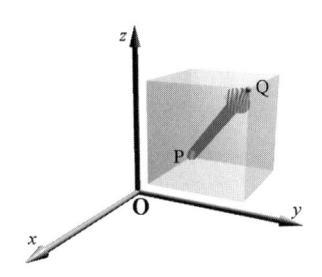

図 1.1.12　空間の変位

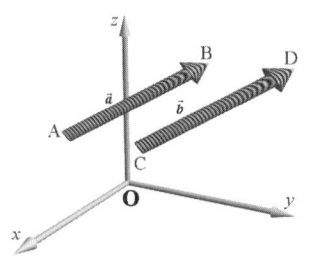

図 1.1.13　AB∥CD, AB=CD のとき $\overrightarrow{AB}=\overrightarrow{CD}$

例題　3次元変位ベクトル

　2点 $A(3,4,5)$, $B(4,-7,-1)$ がある。$\overrightarrow{AB}$ の成分表示を求めよ。$C(-2,3,0)$ に対して，$\overrightarrow{AB}=\overrightarrow{CD}$ となる D の座標を求めよ（図1.1.13参照）。

【解】
　$\overrightarrow{AB}=\overrightarrow{CD}=\vec{a}$ とおけば，
$$\vec{a}=\overrightarrow{AB}=(4,-7,-1)-(3,4,5)=(1,-11,-6)$$
よって $\overrightarrow{AB}$ の成分表示は $(1, -11, -6)$

$$\overrightarrow{OD} = \overrightarrow{OC} + \overrightarrow{CD} = \overrightarrow{OC} + \vec{a} = (-2, 3, 0) + (1, -11, -6)$$
$$= (-1, -8, -6)$$

よって D の成分表示は $(-1, -8, -6)$

1.1.3 ベクトルの大きさ

●空間座標における三平方の定理●

xy 平面上の 2 点 $P(x_1, y_1)$, $Q(x_2, y_2)$ 間の距離は，直角三角形で三平方の定理から

$$|\overrightarrow{PQ}| = \sqrt{(x_2-x_1)^2 + (y_2-y_1)^2}$$

として求めることができた。

空間内の点 $P(x_1, y_1, z_1)$, $Q(x_2, y_2, z_2)$ 間の距離は，図 1.1.12 のように PQ を対角線とする直方体を考え，三平方の定理を二度使って導出できて以下のようになる。

$$|\overrightarrow{PQ}|^2 = (x_2-x_1)^2 + (y_2-y_1)^2 + (z_2-z_1)^2$$

ゆえに，

$$|\overrightarrow{PQ}| = \sqrt{(x_2-x_1)^2 + (y_2-y_1)^2 + (z_2-z_1)^2}$$

となる。

練習 1.3

つぎの距離を計算せよ。
(1) $O(0,0,0)$, $A(3,4,5)$ のとき $|\overrightarrow{OA}|$
(2) $B(-1,2,3)$, $C(3,-5,1)$ のときの $|\overrightarrow{BC}|$
(3) $P(3,2,5)$, $Q(-1,2,3)$, $R(2,4,0)$ のときの $|\overrightarrow{PQ}|$, $|\overrightarrow{QR}|$, $|\overrightarrow{PR}|$

練習 1.4

$A(2,3,2)$, $B(-1,4,1)$ から等距離にある x 軸上の点の座標を求めよ。

ベクトル $\vec{a}$ の大きさはノルム（norm,「規格」という意味）といい，記号 $|\vec{a}|$ で表す。

そこで 2 点間の距離の求め方がわかったので，これを使って，球の方程式を求めよう。定点 $C(a, b, c)$ からの距離が常に一定の値 r であるような点 X の全体は，C を中心とし，r を半径とする球面を形づくる（図 1.1.14）。x の座標を (x, y, z) とすると，

$$|\overrightarrow{CX}| = r$$

により，

$$\sqrt{(x-a)^2 + (y-b)^2 + (z-c)^2} = r$$

が成り立つ。両辺を 2 乗すれば $(x-a)^2 + (y-b)^2 + (z-c)^2 = r^2$ が得

《One Point Advice》
ベクトルの世界では
$$|\vec{a}| = r$$
とあれば，必ず
$$|\vec{a}|^2 = r^2$$
と変形するように習慣づけてほしい。ベクトルの長さ（ベクトルの絶対値と考えてもよい）がでてくれば，両辺を自乗する以外に計算方法はないのである。

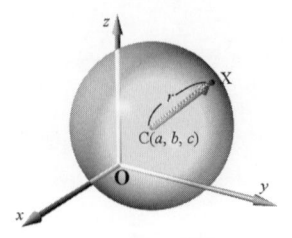

図 1.1.14 点 C を中心とした半径 r の球

られる。

これが，中心 (a,b,c)，半径 r の球の方程式である。たとえば，中心が $(2,-1,3)$，半径が 4 の球の方程式は

$$(x-2)^2+(y+1)^2+(z-3)^2=16 \tag{1.4}$$

となる。

●いろいろな次元のベクトルの大きさ●

$\vec{a}$ が図 1.1.15 のような矢線 $\overrightarrow{PQ}$ で表されたとき，線分 PQ の長さのことを $\vec{a}$ が 2 次元ベクトルで，

$$\vec{a}=\begin{pmatrix}a_1\\a_2\end{pmatrix} \text{ のとき } |\vec{a}|=\sqrt{a_1{}^2+a_2{}^2}$$

たとえば，

$$\vec{a}=\begin{pmatrix}3\\5\end{pmatrix} \text{ のときは，} |\vec{a}|=\sqrt{9+25}=\sqrt{34}$$

となる（図 1.1.15(b)）。

$\vec{a}$ が 3 次元ベクトルで，

$$\vec{a}=\begin{pmatrix}a_1\\a_2\\a_3\end{pmatrix} \text{ のときは，} |\vec{a}|=\sqrt{a_1{}^2+a_2{}^2+a_3{}^2}$$

となる（図 1.1.15(c)）。

たとえば，

$$\vec{b}=\begin{pmatrix}3\\-1\\2\end{pmatrix} \text{ のときは，} |\vec{b}|=\sqrt{9+1+4}=\sqrt{14}$$

実は，われわれは 1 次元（単なる数直線）でもベクトルを考えている。たとえば，

P が 2, Q が 5 ならば $a=PQ=5-2=3$ ∴ $|a|=3$

P が -2, Q が -5 ならば $a=PQ=-5-(-2)=(-3)$ ∴ $|a|=3$

となるのである（図 1.1.15(a)）。

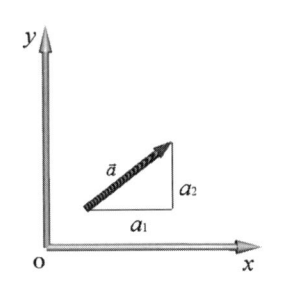

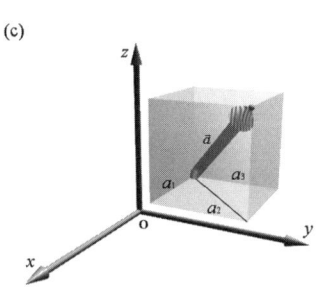

図 1.1.15 座標軸と変位ベクトル（縞模様）
(a) 1 次元
(b) 2 次元
(c) 3 次元

練習 1.5

つぎのベクトルの大きさを求めよ。

(1) $\vec{a}=\begin{pmatrix}-2\\3\end{pmatrix}$ (2) $\vec{b}=\begin{pmatrix}1\\1\\1\end{pmatrix}$

練習 1.6

$\vec{a} = \begin{pmatrix} 2 \\ 3 \end{pmatrix}$, $\vec{b} = \begin{pmatrix} -1 \\ 2 \end{pmatrix}$ のとき，つぎのそれぞれを計算せよ．

(1) $\vec{a} - 2\vec{b}$ および $|\vec{a} - 2\vec{b}|$

(2) $2\vec{a}$ および $|2\vec{a}|$

●単位ベクトル●

特に，大きさが1のベクトルを単位ベクトル（unit vector）という（図1.1.16）．たとえば，

$$\vec{e} = \begin{pmatrix} \dfrac{1}{\sqrt{6}} \\ -\dfrac{1}{\sqrt{6}} \\ \dfrac{2}{\sqrt{6}} \end{pmatrix} \text{は,} \quad |\vec{e}| = \sqrt{\dfrac{1}{6} + \dfrac{1}{6} + \dfrac{4}{6}} = 1$$

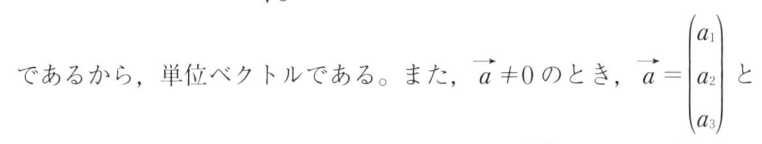

であるから，単位ベクトルである．また，$\vec{a} \neq 0$ のとき，$\vec{a} = \begin{pmatrix} a_1 \\ a_2 \\ a_3 \end{pmatrix}$ と同じ向きに平行で，しかも大きさ1のベクトル $\vec{e}$ のことを，$\vec{a}$ 方向の単位ベクトルという．このとき

$$\vec{a} = |\vec{a}|\vec{e}$$

となり，

$$|\vec{a}| = \sqrt{a_1^2 + a_2^2 + a_3^2}$$

だから，

$$\vec{e} = \dfrac{1}{|\vec{a}|}\vec{a} = \begin{pmatrix} \dfrac{a_1}{\sqrt{a_1^2 + a_2^2 + a_3^2}} \\ \dfrac{a_2}{\sqrt{a_1^2 + a_2^2 + a_3^2}} \\ \dfrac{a_3}{\sqrt{a_1^2 + a_2^2 + a_3^2}} \end{pmatrix}$$

である．

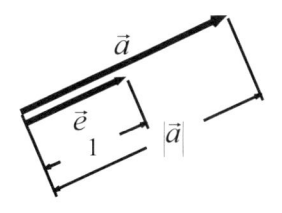

図1.1.16 単位ベクトル

《One Point Advice》
単位ベクトルを求めることを規格化あるいは正規化（normalization，長さ norm の動詞形 normalize からきている）という．単位ベクトルのことを「規格化されたベクトル」とか「正規化されたベクトル」ともいう．そもそも単位の「単」は1という意味であり，単位とは1のことなのである．単位は測るときの基準であり，規格（norm）となる．規格化とは長さを1にすることなのである．

練習 1.7

つぎのベクトル $\vec{a}$ に対して，$\vec{a}$ 方向の単位ベクトルを求めよ．

(1) $\vec{a} = \begin{pmatrix} 1 \\ 1 \\ 1 \end{pmatrix}$ (2) $\vec{a} = \begin{pmatrix} -3 \\ 4 \\ 5 \end{pmatrix}$

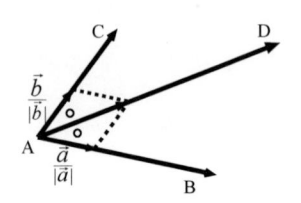

図 1.1.17　2 等分線上のベクトル

例題　単位ベクトルの応用

$\overrightarrow{AB}=\vec{a}$，$\overrightarrow{AC}=\vec{b}$，$\angle BAC$ の 2 等分線上の任意の点を D とすると，
$$\overrightarrow{AD}=m\left(\frac{\vec{a}}{|\vec{a}|}+\frac{\vec{b}}{|\vec{b}|}\right)$$
であることを示せ。ただし，m は適当な実数とする。

【解】
$\dfrac{\vec{a}}{|\vec{a}|}$ は AB の単位ベクトル，$\dfrac{\vec{b}}{|\vec{b}|}$ は $\overrightarrow{AC}$ の単位ベクトルである（図 1.1.17）。

したがって，$\dfrac{\vec{a}}{|\vec{a}|}+\dfrac{\vec{b}}{|\vec{b}|}$ はベクトルの加法（平行四辺形の方法）から $\overrightarrow{AB}$，$\overrightarrow{AC}$ の交角の 2 等分線上のベクトルとなる。したがって，$\angle BAC$ の 2 等分線上の任意の点を D とすれば
$$\overrightarrow{AD}=m\left(\frac{\vec{a}}{|\vec{a}|}+\frac{\vec{b}}{|\vec{b}|}\right) \quad (m\text{ は適当な実数})$$

1.1.4　三角関数によるベクトルの表現

●ベクトルの三角関数による表現●

2 次元のベクトルは以下のように三角関数で表すことができる。
$$\vec{r}=(r\cos\theta, r\sin\theta)$$
このベクトルの長さは
$$|\vec{r}|=\sqrt{r^2\sin^2\theta+r^2\cos^2\theta}=r$$
となり，r であることが確認できた。

例題　空間座標での三角関数での座標表現

つぎのベクトルの大きさを求めよ。
$$\vec{a}=(\sin\theta\cos\phi, \sin\theta\sin\phi, \cos\theta)$$

【解】
$$\begin{aligned}|\vec{a}|&=\sqrt{\sin^2\theta\cos^2\phi+\sin^2\theta\sin^2\phi+\cos^2\theta}\\&=\sqrt{\sin^2\theta(\cos^2\phi+\sin^2\phi)+\cos^2\theta}\\&=\sqrt{\sin^2\theta+\cos^2\theta}=1\end{aligned}$$

一般に，3 次元座標の三角関数による表現は $\vec{r}=(r\sin\theta\cos\phi, r\sin\theta\sin\phi, r\cos\theta)$ と表される（図 1.1.18）。

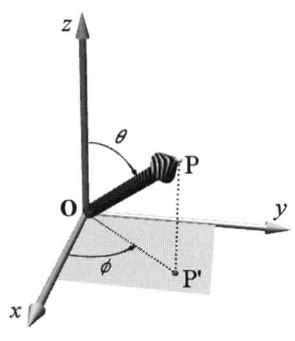

図 1.1.18　3 次元ベクトルの三角関数による表現

●方向余弦●

図 1.1.19 で $\overrightarrow{OP}$ と，x 軸，y 軸，z 軸の正の向きとのなす角をそれぞれ α, β, γ とすると，$a_1=|\overrightarrow{OP}|\cos\alpha$, $a_2=|\overrightarrow{OP}|\cos\beta$, $a_3=|\overrightarrow{OP}|\cos\gamma$ であるから

$$|\overrightarrow{OP}|^2=a_1^2+a_2^2+a_3^2=|\overrightarrow{OP}|^2(\cos^2\alpha+\cos^2\beta+\cos^2\gamma)$$

$$\therefore \quad \cos^2\alpha+\cos^2\beta+\cos^2\gamma=1$$

この $\cos\alpha$, $\cos\beta$, $\cos\gamma$ を OP の方向余弦という。上の式のとおり，方向余弦の 2 乗の和は 1 である。

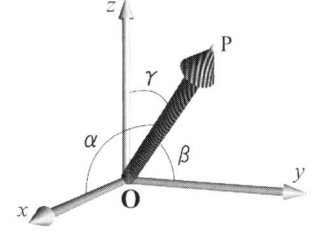

図 1.1.19 方向余弦

例題　単位ベクトルの応用

ベクトル $\vec{a}=(0,1,\sqrt{3})$ の方向余弦を求めよ。

【解】

$\vec{a}$ と同じ向きの単位ベクトル $\vec{e}$ は

$$\vec{e}=\frac{1}{|\vec{a}|}\vec{a}$$

$|\vec{a}|=2$ であるから

$$\vec{e}=\frac{1}{2}(0,1,\sqrt{3})=\left(0,\frac{1}{2},\frac{\sqrt{3}}{2}\right)$$

したがって，$\vec{a}$ の方向余弦は $0,\dfrac{1}{2},\dfrac{\sqrt{3}}{2}$ となる。

練習 1.8

ベクトル $\vec{b}=(1,1,1)$ の方向余弦を求めよ。

第1節　復習問題

1 $\vec{a} = \begin{pmatrix} 3 \\ -1 \end{pmatrix}$, $\vec{b} = \begin{pmatrix} 2 \\ 4 \end{pmatrix}$ のとき，つぎの各問に答えよ。

(1) $\vec{a}+\vec{b}$, $\vec{a}-\vec{b}$, $3\vec{a}+5\vec{b}$, $2\vec{a}-4\vec{b}$

(2) $\vec{c} = \begin{pmatrix} 21 \\ 7 \end{pmatrix}$ を，$\vec{a}$, $\vec{b}$ の線形結合で表せ。

(3) $\vec{0} = s\vec{a} + t\vec{b}$ となる s, t を求めよ。$\vec{0}$ は零ベクトルである。

2 平面上の点 A(2,1), B(1,3) の表すベクトルをそれぞれ $\vec{a}$, $\vec{b}$ とする。$\vec{a}$, $\vec{b}$ の線形結合を $\vec{c} = s\vec{a} + t\vec{b}$ としたとき，s, t がつぎの値をとるときの $\vec{c}$ を表す点の存在する範囲を図示せよ。

(1) $s>0$, $t>0$

(2) $s<0$, $t>0$

3 $\vec{a} = \begin{pmatrix} 4 \\ 1 \\ 2 \end{pmatrix}$, $\vec{b} = \begin{pmatrix} -1 \\ 3 \\ 0 \end{pmatrix}$ のとき，つぎのベクトルを求めよ。

(1) $2\vec{x} + 3\vec{a} = \vec{b}$ となる $\vec{x}$

(2) $4\vec{b} - 3\vec{y} = \vec{a}$ となる $\vec{y}$

4 空間内に点 A(4,6,3), B(2,−1,4) があるとき，つぎの各問に答えよ。

(1) A, B それぞれから yz 平面に垂線を下ろした点の座標をいえ。

(2) A, B それぞれの zx 平面に関する対称点の座標をいえ。

(3) A の B に関する対称点の座標をいえ。

5 ベクトル $\vec{e} = (l, m, n)$ は単位ベクトルで，$\vec{e}$ と x 軸，y 軸の正の向きとなす角が，それぞれ $45°$, $60°$ であるとする。l, m, n の値を求めよ。ただし，$n \geq 0$ とする。

第2節　ベクトルの内積

ベクトルの掛け算＝積の和。

1.2.1　ベクトルの垂直条件と内積
●三平方の定理とベクトルの垂直条件●

いま，ともに零ベクトルでない2つのベクトル

$$\vec{a} = \begin{pmatrix} x_1 \\ y_1 \\ z_1 \end{pmatrix}, \quad \vec{b} = \begin{pmatrix} x_2 \\ y_2 \\ z_2 \end{pmatrix}$$

が垂直である条件を考えよう（図1.2.1）。$\vec{a}$, $\vec{b}$ をそれぞれ位置ベクトルで表すと，$\vec{a}$, $\vec{b}$ が垂直である必要十分条件は△OABにおいて，三平方の定理 $|\vec{AB}|^2 = |\vec{OA}|^2 + |\vec{OB}|^2$ が成り立つことである。よって

$$(x_2-x_1)^2 + (y_2-y_1)^2 + (z_2-z_1)^2 = (x_1^2+y_1^2+z_1^2) + (x_2^2+y_2^2+z_2^2)$$

展開すると2乗の項が消え，

$$x_1 x_2 + y_1 y_2 + z_1 z_2 = 0 \tag{2.1}$$

が得られる。

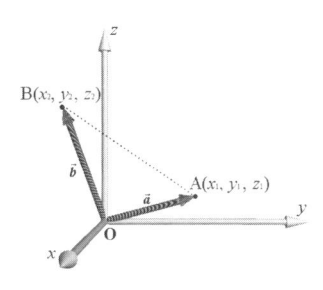

図1.2.1　垂直なベクトル

これがベクトル $\vec{a}$, $\vec{b}$ の垂直条件である。ここで式(2.1)の左辺に着目し，一般に，任意の2つのベクトル $\vec{a} = \begin{pmatrix} x_1 \\ y_1 \\ z_1 \end{pmatrix}$, $\vec{b} = \begin{pmatrix} x_2 \\ y_2 \\ z_2 \end{pmatrix}$ に対して，$x_1 x_2 + y_1 y_2 + z_1 z_2$ を，$\vec{a}$, $\vec{b}$ の内積といい，$\vec{a} \cdot \vec{b}$ と書く。すなわち，

$$\vec{a} \cdot \vec{b} = x_1 x_2 + y_1 y_2 + z_1 z_2$$

の条件は，$\vec{a} \neq 0$, $\vec{b} \neq 0$ のとき

$$\vec{a} \perp \vec{b} \iff \vec{a} \cdot \vec{b} = 0$$

と言い換えられる。

2次元ベクトルの場合も同様にして，$\vec{a} = \begin{pmatrix} x_1 \\ y_1 \end{pmatrix}$, $\vec{b} = \begin{pmatrix} x_2 \\ y_2 \end{pmatrix}$ の内積 $\vec{a} \cdot \vec{b}$ を $\vec{a} \cdot \vec{b} = x_1 x_2 + y_1 y_2$ とする。$\vec{a} \neq 0$, $\vec{b} \neq 0$ のとき

$$\vec{a} \perp \vec{b} \iff \vec{a} \cdot \vec{b} = 0$$

が成り立つ。

《One Point Advice》
内積は括弧を用いて以下のような記号でも書くが，本書ではドットのほうを多く使用することにする。

$\vec{a} = (a_1, a_2, a_3,), \quad \vec{b} = (b_1, b_2, b_3,)$

のときの内積は

$$(\vec{a}, \vec{b}) = a_1 b_1 + a_2 b_2 + a_3 b_3$$

練習 2.1

内積を計算し，垂直かどうか調べよ．

(1) $\begin{pmatrix} 2 \\ 3 \\ -3 \end{pmatrix}, \begin{pmatrix} 3 \\ -1 \\ 1 \end{pmatrix}$ (2) $\begin{pmatrix} 1 \\ 1 \\ 0 \end{pmatrix}, \begin{pmatrix} 0 \\ 1 \\ 1 \end{pmatrix}$

(3) $\begin{pmatrix} 2 \\ -1 \end{pmatrix}, \begin{pmatrix} 1 \\ 2 \end{pmatrix}$ (4) $\begin{pmatrix} 1 \\ 0 \end{pmatrix}, \begin{pmatrix} 0 \\ 1 \end{pmatrix}$

●**内積の図形的解釈**●

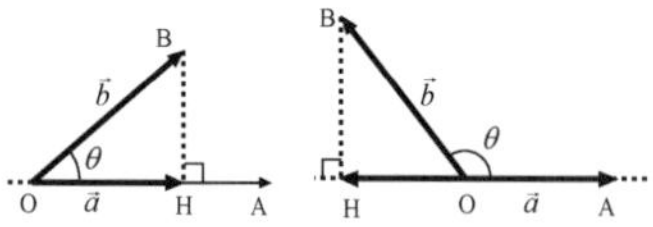

図 1.2.2 のようなベクトル $\overrightarrow{OA} = \vec{a}$, $\overrightarrow{OB} = \vec{b}$ について，B から直線 OA に下ろした垂線を BH としたとき，ベクトル $\overrightarrow{OH}$ のことを，$\vec{b}$ の $\vec{a}$ 上への正射影ベクトルという．$\vec{a}$, $\vec{b}$ の間の角を θ とすると，$0 \leq \theta < 90°$ のときは，$\overrightarrow{OH}$ は $\vec{a}$ と同じ方向のベクトルで，$90° < \theta \leq 180°$ のときは，は $\vec{a}$ と反対方向を向いたベクトルとなる．

$\vec{a} \perp \overrightarrow{BH}$ であるから（図 1.2.3），内積を使って $\vec{a} \cdot \overrightarrow{BH} = 0$ と書ける．
$$\overrightarrow{HB} = \overrightarrow{OB} - \overrightarrow{OH} = \vec{b} - \overrightarrow{OH}$$
$$\vec{a} \cdot (\vec{b} - \overrightarrow{OH}) = 0, \quad \vec{a} \cdot \vec{b} - \vec{a} \cdot \overrightarrow{OH} = 0,$$

よって，
$$\vec{a} \cdot \vec{b} = \vec{a} \cdot \overrightarrow{OH} \tag{2.2}$$

が成り立つ．ここで，$\vec{a}$ 方向の単位ベクトル $\vec{e}$ を使って $\vec{a} = |\vec{a}| \vec{e}$, $\overrightarrow{OH} = \vec{b} \cos\theta \, \vec{e}$ と書けるので，式 (2.2) は

$$\vec{a} \cdot \vec{b} = \vec{a} \cdot \overrightarrow{OH} = (|\vec{a}| \vec{e}) \cdot (|\vec{b}| \cos\theta \, \vec{e}) = |\vec{a}||\vec{b}| \cos\theta (\vec{e} \cdot \vec{e})$$
$$= |\vec{a}||\vec{b}| \cos\theta |\vec{e}|^2 = |\vec{a}||\vec{b}| \cos\theta$$

となる．すなわち
$$\vec{a} \cdot \vec{b} = |\vec{a}||\vec{b}| \cos\theta \tag{2.3}$$

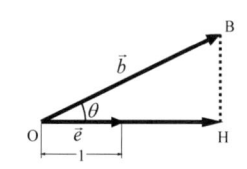

式 (2.3) によれば，内積 $\vec{a} \cdot \vec{b}$ とは，$0° \leq \theta \leq 90°$ のときは，（$\vec{a}$ の大きさ）×（$\vec{b}$ の $\vec{a}$ 上への正射影ベクトルの大きさ）であることがわかる（図 1.2.4）．特に $\theta = 90°$ のときは，$\cos 90° = 0$ であるから $\vec{a} \cdot \vec{b} = 0$ となり，以前調べた垂直条件を示す．$90° < \theta \leq 180°$ のとき，$\cos\theta < 0$ であるから，内積 $\vec{a} \cdot \vec{b}$ は，（$\vec{a}$ の大きさ）×（$\vec{b}$ の $\vec{a}$ 上への正射影ベクトルの大きさ）にマイナスをつけたものになる（図 1.2.5）．

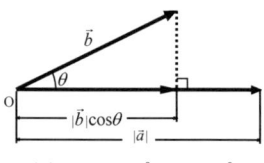

$\vec{a} \cdot \vec{b} = |\vec{a}||\vec{b}| \cos\theta$ を $\cos\theta = \dfrac{\vec{a} \cdot \vec{b}}{|\vec{a}||\vec{b}|}$ と変形すると，ベクトル $\vec{a}$, $\vec{b}$ の間の角を求めることができる．

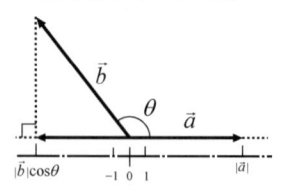

図 1.2.2　正射影ベクトル

図 1.2.3　$OH = b\cos\theta \, e$

図 1.2.4　$0° \leq \theta \leq 90°$

図 1.2.5　$90° < \theta \leq 180°$

例題　ベクトルのなす角度

$\vec{a} = \begin{pmatrix} 1 \\ \sqrt{2} \\ 1 \end{pmatrix}$, $\vec{b} = \begin{pmatrix} 1 \\ 0 \\ 1 \end{pmatrix}$ のとき，$\vec{a}$, $\vec{b}$ の間の角 θ を求めよ．

【解】
$$\vec{a} \cdot \vec{b} = 1 \times 1 + \sqrt{2} \times 0 + 1 \times 1 = 2$$
$$|\vec{a}| = \sqrt{1^2 + (\sqrt{2})^2 + 1^2} = 2$$
$$|\vec{b}| = \sqrt{1^2 + 0^2 + 1^2} = \sqrt{2}$$

よって，
$$\cos\theta = \frac{\vec{a} \cdot \vec{b}}{|\vec{a}||\vec{b}|} = \frac{2}{2 \times \sqrt{2}} = \frac{1}{\sqrt{2}}$$

ゆえに，　$\theta = 45°$．

練習 2.2

つぎの2つのベクトルの間の角を求めよ．

(1) $\vec{a} = \begin{pmatrix} 3 \\ 4 \end{pmatrix}$, $\vec{b} = \begin{pmatrix} 1 \\ -7 \end{pmatrix}$　　(2) $\vec{a} = \begin{pmatrix} 1 \\ 1 \end{pmatrix}$, $\vec{b} = \begin{pmatrix} 1-\sqrt{3} \\ 1+\sqrt{3} \end{pmatrix}$

(3) $\vec{a} = \begin{pmatrix} 1 \\ 2 \\ 3 \end{pmatrix}$, $\vec{b} = \begin{pmatrix} 2 \\ -3 \\ -1 \end{pmatrix}$　　(4) $\vec{a} = \begin{pmatrix} 1 \\ -1 \\ 2 \end{pmatrix}$, $\vec{b} = \begin{pmatrix} 4 \\ -5 \\ 3 \end{pmatrix}$

> [コラム] プログラミング言語Cの構造体，データベース
>
> プログラミング言語のCには構造体という多次元を表す便利な書式がある．これは，文字情報であればデータベースになる．ベクトルをCで表すためにも構造体を使う．構造体の要素をメンバーというが，ベクトルの成分と同じである．データベースで要素を取り出すことを「射影」というが，ベクトルの内積で成分を取り出すために正射影の計算をしているのとよく似ている．

●内積と余弦定理●

$\vec{a} \cdot \vec{b} = |\vec{a}||\vec{b}|\cos\theta$ は余弦定理を簡潔に表現したものといえるのである（図1.2.6）．余弦定理から

$$\overrightarrow{AB}^2 = \overrightarrow{OA}^2 + \overrightarrow{OB}^2 - 2\overrightarrow{OA} \cdot \overrightarrow{OB}\cos\theta = |\vec{a}|^2 + |\vec{b}|^2 - 2|\vec{a}||\vec{b}|\cos\theta$$

一方，
$$\overrightarrow{AB}^2 = |\overrightarrow{AB}|^2 = (\vec{b} - \vec{a}) \cdot (\vec{b} - \vec{a}) = |\vec{b}|^2 - 2\vec{a} \cdot \vec{b} + |\vec{a}|^2$$
$$\therefore\ |\vec{a}|^2 + |\vec{b}|^2 - 2|\vec{a}||\vec{b}|\cos\theta = |\vec{b}|^2 - 2\vec{a} \cdot \vec{b} + |\vec{a}|^2$$
$$\therefore\ \vec{a} \cdot \vec{b} = |\vec{a}||\vec{b}|\cos\theta$$

●内積の演算規則●

内積は，2つのベクトルから1つの実数値をつくる新しい演算と見ることができる．内積は，つぎの式に従う．

Ⅰ　$\vec{a} \cdot \vec{a} = |\vec{a}|^2$
Ⅱ　$\vec{a} \cdot \vec{b} = \vec{b} \cdot \vec{a}$

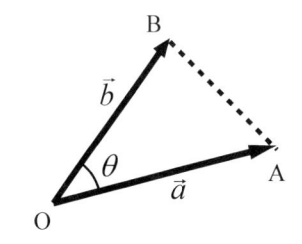

図1.2.6　三角形 OAB

III $\quad \vec{a}\cdot(\vec{b}+\vec{c})=\vec{a}\cdot\vec{b}+\vec{a}\cdot\vec{c}$
$\quad\quad (\vec{a}+\vec{b})\cdot\vec{c}=\vec{a}\cdot\vec{c}+\vec{b}\cdot\vec{c}$

IV $\quad (k\vec{a})\cdot\vec{b}=k(\vec{a}\cdot\vec{b})$
$\quad\quad \vec{a}\cdot(k\vec{b})=k(\vec{a}\cdot\vec{b})$, k は実数

$\vec{a}=\begin{pmatrix}x_1\\y_1\\z_1\end{pmatrix}$, $\vec{b}=\begin{pmatrix}x_2\\y_2\\z_2\end{pmatrix}$, $\vec{c}=\begin{pmatrix}x_3\\y_3\\z_3\end{pmatrix}$ として，IとIIIを証明してみよう。

I $\quad \vec{a}\cdot\vec{a}=x_1x_1+y_1y_1+z_1z_1=x_1^2+y_1^2+z_1^2=|\vec{a}|^2$

III $\quad \vec{a}\cdot(\vec{b}+\vec{c})=\begin{pmatrix}x_1\\y_1\\z_1\end{pmatrix}\begin{pmatrix}x_2+x_3\\y_2+y_3\\z_2+z_3\end{pmatrix}=x_1(x_2+x_3)+y_1(y_2+y_3)+z_1(z_2+z_3)$

$\quad\quad =(x_1x_2+y_1y_2+z_1z_2)+(x_1x_3+y_1y_3+z_1z_3)=\vec{a}\cdot\vec{b}+\vec{a}\cdot\vec{c}$

そのほかについても同様に証明できる。

例題　内積の計算

つぎの式を導け。
(1) $(\vec{a}-\vec{b})\cdot(\vec{a}-\vec{b})=|\vec{a}|^2-2(\vec{a}\cdot\vec{b})+|\vec{b}|^2$
(2) $(\vec{a}+\vec{b})\cdot(\vec{a}-\vec{b})=|\vec{a}|^2-|\vec{b}|^2$

【解】
(1) $(\vec{a}-\vec{b})\cdot(\vec{a}-\vec{b})=(\vec{a}-\vec{b})\cdot\vec{a}-(\vec{a}-\vec{b})\cdot\vec{b}$
$\qquad\qquad\qquad\quad =\vec{a}\cdot\vec{a}-\vec{b}\cdot\vec{a}-\vec{a}\cdot\vec{b}+\vec{b}\cdot\vec{b}$
$\qquad\qquad\qquad\quad =|\vec{a}|^2-2(\vec{a}\cdot\vec{b})+|\vec{b}|^2$
(2) $(\vec{a}+\vec{b})\cdot(\vec{a}-\vec{b})=(\vec{a}+\vec{b})\cdot\vec{a}-(\vec{a}+\vec{b})\cdot\vec{b}$
$\qquad\qquad\qquad\quad =\vec{a}\cdot\vec{a}+\vec{b}\cdot\vec{a}-\vec{a}\cdot\vec{b}-\vec{b}\cdot\vec{b}$
$\qquad\qquad\qquad\quad =|\vec{a}|^2-|\vec{b}|^2$

練習 2.3

$|\vec{a}|=3$, $|\vec{b}|=2$, $\vec{a}\cdot\vec{b}=4$ のとき，$(2\vec{a}+3\vec{b})\cdot\vec{b}$, $(\vec{a}+\vec{b})\cdot(\vec{a}+\vec{b})$ を計算せよ。

練習 2.4

$|\vec{a}|=5$, $|\vec{b}|=2$, $\vec{a}\cdot\vec{b}=1$ のとき，つぎの計算をせよ。
(1) $(2\vec{a}-3\vec{b})\cdot\vec{a}$ 　　(2) $(2\vec{a}+3\vec{b})\cdot(\vec{a}-2\vec{b})$
(3) $|\vec{a}+\vec{b}|^2$ 　　(4) $|2\vec{a}+3\vec{b}|^2$

練習 2.5

$|\vec{a}|=2$, $|\vec{b}|=1$, $|\vec{a}+\vec{b}|=3$ のとき, $\vec{a}\cdot\vec{b}$ を求めよ.

例題　三角形の面積と内積

△OAB の面積を S, OA$=\vec{a}$, OB$=\vec{b}$ とする（図 1.2.7）.

(1) $S=\dfrac{1}{2}\sqrt{|\vec{a}|^2|\vec{b}|^2-(\vec{a}\cdot\vec{b})^2}$ であることを証明せよ.

(2) $\vec{a}=(a_1,a_2)$, $\vec{b}=(b_1,b_2)$ のとき, 面積 S を求めよ.

(3) $\vec{a}=(a_1,a_2,a_3)$, $\vec{b}=(b_1,b_2,b_3)$ のとき, 面積 S を求めよ.

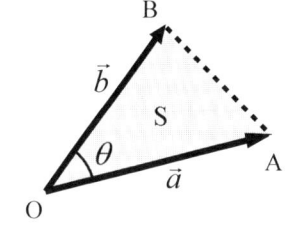

図 1.2.7　三角形の面積

【解】

(1) $\angle\text{AOB}=\theta$ $(0°<\theta<180°)$ とすると, 三角形の面積は
$$S=\frac{1}{2}\text{OA}\cdot\text{OB}\sin\theta$$
つまり $S=\dfrac{1}{2}|\vec{a}||\vec{b}|\sin\theta$ であるので $\sin^2\theta+\cos^2\theta=1$ の関係を使って,

$$S=\frac{1}{2}|\vec{a}||\vec{b}|\sin\theta=\frac{1}{2}\sqrt{|\vec{a}|^2|\vec{b}|^2\sin^2\theta}=\frac{1}{2}\sqrt{|\vec{a}|^2|\vec{b}|^2(1-\cos^2\theta)}$$
$$=\frac{1}{2}\sqrt{|\vec{a}|^2|\vec{b}|^2-|\vec{a}|^2|\vec{b}|^2\cos^2\theta}=\frac{1}{2}\sqrt{|\vec{a}|^2|\vec{b}|^2-(\vec{a}\cdot\vec{b})^2}$$

(2) $\vec{a}=(a_1,a_2)$, $\vec{b}=(b_1,b_2)$ のときは,
$$|\vec{a}|^2=a_1^2+a_2^2,\quad |\vec{b}|^2=b_1^2+b_2^2$$
$$\vec{a}\cdot\vec{b}=a_1b_1+a_2b_2$$
これを(1)の結果に代入すると,
$$S=\frac{1}{2}\sqrt{(a_1^2+a_2^2)(b_1^2+b_2^2)-(a_1b_1+a_2b_2)^2}$$
$$=\frac{1}{2}\sqrt{a_1^2b_2^2-2a_1a_2b_1b_2+a_2^2b_1^2}=\frac{1}{2}\sqrt{(a_1b_2-a_2b_1)^2}=\frac{1}{2}|a_1b_2-a_2b_1|$$

(3) $\vec{a}=(a_1,a_2,a_3)$, $\vec{b}=(b_1,b_2,b_3)$ とすると,
$$|\vec{a}|^2|\vec{b}|^2-(\vec{a}\cdot\vec{b})^2=(a_1^2+a_2^2+a_3^2)(b_1^2+b_2^2+b_3^2)$$
$$-(a_1b_1+a_2b_2+a_3b_3)^2$$
$$=a_1^2b_2^2+a_1^2b_3^2+a_2^2b_1^2+a_2^2b_3^2+a_3^2b_1^2+a_3^2b_2^2$$
$$-2a_1a_2b_1b_2-2a_2a_3b_2b_3-2a_3a_1b_3b_1$$
$$=(a_2b_3-a_3b_2)^2+(a_3b_1-a_1b_3)^2+(a_1b_2-a_2b_1)^2$$
$$\therefore\quad S=\frac{1}{2}\sqrt{(a_2b_3-a_3b_2)^2+(a_3b_1-a_1b_3)^2+(a_1b_2-a_2b_1)^2}$$

《One Point Advice》
$a=(a,b)$, $b=(c,d)$ のときは, 2つのベクトルによってつくられる平行四辺形の面積であれば,
$$S=|ad-bc|$$
となる. ここで $ad-bc$ は後で使う行列式の形と同じである（2.2.1 項参照）.

●直交する単位ベクトルと基本ベクトル●

直交する単位ベクトルのことを**正規直交ベクトル**という. そして正

規直交ベクトルを座標軸に沿って定義したときのベクトルを特に**基本ベクトル**という。

内積を基本ベクトルで考えると
$\vec{a} = (a_1, a_2, a_3), \ \vec{b} = (b_1, b_2, b_3)$ ならば
$$\begin{aligned}
\vec{a} \cdot \vec{b} &= (a_1\vec{e_1} + a_2\vec{e_2} + a_3\vec{e_3}) \cdot (b_1\vec{e_1} + b_2\vec{e_2} + b_3\vec{e_3}) \\
&= a_1b_1\vec{e_1} \cdot \vec{e_1} + a_1b_2\vec{e_1} \cdot \vec{e_2} + a_1b_3\vec{e_1} \cdot \vec{e_3} \\
&\quad + a_2b_1\vec{e_2} \cdot \vec{e_1} + a_2b_2\vec{e_2} \cdot \vec{e_2} + a_2b_3\vec{e_2} \cdot \vec{e_3} \\
&\quad + a_3b_1\vec{e_3} \cdot \vec{e_1} + a_3b_2\vec{e_3} \cdot \vec{e_2} + a_3b_3\vec{e_3} \cdot \vec{e_3} \\
&= a_1b_1 + 0 + 0 + 0 + a_2b_2 + 0 + 0 + 0 + a_3b_3 \\
&= a_1b_1 + a_2b_2 + a_3b_3
\end{aligned}$$

《One Point Advice》
$\vec{e_i} \cdot \vec{e_j} = 0 \ (i \neq j \text{のとき})$
$\vec{e_i} \cdot \vec{e_j} = 1 \ (i = j \text{のとき})$

直交ベクトルどうしは内積が0で，自分自身との内積のみが値をもつことが重要なのである。つまり，また直交ベクトルを単位ベクトルにとることによって自分自身との内積が1となる。基本ベクトルどうしが直交していることは，他の基本ベクトルとの内積が0になるという点で意味がある。また，基本ベクトルのが長さが1であることは，自分自身の内積が1になるという点で重要なのである。

つぎに，ベクトルと基本ベクトルの内積は成分を取り出すことができる。たとえば，$\vec{a} = (a_1, a_2, a_3)$ ならば
$\vec{a} \cdot \vec{e_1} = (a_1\vec{e_1} + a_2\vec{e_2} + a_3\vec{e_3}) \cdot \vec{e_1} = a_1\vec{e_1} \cdot \vec{e_1} + a_2\vec{e_1} \cdot \vec{e_2} + a_3\vec{e_1} \cdot \vec{e_3} = a_1$
となり，他の成分も同様にして取り出すことが可能である。

[コラム] 力学での仕事の定義は内積である

高校の物理では仕事の定義は
$$W = Fs\cos\theta$$
という公式が出てくる。なぜ，コサインが出てくるのかと思ってしまうが，実はこれは内積なのである。
$$W = \vec{F} \cdot \vec{s} = |\vec{F}||\vec{s}|\cos\theta$$
こう表現すれば理解できるであろう。

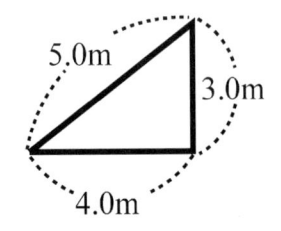

図1.2.8 直角三角形

例題 力の分力（斜面と釣り合い）

斜面の力の釣り合いを考えるときに，分力という概念が出てくる。分力は通常，垂直に分けることが多い。なぜだろう。まずは以下の問題を解いてみよう。【解】は普通の解答，【別解】はベクトルを垂直に分解して成分で解く方法である。

図1.2.8に示すような，なめらかな斜面がある。この斜面上に重さ5.0kg重の物体を置いた。つぎの各問に答えよ。

（1）図1.2.9(a)に示すように，重力Wを斜面に垂直な成分W_1と，斜面に平行な成分W_2に分解した。W_1とW_2の大きさをそれぞれ求めよ。

（2）図1.2.9(b)に示すように，この物体に糸をつけて斜面にそって力Tを作用させると，物体は斜面上で静止した。このときの斜面からの抗力N_1の大きさと，糸からの力Tの大きさをそれぞれ求めよ。

（3）図1.2.9(c)に示すように，この物体に床面に平行な力F

を作用させると，物体は斜面上で静止した。このときの力 F の大きさと，斜面からの抗力 N_2 の大きさをそれぞれ求めよ。

【解】

3力の釣り合いを考えるときに，すべての力を適当な2方向へ分解してそれぞれの方向の成分（分力）が釣り合うと考える。

（1） 三角形の相似より，$W:W_1:W_2=5:4:3$ だから $W_1=4.0$ kg重，$W_2=3.0$ kg重

（2） 重力を図1.2.9(a)のように分解して，

  斜面に垂直な成分の釣り合い：$N_1=W_1$
  斜面に平行な成分の釣り合い：$T=W_2$

だから，$N_1=4.0$ kg重，$T=3.0$ kg重

（3） 同じように F も斜面に垂直な成分 F_1 と平行な成分 F_2 に分解して，

  斜面に垂直な成分の釣り合い：$N_2=W_1+F_1$ …①
  斜面に平行な成分の釣り合い：$F_2=W_2$ …②
  さらに，$F:F_1:F_2=5:3:4$ …③ であり②より，
  $F_2=3.0$ kg重，

したがって③より，$F=3.75$ kg重，$F_1=2.25$ kg重

これを①に代入して，$N_2=4.0+2.25=6.25$ kg重

あるいは，この場合，鉛直方向（重力の方向）と水平方向に N_2 を分解して，それぞれの分力の大きさを N_3，N_4 とすれば，

  鉛直方向の釣り合い：$N_3=W$
  水平方向の釣り合い：$N_4=F$

$N_2:N_3:N_4=5:4:3$ として解いても同じである。

【別解】

直交する方向に力分解することによってベクトルの成分計算（座標の計算）で考えることができる。図1.2.10のように斜面に垂直な方向（F_1）と水平な方向（F_2）に分ける。

（1） 図形的性質より $\vec{W}=\begin{pmatrix} 4.0 \\ -3.0 \end{pmatrix}$

（2） $\vec{W}+\vec{N}+\vec{T}=\vec{0} \iff \begin{pmatrix} 4.0 \\ -3.0 \end{pmatrix}+\begin{pmatrix} -N_1 \\ 0 \end{pmatrix}+\begin{pmatrix} 0 \\ T \end{pmatrix}=\begin{pmatrix} 0 \\ 0 \end{pmatrix}$

  $\therefore$ $N_1=4.0$，$T=3.0$

（3） $\vec{W}+\vec{N}+\vec{T}=\vec{0} \iff \begin{pmatrix} 4.0 \\ -3.0 \end{pmatrix}+\begin{pmatrix} -N_1 \\ 0 \end{pmatrix}+\begin{pmatrix} F_1 \\ F_2 \end{pmatrix}=\begin{pmatrix} 0 \\ 0 \end{pmatrix}$

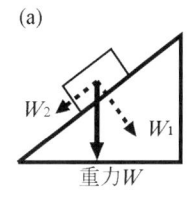

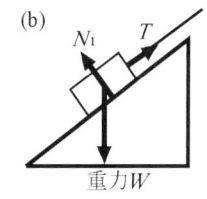

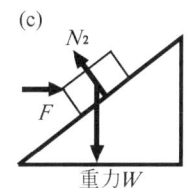

  よって $4.0-N_1+F_1=0$，$-3.0+F_2=0$

図1.2.9　斜面上の物体

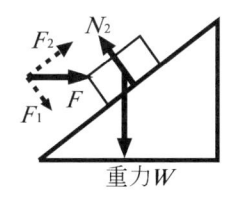

図1.2.10　斜面上の分力

幾何的関係から　$F_1=\dfrac{3}{5}F$, $F_2=\dfrac{4}{5}F$

∴　$F=3.75$, $N_2=6.25$

[コラム]　軸性ベクトルと極性ベクトル

　図 1.2.11(a) のように反時計まわりにまわっているか，あるいは図 1.2.11(b) のように時計まわりにまわっているかを区別する必要があるとともに，その速さが速いか遅いかという区別もあるのである．このような剛体の回転角速度もまた，適当な規約を設けると，1つのベクトルとして表すことができる．ベクトルとして定義されるためには，大きさ・方向・向きの3要素をもたなければならないのであるが，まずベクトルの大きさは角速度の大きさ，すなわちスカラーとしての角速度に比例するものをとればよく，またその方向は回転軸と一致させるのが最も手近である．このようにして，3要素のうちのはじめの2要素は全く自然にきまるのであるが，残りの1要素，すなわち向きだけは最初からきまっているものではなく，全く任意のものである．そこで，われわれはいわゆる右手まわりのネジの心棒を回転軸に平行に置いて，それを剛体の回転の向きにまわしたときに，心棒の進む向きをもってベクトルの向きとすると規約する．このようにすれば，結局，角速度はベクトルの3要素をすべて備えもつことになって，ベクトルとして表されるのである．変位・速度・加速度・力などのように，別に規約を設けなくとも，最初から向きの区別のあるベクトルを**極性ベクトル**という．一方，角速度のように，例えば右まわりのネジの心棒の進む向きをもってその向きとするというように，適当な規約を設けて初めて向きの区別ができるようなベクトルを**軸性ベクトル**または回転性ベクトルという．明らかに，角加速度もまた1つの軸性ベクトルなのであるが，もうひとつ重要な軸性ベクトルの例をつぎに述べよう．

　図 1.2.12 の F の上に1つの閉曲線 C を考える．この閉曲線でかこまれた面積は，その大きさだけを問題にするときには，もちろんスカラーであるが，これもまた適当な規約を設けるとベクトルとして表すことができる．そのために，まず2，3の取りきめをする．いま，閉曲線 C でかこまれた領域を常に左側に見ながら C の上をまわるものとするとき，そのまわる向きが1点 P から見て時計まわりであれば，閉曲線 C によってかこまれた面積は P からみて正であるといい，またこのとき「P は平面 F の正の側にある点である」という（図 1.2.12 参照．もしも，反対にそのまわる向きが P からみて時計回りであれば，C によってかこまれた面積は P から見て負であるといい，このとき P は平面 F の負の側にあるというのである）．このようにあらかじめ平面の両側に正負の区別を設けておくと，閉曲線 C でかこまれた面積を直ちに1つのベクトルで表すことができるのである．すなわち，その大きさは面積の大きさに比例し，その方向および向きは平面 F に立てた正の側に向く法線の方向および向きと同じであるとすればよい．このようにしてきめられる面積ベクトルの向きは，表現はちがってはいるけれども，右まわりのネジを使ってきめられるものと全く同じであることは容易にわかるであろう．いずれにしても，このような面積ベクトルも，規約によって向きの区別を設けることができるものであるから，軸性ベクトルなのである．

　平面上の面積ばかりでなく，任意の曲面の場合でも，それを限りなく多くの部分に分割した場合における個々の微小面積，すなわち面積素片は，平面上の面積とみなしてもさしつかえないから，やはりベクトルで表すことがで

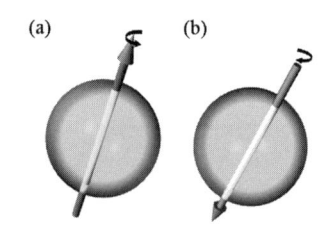

図 1.2.11　極性ベクトル

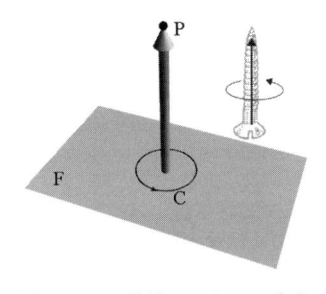

図 1.2.12　軸性ベクトルの向きの規約

きるのである。電磁気学において，磁束密度と面積ベクトルの内積によって磁束を求めることなどで，面積ベクトルは登場する。

1.2.2 積の和を内積と見る

●積和●

積の和を内積と見ると便利である。とりあえず，以下の例題を解いてみよう。

例題 $a\sin\theta + b\cos\theta$

つぎの三角関数の合成を内積を使って計算せよ。
$$a\sin\theta + b\cos\theta$$

【解】
$$a\sin\theta + b\cos\theta = b\cos\theta + a\sin\theta = \begin{pmatrix} b \\ a \end{pmatrix} \cdot \begin{pmatrix} \cos\theta \\ \sin\theta \end{pmatrix}$$

ここで，ベクトル (b, a) と x 軸のなす角度を α とする。ベクトル (b, a) と $(\cos\theta, \sin\theta)$ のなす角は $\alpha - \theta$ となる。

$$\begin{pmatrix} b \\ a \end{pmatrix} \cdot \begin{pmatrix} \cos\theta \\ \sin\theta \end{pmatrix} = \sqrt{a^2+b^2} \cdot 1 \cdot \cos(\alpha - \theta) = \sqrt{a^2+b^2}\cos(\theta - \alpha)$$

例題 三角関数の1次式

関数 $f(x) = |\sin x + \cos x - 1|$, $(0 \leq x \leq 360°)$ において最大値を求めよ。

【解】 $f(x)$ の $|\ |$ の中身を $g(x)$ とおくと，
$$g(x) = \sin x + \cos x - 1 = (\cos x, \sin x) \cdot (1, 1) - 1 = \sqrt{2}\cos\alpha - 1$$
α は二つのベクトル $(\cos x, \sin x)$, $(1, 1)$ のなす角度である。
よって，図 1.2.13 より

$\alpha = 45°$ のとき $f(x) = \sqrt{2} - 1$

$\alpha = 225°$ のとき $f(x) = |-\sqrt{2} - 1| = \sqrt{2} + 1$

となり，$\sqrt{2}+1$ が求める最大値となる。

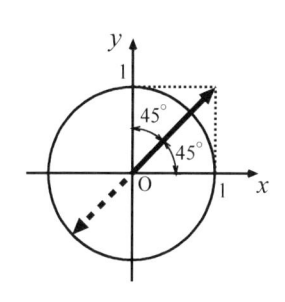

図 1.2.13 単位円

《One Point Advice》

「$\sin x + \cos x$」という抽象的な式を，2つのベクトル $(\cos x, \sin x)$, $(1, 1)$ の内積という図形的な解釈をすることが可能である。

例題 三角関数

つぎの公式を証明せよ。
$$\cos(\alpha + \beta) = \cos\alpha\cos\beta - \sin\alpha\sin\beta \quad \cdots (1)$$
$$\cos(\alpha - \beta) = \cos\alpha\cos\beta + \sin\alpha\sin\beta \quad \cdots (2)$$

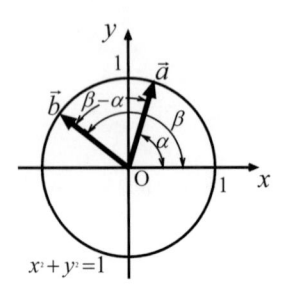

図 1.2.14 単位円

【解】

式 (2) の右辺は「$\vec{a} = \begin{pmatrix} \cos\alpha \\ \sin\alpha \end{pmatrix}$, $\vec{b} = \begin{pmatrix} \cos\beta \\ \sin\beta \end{pmatrix}$ の内積」である (図 1.2.14)。さて sin と cos は対で円を表す。この場合 $\vec{a}$, $\vec{b}$ において $|\vec{a}|=1$, $|\vec{b}|=1$, $\vec{a}$, $\vec{b}$ の交角は, $\beta-\alpha$ である。よって,

$$\vec{a}\cdot\vec{b} = 1\cdot 1\cdot\cos(\beta-\alpha) = \cos(\beta-\alpha)$$

となり式 (2) の証明ができた。式 (2) は任意の α, β について成立するので, 式 (2) の β を $-\beta$ にかえることにより, 式 (1) が得られる。

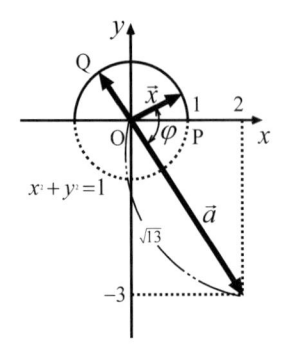

図 1.2.15 単位円

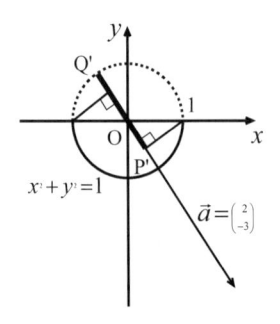

図 1.2.16 単位円

例題　三角関数の最大値, 最小値

θ が $0 \le \theta \le 180°$ の範囲を動くとき $z = 2\cos\theta - 3\sin\theta$ の最大・最小値を求めよ。

【解】

ここでも, $\vec{a} = \begin{pmatrix} 2 \\ -3 \end{pmatrix}$, $\vec{x} = \begin{pmatrix} \cos\theta \\ \sin\theta \end{pmatrix}$, $z = \vec{a}\cdot\vec{x}$ とみる。$0° \le \theta \le 180°$ なので, $\vec{x}$ は, 図 1.2.15 の半円上を動き, $\vec{a}$ は図 1.2.15 のような定ベクトルなので, $\vec{a}$ と $\vec{x}$ のなす角を φ とすれば, $\vec{a}\cdot\vec{x} = \sqrt{13}\cdot 1\cos\varphi$ で, $\cos\varphi$ の φ は 0 に近いほど大きく, 180° に近いほど小さいので, 図 1.2.15 のように P, Q をとると $\vec{x}$ が $\overrightarrow{OP}$ のとき最大, $\vec{x}$ が $\overrightarrow{OQ}$ のとき最小とわかる。

$$\sqrt{13}\cdot 1\cos\pi \le \vec{a}\cdot\vec{x} \le \begin{pmatrix} 2 \\ -3 \end{pmatrix}\cdot\begin{pmatrix} 1 \\ 0 \end{pmatrix}$$

$$\therefore \quad -\sqrt{13} \le z \le 2$$

$\vec{x}$ は図 1.2.16 の波線部分を動くので, その $\vec{a}$ 方向への正射影は, 図中の太線部分になる。よって内積の意味を考えて,「$\vec{x}$ の正射影が図中の点 P' になるとき, $\vec{a}\cdot\vec{x}$ は最大, $\vec{x}$ の正射影が図中の Q' になるとき, $\vec{a}\cdot\vec{x}$ は最小 (負で絶対値が最大)」となる。

よって,

$$\sqrt{13}\cdot(-1) \le z \le \begin{pmatrix} 2 \\ -3 \end{pmatrix}\cdot\begin{pmatrix} 1 \\ 0 \end{pmatrix} = 2$$

《One Point Advice》

ここでは「長さ×cos(交角)」を利用したが, この問題ではむしろ,「正射影の長さの積」を利用するほうがより見通しがよい。

第2節　復習問題

1 $\vec{a}=\begin{pmatrix}1\\2\\3\end{pmatrix}$, $\vec{b}=\begin{pmatrix}-3\\2\\2\end{pmatrix}$ のとき，つぎのベクトルの大きさを求めよ。

(1) $2\vec{a}+\vec{b}$ 　　(2) $\vec{a}+2\vec{b}$

2 $\vec{a}=\begin{pmatrix}1\\2\\-1\end{pmatrix}$, $\vec{b}=\begin{pmatrix}2\\-3\\-1\end{pmatrix}$ のとき，$\vec{a}+t\vec{b}$ と $\vec{b}$ が垂直になるように実数 t の値を定めよ。

3 $\vec{a}=\begin{pmatrix}2\\1\\-1\end{pmatrix}$, $\vec{b}=\begin{pmatrix}1\\-1\\-5\end{pmatrix}$ の両方に垂直で，かつ大きさ1のベクトルを求めよ。

4 つぎの場合について，$\vec{a}$, $\vec{b}$ の間の角を求めよ。
(1) $|\vec{a}|=5$, $|\vec{b}|=4$, $\vec{a}\cdot\vec{b}=10$
(2) $|\vec{a}|=|\vec{b}|$, $|\vec{a}-2\vec{b}|=3|\vec{b}|$
(3) $\vec{a}+\vec{b}+\vec{c}=0$, $|\vec{a}|=3$, $|\vec{b}|=5$, $|\vec{c}|=7$

5 $|\vec{a}|=|\vec{b}|$ ならば，$(\vec{a}+\vec{b})\perp(\vec{a}-\vec{b})$ を証明せよ。

［コラム］ベクトル空間

集合 V がつぎの(i)から(viii)の公理を満たす a, b なる要素（元）が存在するとき，その集合をベクトル空間という。

和の公理
(i) 交換法則
(ii) 結合法則
(iii) 零ベクトルを 0 と書くとき，$a+0=a$
(iv) a の逆ベクトルを $-a$ と書くとき，$a+(-a)=0$

スカラー倍の公理
(v) $k(a+b)=ka+kb$
(vi) $(k+l)a=ka+la$
(vii) $k(la)=kla$
(viii) $1a=a$

この公理によると $a=\sin x$, $b=\cos x$, $c=\sin 2x$ のような関数もベクトルになる。事実，数学ではいわゆる矢ベクトル（**有向成分をもつベクトル**ともいう）でないものがたくさんでてくるのである。

さらに，以下の内積の公理を満たすベクトル空間を計量ベクトル空間という。

Ⅰ $a\cdot a=|a|^2\geq 0$
Ⅱ $a\cdot b=b\cdot a$
Ⅲ $a\cdot(b+c)=a\cdot b+a\cdot c$
　$(a+b)\cdot c=a\cdot c+b\cdot c$
Ⅳ $(ka)\cdot b=k(a\cdot b)$
　$a\cdot(kb)=k(a\cdot b)$, k は実数

関数がベクトルである場合など，以下のような積分で内積を定義する。
$$P=\int f(x)\cdot g(x)dx$$

詳しいことは，もっと別の本を参照してほしい。

第1章　章末問題

❶ $\vec{a}=(4,-2,5)$, $\vec{b}=(7,9,-8)$ のとき，つぎの関係を満たすベクトルを求めよ。
　(1) $2\vec{a}+\vec{x}=3\vec{b}$　　(2) $2\vec{x}+\vec{b}=\vec{a}$
　(3) $4\vec{x}-\vec{a}=2\vec{b}-3\vec{x}$

❷ (1) $\vec{a}=(1,2)$, $\vec{b}=(3,4)$, $\vec{p}=(-4,6)$ のとき，$\vec{p}$ を $\vec{a}$, $\vec{b}$ を用いて表せ。
　(2) $\vec{a}=(1,1,0)$, $\vec{b}=(1,0,1)$, $\vec{c}=(0,1,1)$, $\vec{p}=(5,6,7)$ のとき，$\vec{p}$ を $\vec{a}$, $\vec{b}$, $\vec{c}$ を用いて表せ。

❸ つぎのそれぞれの場合にベクトル $\vec{a}$, $\vec{b}$ のなす角を求めよ。
　(1) $|\vec{a}|=3$, $|\vec{b}|=4$, $(\vec{a},\vec{b})=6$
　(2) $|\vec{a}|=|\vec{b}|=(\vec{a},\vec{b})=\sqrt{2}$

❹ $\vec{a}\perp\vec{b}$ ならば，つぎの等式が成り立つことを示せ。
$$|\vec{a}+\vec{b}|^2=|\vec{a}-\vec{b}|^2=|\vec{a}|^2+|\vec{b}|^2$$

⇒4.3.2項（3次元ベクトルの外積）参照

❺ 3つのベクトル $(x,4,6)$, $(2,y,6)$, $(2,4,z)$ が互いに垂直となるように x, y, z を定めよ。

❻ $\vec{a}=(1,2,-3)$, $\vec{b}=(2,-1,-2)$ が与えられている。ベクトル $\vec{x}=(x_1,x_2,x_3)$ とすれば，$\vec{x}$ が $\vec{a}$ と $\vec{b}$ の双方に垂直になるように $x_1:x_2:x_3$ を求めよ。ただし，$\vec{x}$ は $\vec{0}$ でないとする。

❼ x 軸の正の向きとのなす角が $30°$ で，ベクトル $\vec{a}=(0,1,-1)$ に垂直な単位ベクトルを求めよ。

第2章 行 列
~多次元量の比例定数~

　表計算ソフトを使えば，行と列の組み合わせは当たり前である。行列とは数値の表であることが基本なのである。しかし，多次元量の比例定数であることを忘れてはならない。

逆行列（MINVERSEを使う）

$$A = \begin{pmatrix} 1 & 2 & 2 \\ 3 & -4 & -2 \\ -1 & 3 & 2 \end{pmatrix}$$

$$A^{-1} = \begin{pmatrix} -0.4000 & 1.0000 & 1.6000 \\ -0.8000 & 1.0000 & 2.2000 \\ 1.0000 & -1.0000 & -2.0000 \end{pmatrix}$$

連立方程式（MMULTを使う）

$$b = \begin{pmatrix} 4 \\ 1 \\ 3 \end{pmatrix}$$

$$x = \begin{pmatrix} 4.2000 \\ 4.4000 \\ -3.0000 \end{pmatrix}$$

第1節　行列の計算 ──────────────────────── 30
　2.1.1　ベクトルの線形結合と行列 ·························· 30
　2.1.2　線形写像の合成と行列の積 ·························· 34
　2.1.3　行列の積の性質 ···································· 36
　2.1.4　行列の和，差，実数倍 ······························ 38
　2.1.5　m 行 n 列の行列 ···································· 40
第2節　逆行列とべき乗行列 ──────────────────── 49
　2.2.1　逆写像と逆行列 ···································· 49
　2.2.2　連立方程式の解法 ·································· 52
　2.2.3　連立方程式の不定・不能 ···························· 53
　2.2.4　行列のべき乗 ······································ 55
　2.2.5　行列のそのほかの性質 ······························ 56
第3節　3元連立方程式の解法 ────────────────── 60
　2.3.1　連立3元1次方程式と行列 ···························· 60
　2.3.2　掃き出し法 ·· 60
　2.3.3　3元連立方程式の不定・不能 ························· 63
　2.3.4　掃き出し法と逆行列 ································ 64
　2.3.5　連立1次方程式の解法とコンピュータ ·················· 67
章末問題 ──────────────────────────── 74

第1節　行列の計算

AB≠BA なんてことがある。

2.1.1　ベクトルの線形結合と行列
●ベクトルが並べば行列●

ぶどうパン P, Q をそれぞれ 1 箱つくるのに必要な材料が, 表 1.1 のように与えられたとする。

表 1.1　ぶどうパン P, Q を 1 箱つくるのに必要な材料

	パン P	パン Q
小麦粉（袋）	4	1
干しぶどう（袋）	1	3

このとき，P を 5 箱, Q を 2 箱つくるのに必要な小麦粉，干しぶどうは，ベクトルの線形結合として

$$5\begin{pmatrix}4\\1\end{pmatrix}+2\begin{pmatrix}1\\3\end{pmatrix}=\begin{pmatrix}20\\5\end{pmatrix}+\begin{pmatrix}2\\6\end{pmatrix}=\begin{pmatrix}22\\11\end{pmatrix}$$

として計算できることはすでに学んだ。

ぶどうパン P を x_1 箱, ぶどうパン Q を x_2 箱つくるとき必要な材料は, 小麦粉, 干しぶどうをそれぞれ y_1 袋, y_2 袋とすると,

$$\begin{pmatrix}y_1\\y_2\end{pmatrix}=x_1\begin{pmatrix}4\\1\end{pmatrix}+x_2\begin{pmatrix}1\\3\end{pmatrix} \tag{1.1}$$

と, 線形結合を用いて表すことができる。式 (1.1) はまた,

$$\begin{cases}y_1=4x_1+x_2\\y_2=x_1+3x_2\end{cases} \tag{1.2}$$

と連立方程式の形で表せる。さらにこれをつぎのように表すことにする。

$$\begin{pmatrix}y_1\\y_2\end{pmatrix}=\begin{pmatrix}4&1\\1&3\end{pmatrix}\begin{pmatrix}x_1\\x_2\end{pmatrix} \tag{1.3}$$

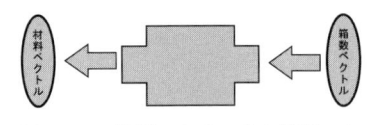

図 2.1.1　箱数ベクトルから材料ベクトルへの写像

このように表すと，ぶどうパン P, Q の箱数を表すベクトル（箱数ベクトル）と必要な材料を表すベクトル（材料ベクトル）がそれぞれ以下のように表すことができる。

$$\begin{array}{ccc}材料 & \leftarrow & 製品\\ \begin{pmatrix}y_1\\y_2\end{pmatrix} & \leftarrow & \begin{pmatrix}x_1\\x_2\end{pmatrix}\end{array}$$

これはベクトルからベクトルへの正比例と見ることができる。これをベクトルからベクトルへの**線形写像**，あるいは **1 次写像**（ともに linear mapping の訳語）という。ここで, 比例係数に相当する部分の

$$\begin{pmatrix}4&1\\1&3\end{pmatrix}$$

を**行列**（matrix）という。横方向を行（row　英和辞典では「列」と

訳される）といい，縦方向を列（column 柱）という。数学は横書き文化であるから絶対に横方向が行である。

すると，行列 A は，箱数ベクトルに材料ベクトルを対応させる役割りを果たしていることがわかる。ところで，一般に2つの集合 M，N があって，M の各元に N の元を1つ対応させる規則 f があるとき，この対応の規則 f を，M から N への写像という。

この写像 f によって M の元 a に N の元 b が対応することをと $b = f(a)$ と表し，b を f による a の像という。ぶどうパン A，B の箱数ベクトル $\vec{x}$ を一つきめると，式 (1.3) によって，材料ベクトル $\vec{y}$ が1つきまる。

ところで，本書では写像の対応は右から左へと対応させる。たとえば，関数であれば $y=f(x)$ と表現する。$f(x)$ は function of x の意味で，その結果を y に代入するのでデータの流れとしては右から左に流れているのである。数学の記号がヨーロッパ言語に由来するので仕方がない。

《One Point Advice》
行列は matrix（メイトリックス）の訳である。matirx は英和辞典では「母型」や「鋳型」という意味で，mother と同系統の語源をもつ単語であり，数字の固まりというニュアンスである。「行列」といえばパレードを思い出すので，ドイツ語読みの「マトリックス」（映画の名前ではない）ということが多い。

例題　行列とベクトルの積

つぎの行列とベクトルの積を求めよ。
$$\begin{pmatrix} 4 & 1 \\ 1 & 3 \end{pmatrix} \begin{pmatrix} 6 \\ 2 \end{pmatrix}$$

【解】
$$\begin{pmatrix} 4 & 1 \\ 1 & 3 \end{pmatrix} \begin{pmatrix} 6 \\ 2 \end{pmatrix} = 6 \begin{pmatrix} 4 \\ 1 \end{pmatrix} + 2 \begin{pmatrix} 1 \\ 3 \end{pmatrix} = \begin{pmatrix} 24 \\ 6 \end{pmatrix} + \begin{pmatrix} 2 \\ 6 \end{pmatrix} = \begin{pmatrix} 26 \\ 12 \end{pmatrix}$$

（注）　式 (1.1) を使った計算。

【別解】
$$\begin{pmatrix} 4 & 1 \\ 1 & 3 \end{pmatrix} \begin{pmatrix} 6 \\ 2 \end{pmatrix} = \begin{pmatrix} 4\times 6 + 1\times 2 \\ 1\times 6 + 3\times 2 \end{pmatrix} = \begin{pmatrix} 26 \\ 12 \end{pmatrix}$$

（注）　式 (1.2) を使った計算。

練習 1.1

つぎの計算をせよ。

(1) $\begin{pmatrix} 1 & 2 \\ 3 & 1 \end{pmatrix} \begin{pmatrix} 1 \\ 2 \end{pmatrix}$　　(2) $\begin{pmatrix} -5 & 0 \\ -6 & 3 \end{pmatrix} \begin{pmatrix} 1 \\ 2 \end{pmatrix}$

●線形写像の性質●

行列 A で表される線形写像において，

$$\vec{y} = A\vec{x}, \quad \vec{y}' = A\vec{x}'$$

とすると，つぎの性質が成り立つ．

$A(k\vec{x}) = kA\vec{x}$ 　　　　（$\vec{x}$ が k 倍になれば $\vec{y}$ も k 倍になる）　(a)

$A(\vec{x}+\vec{x}') = A\vec{x} + A\vec{x}'$　（和 $\vec{x}+\vec{x}'$ が同じく，和 $\vec{y}+\vec{y}'$ に対応）(b)

たとえば，

$$A = \begin{pmatrix} 4 & 1 \\ 1 & 3 \end{pmatrix}, \quad \vec{x} = \begin{pmatrix} x_1 \\ x_2 \end{pmatrix}$$

のとき，

$$\begin{pmatrix} 4 & 1 \\ 1 & 3 \end{pmatrix} \begin{pmatrix} kx_1 \\ kx_2 \end{pmatrix} = \begin{pmatrix} 4kx_1 + kx_2 \\ kx_1 + 3kx_2 \end{pmatrix} = k \begin{pmatrix} 4x_1 + x_2 \\ x_1 + 3x_2 \end{pmatrix} = k \begin{pmatrix} 4 & 1 \\ 1 & 3 \end{pmatrix} \begin{pmatrix} x_1 \\ x_2 \end{pmatrix}$$

となり，(a) が成り立つことがわかる．

たとえば，

$$A = \begin{pmatrix} 4 & 1 \\ 1 & 3 \end{pmatrix}, \quad \vec{x} = \begin{pmatrix} x_1 \\ x_2 \end{pmatrix}, \quad \vec{x}' = \begin{pmatrix} x_1' \\ x_2' \end{pmatrix}$$

のとき，

$$\begin{pmatrix} 4 & 1 \\ 1 & 3 \end{pmatrix} \begin{pmatrix} x_1 \\ x_2 \end{pmatrix} + \begin{pmatrix} 4 & 1 \\ 1 & 3 \end{pmatrix} \begin{pmatrix} x_1' \\ x_2' \end{pmatrix} = \begin{pmatrix} 4x_1 + x_2 \\ x_1 + 3x_2 \end{pmatrix} + \begin{pmatrix} 4x_1' + x_2' \\ x_1' + 3x_2' \end{pmatrix}$$

$$= \begin{pmatrix} 4(x_1+x_1') + (x_2+x_2') \\ (x_1+x_1') + 3(x_2+x_2') \end{pmatrix} = \begin{pmatrix} 4 & 1 \\ 1 & 3 \end{pmatrix} \begin{pmatrix} x_1+x_1' \\ x_2+x_2' \end{pmatrix}$$

となり，(b) が成り立つことがわかる．

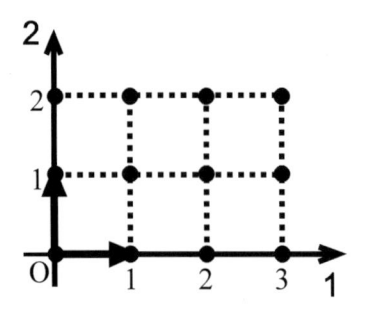

(a) と (b) を合わせて線形写像の**線形性**（linearity）という．ぶどうパン P，Q の例でいえば，(a) は，A と B の個数をそれぞれ k 倍にすれば材料も k 倍必要であることを示し，(b) は，個数の和が材料の和に対応することを示している．

図 2.1.2　格子点と基本ベクトル

例題　線形写像と格子点

線形写像　　$\begin{pmatrix} y_1 \\ y_2 \end{pmatrix} = \begin{pmatrix} 4 & 1 \\ 1 & 3 \end{pmatrix} \begin{pmatrix} x_1 \\ x_2 \end{pmatrix}$

により，図 2.1.2 の格子点はどのような点にうつされるかを図示せよ．

【解】

つぎの基本ベクトル（base，基底ベクトルともいう）$\begin{pmatrix} 1 \\ 0 \end{pmatrix}$，

$\begin{pmatrix}0\\1\end{pmatrix}$ は，それぞれ $\begin{pmatrix}4\\1\end{pmatrix}$, $\begin{pmatrix}1\\3\end{pmatrix}$ にうつされる。格子点は線形性により，図 2.1.3 のような平行四辺形の格子点にうつされる。

線形性 (a), (b) は，まとめてつぎのように表すこともできる。$\vec{y} = A\vec{x}$, $\vec{y}' = A\vec{x}'$ のとき

$$A(k\vec{x} + l\vec{x}') = k(A\vec{x}) + l(A\vec{x}') = k\vec{y} + l\vec{y}' \quad (1.4)$$

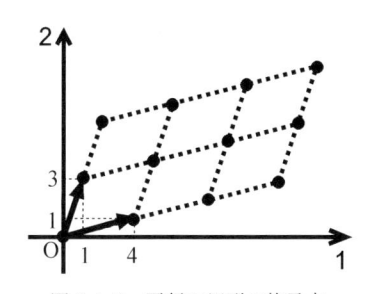

図 2.1.3 平行四辺形の格子点

《One Point Advice》
このような平行四辺形の格子点は斜交座標とよばれることがある。

行列 A が表す線形写像によって，$\vec{x}$ が $\vec{y}$ に，$\vec{x}'$ が $\vec{y}'$ にうつされるとき，$k\vec{x} + l\vec{x}'$ は，$k\vec{y} + l\vec{y}'$ にうつされることがわかった。このことは，図形的にいえば，$k\vec{x}$, $l\vec{x}'$ を 2 辺とする平行四辺形が，$k\vec{y}$, $l\vec{y}'$ を 2 辺とする平行四辺形にうつされることを意味している。特に，

$$\vec{e}_1 = \begin{pmatrix}1\\0\end{pmatrix}, \quad \vec{e}_2 = \begin{pmatrix}0\\1\end{pmatrix}$$

とし，これらがそれぞれ $\vec{a}$, $\vec{b}$ にうつされるとしよう。このとき，

$$\begin{pmatrix}x\\y\end{pmatrix}$$

というベクトルを考えると，

$$\begin{pmatrix}x\\y\end{pmatrix} = x\begin{pmatrix}1\\0\end{pmatrix} + y\begin{pmatrix}0\\1\end{pmatrix} = x\vec{e}_1 + y\vec{e}_2 \quad (1.5)$$

だから，このベクトルを A でうつすと，

$$A\begin{pmatrix}x\\y\end{pmatrix} = A\left\{x\begin{pmatrix}1\\0\end{pmatrix} + y\begin{pmatrix}0\\1\end{pmatrix}\right\} = xA\begin{pmatrix}1\\0\end{pmatrix} + yA\begin{pmatrix}0\\1\end{pmatrix} = x\vec{a} + y\vec{b} \quad (1.6)$$

となる。x, y の値をかえてみればわかるように，図 2.1.3 のように正方形の格子が $\vec{a}$, $\vec{b}$ を 2 辺とする平行四辺形の格子にかえられる。これが線形性のもつ図形的な意味である。つぎに，写像 f が線形性をもつとき，f は線形写像であることを示そう。f によって，

$$\vec{e}_1 = \begin{pmatrix}1\\0\end{pmatrix}, \quad \vec{e}_2 = \begin{pmatrix}0\\1\end{pmatrix}$$

がそれぞれ

$$\begin{pmatrix}a_1\\a_2\end{pmatrix}, \quad \begin{pmatrix}b_1\\b_2\end{pmatrix}$$

にうつされたとする。このとき，

$$\vec{x} = \begin{pmatrix}x_1\\x_2\end{pmatrix} = x_1\vec{e}_1 + x_2\vec{e}_2 \quad (1.7)$$

だから，線形性を使うと，

$$f(\vec{x}) = f(x_1\vec{e}_1 + x_2\vec{e}_2) = x_1 f(\vec{e}_1) + x_2 f(\vec{e}_2)$$
$$= x_1 \begin{pmatrix} a_1 \\ a_2 \end{pmatrix} + x_2 \begin{pmatrix} b_1 \\ b_2 \end{pmatrix} = \begin{pmatrix} a_1 x_1 + b_1 x_2 \\ a_2 x_1 + b_2 x_2 \end{pmatrix} \tag{1.8}$$

となる。そこで，この写像 f は

$$\begin{pmatrix} a_1 & b_1 \\ a_2 & b_2 \end{pmatrix}$$
$\qquad\quad\uparrow\quad\ \uparrow$
$\quad\vec{e}_1$ の写像　$\vec{e}_2$ 写像

という行列で表される線形写像であることがわかる。

2.1.2 線形写像の合成と行列の積

●線形写像の合成●

2.1.1 項と同様にぶどうパン P，Q をそれぞれ 1 箱つくるのに必要な材料が，前出の表 1.1 のように与えられたとする。

ところで，栄養価を評価するために，1 袋あたりの糖質と食物繊維を調べると表 1.2 のようになっていた。

表 1.2　材料の栄養評価

	小麦粉	干しぶどう
糖質（袋）	300	83.4
食物繊維（袋）	10.5	4.1

（＊）小麦粉は 1 袋 300 g として，干しぶどうは 100 g（1 袋）の値である。

そこで，ぶどうパン P のみの糖質と食物繊維は以下のように計算できる。

$$\begin{pmatrix} 300 & 83.4 \\ 10.5 & 4.1 \end{pmatrix} \begin{pmatrix} 4 \\ 1 \end{pmatrix} = \begin{pmatrix} 300 \times 4 + 83.4 \times 1 \\ 10.5 \times 4 + 4.1 \times 1 \end{pmatrix} = \begin{pmatrix} 1283.4 \\ 46.1 \end{pmatrix}$$

同様にぶどうパン Q は

$$\begin{pmatrix} 300 & 83.4 \\ 10.5 & 4.1 \end{pmatrix} \begin{pmatrix} 1 \\ 3 \end{pmatrix} = \begin{pmatrix} 300 \times 1 + 83.4 \times 3 \\ 10.5 \times 1 + 4.1 \times 3 \end{pmatrix} = \begin{pmatrix} 550.2 \\ 22.8 \end{pmatrix}$$

となる。これらをまとめると，

$$\begin{pmatrix} 300 & 83.4 \\ 10.5 & 4.1 \end{pmatrix} \begin{pmatrix} 4 & 1 \\ 1 & 3 \end{pmatrix}$$
$$= \begin{pmatrix} 300 \times 4 + 83.4 \times 1 & 300 \times 1 + 83.4 \times 3 \\ 10.5 \times 4 + 4.1 \times 1 & 10.5 \times 1 + 4.1 \times 3 \end{pmatrix}$$

もう少し，抽象化してみよう。

表 1.1-1　ぶどうパン P，Q を 1 箱つくるの必要な材料

	パン P	パン Q
小麦粉（袋）	a_{11}	a_{12}
干しぶどう（袋）	a_{21}	a_{22}

表 1.2-1　材料の栄養評価

	小麦粉	干しぶどう
糖質（袋）	b_{11}	b_{12}
食物繊維（袋）	b_{21}	b_{22}

ぶどうパン P を x_1 箱，Q を x_2 箱つくる。小麦粉，干しぶどうそれぞれ 1 袋あたりの栄養が表 1.1-1 のようであったとしよう。すると，小麦粉 y_1 袋，砂糖 y_2 袋を使ったとき，

$$\begin{pmatrix} y_1 \\ y_2 \end{pmatrix} = \begin{pmatrix} a_{11} & a_{12} \\ a_{21} & a_{22} \end{pmatrix} \begin{pmatrix} x_1 \\ x_2 \end{pmatrix} \tag{1.9}$$

小麦粉，干しぶどうそれぞれ 1 袋あたりの栄養構成が表 1.2-1 のようであったとしよう。すると，小麦粉 y_1 袋，干しぶどう y_2 袋を使ったときの糖質を z_1 g，食物繊維を z_2 g としたとき，

$$\begin{pmatrix} z_1 \\ z_2 \end{pmatrix} = \begin{pmatrix} b_{11} & b_{12} \\ b_{21} & b_{22} \end{pmatrix} \begin{pmatrix} y_1 \\ y_2 \end{pmatrix} \quad (1.10)$$

式 (1.9) はぶどうパン P, Q の箱数平面から, 小麦粉と干しぶどうの材料平面への写像である. 式 (1.10) は, 材料平面から栄養構成平面への写像であるとみることができる. いま, $\begin{pmatrix} x_1 \\ x_2 \end{pmatrix}$ をきめると, 式 (1.9) により $\begin{pmatrix} y_1 \\ y_2 \end{pmatrix}$ がきまり, すると式 (1.10) により $\begin{pmatrix} z_1 \\ z_2 \end{pmatrix}$ がきまる. こうして, $\begin{pmatrix} x_1 \\ x_2 \end{pmatrix}$ から $\begin{pmatrix} z_1 \\ z_2 \end{pmatrix}$ への写像を考えることができる.

一般に, X から Y への写像 f と, Y から Z への写像 g があるとき, X の元 a に $g(f(a))$ という Z の元 c を対応させる写像を, f と g の合成写像といい, $g \circ f$ で表す.

さて, 2 行 2 列の 2 つの行列 A, B で表される 2 つの線形写像

$$\vec{z} = B\vec{y}, \quad \vec{y} = A\vec{x} \quad (1.11)$$

があるとき, その合成写像

$$\vec{z} = BA\vec{x} \quad (1.12)$$

は, 再び線形写像となる (線形写像はベクトルの和を和に, 実数倍を実数倍にうつす. 合成写像はそれを二度繰り返すから, やはり和を和に, 実数倍を実数倍にうつし, 線形写像になる). その線形写像を表す行列を C とすると,

$$\vec{z} = C\vec{x} \quad (1.13)$$

と書ける. いま,

$$C = \begin{pmatrix} c_{11} & c_{12} \\ c_{21} & c_{22} \end{pmatrix}, \quad B = \begin{pmatrix} b_{11} & b_{12} \\ b_{21} & b_{22} \end{pmatrix}, \quad A = \begin{pmatrix} a_{11} & a_{12} \\ a_{21} & a_{22} \end{pmatrix}, \quad \vec{x} = \begin{pmatrix} x_1 \\ x_2 \end{pmatrix}$$

とすると, 式 (1.11)〜式 (1.13) から

$$\begin{pmatrix} c_{11} & c_{12} \\ c_{21} & c_{22} \end{pmatrix} \begin{pmatrix} x_1 \\ x_2 \end{pmatrix} = \begin{pmatrix} b_{11} & b_{12} \\ b_{21} & b_{22} \end{pmatrix} \left(\begin{pmatrix} a_{11} & a_{12} \\ a_{21} & a_{22} \end{pmatrix} \begin{pmatrix} x_1 \\ x_2 \end{pmatrix} \right)$$

である. ここで, $\vec{e}_1 = \begin{pmatrix} 1 \\ 0 \end{pmatrix}$ とすると $\begin{pmatrix} c_{11} \\ c_{21} \end{pmatrix} = \begin{pmatrix} b_{11} & b_{12} \\ b_{21} & b_{22} \end{pmatrix} \begin{pmatrix} a_{11} \\ a_{21} \end{pmatrix}$ が得られる. また, $\vec{e}_2 = \begin{pmatrix} 0 \\ 1 \end{pmatrix}$ とすると $\begin{pmatrix} c_{12} \\ c_{22} \end{pmatrix} = \begin{pmatrix} b_{11} & b_{12} \\ b_{21} & b_{22} \end{pmatrix} \begin{pmatrix} a_{12} \\ a_{22} \end{pmatrix}$ となる. したがって, C は, A, B の成分を使って

$$\begin{pmatrix} c_{11} & c_{12} \\ c_{21} & c_{22} \end{pmatrix} = \begin{pmatrix} b_{11}a_{11} + b_{12}a_{21} & b_{11}a_{12} + b_{12}a_{22} \\ b_{21}a_{11} + b_{22}a_{21} & b_{21}a_{12} + b_{22}a_{22} \end{pmatrix} \quad (1.14)$$

と書ける. こうしてできた行列 C を B と A の積といい,

$$C = BA$$

《One Point Advice》

$g \circ f$ は「ジーマルエフ」と発音し, 英語では "g following f" と読む. なぜ, 操作の順序と文字の並びの順序が反対になるかと言えば, 例えば $f(x)$ が x に対して f が左から作用するからである. これはヨーロッパ言語の語順に関係しており, function of x あるいは operate x などと表現するからである. 日本語の語順の発想ではわかりにくいところである.

と表す。B と A から C を計算するのは大変複雑なようであるが，B と A をそれぞれ横割り，縦割りにして，B の i 行と A の j 列の対応する成分の積の和を求めれば，C の (i, j) 成分となる。

$$c_{ij} = b_{i1}a_{1j} + b_{i2}a_{2j} \tag{1.15}$$

例題　行列の積

$B = \begin{pmatrix} 2 & 3 \\ 4 & 7 \end{pmatrix}$ と $A = \begin{pmatrix} 1 & 5 \\ 10 & 6 \end{pmatrix}$ の積を求めよ。

【解】

$$BA = \begin{pmatrix} 2 & 3 \\ 4 & 7 \end{pmatrix}\begin{pmatrix} 1 & 5 \\ 10 & 6 \end{pmatrix} = \begin{pmatrix} 2\times 1 + 3\times 10 & 2\times 5 + 3\times 6 \\ 4\times 1 + 7\times 10 & 4\times 5 + 7\times 6 \end{pmatrix}$$

$$= \begin{pmatrix} 32 & 28 \\ 74 & 62 \end{pmatrix}$$

練習 1.2

つぎの行列の積を求めよ。

(1) $\begin{pmatrix} 1 & 3 \\ 2 & 4 \end{pmatrix}\begin{pmatrix} 4 & 1 \\ 3 & 2 \end{pmatrix}$　　(2) $\begin{pmatrix} -1 & 2 \\ 2 & 1 \end{pmatrix}\begin{pmatrix} 0 & 1 \\ 1 & 2 \end{pmatrix}$

(3) $\begin{pmatrix} -1 & 3 \\ 0 & 1 \end{pmatrix}\begin{pmatrix} 2 & 3 \\ 3 & 2 \end{pmatrix}$　　(4) $\begin{pmatrix} 0 & 1 \\ 1 & 0 \end{pmatrix}\begin{pmatrix} 2 & 3 \\ 3 & 2 \end{pmatrix}$

(5) $\begin{pmatrix} 0 & -1 \\ 1 & 0 \end{pmatrix}\begin{pmatrix} 2 & 1 \\ 2 & 1 \end{pmatrix}$　　(6) $\begin{pmatrix} 1 & 1 \\ 1 & -1 \end{pmatrix}\begin{pmatrix} 1 & 0 \\ 0 & -1 \end{pmatrix}$

練習 1.3

行列の積を用いて，つぎの写像 f, g の合成写像 $g \circ f$ を求めよ。

$$f : \begin{pmatrix} y_1 \\ y_2 \end{pmatrix} = \begin{pmatrix} 2 & -5 \\ -1 & 3 \end{pmatrix}\begin{pmatrix} x_1 \\ x_2 \end{pmatrix} \qquad g : \begin{pmatrix} z_1 \\ z_2 \end{pmatrix} = \begin{pmatrix} 1 & -2 \\ 3 & 1 \end{pmatrix}\begin{pmatrix} y_1 \\ y_2 \end{pmatrix}$$

2.1.3 行列の積の性質

行列の積の性質を調べてみよう。数の積の性質とはかなり異なることがわかる。

●**単位行列**●

つぎのような行列の積を考えよう。

$$\begin{pmatrix} a & b \\ c & d \end{pmatrix}\begin{pmatrix} 1 & 0 \\ 0 & 1 \end{pmatrix} = \begin{pmatrix} a & b \\ c & d \end{pmatrix} \tag{1.16}$$

$$\begin{pmatrix} 1 & 0 \\ 0 & 1 \end{pmatrix} \begin{pmatrix} a & b \\ c & d \end{pmatrix} = \begin{pmatrix} a & b \\ c & d \end{pmatrix} \tag{1.17}$$

式 (1.16)，式 (1.17) で出てきた

$$I = \begin{pmatrix} 1 & 0 \\ 0 & 1 \end{pmatrix}$$

という行列は，どんな行列 A との積も $AI = IA = A$ となる。この I を**単位行列**という。数の掛け算でいう 1 に相当する。

●零因子●

数の計算では $ab = 0$ ならば，$a = 0$ または $b = 0$ が成立する。行列にもすべての成分が 0 である零行列というものがあり，

$$O = \begin{pmatrix} 0 & 0 \\ 0 & 0 \end{pmatrix}$$

のように表す。

ところで行列の積が零行列になるときはどうであろうか。下の計算例を見てみよう。

$$\begin{pmatrix} 1 & 2 \\ 2 & 4 \end{pmatrix} \begin{pmatrix} 6 & -2 \\ -3 & 1 \end{pmatrix} = \begin{pmatrix} 0 & 0 \\ 0 & 0 \end{pmatrix} \tag{1.18}$$

式 (1.18) をみるとわかるように，O を零行列としたとき，$AB = O$ ならば，$A = O$ または $B = O$ ということは必ずしも成り立たない。このとき，A，B を**零因子**という。

●交換法則の不成立●

行列では一般には積の交換法則が成立しない。つまり，一般には $AB \neq BA$ である。この性質は，行列の計算と数の計算の大きな違いの 1 つである。

《One Point Advice》
単位行列は I というノーテーションで表現することが多い。これは，行列 I との積によって，もとの行列は同じものに変換される。「恒（つね）に等しく変換する」という意味で恒等変換とよばれ，英語の identification（同一とみなすこと）の頭文字をとっている。また，「単位行列」という言葉は，行列の 1 という意味である。単位の「単」は「鉄道の単線」という意味などのように「1」という意味である。これはドイツ語の Einheit（アインハイト，Ein＝1，heit＝名詞語尾）からきており，教科書によっては単位行列のノーテーションは E であることもある。

《One Point Advice》
p. 125 を参照すると良い。

例題　行列の積の交換法則

行列 A，B ついて，AB，BA を計算せよ。

$$A = \begin{pmatrix} 5 & 1 \\ 3 & -2 \end{pmatrix}, \quad B = \begin{pmatrix} 2 & -1 \\ 4 & 3 \end{pmatrix}$$

【解】

$$AB = \begin{pmatrix} 5 & 1 \\ 3 & -2 \end{pmatrix} \begin{pmatrix} 2 & -1 \\ 4 & 3 \end{pmatrix} = \begin{pmatrix} 10+4 & -5+3 \\ 6-8 & -3-6 \end{pmatrix} = \begin{pmatrix} 14 & -2 \\ -2 & -9 \end{pmatrix}$$

$$BA = \begin{pmatrix} 2 & -1 \\ 4 & 3 \end{pmatrix} \begin{pmatrix} 5 & 1 \\ 3 & -2 \end{pmatrix} = \begin{pmatrix} 10-3 & 2+2 \\ 20+9 & 4-6 \end{pmatrix} = \begin{pmatrix} 7 & 4 \\ 29 & -2 \end{pmatrix}$$

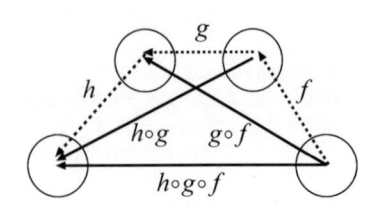

図 2.1.4 乗法の結合則（わかりやすいように，右から左へ流れるように描いている）

●乗法の結合法則●

結合法則 $A(BC)=(AB)C$ は，行列の積においても成り立つ。これは，成分に分解して計算すると確かめられる。線形写像 f, g, h を合成する場合，$h\circ(g\circ f)$ としても，$(h\circ g)\circ f$ としても結果はかわらないことを示している（図2.1.4）。そこでこれらを $h\circ g\circ f$ と書いてもよい。同様に，$A(BC)$ と $(AB)C$ を ABC と書いてもよい。

さらに，AA を A^2，AAA を A^3，$AAAA$ を A^4，... のように A を n 個掛けたものは A^n で表してよい。

行列の n 乗（べき乗）については次節で詳しくあつかう。

練習 1.4

つぎの行列 A, B について，$AB=O$ であることを示せ。また，BA を求めよ。

(1) $A=\begin{pmatrix}1 & 2\\ 2 & 4\end{pmatrix}$, $B=\begin{pmatrix}-2 & 6\\ 1 & -3\end{pmatrix}$ (2) $A=\begin{pmatrix}1 & -3\\ -2 & 6\end{pmatrix}$, $B=\begin{pmatrix}3 & -3\\ 1 & -1\end{pmatrix}$

練習 1.5

つぎの行列 A, B について，AB, BA を計算せよ。また，$AB=BA$ が成り立つものはあるか。

(1) $A=\begin{pmatrix}1\\ 2\end{pmatrix}$, $B=(3\ -1)$ (2) $A=\begin{pmatrix}2 & 0\\ 0 & 3\end{pmatrix}$, $B=\begin{pmatrix}1 & 2\\ 2 & 1\end{pmatrix}$

(3) $A=\begin{pmatrix}2 & 2\\ -1 & 2\end{pmatrix}$, $B=\begin{pmatrix}3 & 0\\ 0 & 3\end{pmatrix}$ (4) $A=\begin{pmatrix}1 & -1\\ 3 & -3\end{pmatrix}$, $B=\begin{pmatrix}1 & 3\\ 1 & 3\end{pmatrix}$

2.1.4 行列の和，差，実数倍

●行列も和，差，実数倍がある●

2.1.1項であったように，ぶどうパン P，Q をそれぞれ 1 箱つくるのに必要な材料が，前出の表1.1のように与えられた。

このとき材料はもっと抽象的に

$$A=\begin{pmatrix}4 & 1\\ 1 & 3\end{pmatrix}$$

という行列 A で与えられる。さて，このたび，ぶどうパンを大きくすることになり，表1.3のような材料構成となった。このとき，材料構成を与える行列 B は

$$B=\begin{pmatrix}5 & 3\\ 2 & 3\end{pmatrix}$$

となっている。このとき，新しく追加した材料は以下の行列 X で与

表 1.3 ぶどうパン P，Q を 1 箱つくるの必要な材料

	パン P	パン Q
小麦粉（袋）	5	3
干しぶどう（袋）	2	3

えられる。
$$X = \begin{pmatrix} 1 & 2 \\ 1 & 0 \end{pmatrix}$$
これは各成分の足し算で定義するのと同じである。
$$A + X = B \iff \begin{pmatrix} 4 & 1 \\ 1 & 3 \end{pmatrix} + \begin{pmatrix} 1 & 2 \\ 1 & 0 \end{pmatrix} = \begin{pmatrix} 5 & 3 \\ 2 & 3 \end{pmatrix} \tag{1.19}$$
同様に引き算も各成分の引き算で定義できる。
$$B - A = X \iff \begin{pmatrix} 5 & 3 \\ 2 & 3 \end{pmatrix} - \begin{pmatrix} 4 & 1 \\ 1 & 3 \end{pmatrix} = \begin{pmatrix} 1 & 2 \\ 1 & 0 \end{pmatrix} \tag{1.20}$$

今度はこの工場で銀行からの融資があり、単純に規模を3倍に拡大することになった。この場合、材料構成表は単純に各成分を3倍にすればよい。
$$3 \begin{pmatrix} 4 & 1 \\ 1 & 3 \end{pmatrix} = \begin{pmatrix} 12 & 3 \\ 3 & 9 \end{pmatrix} \tag{1.21}$$

●行列の計算ルールのまとめ●

行列の和、差、実数倍は、成分どうしの和、差、実数倍をひとまとめにしたものであるから、数の計算と同じように、つぎの計算法則に従う。ただし、A, B, C は行列、k, l は実数である。

(ⅰ) $A + B = B + A$　　　　　　交換法則
(ⅱ) $(A + B) + C = A + (B + C)$　　　結合法則
(ⅲ) $k(lA) = (kl)A$
(ⅳ) $(k + l)A = kA + lA$
(ⅴ) $k(A + B) = kA + kB$

成分がすべて0である行列を零行列といい、O で表す。また、$(-1)A$ を $-A$ で表す。するとさらにつぎの計算法則に従う。

(ⅵ) $A + O = A$
(ⅶ) $A + (-A) = O$

また、行列の乗法については、つぎのような分配法則も成り立つ。
$$A(B + C) = AB + AC, \quad (A + B)C = AC + BC$$

例題　行列の計算1

$A = \begin{pmatrix} 1 & 3 \\ 0 & 1 \end{pmatrix}$, $B = \begin{pmatrix} -1 & 4 \\ 3 & 5 \end{pmatrix}$ のとき、$(2A + 3B) - 3(A + 2B)$ を計算せよ。

《One Point Advice》
　つぎのような分配則は注意するべきである。行列 A とベクトルの積からベクトルの実数倍（k 倍）を引く計算を考えよう。
$$A\vec{x} - k\vec{x} = (A - k)\vec{x}$$
とやってしまいがちである。冷静に考えれば、$A - k$ は行列と実数の引き算なのであり得ない。これは、
$$A\vec{x} - k\vec{x} = (A - kI)\vec{x}$$
が正しいのである。

【解】
$$(2A+3B)-3(A+2B)=2A+3B-3A-6B=-A-3B$$
$$=-\begin{pmatrix}1&3\\0&1\end{pmatrix}-3\begin{pmatrix}-1&4\\3&5\end{pmatrix}=\begin{pmatrix}-1&-3\\0&-1\end{pmatrix}+\begin{pmatrix}3&-12\\-9&-15\end{pmatrix}$$
$$=\begin{pmatrix}2&-15\\-9&-16\end{pmatrix}$$

例題　行列の計算2

$A=\begin{pmatrix}3&1\\-1&2\end{pmatrix}$, $B=\begin{pmatrix}2&-1\\4&0\end{pmatrix}$ のとき, $2(2X-A)=3(X-2B)$ を満たす行列 X を求めよ.

【解】
$2(2X-A)=3(X-2B)$ を変形して $4X-2A=3X-6B$
$$X=2A-6B$$
$$=2\begin{pmatrix}3&1\\-1&2\end{pmatrix}-6\begin{pmatrix}2&-1\\4&0\end{pmatrix}=\begin{pmatrix}-6&8\\-26&4\end{pmatrix}$$

練習 1.6

$A=\begin{pmatrix}2&3\\1&-2\end{pmatrix}$, $B=\begin{pmatrix}1&-1\\2&1\end{pmatrix}$, $C=\begin{pmatrix}0&2\\1&-1\end{pmatrix}$ のとき, $AB+AC$, $A(2B+C)-2A(B-2C)$ のそれぞれを計算せよ.

2.1.5　m 行 n 列の行列

またも，生産された製品の個数から材料を求める問題を考えよう．ここにも，行列がでてくるのであるが，このような行列を**産業連関表**という．

●2次元ベクトルから3次元ベクトルへの写像●

バターケーキとカップケーキをそれぞれ1個つくるのに必要な材料が，表1.4のように与えられたとする．

一般に，バターケーキを x_1 個，カップケーキを x_2 個つくるとき必要な材料は，小麦粉，砂糖，バターをそれぞれ y_1 袋，y_2 袋，y_3 箱とすると，ベクトルの線形結合として

表1.4　バターケーキとカップケーキ

材料	バターケーキ	カップケーキ
小麦粉	4	1
砂糖	1	3
バター	2	3

$$\begin{pmatrix} y_1 \\ y_2 \\ y_3 \end{pmatrix} = x_1 \begin{pmatrix} 4 \\ 1 \\ 2 \end{pmatrix} + x_2 \begin{pmatrix} 1 \\ 3 \\ 3 \end{pmatrix} \quad (1.22)$$

と表すことができることは，既に学んだとおりである（図 2.1.5）。よって，

$$\begin{pmatrix} y_1 \\ y_2 \\ y_3 \end{pmatrix} = \begin{pmatrix} 4 & 1 \\ 1 & 3 \\ 2 & 3 \end{pmatrix} \begin{pmatrix} x_1 \\ x_2 \end{pmatrix} \quad (1.23)$$

と，線形写像の形で表すことができる。このように表すと，バターケーキとカップケーキの個数を表すベクトル $\begin{pmatrix} x_1 \\ x_2 \end{pmatrix}$ と，必要な材料を表すベクトル $\begin{pmatrix} y_1 \\ y_2 \\ y_3 \end{pmatrix}$ が式の上にでてくる。そして，比例定数である行列は $\begin{pmatrix} 4 & 1 \\ 1 & 3 \\ 2 & 3 \end{pmatrix}$ という 3 行 2 列の行列として定義される。

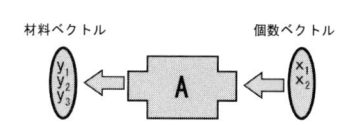

図 2.1.5 個数ベクトルから材料ベクトルへの写像

《One Point Advice》
「m 行 n 列の行列」という言い方は「$m \times n$ 行列」ともいう。正方行列の場合は以下のようにいろいろな言い方がある。混乱のないように願いたい。
　m 行 m 列の行列
　$m \times m$ 行列
　$m \times m$ の正方行列
　m 次の正方行列

例題　行列の計算 3

$\begin{pmatrix} 4 & 1 \\ 1 & 3 \\ 2 & 3 \end{pmatrix} \begin{pmatrix} 6 \\ 2 \end{pmatrix}$ を計算せよ。

【解】

$$\begin{pmatrix} 4 & 1 \\ 1 & 3 \\ 2 & 3 \end{pmatrix} \begin{pmatrix} 6 \\ 2 \end{pmatrix} = 6 \begin{pmatrix} 4 \\ 1 \\ 2 \end{pmatrix} + 2 \begin{pmatrix} 1 \\ 3 \\ 3 \end{pmatrix} = \begin{pmatrix} 24 \\ 6 \\ 12 \end{pmatrix} + \begin{pmatrix} 2 \\ 6 \\ 6 \end{pmatrix} = \begin{pmatrix} 26 \\ 12 \\ 18 \end{pmatrix}$$

あるいは

$$\begin{pmatrix} 4 & 1 \\ 1 & 3 \\ 2 & 3 \end{pmatrix} \begin{pmatrix} 6 \\ 2 \end{pmatrix} = \begin{pmatrix} 4 \times 6 + 1 \times 2 \\ 1 \times 6 + 3 \times 2 \\ 2 \times 6 + 3 \times 2 \end{pmatrix} = \begin{pmatrix} 26 \\ 12 \\ 18 \end{pmatrix}$$

と計算できるので，2 行 2 列の正方行列のときと同じである。

●線形写像と行列●

バターケーキ，カップケーキの個数を表すベクトルを $\vec{x} = \begin{pmatrix} x_1 \\ x_2 \end{pmatrix}$，そ

れをつくるのに必要な材料を表すベクトルを $y = \begin{pmatrix} y_1 \\ y_2 \\ y_3 \end{pmatrix}$ とする。そして比例係数の行列を $A = \begin{pmatrix} 4 & 1 \\ 1 & 3 \\ 2 & 3 \end{pmatrix}$ とすると，

$$\begin{pmatrix} y_1 \\ y_2 \\ y_3 \end{pmatrix} = \begin{pmatrix} 4 & 1 \\ 1 & 3 \\ 2 & 3 \end{pmatrix} \begin{pmatrix} x_1 \\ x_2 \end{pmatrix} \tag{1.24}$$

すなわち，

$$\vec{y} = A\vec{x} \tag{1.25}$$

と表すことができた。

バターケーキ，カップケーキの個数をそれぞれ x 軸, y 軸にとると，個数ベクトル $\vec{x}$ は，この平面上のベクトルとして図示することができる。この平面をバターケーキ，カップケーキの個数平面とよぼう。

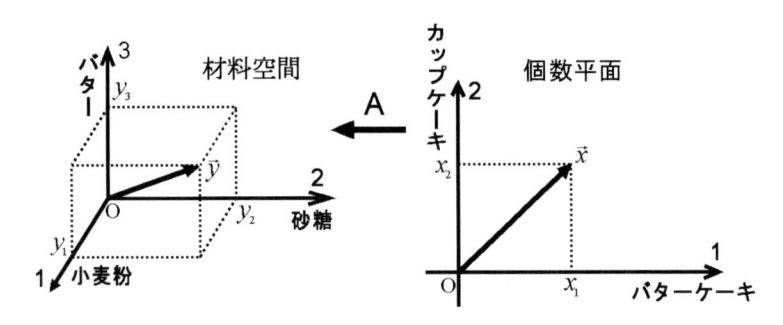

図2.1.6 個数平面から材料空間への写像

また，必要な材料 $\vec{y}$ は，3次元ベクトルだから空間に表すことにする。x 軸に小麦粉，y 軸に砂糖，z 軸にバターの各量をとると，$\vec{y}$ はこの空間のベクトルとして表せる。この空間を材料空間と名づけよう。すると，行列 A は，個数平面のベクトルに材料空間のベクトルを対応させる役割りを果たしていることがわかる。バターケーキ，カップケーキの個数平面のベクトル $\vec{x}$ を1つきめると，式 (1.25) によって，材料空間のベクトル $\vec{y}$ が1つきまる。したがって，この対応は，個数平面から材料空間への写像とみることができる（図2.1.6）。なお，$\vec{y}$ の各成分は，

$$\begin{cases} y_1 = 4x_1 + x_2 \\ y_2 = x_1 + 3x_2 \\ y_3 = 2x_1 + 3x_2 \end{cases} \tag{1.26}$$

というふうに，$\vec{x}$ の成分の定数項のない1次式で表せるので，これも線形写像である．行列は，3行2列の正方形でない行列である．

●行列の積，和，差，実数倍●

今度はさらに小麦粉，砂糖，バターが表1.5のような栄養構成の場合を考えよう．

これを利用すると以下のように計算することができる．

$$\begin{pmatrix} 4 & 0 & 0.5 \\ 0 & 0 & 1 \end{pmatrix} \begin{pmatrix} 4 & 1 \\ 1 & 3 \\ 2 & 3 \end{pmatrix}$$
$$= \begin{pmatrix} 4\times 4+0\times 1+0.5\times 2 & 4\times 1+0\times 3+0.5\times 3 \\ 0\times 4+0\times 1+1\times 2 & 0\times 1+0\times 3+1\times 3 \end{pmatrix}$$
$$= \begin{pmatrix} 5 & 5.5 \\ 2 & 3 \end{pmatrix}$$

と言うふうに2行3列×3行2列が2行2列になるのである．

表1.5 栄養構成表

	小麦粉	砂糖	バター
タンパク質	4	0	0.5
脂肪	0	0	1

*炭水化物はここでは考えないことにする

《One Point Advice》
一般に $((l行m列))\times((m行n列))$ は $((l行n列))$ になる．これは l 行 n 列の行列を「l/n 行列」として表現すれば，(l/m) と (m/n) との掛け算が (l/n) となるのと似ているので，こう覚えておくとよい．

m 行 n 列行列についても，和，差，実数倍をつぎのように定める．

(i) 対応する成分をそれぞれ加えて得られる行列を，「和」という．

例 $\begin{pmatrix} 2 & 1 \\ 1 & 2 \\ 4 & 3 \end{pmatrix} + \begin{pmatrix} 4 & 1 \\ 3 & 0 \\ 3 & 2 \end{pmatrix} = \begin{pmatrix} 6 & 2 \\ 4 & 2 \\ 7 & 5 \end{pmatrix}$

(ii) 対応する成分の差を成分とする行列を，行列の「差」という．

例 $\begin{pmatrix} 2 & 1 \\ 1 & 2 \\ 4 & 3 \end{pmatrix} - \begin{pmatrix} 5 & 1 \\ 3 & 0 \\ 3 & 1 \end{pmatrix} = \begin{pmatrix} -3 & 0 \\ -2 & 2 \\ 1 & 2 \end{pmatrix}$

(iii) すべての成分を k 倍して得られる行列を，もとの行列の k 倍という．

例 $5\begin{pmatrix} 2 & 1 \\ 1 & 2 \\ 4 & 3 \end{pmatrix} = \begin{pmatrix} 10 & 5 \\ 5 & 10 \\ 20 & 15 \end{pmatrix}$

こうすれば，正方行列のときと全く同じである．ただ，いくらがんばっても逆行列（次節で取り上げる．行列の割り算みたいなものである）だけは定義できないのである．

練習 1.7

つぎの行列を計算せよ。

(1) $\begin{pmatrix} 4 \\ 3 \end{pmatrix}(-2 \quad 1)$

(2) $\begin{pmatrix} -2 \\ 3 \\ 1 \end{pmatrix}(-3 \quad -1 \quad 2)$

(3) $\begin{pmatrix} 1 & 1 & -1 \\ 1 & 2 & 2 \\ -2 & 1 & 1 \end{pmatrix}\begin{pmatrix} 0 \\ 0 \\ 4 \end{pmatrix}$

(4) $(1 \quad 2)\begin{pmatrix} 1 & 2 \\ 3 & 1 \end{pmatrix}$

(5) $(3 \quad -2)\begin{pmatrix} -5 & 0 \\ -6 & 1 \end{pmatrix}$

(6) $(1 \quad 0 \quad 2)\begin{pmatrix} 1 & 0 & 1 \\ 2 & 1 & 0 \\ 1 & 0 & 2 \end{pmatrix}$

(7) $\begin{pmatrix} 2 \\ -1 \end{pmatrix}(3 \quad 0)$

練習 1.8

つぎの行列を計算せよ。

(1) $\begin{pmatrix} 1 & -2 \\ 3 & 4 \end{pmatrix}\begin{pmatrix} 1 & 0 \\ 0 & 1 \end{pmatrix}$

(2) $\begin{pmatrix} 1 & 0 \\ 0 & 1 \end{pmatrix}\begin{pmatrix} 1 & 2 \\ 4 & 0 \end{pmatrix}$

(3) $\begin{pmatrix} 1 & 0 \\ 0 & 1 \end{pmatrix}\begin{pmatrix} 2 \\ 1 \end{pmatrix}$

(4) $\begin{pmatrix} 1 & -2 & 4 \\ 2 & 3 & 1 \\ 3 & 5 & 2 \end{pmatrix}\begin{pmatrix} 1 & 0 & 0 \\ 0 & 1 & 0 \\ 0 & 0 & 1 \end{pmatrix}$

(5) $\begin{pmatrix} 1 & 0 & 0 \\ 0 & 1 & 0 \\ 0 & 0 & 1 \end{pmatrix}\begin{pmatrix} 1 & 5 \\ 4 & 2 \\ 2 & 7 \end{pmatrix}$

● m 行 n 列行列でも線形性を満たす●

バターケーキとカップケーキの例でいえば，それぞれの個数をそれぞれ k 倍にすれば材料も k 倍必要であるし，個数の和が材料の和に対応する。行列 A が正方でない m 行 n 列行列で表される線形写像においても線形性は成り立つはずである。

$$A(k\vec{x}+l\vec{x}') = k(A\vec{x}) + l(A\vec{x}')$$

たとえば，

$$A = \begin{pmatrix} 4 & 1 \\ 1 & 3 \\ 2 & 3 \end{pmatrix}, \quad \vec{x} = \begin{pmatrix} x_1 \\ x_2 \end{pmatrix}, \quad \vec{x}' = \begin{pmatrix} x_1' \\ x_2' \end{pmatrix}$$

のとき，

$$\begin{pmatrix} 4 & 1 \\ 1 & 3 \\ 2 & 3 \end{pmatrix} \begin{pmatrix} kx_1 + lx_1' \\ kx_2 + lx_2' \end{pmatrix} = \begin{pmatrix} 4kx_1 + 4lx_1' + kx_2 + lx_2' \\ kx_1 + lx_1' + 3kx_2 + 3lx_2' \\ 2kx_1 + 2lx_1' + 3kx_2 + 3lx_2' \end{pmatrix}$$

$$= k \begin{pmatrix} 4x_1 + x_2 \\ x_1 + 3x_2 \\ 2x_1 + 3x_2 \end{pmatrix} + l \begin{pmatrix} 4x_1' + x_2' \\ x_1' + 3x_2' \\ 2x_1' + 3x_2' \end{pmatrix}$$

$$= k \begin{pmatrix} 4 & 1 \\ 1 & 3 \\ 2 & 3 \end{pmatrix} \begin{pmatrix} x_1 \\ x_2 \end{pmatrix} + l \begin{pmatrix} 4 & 1 \\ 1 & 3 \\ 2 & 3 \end{pmatrix} \begin{pmatrix} x_1' \\ x_2' \end{pmatrix}$$

となり，線形性の式が成り立つことがわかる。

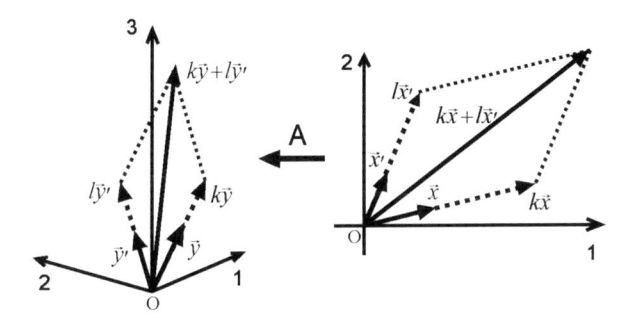

図 2.1.7 行列 A によって，平面内の平行四辺形が空間内の平行四辺形にうつされる。

　行列 A が表す線形写像によって，$\vec{x}$ が $\vec{y}$ に，$\vec{x}'$ が $\vec{y}'$ にうつされるとき，$k\vec{x}+l\vec{x}'$ は，$k\vec{y}+l\vec{y}'$ にうつされることがわかった。このことは，図形的にいえば，$k\vec{x}, l\vec{x}'$ を 2 辺とする平行四辺形が，$k\vec{y}, l\vec{y}'$ を 2 辺とする平行四辺形にうつされることを意味している（図 2.1.7）。特に，$\vec{e}_1 = \begin{pmatrix} 1 \\ 0 \end{pmatrix}, \vec{e}_2 = \begin{pmatrix} 0 \\ 1 \end{pmatrix}$ とし，これらがそれぞれ $\vec{a}$ にうつされるとしよう。

$\begin{pmatrix} m \\ n \end{pmatrix}$ というベクトルを考えると，

$$\begin{pmatrix} m \\ n \end{pmatrix} = m \begin{pmatrix} 1 \\ 0 \end{pmatrix} + n \begin{pmatrix} 0 \\ 1 \end{pmatrix}$$

だから，このベクトルを A でうつすと，

$$A \begin{pmatrix} m \\ n \end{pmatrix} = A \left\{ m \begin{pmatrix} 1 \\ 0 \end{pmatrix} + n \begin{pmatrix} 0 \\ 1 \end{pmatrix} \right\} = mA \begin{pmatrix} 1 \\ 0 \end{pmatrix} + nA \begin{pmatrix} 0 \\ 1 \end{pmatrix} = m\vec{a} + n\vec{a}$$

となる。m, n の値をかえてみればわかるように，図 2.1.8 のように

正方形の格子が $\vec{a}, \vec{b}$ を2辺とする平行四辺形の格子にかえられる。これが線形性のもつ図形的な意味である。

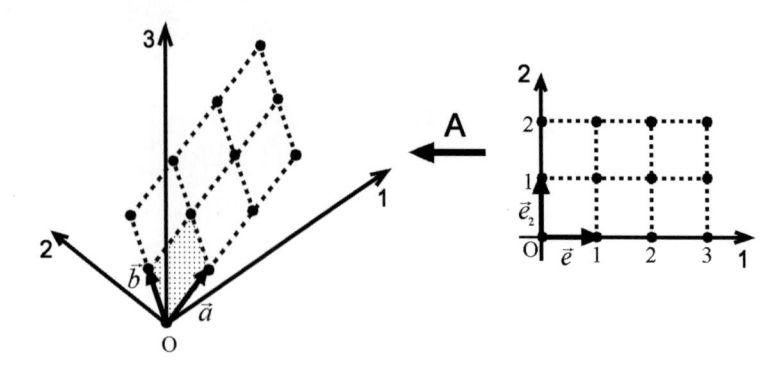

図2.1.8 行列 A によって，平面内の基本ベクトルの正方形の格子が空間内の平行四辺形の格子にうつされる。

つぎに，写像 f が線形性をもつとき，f は線形写像であることを示そう。f によって，$\vec{e}_1 = \begin{pmatrix} 1 \\ 0 \end{pmatrix}$, $\vec{e}_2 = \begin{pmatrix} 0 \\ 1 \end{pmatrix}$ がそれぞれ $\begin{pmatrix} a_1 \\ a_2 \\ a_3 \end{pmatrix}$, $\begin{pmatrix} b_1 \\ b_2 \\ b_3 \end{pmatrix}$ にそれぞれうつされたとすると，

$$\vec{x} = \begin{pmatrix} x_1 \\ x_2 \end{pmatrix} = x_1 \vec{e}_1 + x_2 \vec{e}_2$$

だから，線形性を使うと，

$$f(\vec{x}) = f(x_1 \vec{e}_1 + x_2 \vec{e}_2) = x_1 f(\vec{e}_1) + x_2 f(\vec{e}_2) = x_1 \begin{pmatrix} a_1 \\ a_2 \\ a_3 \end{pmatrix} + x_2 \begin{pmatrix} b_1 \\ b_2 \\ b_3 \end{pmatrix}$$

$$= \begin{pmatrix} a_1 x_1 + b_1 x_2 \\ a_2 x_1 + b_2 x_2 \\ a_3 x_1 + b_3 x_2 \end{pmatrix}$$

となる。そこで，この写像 f は

$$\begin{pmatrix} a_1 & b_1 \\ a_2 & b_2 \\ a_3 & b_3 \end{pmatrix}$$
$\qquad\quad\uparrow\quad\;\;\uparrow$
$\qquad\vec{e}_1$ の写像 $\vec{e}_2$ の写像

という行列で表される線形写像であることがわかる。

●いろいろな線形性●

まずは線形性を満たさない例をあげてみよう。

（a） 1次関数 $f(x) = ax + b$

これは定数項 b がなければ線形性を満たす。線形性とは定数項がない直線，つまり原点を通る直線のことである。定数項があるものを一般的には「非同次形」といい，定数項がないものを「同次形」という。同次形は線形性を満たす。

（b） 2次関数 $f(x) = ax^2$

これも線形性を満たさない。線形のことを「1次」とよく言うが，2次では線形にならない。

（c） 指数関数 $f(x) = a^x$

（d） 対数関数 $f(x) = \log_a x$

（e） 三角関数 $f(x) = \sin x$

いずれも線形性を満たさない。各自確かめてみてほしい。

では，線形性を満たすのは線形写像以外にもあるのであろうか。

（1） 数列の和の線形性

$$\sum_{i=1}^{n}(f_i + g_i) = \sum_{i=1}^{n}f_i + \sum_{i=1}^{n}g_i, \quad \sum_{i=1}^{n}(kf_i) = k\sum_{i=1}^{n}f_i$$

（2） 定積分の線形性

数列の和は離散量の和であるので，連続量の和である定積分でも線形性は成り立つ。

$$\int_a^b \{f(x) + g(x)\}\,dx = \int_a^b f(x)\,dx + \int_a^b g(x)\,dx$$

$$\int_a^b kf(x)\,dx = k\int_a^b f(x)\,dx$$

（3） 極限

極限の公式では線形性が成り立つ。ここでは，無限大への極限の例であるが，0への極限でも同じことである。

$$\lim_{x\to\infty}\{f(x) + g(x)\} = \lim_{x\to\infty}f(x) + \lim_{x\to\infty}g(x)$$

$$\lim_{x\to\infty}\{kf(x)\} = k\lim_{x\to\infty}f(x)$$

（4） 微分の線形性

極限の公式で線形性が成り立つのであるから当然，微分も線形性が成り立つ。

$$\frac{d}{dx}\{f(x)+g(x)\}=\frac{d}{dx}f(x)+\frac{d}{dx}g(x)$$

$$\frac{d}{dx}\{kf(x)\}=k\frac{d}{dx}f(x)$$

（5） 期待値の線形性

期待値は確率変数について線形性が成り立つ。ただし，X, Y は独立である。

$$E(X+Y)=E(X)+E(Y),\ E(kX)=kE(X)$$

（6） 内積の線形性

もちろん，ベクトルの内積も線形性が成り立っている。

$$\vec{a}\cdot(\vec{b}+\vec{c})=\vec{a}\cdot\vec{b}+\vec{a}\cdot\vec{c},\ (\vec{a}+\vec{b})\cdot\vec{c}=\vec{a}\cdot\vec{c}+\vec{b}\cdot\vec{c}$$
$$(k\vec{a})\cdot\vec{b}=k(\vec{a}\cdot\vec{b}),\ \vec{a}\cdot(k\vec{b})=k(\vec{a}\cdot\vec{b})$$

いろいろなところに線形性があることがわかったであろう。ここで，もう一度注意しておくが，変数 x，あるいは X は有理数でも整数でも良いのであるが，k は実数であって，有理数や整数というような限られた範囲（集合というべきだろう）のものではない。

第2節　逆行列とべき乗行列

逆行列は行列の割り算？

2.2.1 逆写像と逆行列

●逆行列●

再び，ぶどうパン P, Q をそれぞれ1箱つくるのに必要な材料が，前出の表1.1のように与えられたとする。

このとき，ぶどうパン P を x_1 箱，ぶどうパン Q を x_2 箱つくるとき必要な材料は，小麦粉，干しぶどうをそれぞれ y_1 袋，y_2 袋とすると，

$$\begin{pmatrix} y_1 \\ y_2 \end{pmatrix} = \begin{pmatrix} 4 & 1 \\ 1 & 3 \end{pmatrix} \begin{pmatrix} x_1 \\ x_2 \end{pmatrix} \tag{2.1}$$

という線形写像 f がで与えられる。これは，

$$\begin{cases} y_1 = 4x_1 + x_2 \\ y_2 = x_1 + 3x_2 \end{cases}$$

と表されるから，x_1, x_2 について解くと，

$$\begin{cases} x_1 = \dfrac{3}{11} y_1 - \dfrac{1}{11} y_2 \\ x_2 = -\dfrac{1}{11} y_1 + \dfrac{4}{11} y_2 \end{cases}$$

となる。行列で表すと

$$\begin{pmatrix} x_1 \\ x_2 \end{pmatrix} = \begin{pmatrix} \dfrac{3}{11} & -\dfrac{1}{11} \\ -\dfrac{1}{11} & \dfrac{4}{11} \end{pmatrix} \begin{pmatrix} y_1 \\ y_2 \end{pmatrix} \tag{2.2}$$

となり，$\begin{pmatrix} y_1 \\ y_2 \end{pmatrix}$ をきめたとき，$\begin{pmatrix} x_1 \\ x_2 \end{pmatrix}$ を求める線形写像ができたことになる。これを，式 (2.2) で表された線形写像 f の逆写像といい，f^{-1} で表す。また，$A = \begin{pmatrix} 4 & 1 \\ 1 & 3 \end{pmatrix}$ に対して，式 (2.2) の行列

$\begin{pmatrix} \dfrac{3}{11} & -\dfrac{1}{11} \\ -\dfrac{1}{11} & \dfrac{4}{11} \end{pmatrix}$ を A の逆行列といい，A^{-1} で表す。すなわち，線形写像 f を表す行列が A のとき，f の逆写像 f^{-1} を表す行列が A^{-1} である（図 2.2.1）。

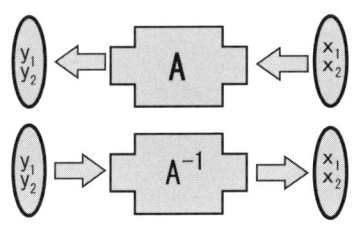

図 2.2.1　写像と逆写像の関係

一般的な場合として，$A = \begin{pmatrix} a & b \\ c & d \end{pmatrix}$ の逆行列を求めてみよう。

$$\begin{pmatrix} y_1 \\ y_2 \end{pmatrix} = \begin{pmatrix} a & b \\ c & d \end{pmatrix} \begin{pmatrix} x_1 \\ x_2 \end{pmatrix} \tag{2.3}$$

とおくと，
$$\begin{cases} ax_1 + bx_2 = y_1 & \cdots (1) \\ cx_1 + dx_2 = y_2 & \cdots (2) \end{cases} \tag{2.4}$$

であるから，これを x_1, x_2 について解けばよい．
$$(1) \times d - (2) \times b, \quad (ad - bc)x_1 = dy_1 - by_2$$
$$(1) \times c - (2) \times a, \quad (bc - ad)x_2 = cy_1 - ay_2$$

すると，$ad - bc \neq 0$ のとき
$$\begin{cases} x_1 = \dfrac{d}{ad-bc}y_1 + \dfrac{-b}{ad-bc}y_2 \\ x_2 = \dfrac{-c}{ad-bc}y_1 + \dfrac{a}{ad-bc}y_2 \end{cases} \tag{2.5}$$

が得られる．したがって，逆行列は
$$\begin{pmatrix} a & b \\ c & d \end{pmatrix}^{-1} = \frac{1}{ad-bc}\begin{pmatrix} d & -b \\ -c & a \end{pmatrix} \tag{2.6}$$

となる．このとき，$ad - bc = 0$ のときは，x_1, x_2 を決定することができず，逆行列は存在しない．また $\det = ad - bc$ のことを行列式（determinant の d をとって高校数学ではよく $\varDelta$ で表す）という．逆行列をもつ（逆行列が存在する）行列を **正則行列**（regular matrix）という．

3行2列の行列のように，正方でない行列には逆行列は定義できない．たとえば，3次元から2次元への写像は一意に定まらないからである．なお，行列式は絶対値と同じ記号を用いて以下のようにも表記される．

$$|A| \quad \text{または} \quad \begin{vmatrix} a & b \\ c & d \end{vmatrix}$$

《one point Advice》
実は行列式の値は行列の大きさ（絶対値は数の大きさ）と考えることもできる．行列の成分である (a, c) と (b, d) の2つのベクトルを2辺とする平行四辺形の面積は $ad - bc$ であり(1.2.1項の例題（三角形の面積と内積）参照)，行列式と等しいことに注目してほしい．

練習 2.1

つぎの行列が逆行列をもてば，それを求めよ．

(1) $\begin{pmatrix} 3 & 2 \\ 7 & 5 \end{pmatrix}$ (2) $\begin{pmatrix} 4 & 8 \\ 3 & 6 \end{pmatrix}$ (3) $\begin{pmatrix} 3 & 0 \\ 0 & 3 \end{pmatrix}$

(4) $\begin{pmatrix} 4 & -2 \\ -6 & 3 \end{pmatrix}$ (5) $\begin{pmatrix} 7 & -4 \\ 9 & -5 \end{pmatrix}$ (6) $\begin{pmatrix} \sin\theta & -\cos\theta \\ \cos\theta & \sin\theta \end{pmatrix}$

(7) $\begin{pmatrix} a+1 & -a \\ a & 1-a \end{pmatrix}$

練習 2.2

つぎの写像の逆写像を求めよ。

（1） $\begin{pmatrix} y_1 \\ y_2 \end{pmatrix} = \begin{pmatrix} 2 & 1 \\ -1 & 1 \end{pmatrix} \begin{pmatrix} x_1 \\ x_2 \end{pmatrix}$
（2） $\begin{pmatrix} y_1 \\ y_2 \end{pmatrix} = \begin{pmatrix} -1 & 1 \\ 2 & 0 \end{pmatrix} \begin{pmatrix} x_1 \\ x_2 \end{pmatrix}$

●逆行列の性質●

逆行列について，つぎの式が成り立つ。

I　$AA^{-1} = A^{-1}A = I$

　　ここで，I は単位行列 $\begin{pmatrix} 1 & 0 \\ 0 & 1 \end{pmatrix}$ である。

II　$(AB)^{-1} = B^{-1}A^{-1}$

　　これは特に図 2.2.2 のように直感的に理解することができる。

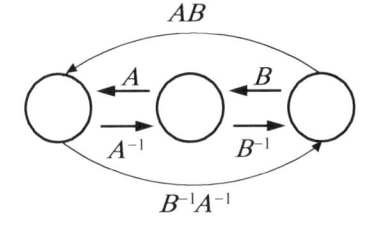

図 2.2.2　積の逆行列

問　逆行列と自分の積は単位行列

行列 A が以下のとき，A^{-1} を求め，$AA^{-1} = A^{-1}A = I$ を確かめよ。

$$A = \begin{pmatrix} 2 & 3 \\ 3 & 4 \end{pmatrix}$$

【解】以下のように計算することができる。

$$A^{-1} = \frac{1}{-1} \begin{pmatrix} 4 & -3 \\ -3 & 2 \end{pmatrix}$$
$$= \begin{pmatrix} -4 & 3 \\ 3 & -2 \end{pmatrix},$$

$AA^{-1} = I$, $A^{-1}A = I$

例題　$AX = B$

$A = \begin{pmatrix} 2 & 3 \\ 3 & 4 \end{pmatrix}$, $B = \begin{pmatrix} 4 & -3 \\ -1 & 2 \end{pmatrix}$ のとき，$AX = B$ を満たす行列 X を求めよ。

【解】A^{-1} が存在するので，

$$A^{-1} = \begin{pmatrix} -4 & 3 \\ 3 & -2 \end{pmatrix}$$

を，$AX = B$ の両辺に左側から掛けると，$A^{-1}(AX) = A^{-1}B$

左辺は $A^{-1}(AX) = (A^{-1}A)X = IX = X$ となるから，

$$X = A^{-1}B = \begin{pmatrix} -4 & 3 \\ 3 & -2 \end{pmatrix} \begin{pmatrix} 4 & -3 \\ -1 & 2 \end{pmatrix} = \begin{pmatrix} -19 & 18 \\ 14 & -13 \end{pmatrix}$$

練習2.3

つぎの等式を満たす行列 A, B を，それぞれ求めよ。

(1) $A\begin{pmatrix}1\\2\end{pmatrix}=\begin{pmatrix}7\\4\end{pmatrix}$, $A\begin{pmatrix}2\\1\end{pmatrix}=\begin{pmatrix}5\\5\end{pmatrix}$

(2) $A\begin{pmatrix}1\\1\end{pmatrix}=\begin{pmatrix}2\\3\end{pmatrix}$, $A^2\begin{pmatrix}1\\1\end{pmatrix}=\begin{pmatrix}5\\8\end{pmatrix}$

(3) $A\begin{pmatrix}1\\2\end{pmatrix}=\begin{pmatrix}6\\4\end{pmatrix}$, $B\begin{pmatrix}1\\2\end{pmatrix}=\begin{pmatrix}2\\8\end{pmatrix}$, $AB\begin{pmatrix}1\\2\end{pmatrix}=\begin{pmatrix}28\\16\end{pmatrix}$, $BA\begin{pmatrix}1\\2\end{pmatrix}=\begin{pmatrix}12\\32\end{pmatrix}$

2.2.2 連立方程式の解法

●連立方程式を解く●

連立方程式を考えよう。数字の場合と文字式の場合を並べて比較する。

〈数字の場合〉

$$\begin{cases}4x+y=22 & (1)\\ x+3y=11 & (2)\end{cases}$$

これを行列で書くと

$$\begin{pmatrix}4 & 1\\1 & 3\end{pmatrix}\begin{pmatrix}x\\y\end{pmatrix}=\begin{pmatrix}22\\11\end{pmatrix}$$

$$\iff A\vec{x}=\vec{p}$$

ここで，A の逆行列は A^{-1} を左から両辺に掛ける。

$$A^{-1}A\vec{x}=A^{-1}\vec{p}$$

$$\begin{pmatrix}\dfrac{3}{11} & -\dfrac{1}{11}\\-\dfrac{1}{11} & \dfrac{4}{11}\end{pmatrix}\begin{pmatrix}4 & 1\\1 & 3\end{pmatrix}\vec{x}$$

$$=\begin{pmatrix}\dfrac{3}{11} & -\dfrac{1}{11}\\-\dfrac{1}{11} & \dfrac{4}{11}\end{pmatrix}\begin{pmatrix}22\\11\end{pmatrix}$$

$$\vec{x}=\begin{pmatrix}5\\2\end{pmatrix}$$

となり，行列を用いて連立方程式を解くことができる。

〈文字式の場合〉

$$\begin{cases}ax+by=p & (1)\\ cx+dy=q & (2)\end{cases}$$

これを行列で書くと

$$\begin{pmatrix}a & b\\c & d\end{pmatrix}\begin{pmatrix}x\\y\end{pmatrix}=\begin{pmatrix}p\\q\end{pmatrix}$$

$$\iff A\vec{x}=\vec{p}$$

これで，A の逆行列は A^{-1} を左から両辺に掛ける。

$$A^{-1}A\vec{x}=A^{-1}\vec{p}$$

$$x=A^{-1}\vec{p} \quad (\because\ A^{-1}A=I)$$

となり，行列を用いて連立方程式を解くことができる。

例題　連立方程式

逆行列を使って，連立方程式を解け。
$$\begin{cases} 3x+y=9 \\ x+2y=8 \end{cases}$$

【解】

$\begin{pmatrix} 3 & 1 \\ 1 & 2 \end{pmatrix}\begin{pmatrix} x \\ y \end{pmatrix}=\begin{pmatrix} 9 \\ 8 \end{pmatrix}$ と表せるから，

$$\begin{pmatrix} x \\ y \end{pmatrix}=\begin{pmatrix} 3 & 1 \\ 1 & 2 \end{pmatrix}^{-1}\begin{pmatrix} 9 \\ 8 \end{pmatrix}=\begin{pmatrix} \frac{2}{5} & -\frac{1}{5} \\ -\frac{1}{5} & \frac{3}{5} \end{pmatrix}\begin{pmatrix} 9 \\ 8 \end{pmatrix}=\begin{pmatrix} 2 \\ 3 \end{pmatrix}$$

ゆえに，$x=2,\ y=3$ となる。

練習 2.4

逆行列を使って，つぎの連立方程式を解け。

（1）$\begin{cases} 3x+5y=11 \\ x+2y=4 \end{cases}$　　（2）$\begin{cases} 3x+5y=-1 \\ x+2y=-1 \end{cases}$　　（3）$\begin{cases} 2x-y=1 \\ x+3y=2 \end{cases}$

（4）$\begin{cases} 2x-y=4 \\ x+3y=0 \end{cases}$

2.2.3　連立方程式の不定・不能

●逆行列の存在しない行列による線形写像●

以下の行列 A で
$$A=\begin{pmatrix} a & b \\ c & d \end{pmatrix}$$

$ad-bc=0$ のとき逆行列は存在しないが，その例として，

$A=\begin{pmatrix} 1 & 3 \\ 2 & 6 \end{pmatrix}$ について考えてみよう。この行列が表す線形写像によって，

$\begin{pmatrix} 1 \\ 0 \end{pmatrix}$ は $\begin{pmatrix} 1 \\ 2 \end{pmatrix}$ に，$\begin{pmatrix} 0 \\ 1 \end{pmatrix}$ は $\begin{pmatrix} 3 \\ 6 \end{pmatrix}$ にそれぞれうつされる。これを図示すると，

図 2.2.3 のようになり，うつったあとの平行四辺形はつぶれてしまう。したがって，図 2.2.3 で，右図の平面上のすべての点が，平面上の直線 $y=2x$ 上にうつる。このように，平面全体が直線に退化してしまうことがある。

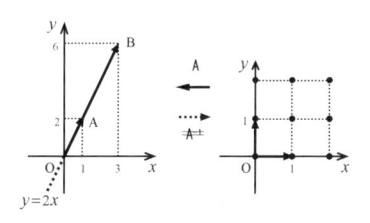

図 2.2.3　退化した形の写像。退化したので，逆写像はあり得ない。

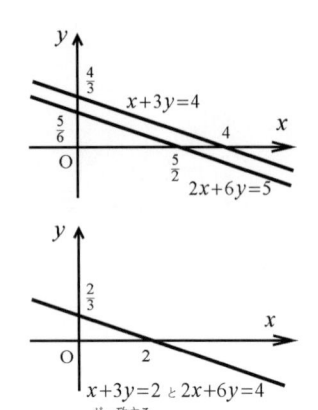

図2.2.4 不能，不定の連立方程式

《One Point Advice》
　解を求めることが不可能なので「不能」といい，解が1つに定まらないので「不定」という。不定は解が存在していることに注意してほしい。

《One Point Advice》
　1次方程式 $ax=p$ の解の場合と比較しよう。
(1)　$a \neq 0$ のとき $x=a^{-1}p$
(2)　$a=0$ のとき a^{-1} は存在しないので
　　$a=0$, $p=0$ のときは x は定まらない（不定）。
　　$a=0$, $p \neq 0$ のときは x は求められない（不能）。

例題　不能・不定の連立方程式

つぎの連立方程式を解け。

(1) $\begin{cases} x+3y=4 \\ 2x+6y=5 \end{cases}$　　(2) $\begin{cases} x+3y=2 \\ 2x+6y=4 \end{cases}$

【解】　係数の行列

$\begin{pmatrix} 1 & 3 \\ 2 & 6 \end{pmatrix}$ は逆行列をもたないから，逆行列を使って解くことはできない。

(1)は，

$$\begin{cases} x+3y=4 \\ x+3y=\dfrac{5}{2} \end{cases}$$

となり，これらは平行する異なる2直線を表すためこれを満たす x, y の値は存在しない（**不能**）。

(2)は，

$$\begin{cases} x+3y=2 \\ x+3y=2 \end{cases}$$

となり，これらは一致する1つの直線 $x+3y=2$ を表すため，$x+3y=2$ を満たすすべての x, y の値で成り立つ（**不定**）。図2.2.4を参考にせよ。

練習2.5

$$\begin{pmatrix} y_1 \\ y_2 \end{pmatrix} = \begin{pmatrix} 1 & 2 \\ -3 & a \end{pmatrix} \begin{pmatrix} x_1 \\ x_2 \end{pmatrix}$$

という線形写像で，平面上のすべての点が1つの直線上にうつるように a の値を定めよ。また，その直線を求めよ。

練習2.6

つぎの連立方程式が $x=0$ かつ $y=0$ 以外の解をもつのは，a がどんな値のときか。

(1) $\begin{cases} ax-2y=0 \\ x+3y=0 \end{cases}$　　(2) $\begin{cases} x+ay=0 \\ ax+y=0 \end{cases}$

2.2.4 行列のべき乗

まずはハミルトン・ケーリーの定理とよばれている関係式を証明してみよう。

例題　ハミルトン・ケーリーの定理

任意の2次の正方行列について以下の関係式を証明せよ。

$A = \begin{pmatrix} a & b \\ c & d \end{pmatrix}$ であるとき $A^2 - (a+d)A + (ad-bc)I = O$

【解】

いきなり計算しよう。

$$A^2 - (a+b)A + (ad-bc)I = A(A - (a+d)I) + (ad-bc)I$$

$$= \left\{ \begin{pmatrix} a & b \\ c & d \end{pmatrix} - \begin{pmatrix} a+d & 0 \\ 0 & a+d \end{pmatrix} \right\} \begin{pmatrix} a & b \\ c & d \end{pmatrix} + \begin{pmatrix} ad-bc & 0 \\ 0 & ad-bc \end{pmatrix}$$

$$= \begin{pmatrix} -d & b \\ c & -a \end{pmatrix} \begin{pmatrix} a & b \\ c & d \end{pmatrix} + \begin{pmatrix} ad-bc & 0 \\ 0 & ad-bc \end{pmatrix} = O$$

よって証明された。

ハミルトン・ケーリーの定理は書き換えると

$$A^2 = (a+d)A - (ad-bc)I$$

であるので，A^2 で次数を下げることができる。つぎの例題を解いてみよう。

例題　行列 A の3乗

ハミルトン・ケーリーの定理を使って「$A^2 = O$ ならば $A^3 = O$」を示せ。

【解】

$A^2 = O$ より，ハミルトン・ケーリーの式に代入すると，

$O - (a+d)A + (ad-bc)I = O$ ∴ $(a+d)A = (ad-bc)I$

$a+d = 0$ のとき $ad-bc = 0$, $a+d \neq 0$ のとき $A = \dfrac{ad-bc}{a+d} I$。このとき，

$$A^2 = \left(\dfrac{ad-bc}{a+d} \right)^2 I^2 = \left(\dfrac{ad-bc}{a+d} \right)^2 I = O$$

より

$$ad - bc = 0$$

さて，A の3乗をここで計算すると，

$$A^3 = AA^2 = (a+d)A^2 - (ad-bc)A$$
$$= -(ad-bc)A = O \quad (\because \ ad-bc=0)$$

よって証明された。

例題　ハミルトン・ケーリーの定理の利用

行列 $A = \begin{pmatrix} 0 & 2 \\ 1 & 0 \end{pmatrix}$ について，$(A+2E)(A+3E) - 3A^2$ を計算せよ（ハミルトン・ケーリーの定理 $A^2 - (a+d)A + (ad-bc)E = O$ を使って，次数を下げることによって求めよ）。なお，この問題では単位行列は E とする。

【解】

ハミルトン・ケーリーの等式から，$(a+d=0 \quad ad-bc=-2)$
$$A^2 - 2E = 0 \quad \therefore \quad A^2 = 2E \quad \cdots ①$$
$$(A+2E)(A+3E) - 3A^2 = (A^2 + 5A + 6E) - 3A^2$$
$$= -2A^2 + 5A + 6E = -2(2E) + 5A + 6E \quad (\because ①)$$
$$= -4E + 5A + 6E = 5A + 2E$$
$$= 5\begin{pmatrix} 0 & 2 \\ 1 & 0 \end{pmatrix} + 2\begin{pmatrix} 1 & 0 \\ 0 & 1 \end{pmatrix} = \begin{pmatrix} 2 & 10 \\ 5 & 2 \end{pmatrix}$$

【解説】

行列の計算では，交換法則 $AB=BA$ は保障されないから，つぎのような計算は，一般には誤りである。
$$(A+B)^2 = A^2 + 2AB + B^2$$
$$(A+2B)(A+3B) = A^2 + 5AB + 6B^2$$

しかし，これらの計算も，$AB=BA$ ならば正しい。特に，$AE=EA$ だから，つぎのような A と E だけの式の計算は正しい。
$$(A+E)^2 = A^2 + 2A + E$$
$$(A+2E)(A+3E) = A^2 + 5A + 6E$$

2.2.5 行列のそのほかの性質

● 行列式とトレース ●

対角成分の和 $a+d$ を特にトレースといい，$\mathrm{tr}(A)$ で表す。よって2次の行列の行列式とトレースの性質をまとめてみた。特に証明はしない。

（Ⅰ）　$\det AB = \det A \times \det B$

（Ⅱ）　$\det A^n = (\det A)^n$

（Ⅲ）　2次行列では $\det(kA)=k^2\det A$，一般的に n 次行列では $\det(kA)=k^n\det A$

（Ⅳ）　$\mathrm{tr}(A+B)=\mathrm{tr}\,A+\mathrm{tr}\,B$

（Ⅴ）　$\mathrm{tr}(AB)=\mathrm{tr}(BA)$

（Ⅵ）　$\mathrm{tr}(kA)=k\,\mathrm{tr}\,A$

ハミルトン・ケーリーの定理は以下のように書ける。
$$A^2-\mathrm{tr}(A)A+\det(A)I=O$$

●転置行列●

行と列を入れ替えた行列を転置行列という。たとえば，A の転置を ^tA とすれば以下のようになる。

$$A=\begin{pmatrix}2 & -6 \\ 8 & 3\end{pmatrix}\Longrightarrow {}^tA=\begin{pmatrix}2 & 8 \\ -6 & 3\end{pmatrix}$$

例題　転置行列の利用

つぎの行列 A を対称行列と交代行列の和で表せ。ただし，対称行列とは転置した結果が元と等しい行列をいい，交代行列とは転置した結果が符号だけがかわる行列をいう。

$$A=\begin{pmatrix}2 & -6 & 0 \\ 1 & 2 & 3 \\ 8 & 3 & 1\end{pmatrix}$$

【解】

ここで対称行列 S と交代行列 T は $^tS=S$，$^tT=-T$ より
$$A=S+T\quad\cdots①$$
とおくと
$$^tA={}^tS+{}^tT=S-T\quad\cdots②$$
①と②より
$$S=(A+{}^tA)/2=\begin{pmatrix}2 & -\dfrac{5}{2} & 4 \\ -\dfrac{5}{2} & 2 & 3 \\ 4 & 3 & 1\end{pmatrix}$$

$$T=(A-{}^tA)/2=\begin{pmatrix}0 & -\dfrac{7}{2} & 4 \\ \dfrac{7}{2} & 0 & 0 \\ 4 & 0 & 0\end{pmatrix}$$

よって A は S と T の和で表すことが可能である。

《One Point Advice》
　転置行列には以下の性質がある。
（Ⅰ）　${}^t(AB) = {}^tB\,{}^tA$
（Ⅱ）　$\det({}^tA) = \det A$
　転置行列は 5.2.2 項の 2 次曲線の標準化で使用する。

【解説】
　転置とは行と列を入れ替えることである。たとえば，左肩に t をつけて転置を表すとすると，
$$A = \begin{pmatrix} a & b \\ c & d \end{pmatrix} \Longrightarrow {}^tA = \begin{pmatrix} a & c \\ b & d \end{pmatrix}$$
　また，定義より和の転置は
$$P = \begin{pmatrix} p_{11} & p_{12} \\ p_{21} & p_{22} \end{pmatrix} \Longrightarrow {}^tP = \begin{pmatrix} p_{11} & p_{21} \\ p_{12} & p_{22} \end{pmatrix}$$
$$Q = \begin{pmatrix} q_{11} & q_{12} \\ q_{21} & q_{22} \end{pmatrix} \Longrightarrow {}^tQ = \begin{pmatrix} q_{11} & q_{21} \\ q_{12} & q_{22} \end{pmatrix}$$
$$\therefore\ {}^t(P+Q) = {}^tP + {}^tQ$$
が成り立つ。

第1節と第2節　復習問題

1 行列 A, B が以下のように与えられるとき，(1)〜(4) を計算せよ。

$$A = \begin{pmatrix} 1 & 2 \\ 3 & 4 \end{pmatrix}, \quad B = \begin{pmatrix} 3 & 2 \\ -1 & 1 \end{pmatrix}$$

(1) $3(A+B)+2(A-B)$ (2) $(A+B)A$

(3) $AB+BA$ (4) $B^{-1}A^{-1}$

2 $A = \begin{pmatrix} 1 & 3 \\ 0 & 1 \end{pmatrix}$ のとき，A^2, A^3 を求めよ。

3 つぎの行列の計算をせよ。ただし，I は単位行列とする。

(1) $(A+B)^2$ (2) $(A+I)^2$ (3) $(A^2+I)\{(A^{-1})^2-I\}$

4 行列 A, B, C について，$AB=AC$ で，A が逆行列をもつときは $B=C$ であることを示せ。

5 ある線形写像で，$\vec{x}$ が $\vec{a}$ にうつり，$\vec{y}$ が $2\vec{a}+\vec{b}$ にうつったという。このとき $-3\vec{x}+\vec{y}$ は，どんなベクトルにうつるか。

6 りんごとかき1個ずつの値段と重さは，表2.1のとおりであるとする。果物セットAは，りんご5個，かき3個の詰め合わせで，セットBは，りんご4個，かき7個の詰め合わせである。Aセット，Bセットをそれぞれ x, y だけ発注したときの値段と重さを，行列を用いて計算せよ。

表2.1

	りんご	かき
値段（円）	200	120
重さ（g）	500	300

	Aセット	Bセット
りんご（個）	5	4
かき（個）	3	7

7 逆行列を使って，つぎの連立方程式を解け。

(1) $\begin{cases} x+3y=1 \\ 2x-y=2 \end{cases}$ (2) $\begin{cases} 3x+y=1 \\ -2x+y=3 \end{cases}$

(3) $\begin{cases} x-2y=1 \\ 3x-y=1 \end{cases}$ (4) $\begin{cases} 2x+3y=0 \\ 4x+2y=0 \end{cases}$

(5) $\begin{cases} x-3y=2 \\ 3x-9y=6 \end{cases}$ (6) $\begin{cases} x-2y=1 \\ 2x-4y=3 \end{cases}$

第3節　3元連立方程式の解法

3行3列の逆行列はてごわい。

2.3.1　連立3元1次方程式と行列

●3次行列●

連立3元1次方程式も，行列を用いて表すことができる。たとえば，つぎの3元連立1次方程式は，

$$\begin{cases} y+z=4 \\ x+y-z=3 \\ 2x-y-z=2 \end{cases} \tag{3.1}$$

以下のように行列で書くことができる。

$$\begin{pmatrix} 0 & 1 & 1 \\ 1 & 1 & -1 \\ 2 & -1 & -1 \end{pmatrix} \begin{pmatrix} x \\ y \\ z \end{pmatrix} = \begin{pmatrix} 4 \\ 3 \\ 2 \end{pmatrix} \tag{3.2}$$

連立3元1次方程式

$$A \begin{pmatrix} x \\ y \\ z \end{pmatrix} = \begin{pmatrix} p \\ q \\ r \end{pmatrix} \tag{3.3}$$

を解くには，行列 A の逆行列 A^{-1} が存在すれば，2元連立1次方程式の場合と同様に，両辺に左から A^{-1} を掛ければよい。このとき解は，

$$\begin{pmatrix} x \\ y \\ z \end{pmatrix} = A^{-1} \begin{pmatrix} p \\ q \\ r \end{pmatrix} \tag{3.4}$$

となる。

ところが，3次正方行列の逆行列を求めることは，一般にはあまり容易ではない。そこで，逆行列を利用するかわりに，いくつかの簡単な操作の繰り返しによって連立1次方程式を解くことを考えてみよう。

2.3.2　掃き出し法

●行列の基本変形と掃き出し法●

連立方程式を**掃き出し法**とよばれる方法で解いてみよう。

掃き出し法では，行列の3つの操作が重要であり，それを**基本変形**という。

（1）　2つの行どうしを**入れ替える**。
（2）　1つの行を0でない定数で**割る**。
（3）　1つの行に他の行の**定数倍を加える**。

そこで，連立方程式 (3.1) の係数部分だけ取り出した行列を考えてみよう。$x=p$, $y=q$, $z=r$ と答えが求まる場合，

$$\begin{pmatrix} 1 & 0 & 0 \\ 0 & 1 & 0 \\ 0 & 0 & 1 \end{pmatrix} \begin{pmatrix} x \\ y \\ z \end{pmatrix} = \begin{pmatrix} p \\ q \\ r \end{pmatrix} \iff \left(\begin{array}{ccc|c} 1 & 0 & 0 & p \\ 0 & 1 & 0 & q \\ 0 & 0 & 1 & r \end{array}\right)$$

となればよいのである。つまり，係数を 3×4 行列で書いたときに，点線より左側が単位行列の形になればよい。そこで，この連立方程式 (3.1) を 3×4 行列で解いてみよう。

$$\left(\begin{array}{ccc|c} 0 & 1 & 1 & 4 \\ 1 & 1 & -1 & 3 \\ 2 & -1 & -1 & 2 \end{array}\right)$$

⇓ ((1行目))と((2行目))を入れ替える…(1,1) 成分を 0 でない定数にする

$$\left(\begin{array}{ccc|c} 1 & 1 & -1 & 3 \\ 0 & 1 & 1 & 4 \\ 2 & -1 & -1 & 2 \end{array}\right)$$

(注) (1,1) 成分が $a (a \neq 1)$ ならば ((1行目))÷a という操作が入る

⇓ ((3行目))+(−2)×((1行目))…(1,1) 成分をかなめとして第1列を掃き出す

$$\left(\begin{array}{ccc|c} 1 & 1 & -1 & 3 \\ 0 & 1 & 1 & 4 \\ 0 & -3 & 1 & -4 \end{array}\right)$$

(注) (2,2) 成分が 0 でないので入れ替え操作は発生しない
(注) (2,2) 成分が $b (b \neq 1)$ ならば ((2行目))÷b という操作が入る

⇓ ((3行目))+(+3)×((2行目))…(2,2) 成分をかなめとして第2列を掃き出す。
((1行目))+(−1)×((2行目))…(2,2) 成分をかなめとして第2列を掃き出す。

$$\left(\begin{array}{ccc|c} 1 & 0 & -2 & -1 \\ 0 & 1 & 1 & 4 \\ 0 & 0 & 4 & 8 \end{array}\right)$$

(注) (3,3) 成分が 0 でないので入れ替え操作は発生しない

⇓ ((3行目))÷4…(3,3) 成分を 1 にする。

$$\left(\begin{array}{ccc|c} 1 & 0 & -2 & -1 \\ 0 & 1 & 1 & 4 \\ 0 & 0 & 1 & 2 \end{array}\right)$$

⇓ ((1行目))+(+2)×((3行目))…(3,3) 成分をかなめとして第3列を掃き出す。
((2行目))+(−1)×((3行目))…(3,3) 成分をかなめとして第3列を掃き出す。

$$\left(\begin{array}{ccc|c} 1 & 0 & 0 & 3 \\ 0 & 1 & 0 & 2 \\ 0 & 0 & 1 & 2 \end{array}\right)$$

したがって，$x=3$, $y=2$, $z=2$ と答えが求まるのである。

《one point Advice》

このページでは行列の基本変形をわかりやすくするために，連立方程式の係数と定数項の間に縦の点線を入れている。縦線の左側部分の対角成分つまり (n, n) 成分をすべて 1 にして，他の成分を 0 にするための変形が「基本変形」なのである。

(1) 対角成分が 0 であれば何も始まらないので，はじめに対角成分が 0 でないかをチェックして，0 でないようにするため「入れ替え」の操作をする。だから本書では基本変形の1番目を「入れ替え」にしている。

(2) 基本変形の2番目は，対角成分が 1 になるように，行を対角成分で「割る」のである。割り算が発生するので，「0 でない定数」という注釈がつく。なお，他の書籍ではほとんど「0 でない定数を掛ける」と記述しているが，不適切であろう。コンピュータでプログラムを書けば，賢明な本書の読者は他の書籍の記述に疑問を抱くはずである。

(3) 定数倍を他の行に加えるのは，対角成分以外の成分を 0 にするためである。

●消去法と掃き出し法の比較●

つぎの連立方程式を消去法と掃き出し法で比較しながら解いてみる。

$$\begin{cases} 3x+6y+9z=60 \\ 2x+7y-3z=13 \\ 3x+8y+2z=38 \end{cases}$$

⟨消去法⟩

$$\begin{cases} 3x+6y+9z=60 & (1) \\ 2x+7y-3z=13 & (2) \\ 3x+8y+2z=38 & (3) \end{cases}$$

を変形して以下のようになるとよい。

$$\begin{cases} 1x+0y+0z=p & (1) \\ 0x+1y+0z=q & (2) \\ 0x+0y+1z=r & (3) \end{cases}$$

(1) 式を3で割って x の係数を1にする。

$$\begin{cases} x+2y+3z=20 & (1) \\ 2x+7y-3z=13 & (2) \\ 3x+8y+2z=38 & (3) \end{cases}$$

↓ (2)−(1)×2
↓ (3)−(1)×3

$$\begin{cases} x+2y+3z=20 & (1) \\ 0x+3y-9z=-27 & (2) \\ 0x+2y-7z=-22 & (3) \end{cases}$$

↓ (2)÷3

$$\begin{cases} x+2y+3z=20 & (1) \\ 0x+1y-3z=-9 & (2) \\ 0x+2y-7z=-22 & (3) \end{cases}$$

↓ (1)−(2)×2
↓ (3)−(2)×2

$$\begin{cases} x+0y+9z=38 & (1) \\ 0x+1y-3z=-9 & (2) \\ 0x+0y-z=-4 & (3) \end{cases}$$

↓ (3)÷(−1)

$$\begin{cases} x+0y+9z=38 & (1) \\ 0x+1y-3z=-9 & (2) \\ 0x+0y+z=4 & (3) \end{cases}$$

↓ (1)−(3)×9
↓ (2)−(3)×(−3)

$$\begin{cases} 1x+0y+0z=2 & (1) \\ 0x+1y+0z=3 & (2) \\ 0x+0y+1z=4 & (3) \end{cases}$$

解は $x=2$, $y=3$, $z=4$ である。

⟨掃き出し法⟩

$$\begin{pmatrix} 3 & 6 & 9 & 60 \\ 2 & 7 & -3 & 13 \\ 3 & 8 & 2 & 38 \end{pmatrix}$$

以下の形になると解けたことになる。

$$\begin{pmatrix} 1 & 0 & 0 & p \\ 0 & 1 & 0 & q \\ 0 & 0 & 1 & r \end{pmatrix}$$

↓ (第1行)÷3

$$\begin{pmatrix} 1 & 2 & 3 & 20 \\ 2 & 7 & -3 & 13 \\ 3 & 8 & 2 & 38 \end{pmatrix}$$

↓ (第2行)−(第1行)×2
↓ (第3行)−(第1行)×3

$$\begin{pmatrix} 1 & 2 & 3 & 20 \\ 0 & 3 & -9 & -27 \\ 0 & 2 & -7 & -22 \end{pmatrix}$$

↓ (第2行)÷3

$$\begin{pmatrix} 1 & 2 & 3 & 20 \\ 0 & 1 & -3 & -9 \\ 0 & 2 & -7 & -22 \end{pmatrix}$$

↓ (第1行)−(第2行)×2
↓ (第3行)−(第2行)×2

$$\begin{pmatrix} 1 & 0 & 9 & 38 \\ 0 & 1 & -3 & -9 \\ 0 & 0 & -1 & -4 \end{pmatrix}$$

↓ (第3行)÷(−1)

$$\begin{pmatrix} 1 & 0 & 9 & 38 \\ 0 & 1 & -3 & -9 \\ 0 & 0 & 1 & 4 \end{pmatrix}$$

↓ (第1行)−(第3行)×9
↓ (第2行)−(第3行)×(−3)

$$\begin{pmatrix} 1 & 0 & 0 & 2 \\ 0 & 1 & 0 & 3 \\ 0 & 0 & 1 & 4 \end{pmatrix}$$

解は $x=2$, $y=3$, $z=4$ である。

練習 3.1

つぎの連立 1 次方程式を，掃き出し法で解け。

(1) $\begin{cases} 3x+2y=5 \\ 3x-2y=1 \end{cases}$
(2) $\begin{cases} -x-2y+4z=1 \\ -3x+y-2z=17 \\ 2x+3y-5z=0 \end{cases}$

(3) $\begin{cases} 2x-3y=-1 \\ -6x+9y=3 \end{cases}$
(4) $\begin{cases} x+y-z=2 \\ 3x+5y-7z=0 \\ 2x+4y-6z=1 \end{cases}$

2.3.3　3 元連立方程式の不定・不能

●掃き出し法と不定・不能●

連立 3 元 1 次方程式についても，解が無数にあったり（不定），解がなかったり（不能）することがある。

つぎの連立 3 元 1 次方程式を，行列を利用して解いてみよう。

(1) $\begin{cases} x+y+z=5 \\ 2x+3y+2z=13 \\ 3x+4y+3z=18 \end{cases}$
(2) $\begin{cases} x+y+z=5 \\ 2x+3y+2z=13 \\ 3x+4y+3z=19 \end{cases}$

まず，(1) について係数を取り出して行列をつくり，下のように変形する。

$$\begin{pmatrix} 1 & 1 & 1 & 5 \\ 2 & 3 & 2 & 13 \\ 3 & 4 & 3 & 18 \end{pmatrix} \to \begin{pmatrix} 1 & 1 & 1 & 5 \\ 0 & 1 & 0 & 3 \\ 3 & 4 & 3 & 18 \end{pmatrix} \to \begin{pmatrix} 1 & 1 & 1 & 5 \\ 0 & 1 & 0 & 3 \\ 0 & 1 & 0 & 3 \end{pmatrix}$$

$$\to \begin{pmatrix} 1 & 1 & 1 & 5 \\ 0 & 1 & 0 & 3 \\ 0 & 0 & 0 & 0 \end{pmatrix} \to \begin{pmatrix} 1 & 0 & 1 & 2 \\ 0 & 1 & 0 & 3 \\ 0 & 0 & 0 & 0 \end{pmatrix}$$

その最後の行列はこれ以上基本変形を続けても，

$$\begin{pmatrix} 1 & 0 & 0 & p \\ 0 & 1 & 0 & q \\ 0 & 0 & 1 & r \end{pmatrix}$$

の形にすることはできない。この結果を，再び方程式で表すと，

$$\begin{cases} 1x+0y+1z=2 \\ 0x+1y+0z=3 \\ 0x+0y+0z=0 \end{cases}$$

となり，y は 3 と定まるが，x, z は $x+z=2$ を満たせばどのような値でもよい。すなわち，この連立方程式の解は無数にある。この場合，x の値を t とすると，解は $x=t$, $y=3$, $z=-t+2$ となる。

（2）についても同様に変形すると
$$\begin{cases} 1x+0y+1z=2 \\ 0x+1y+0z=3 \\ 0x+0y+0z=1 \end{cases}$$
となるが，これらをすべて満たす x, y, z の値はない。すなわち，この連立方程式は解をもたない。これらは，第4章で図形との関連で再度考察する。

●3次の行列の行列式●

3元連立1次方程式においても，逆行列をもつかどうかで，解があるか，不定・不能かの判定はできるはずである。逆行列をもつかどうかは，行列式の値が0かどうか判定すればよい。では3次の行列の行列式の値はどうやって求めればよいのか。

ここでは「サラスの公式」という便法を紹介しよう。

$$\begin{vmatrix} a_1 & b_1 & c_1 \\ a_2 & b_2 & c_2 \\ a_3 & b_3 & c_3 \end{vmatrix} = a_1b_2c_3+a_2b_3c_1+a_3b_1c_2-a_2b_1c_3-a_3b_2c_1-a_1b_3c_2$$

この式はサラスの公式とよばれる。図2.3.1のようにして覚えよう。比較のために，2次の行列の行列式の求め方を示しておく。

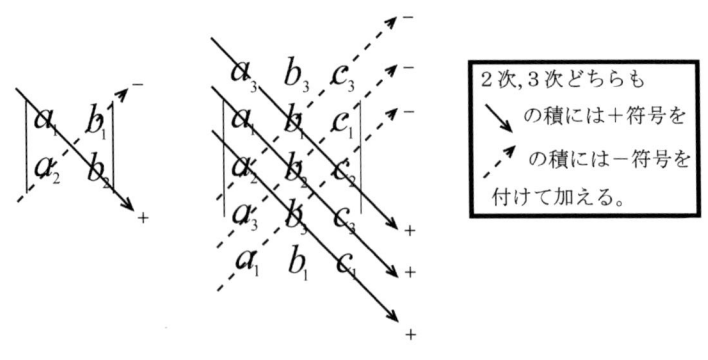

図2.3.1　サラスの公式

2.3.4　掃き出し法と逆行列

●掃き出し法と逆行列●

掃き出し法を利用して，逆行列を求める方法について考えてみよう。

たとえば，行列
$$A = \begin{pmatrix} 1 & 2 \\ 2 & 5 \end{pmatrix}$$
の逆行列を
$$\begin{pmatrix} p & q \\ r & s \end{pmatrix}$$
とすると
$$\begin{pmatrix} 1 & 2 \\ 2 & 5 \end{pmatrix} \begin{pmatrix} p & q \\ r & s \end{pmatrix} = \begin{pmatrix} 1 & 0 \\ 0 & 1 \end{pmatrix}$$
すなわち，
$$\begin{pmatrix} p+2r & q+2s \\ 2p+5r & 2q+5s \end{pmatrix} = \begin{pmatrix} 1 & 0 \\ 0 & 1 \end{pmatrix}$$
である。したがって，Aの逆行列を求めるには，2組の連立方程式
$$\begin{pmatrix} 1 & 2 \\ 2 & 5 \end{pmatrix} \begin{pmatrix} p \\ r \end{pmatrix} = \begin{pmatrix} 1 \\ 0 \end{pmatrix}, \quad \begin{pmatrix} 1 & 2 \\ 2 & 5 \end{pmatrix} \begin{pmatrix} q \\ s \end{pmatrix} = \begin{pmatrix} 0 \\ 1 \end{pmatrix}$$
の解
$$\begin{pmatrix} p \\ r \end{pmatrix}, \quad \begin{pmatrix} q \\ s \end{pmatrix}$$
を求めればよい。そして，この解をまとめて求めるには，行列Aと単位行列Iを並べてつくった2×4行列
$$\begin{pmatrix} 1 & 2 & 1 & 0 \\ 2 & 5 & 0 & 1 \end{pmatrix}$$
を掃き出し法で
$$\begin{pmatrix} 1 & 0 & p & q \\ 0 & 1 & r & s \end{pmatrix}$$
の形にすればよい。すなわち，つぎのようにして，逆行列が求められる。
$$\begin{pmatrix} 1 & 2 & 1 & 0 \\ 2 & 5 & 0 & 1 \end{pmatrix} \to \begin{pmatrix} 1 & 2 & 1 & 0 \\ 0 & 1 & -2 & 1 \end{pmatrix} \to \begin{pmatrix} 1 & 0 & 5 & -2 \\ 0 & 1 & -2 & 1 \end{pmatrix}$$
したがって
$$A^{-1} = \begin{pmatrix} 5 & -2 \\ -2 & 1 \end{pmatrix}$$

Aが3次の正方行列の場合も，2次の正方行列の場合と同様である。すなわち，行列Aと単位行列Iを並べてつくった3×6行列について，基本変形を行って
$$\begin{pmatrix} 1 & 0 & 0 & a & b & c \\ 0 & 1 & 0 & d & e & f \\ 0 & 0 & 1 & g & h & I \end{pmatrix}$$

とすればよい。

例題　掃き出し法を用いた逆行列の求め方

行列 A の逆行列を掃き出し法で求めよ。
$$A=\begin{pmatrix} 1 & -1 & 2 \\ 2 & -1 & 7 \\ 1 & -1 & 3 \end{pmatrix}$$

【解】

$$\begin{pmatrix} 1 & -1 & 2 & 1 & 0 & 0 \\ 2 & -1 & 7 & 0 & 1 & 0 \\ 1 & -1 & 3 & 0 & 0 & 1 \end{pmatrix} \xrightarrow{(1)} \begin{pmatrix} 1 & -1 & 2 & 1 & 0 & 0 \\ 0 & 1 & 3 & -2 & 1 & 0 \\ 0 & 0 & 1 & -1 & 0 & 1 \end{pmatrix} \xrightarrow{(2)}$$

$$\begin{pmatrix} 1 & 0 & 5 & -1 & 1 & 0 \\ 0 & 1 & 3 & -2 & 1 & 0 \\ 0 & 0 & 1 & -1 & 0 & 1 \end{pmatrix} \xrightarrow{(3)} \begin{pmatrix} 1 & 0 & 0 & 4 & 1 & -5 \\ 0 & 1 & 0 & 1 & 1 & -3 \\ 0 & 0 & 1 & -1 & 0 & 1 \end{pmatrix}$$

よって $A^{-1}=\begin{pmatrix} 4 & 1 & -5 \\ 1 & 1 & -1 \\ -1 & 0 & 1 \end{pmatrix}$

【説明】

（1）第2行に第1行の -2 倍を加え，第3行に第1行の -1 倍を加える。

（2）第1行に第2行を加える。

（3）第1行に第3行の -5 倍を加え，第2行に第3行の -3 倍を加える。

【注意】

途中で掃き出しができなくなるときは，逆行列はない。

練習 3.2

つぎの行列の逆行列を，掃き出し法で求めよ。

（1）$\begin{pmatrix} 1 & 2 \\ 3 & 5 \end{pmatrix}$ 　　（2）$\begin{pmatrix} 1 & 1 & 1 \\ 3 & 4 & 8 \\ 2 & 2 & 1 \end{pmatrix}$ 　　（3）$\begin{pmatrix} 5 & a & -2 \\ -6 & 2 & 3 \\ 2 & -1 & -1 \end{pmatrix}$

[コラム]　電気回路と連立方程式

図の回路において，E_1, E_2 と R_1, R_2, R_3 が与えられたとき，I_1, I_2, I_3 を求めよ。ただし，電圧・電流は次式の関係にあるとする。

$$\begin{cases} I_1+I_2=I_3 \\ E_1+(-R_1I_1)+(-R_3I_3)=0 \\ E_2+(-R_2I_2)+(-R_3I_3)=0 \end{cases}$$

図 2.3.2 の回路はキルヒホッフの法則を適用して解く問題の典型的な例題で，電源の向きや抵抗の配置によってさまざまな変形が考えられる。キルヒホッフの法則は電気回路における電圧と電流の関係を表す法則である。

電流則：1点に流入する電流は流出する電流に等しい。

電圧則：1周する回路において向きを考慮して加えた電圧は0となる。

の2つがある。電流則は水の流れのようなものであり，((入った量))=((出て行った量)) ということができる。物理学者は電荷保存則だという。電圧則は「電気にも高さに相当するものがあり，山登りで頂上へ行って登山口に戻れば結局上った高さは0となる」ということに対応している。物理学者はエネルギー保存だという。

キルヒホッフの法則を適用して電流・電圧の関係式を求める方法は電気回路で学ぶ。ここでは，その得られた結果が連立1次方程式になることを認めて，流れる電流を求めてみよう。

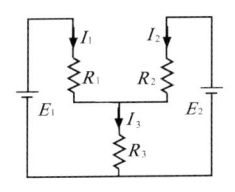

図 2.3.2　回路図

【解】

与えられた式をつぎのように整理する。

$$I_1+I_2-I_3=0$$
$$R_1I_1+R_3I_3=E_1$$
$$R_2I_2+R_3I_3=E_2$$

これを行列で書くと，

$$\begin{pmatrix} 1 & 1 & -1 \\ R_1 & 0 & R_3 \\ 0 & R_2 & R_3 \end{pmatrix} \begin{pmatrix} I_1 \\ I_2 \\ I_3 \end{pmatrix} = \begin{pmatrix} 0 \\ E_1 \\ E_2 \end{pmatrix}$$

これから逆行列を求めて解くと以下のようになる。

$$I_1 = \frac{(R_2+R_3)E_1 - R_3E_2}{R_1R_2+R_2R_3+R_3R_1}$$

$$I_2 = \frac{(R_1+R_3)E_2 - R_3E_1}{R_1R_2+R_2R_3+R_3R_1}$$

$$I_3 = \frac{R_2E_1 + R_1E_2}{R_1R_2+R_2R_3+R_3R_1}$$

回路が複雑になれば，n 次の行列の逆行列を求める必要がある。それらについては本書の範囲を超えているので，各自参考文献で勉強してほしい。

2.3.5　連立1次方程式の解法とコンピュータ

●プログラミング言語での行列の表現●

1994年度の学習指導要領では数学CでBASICを用いた行列計算があつかわれた。ここではプログラミング言語C（俗に言うC言語）を取り上げる。

3行3列の行列はBASICとCではそれぞれ以下のような表記となる。Cでは0行0列から2行2列までの表記となることに注意するべきである。

$$\begin{pmatrix} A_{11} & A_{12} & A_{13} \\ A_{21} & A_{22} & A_{23} \\ A_{31} & A_{32} & A_{33} \end{pmatrix} \qquad \begin{pmatrix} A_{00} & A_{01} & A_{02} \\ A_{10} & A_{11} & A_{12} \\ A_{20} & A_{21} & A_{22} \end{pmatrix}$$

それに対応する配列はそれぞれ以下のように表記される。

$A(1,1)\ A(1,2)\ A(1,3)$ $A[0][0]\ A[0][1]\ A[0][2]$
$A(2,1)\ A(2,2)\ A(2,3)$ $A[1][0]\ A[1][1]\ A[1][2]$
$A(3,1)\ A(3,2)\ A(3,3)$ $A[2][0]\ A[2][1]\ A[2][2]$

●連立1次方程式の解法●

コンピュータを利用して，連立1次方程式を解いてみよう。掃き出し法を利用することにする。たとえば，以下の連立3元1次方程式

$$\begin{cases} 3x+6y+9z=60 & (1) \\ 2x+7y-3z=13 & (2) \\ 3x+8y+2z=38 & (3) \end{cases}$$

を解くには，プログラム1のようにすればよい。

110行，120行，130行で，方程式の係数と定数項が打ち込まれる。150行，160行，170行で，方程式(1)の両辺が(1)のxの係数で割られて，xの係数が1になる。180行，190行，200行で，(2)から(1)の2倍が引かれて，(2)のxの係数が0になる。同様に，210行，220行，230行で，(3)のxの係数が0になる。250行，260行で，第2式のyの係数が1になり，それを利用して，280行，290行で第3式の，300行，310行で第1式のyの係数が0になる。さらに，330行でzの値がきまり，さらに340行，350行で，y，xの値がそれぞれきまる。そして，1000行以下は計算の途中経過と最終結果を画面に表示するサブルーチンで，140行，240行，270行，320行，360行で実行される。

問 プログラムの不完全さ

プログラム1またはプログラム2はどちらも不完全である。どこが不完全かを考察して，修正したプログラムを作成せよ。

【解】
(1) 対角成分$A[1][1]$，$A[2][2]$，$A[3][3]$のどれかが0になったときに，割り算が実行できず，不適切である。

たとえば，$A[2][2]=0$である場合を回避するのは以下の行を追加するとよい。

```
245 IF A(2,2)=0 THEN
    GOSUB 2000
              ⋮
2000 W=A(2,2):A(2,2)=A(3,2):A(3,2)=W
2010 W=A(2,3):A(2,3)=A(3,3):A(3,3)=W
2020 W=P(2):P(2)=P(3):P(3)=W
```

```
2030  RETURN
```
　読者自身で完全なプログラムを作成することを願う。
（2）　不能，不定の場合が尽くせていない。
【注意】
　不能，不定の場合を解決するのはそう簡単ではない。第4章も参照すること。

<プログラム1>
```
100 DIM A(3,3),P(3)
110 A(1,1)=3:A(1,2)=6:A(1,3)=9:P(1)=60
120 A(2,1)=2:A(2,2)=7:A(2,3)=-3:P(2)=13
130 A(3,1)=3:A(3,2)=8:A(3,3)=2:P(3)=38
140 GOSUB 1000
150 A(1,2)=A(1,2)/A(1,1)
160 A(1,3)=A(1,3)/A(1,1)
170 P(1)=P(1)/A(1,1):A(1,1)=1
180 A(2,2)=A(2,2)-A(2,1)*A(1,2)
190 A(2,3)=A(2,3)-A(2,1)*A(1,3)
200 P(2)=P(2)-A(2,1)*P(1):A(2,1)=0
210 A(3,2)=A(3,2)-A(3,1)*A(1,2)
220 A(3,3)=A(3.3)-A(3.1)*A(1,3)
230 P(3)=P(3)-A(3,1)*P(1):A(3,1)=0
240 GOSUB 1000
250 A(2,3)=A(2,3)/A(2,2)
260 P(2)=P(2)/A(2,2):A(2,2)=1
270 GOSUB 1000
280 A(3,3)=A(3,3)-A(3,2)*A(2,3)
290 P(3)=P(3)-A(3,2)*P(2):A(3,2)=0
300 A(1,3)=A(1,3)-A(1,2)*A(2,3)
310 P(1)=P(1)-A(1,2)*P(2):A(1,2)=0
320 GOSUB 1000
330 P(3)=P(3)/A(3,3):A(3,3)=1
340 P(2)=P(2)-P(3)*A(2,3):A(2,3)=0
350 P(1)=P(1)-P(3)*A(1,3):A(1,3)=0
360 GOSUB 1000
370 END
1000 PRINT "係数と定数項"
1010 PRINT A(1,1),A(1,2),A(1,3),P(1)
1020 PRINT A(2,1),A(2,2),A(2,3),P(2)
1030 PRINT A(3,1),A(3,2),A(3,3),P(3)
1040 RETURN
```

<プログラム2>
/*Cで書いてみよう*/

第3節　3元連立方程式の解法

```c
#include<stdio.h>
void show(void);   /*行列を表示する関数*/
int i,j;
double A[3][3];/*連立方程式の係数*/
double P[3];   /**/
int main(void){

/*英数と定数項の入力*/
for(i=0;j<3;i++){   /*iは行*/
      for(j=0;j<3;j++){/*j=0はx,j=1はy,j=2はzの係数*/
               printf("InputA[%d][%d]=",i,j);
            scanf("%lf",&A[i][j]);}
            printf("%¥n");}
      for(i=0;i<3;i++){
            printf("InputP[%d]=",i);
            scanf("%lf",&P[i]);
            printf("¥n");}
      show();

      /*基本変形*/
A[0][1]=A[0][1]/A[0][0];/*A[0][0]==0*/
A[0][2]=A[0][2]/A[0][0];
P[0]=P[0]/A[0][0];   /*0行目のxの係数は1となる*/

A[1][1]=A[1][1]-A[0][1]*A[1][0];
A[1][2]=A[1][2]-A[0][2]*A[1][0];
P[1]=P[1]-P[0]*A[1][0];   /*1行目のxの係数は0となる*/
A[1][0]=0;
      show();

A[2][1]=A[2][1]-A[0][1]*A[2][0];
A[2][2]=A[2][2]-A[0][2]*A[2][0];
P[2]=P[2]-P[0]*A[2][0];   /*2行目のxの係数は0となる*/
```

```
            A[2][0]=0;
                show();

A[1][2]=A[1][2]/A[1][1];
P[1]=P[1]/A[1][1];     /**/
A[1][1]=1;
                show();

A[2][2]=A[2][2]-A[2][1]*A[1][2];
P[2]=P[2]-P[1]*A[2][1];    /**/
A[2][1]=0;
                show();

A[0][2]=A[0][2]-A[0][1]*A[1][2];
P[0]=P[0]-P[1]*A[0][1];    /**/
A[0][1]=0;
                show();

P[2]=P[2]/A[2][2];    /**/
A[2][2]=1;
P[1]=P[1]-P[2]*A[1][2];    /**/
A[1][2]=0;
P[0]=P[0]-P[2]*A[0][2];    /**/
A[0][2]=0;
                show();

return0;
}
/*行列の表示*//*BASICのGOSUB1000に対応*/
void show(void){   /*p.70*/
        for(i=0;i<3;i++){
                for(j=0;j<3;j++){
                        printf("%5.2f",A[i][j]);}   /*p.23*/
                printf("%5.2f\n",P[i]);}
        printf("\n");
            /*返値がvoidのときはreturn;は書かない*/
}
```

第3節　復習問題

1 連立1次方程式 $\begin{cases} x+2y-3z=a \\ 2x+6y-11z=b \\ x-2y+7z=c \end{cases}$ は，a, b, c にどのような関係があるとき解をもつか。

2 A と X は3次の正方行列とする。A に左から行列 X を掛けると，つぎの基本変形が実行されるという。行列 X をそれぞれ求めよ。
(1) 行列 A の第2行と第3行を入れ替える。
(2) 行列 A の第3行を5倍して第1行に加える。

3 行列 A において，つぎの変形[1]，[2]，[3]を順次実行して得られる行列を B, C, D とする。

$A = \begin{pmatrix} 0 & 0 & 1 \\ 0 & 1 & 5 \\ -1 & 0 & 2 \end{pmatrix}$

[1] 第1行と第3行を入れ替える。
[2] 第1行を -1 倍する。
[3] 第3行の2倍を第1行に加え，第3行の -5 倍を第2行に加える。

(1) $B=P_1A$, $C=P_2B$, $D=P_3C$ を満たす行列 P_1, P_2, P_3 を求めよ。
(2) D を求めよ。また，A^{-1} を(1)の P_1, P_2, P_3 で表せ。

4 つぎの行列を3次の正方行列 A に左から掛けたとき，A にはどのような基本変形が行われるか。

(1) $\begin{pmatrix} 0 & 1 & 0 \\ 1 & 0 & 0 \\ 0 & 0 & 1 \end{pmatrix}$ 　(2) $\begin{pmatrix} 1 & 0 & 0 \\ 0 & 5 & 0 \\ 0 & 0 & 1 \end{pmatrix}$ 　(3) $\begin{pmatrix} 1 & 0 & 0 \\ 0 & 1 & 3 \\ 0 & 0 & 1 \end{pmatrix}$

第2章　章末問題

❶ 行列 A, B が以下のように与えられるとき，(1)～(4)を計算せよ。

$$A = \begin{pmatrix} 1 & 4 \\ -3 & 2 \end{pmatrix}, \quad B = \begin{pmatrix} -2 & -1 \\ 1 & 3 \end{pmatrix}$$

(1) $(A+B)(A-B)$ (2) $A^2 - B^2$

(3) $(A-B)(A^2+AB+B^2)$ (4) $A^3 - B^3$

❷ $\begin{pmatrix} 0 & 1 \\ 0 & 0 \end{pmatrix}^2$ を計算することによって，A が行列のとき，命題 "$A^2 = O$ ならば $A = O$" は誤りであることを示せ。またこの命題を成り立たせない行列 A の例をもう1つ見つけよ。

❸ $AB = I$ ならば $A^2 B^2 = I$ であることを証明せよ。

❹ (1) 任意の2次元の列ベクトル v に対して，つねに $X\vec{v} = \vec{v}$ となる行列 X を求めよ。

(2) 任意の2次の正方行列 A に対して，つねに $XA = AX$ となる行列 X は，k を任意の数，I を2次の単位行列として，$X = kI$ という形をもつことを証明せよ。

❺ 適当な行列 X を $\begin{pmatrix} a & b \\ c & d \end{pmatrix}$ の左から掛ければ，任意の a, b, c, d に対して，つねにつぎの行列が得られる。それぞれの場合について，行列 X を求めよ。

(1) $\begin{pmatrix} 2a & 2b \\ c & d \end{pmatrix}$ (2) $\begin{pmatrix} a & b \\ 3c & 3d \end{pmatrix}$

(3) $\begin{pmatrix} a & b \\ a+c & b+d \end{pmatrix}$ (4) $\begin{pmatrix} a-2c & b-2d \\ c & d \end{pmatrix}$

(5) $\begin{pmatrix} c & d \\ a & b \end{pmatrix}$

❻ つぎのやり方で A の逆行列の n 乗を求めよ。$A = \begin{pmatrix} -4 & -1 \\ 5 & 2 \end{pmatrix}$,

$I = \begin{pmatrix} 1 & 0 \\ 0 & 1 \end{pmatrix}$ とする。

(1) A^{-1} を求めよ。

(2) $A^{-1} = pI + qA$ となる実数 p, q を求めよ。

(3) $(A^{-1})^n = p_n I + q_n A$ とするとき, 数列 $\{p_n\}$ の一般項を求めよ。

第3章　線形変換
～行列の図形的意味～

　ベクトルを正比例で表すと，その比例係数が行列になることは前章で学んだ。これを線形変換，または1次変換という。ここではその行列の表す図形的意味を考察する。線形変換の最も身近なところでは以下のような画像処理ソフトで利用されているのである。

第1節　2次元線形変換 ——————————————————————— 78
　3.1.1　いろいろな線形変換 ……………………………………………………… 78
　3.1.2　合成変換，逆変換 …………………………………………………………… 83
　3.1.3　線形変換による図形の像 …………………………………………………… 87
第2節　線形性の利用 ——————————————————————— 92
　3.2.1　線形性 …………………………………………………………………………… 92
　3.2.2　線形性を利用して公式を導く ……………………………………………… 95
　3.2.3　逆行列をもたない線形変換 ………………………………………………… 98
第3節　固有値問題 ——————————————————————— 103
　3.3.1　同じ方向への変換と対角化 ………………………………………………… 103
　3.3.2　固有値問題の具体例 ………………………………………………………… 108
　3.3.3　そのほかの固有値問題 ……………………………………………………… 114
第4節　3次元幾何変換 ——————————————————————— 120
　3.4.1　3次元アフィン変換と4次行列 …………………………………………… 120
　3.4.2　3次元幾何変換 ……………………………………………………………… 121
第5節　行列の演算と群 ——————————————————————— 127
　3.5.1　群 ………………………………………………………………………………… 127
章末問題 ——————————————————————————————— 132

第1節　2次元線形変換

図形の伸縮と回転ができる。

3.1.1　いろいろな線形変換

ベクトルからベクトルへの線形写像を求めることを線形変換，または1次変換という。ここでは平面上の変換の例を取り上げ，線形変換であることを調べてみよう。

●幾何的な変換●

> **問1　x軸に関する鏡映**
> 点(x, y)を，x軸に関して対称な点(x', y')にうつす（図3.1.1）。これをx軸に関する鏡映という。この変換のための行列を求めよ。
>
> 【解】
> $$\begin{cases} x' = x \\ y' = -y \end{cases} \text{あるいは} \begin{pmatrix} x' \\ y' \end{pmatrix} = \begin{pmatrix} 1 & 0 \\ 0 & -1 \end{pmatrix} \begin{pmatrix} x \\ y \end{pmatrix} \text{と表される。}$$

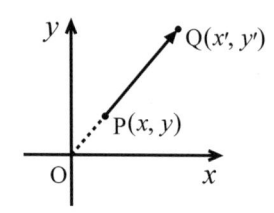

図3.1.1　x軸に関する鏡映

> **問2　拡大変換**
> y軸方向へのk倍の引きのばしたものを変換の行列を求めよ。
>
> 【解】
> この写像による点$\mathrm{P}(x, y)$の像を点$\mathrm{Q}(x', y')$とすれば，$x' = x$，$y' = ky$，すなわち
> $$\begin{pmatrix} x' \\ y' \end{pmatrix} = \begin{pmatrix} 1 & 0 \\ 0 & k \end{pmatrix} \begin{pmatrix} x \\ y \end{pmatrix}$$
> という変換行列で表される（図3.1.2）。

図3.1.2　拡大変換

《One Point Advice》
$k = -1$のとき，鏡映に一致する。また，kを0でない定数とするとき，平面上の各点$\mathrm{P}(x, y)$を点$\mathrm{Q}(kx, ky)$に対応させる座標から座標への線形変換は，「原点を中心とする相似比kの相似変換」あるいは「拡大・縮小変換」とよばれる。

練習 1.1

つぎの各対称移動による点(x, y)の像を点(x', y')とするとき，x, yとx', y'の間の関係を上の問1，2にならって表せ。
（1）　y軸に関する対称移動　　　　（2）　原点に関する対称移動
（3）　直線$y = x$に関する対称移動

練習 1.2

$p \neq 0$, $q \neq 0$のとき，x軸方向へp倍，y軸方向へq倍に引きのばす変換は線形変換であることを示せ。$p \neq -1$，または$q \neq -1$のときは鏡映，$0 < p < 1$, $0 < q < 1$のときは縮小であることを確かめよ。

問3　原点のまわりの回転

回転行列を求めよ。

【解】
平面の各点を，その点が原点のまわりに角 θ だけ回転した点に対応させる V から V への写像，すなわち，"原点のまわりの角 θ の回転"を考えよう（図3.1.3）。

この写像による点 $P(x,y)$ の像を点 $Q(x',y')$ とすれば，2つのベクトル $\vec{u}=(x,0)$ $\vec{v}=(0,y)$ を原点のまわりに角 θ だけ回転したベクトルは，それぞれ $\vec{u'}=(x\cos\theta, x\sin\theta)$, $\vec{v'}=(-y\sin\theta, y\cos\theta)$ となり

$$\overrightarrow{OQ}=\vec{u'}+\vec{v'}$$
$$\therefore \overrightarrow{OQ}=(x\cos\theta-y\sin\theta, x\sin\theta+y\cos\theta)$$
$$\therefore \begin{cases} x'=x\cos\theta-y\sin\theta \\ y'=x\sin\theta+y\cos\theta \end{cases} \iff \begin{pmatrix} x' \\ y' \end{pmatrix} = \begin{pmatrix} \cos\theta & -\sin\theta \\ \sin\theta & \cos\theta \end{pmatrix}\begin{pmatrix} x \\ y \end{pmatrix}$$

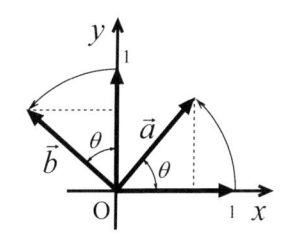

図3.1.3　回転変換

練習 1.3

つぎの線形変換を表す式を書け。
（1）　原点のまわりに $30°$ 回転
（2）　原点のまわりに $90°$ 回転
（3）　原点のまわりに $-\theta$ 回転

問4　せん断

行列 $\begin{pmatrix} 1 & \frac{1}{2} \\ 0 & 1 \end{pmatrix}$ が，x 方向へゆがめた変換（せん断）であることを示せ。

【解】
点 (x,y) が点 (x',y') にうつったとすると，(x',y') は

$$\begin{cases} x'=x+\frac{1}{2}y \\ y'=y \end{cases}$$

となり，ゆがんだ形へ変換することであることがわかる（本節の復習問題の解，図3.1.12参照）。

●直線に関する折り返し●

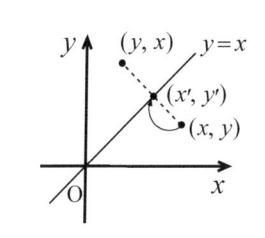

問5　直線 $y=x$ 上への正射影

直線 $y=x$ 上への正射影を求めよ。

【解】
点 (x,y) が点 (x',y') にうつったとすると，(x',y') は (x,y) と (y,x) との中点であるから，

$$\begin{cases} x'=\frac{x+y}{2} \\ y'=\frac{y+x}{2} \end{cases} \iff \begin{pmatrix} x' \\ y' \end{pmatrix} = \begin{pmatrix} \frac{1}{2} & \frac{1}{2} \\ \frac{1}{2} & \frac{1}{2} \end{pmatrix}\begin{pmatrix} x \\ y \end{pmatrix}$$

図3.1.4　直線 $y=x$ 上への正射影

という線形変換になる。
なお，この変換により，平面全体が直線 $y=x$ 上につぶされる（図3.1.4）。

練習1.4

線形変換の行列が $\begin{pmatrix} 4 & 1 \\ 1 & 3 \end{pmatrix}$ のとき，この線形変換によるつぎの各点の像を求めよ。

（1） $(0,0)$　　（2） $(1,0)$　　（3） $(0,1)$　　（4） $(5,2)$

例題　直線の鏡映変換1

直線 $y=2x$ に関する鏡映を表す線形変換を求めよ。

【解】

点 $P(x,y)$ が $P'(x',y')$ にうつるとする（図3.1.5）。P, P' の中点

$$\left(\frac{x+x'}{2},\ \frac{y+y'}{2}\right)$$

は，$y=2x$ 上にあるから，

$$\frac{y+y'}{2}=2\cdot\frac{x+x'}{2} \quad (1)$$

また，直線 PP' の傾きは $-1/2$ だから，

$$\frac{y-y'}{x-x'}=-\frac{1}{2} \quad (2)$$

（1）式を整理すると，$y+y'=2x+2x'$。そして式（2）を整理すると，
$$2y'-2y=-x'+x$$
となり，これを x', y' について解くと，

$$\begin{cases} x'=-\dfrac{3}{5}x+\dfrac{4}{5}y \\ y'=\dfrac{4}{5}x+\dfrac{3}{5}y \end{cases}$$

が得られる。

【別解】

この変換を表す行列を A とすると，A によって

$$\begin{pmatrix} 1 \\ 2 \end{pmatrix} \to \begin{pmatrix} 1 \\ 2 \end{pmatrix},\ \begin{pmatrix} 2 \\ -1 \end{pmatrix} \to \begin{pmatrix} -2 \\ 1 \end{pmatrix}$$

$$\therefore\ A\begin{pmatrix} 1 & 2 \\ 2 & -1 \end{pmatrix}=\begin{pmatrix} 1 & -2 \\ 2 & 1 \end{pmatrix}$$

よって求める線形変換はつぎの行列 A で表される（図3.1.6）。

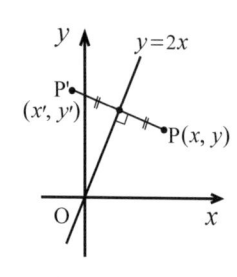

図3.1.5　鏡映

$$A = \begin{pmatrix} 1 & -2 \\ 2 & 1 \end{pmatrix} \begin{pmatrix} 1 & 2 \\ 2 & -1 \end{pmatrix}^{-1} = \frac{1}{5} \begin{pmatrix} -3 & 4 \\ 4 & 3 \end{pmatrix}$$

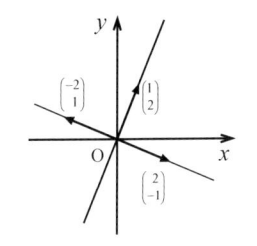

図3.1.6　鏡映に関するベクトル

例題　直線の鏡映変換2

直線 $y = \tan\theta\, x$ に関する折り返しを表す線形変換を求めるために以下の手順で考えてみよう（図3.1.7）。

(1) 平面上で，点 P を x 軸に関して対称に移動し，さらに原点のまわりに角 2θ だけ回転した点を P′ とすれば，P′ は x 軸を角 θ だけ回転して得られる直線に関して，P と対称な位置にあることを示せ。

(2) 平面上で，原点のまわりに x 軸を角 θ だけ回転して得られる直線に関する対称移動を表す線形変換の行列を求めよ。

【解】

(1) 原点を O，x 軸に関して点 P を対称移動した点を P″，Ox を角 θ だけ回転して得られる半直線を Ox'，∠xOP を α とおけば，

$$\angle \mathrm{PO}x' = \angle xOx' - \angle x\mathrm{OP} = \theta - \alpha$$
$$\angle x'\mathrm{OP}' = \angle \mathrm{P}''\mathrm{OP}' - \angle \mathrm{P}''\mathrm{O}x' = 2\theta - (\theta + \alpha) = \theta - \alpha$$
$$\therefore \quad \angle \mathrm{PO}x' = \angle x'\mathrm{OP}'$$

ゆえに点 P′ は x 軸を原点のまわりに角 θ だけ回転して得られる直線 Ox' に関して，P と対称な位置にある。

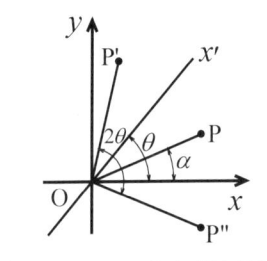

図3.1.7　$y = \tan\theta\, x$ に関する鏡映

(2) (1) によって，求める線形変換は，x 軸に関する対称移動を表す線形変換と，原点のまわりに角 2θ だけの回転を表す線形変換をこの順に合成したものである。ゆえに，この線形変換の行列は

$$\begin{pmatrix} \cos 2\theta & -\sin 2\theta \\ \sin 2\theta & \cos 2\theta \end{pmatrix} \begin{pmatrix} 1 & 0 \\ 0 & -1 \end{pmatrix} = \begin{pmatrix} \cos 2\theta & \sin 2\theta \\ \sin 2\theta & -\cos 2\theta \end{pmatrix}$$

例題　人口の移動

ある島では，都市部に x 万人，農村部に y 万人住んでいる。毎年，都市から農村へ都市人口の10%が移住し，農村から都市へは農村人口の20%が移住するとする。島全体の出生・死亡は無視し，総人口はかわらぬものとして，1年後の都市人口 x' 万人と農村人口 y' 万人を，行列で表してみよう。

【解】

以下のとおりとなる。
$$\begin{cases} x'=0.9x+0.2y \\ y'=0.1x+0.8y \end{cases}$$

したがって，人口の移動は (x,y) から (x',y') への線形変換になる。

●直交変換●

行列の列ベクトルが直交するものを考えよう。

例題　直交変換

2次の正方行列 L の列ベクトルが互いに直交し，その長さが1のとき，つぎのことを示せ。

(1) $\vec{Le}_1, \vec{Le}_2$ も互いに直交し，絶対値は1である。

(2) L の転置行列 ${}^tL$ と L との積は単位行列である。

【注意】

転置行列とは行と列を入れ替えたものである。ここでは行列の左肩に t をつけて書くことにする。

$$L=\begin{pmatrix} a & b \\ c & d \end{pmatrix}, {}^tL={}^t\begin{pmatrix} a & b \\ c & d \end{pmatrix}=\begin{pmatrix} a & c \\ b & d \end{pmatrix}$$

(3) L の行列式の値は ± 1 である。

(4) 転置行列 ${}^tL$ と逆行列 L^{-1} とが等しいことを示せ。

【解】

(1) $L=\begin{pmatrix} a & b \\ c & d \end{pmatrix}$ において，条件より

$$\begin{pmatrix} a \\ c \end{pmatrix} \cdot \begin{pmatrix} b \\ d \end{pmatrix} = 0 \iff ab+cd=0$$

かつ

$$a^2+c^2=1, \ b^2+d^2=1$$

$$\vec{Le}_1=\begin{pmatrix} a & b \\ c & d \end{pmatrix}\begin{pmatrix} 1 \\ 0 \end{pmatrix}=\begin{pmatrix} a \\ c \end{pmatrix}, \ \vec{Le}_2=\begin{pmatrix} a & b \\ c & d \end{pmatrix}\begin{pmatrix} 0 \\ 1 \end{pmatrix}=\begin{pmatrix} b \\ d \end{pmatrix}$$

$$\therefore \ Le_1 \cdot Le_2 = 0 \iff Le_1 \perp Le_2$$

(2) ${}^tLL=\begin{pmatrix} a & c \\ b & d \end{pmatrix}\begin{pmatrix} a & b \\ c & d \end{pmatrix}=\begin{pmatrix} a^2+c^2 & ab+cd \\ ab+cd & b^2+d^2 \end{pmatrix}=\begin{pmatrix} 1 & 0 \\ 0 & 1 \end{pmatrix}$

(3) $a^2+c^2=1, \ b^2+d^2=1$

$\begin{pmatrix} a \\ c \end{pmatrix}=\begin{pmatrix} \cos\theta \\ \sin\theta \end{pmatrix}$ とすれば，$\begin{pmatrix} a \\ c \end{pmatrix} \perp \begin{pmatrix} b \\ d \end{pmatrix}$ より

$$\begin{pmatrix} b \\ d \end{pmatrix} = \begin{pmatrix} \cos(\theta+90°) \\ \sin(\theta+90°) \end{pmatrix} \text{ または } \begin{pmatrix} \cos(\theta-90°) \\ \sin(\theta-90°) \end{pmatrix}$$

つまり $\begin{pmatrix} b \\ d \end{pmatrix} = \begin{pmatrix} -\sin\theta \\ \cos\theta \end{pmatrix}$ または $\begin{pmatrix} \sin\theta \\ -\cos\theta \end{pmatrix}$

$$\therefore \begin{vmatrix} a & b \\ c & d \end{vmatrix} = \begin{vmatrix} \cos\theta & -\sin\theta \\ \sin\theta & \cos\theta \end{vmatrix} \text{ または } \begin{vmatrix} \cos\theta & \sin\theta \\ \sin\theta & -\cos\theta \end{vmatrix} = 1$$

または -1

(4) $L = \begin{pmatrix} \cos\theta & -\sin\theta \\ \sin\theta & \cos\theta \end{pmatrix} \Longrightarrow L^{-1} = \begin{pmatrix} \cos\theta & \sin\theta \\ -\sin\theta & \cos\theta \end{pmatrix} = {}^tL$

$L = \begin{pmatrix} \cos\theta & \sin\theta \\ \sin\theta & -\cos\theta \end{pmatrix} \Longrightarrow L^{-1} = \begin{pmatrix} \cos\theta & \sin\theta \\ \sin\theta & -\cos\theta \end{pmatrix} = {}^tL$

3.1.2 合成変換，逆変換

●**合成変換は行列の積，逆変換は逆行列**●

2つの線形変換f, gを表す行列がA, Bのとき，合成変換$f \circ g$を表す行列は，BとAの積BAで表せる。また，fの逆変換f^{-1}は，逆行列A^{-1}で表せる。

問6 合成変換

原点のまわりに$90°$回転する変換をf，x軸方向へ2倍に引きのばす変換をgとするとき，$g \circ f$，f^{-1}を表す行列を求めよ。

【解】

変換f, gを表す行列はそれぞれA, Bとすれば

$$A = \begin{pmatrix} 0 & -1 \\ 1 & 0 \end{pmatrix}, \quad B = \begin{pmatrix} 2 & 0 \\ 0 & 1 \end{pmatrix}$$

である。したがって，合成変換$g \circ f$は

$$BA = \begin{pmatrix} 2 & 0 \\ 0 & 1 \end{pmatrix} \begin{pmatrix} 0 & -1 \\ 1 & 0 \end{pmatrix} = \begin{pmatrix} 0 & -2 \\ 1 & 0 \end{pmatrix}$$

という行列で表される。また，逆変換f^{-1}は

$$A^{-1} = \begin{pmatrix} 0 & -1 \\ 1 & 0 \end{pmatrix}^{-1} = \begin{pmatrix} 0 & 1 \\ -1 & 0 \end{pmatrix}$$

という行列で表される。

練習1.5

上の例のf, gにおいて，$f \circ g$，g^{-1}を表す行列を求めよ。

問7　n乗行列の線形変換

つぎの行列のn乗を求めてその意味を考えよ。

(1) $\begin{pmatrix} p & 0 \\ 0 & q \end{pmatrix}$　　(2) $\begin{pmatrix} p & 1 \\ 0 & p \end{pmatrix}$

【解】
(1) $p \neq 0$, $q \neq 0$のとき，x軸方向へp倍，y軸方向へq倍に引きのばす変換は線形変換である。このn乗は容易に計算できて

$$\begin{pmatrix} p & 0 \\ 0 & q \end{pmatrix}^n = \begin{pmatrix} p^n & 0 \\ 0 & q^n \end{pmatrix}$$

となる。この行列はx軸方向へp倍，y軸方向へq倍に引きのばす変換であるので，2乗であれば，再びx軸方向へp倍，y軸方向へq倍に引きのばす変換となるので，x軸方向へp^2倍，y軸方向へq^2倍に引きのばすことになる。当然n回繰り返せば，x軸方向へp^n倍，y軸方向へq^n倍に引きのばすことになる。対角行列は何回繰り返しても拡大・縮小行列のままである。

(2) これもn乗を計算すれば，

$$\begin{pmatrix} p & 1 \\ 0 & p \end{pmatrix}^n = \begin{pmatrix} p^n & np^{n-1} \\ 0 & p^n \end{pmatrix}$$

であるが，これでは何もわからない。そこで

$$\begin{pmatrix} p & 1 \\ 0 & p \end{pmatrix}^n = p^n \begin{pmatrix} 1 & \frac{1}{p} \\ 0 & 1 \end{pmatrix}^n = p^n \begin{pmatrix} 1 & \frac{n}{p} \\ 0 & 1 \end{pmatrix}$$

と考えると，せん断の変形をしてからp^n倍拡大・縮小するのと同じである。

《One Point Advice》
n乗の計算は数学的帰納法を使って計算すること。ここでは紙面の都合で省いている。また，(2)の形の行列を**ジョルダン標準形**（Jordan）という。

●回転と三角関数の合成●

問8　回転の合成変換と逆変換

原点のまわりに角βだけ回転する変換をf，角αだけ回転する変換をgとすると，f, gを表す行列を求めて，合成してみよ（図3.1.8）。また，g^{-1}も求めよ。

【解】
原点のまわりに角βだけ回転する変換をf，角αだけ回転する変換をgとすると，f, gを表す行列はそれぞれ

$$\begin{pmatrix} \cos\beta & -\sin\beta \\ \sin\beta & \cos\beta \end{pmatrix}, \begin{pmatrix} \cos\alpha & -\sin\alpha \\ \sin\alpha & \cos\alpha \end{pmatrix} \quad (1)$$

と表された。この2つの変換を引き続いて行った合成変換$g \circ f$を考えると，その行列は

$$\begin{pmatrix} \cos\alpha & -\sin\alpha \\ \sin\alpha & \cos\alpha \end{pmatrix} \begin{pmatrix} \cos\beta & -\sin\beta \\ \sin\beta & \cos\beta \end{pmatrix} \quad (2)$$

という積で表される。一方，この変換$g \circ f$は，原点のまわりに$\alpha + \beta$だけ回転する変換であるから，行列は

$$\begin{pmatrix} \cos(\alpha+\beta) & -\sin(\alpha+\beta) \\ \sin(\alpha+\beta) & \cos(\alpha+\beta) \end{pmatrix}$$

と表すこともできる。式(1)を計算し，式(2)と成分どうしを比較すると，つぎの式が得られる。

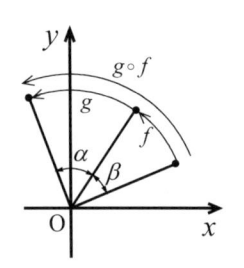

図3.1.8　fとgの合成

$$\begin{cases} \cos(\alpha+\beta) = \cos\alpha\cos\beta - \sin\alpha\sin\beta \\ \sin(\alpha+\beta) = \sin\alpha\cos\beta + \cos\alpha\sin\beta \end{cases}$$

これは，サイン（正弦），コサイン（余弦）についての加法定理といわれる公式である。

角 α だけ回転する変換 g の逆変換は

$$\begin{pmatrix} \cos\alpha & -\sin\alpha \\ \sin\alpha & \cos\alpha \end{pmatrix}^{-1} = \begin{pmatrix} \cos\alpha & \sin\alpha \\ -\sin\alpha & \cos\alpha \end{pmatrix}$$

という行列で表される。この行列は

$$\begin{pmatrix} \cos(-\alpha) & -\sin(-\alpha) \\ \sin(-\alpha) & \cos(-\alpha) \end{pmatrix} = \begin{pmatrix} \cos\alpha & \sin\alpha \\ -\sin\alpha & \cos\alpha \end{pmatrix}$$

となっており，回転の逆行列が逆方向への回転（$-\alpha$）と一致することを示す。

練習 1.6

原点のまわりに $60°$ 回転する変換を f，直線 $y=x$ に関する鏡映を g とするとき，つぎの変換を表す行列を求めよ。

(1) f, g
(2) $f \circ g, g \circ f$ (3) f^{-1}, g^{-1}

[コラム] 三角関数の公式をまとめよう

最近の高校数学で三角関数の積和公式や和積公式の系統的なあつかいはしないのでここでまとめてみよう。そこでまず，サイン，コサインの加法定理の式を辺々割り算して，

$$\tan(\alpha \pm \beta) = \frac{\sin(\alpha \pm \beta)}{\cos(\alpha \pm \beta)} = \frac{\sin\alpha\cos\beta \pm \cos\alpha\sin\beta}{\cos\alpha\cos\beta \mp \sin\alpha\sin\beta}$$
$$= \frac{\tan\alpha \pm \tan\beta}{1 \mp \tan\alpha\tan\beta} \quad \text{（複合同順）}$$

つぎのタンジェント（正接）の加法定理が得られる。

$$\tan(\alpha \pm \beta) = \frac{\tan\alpha \pm \tan\beta}{1 \mp \tan\alpha\tan\beta} \quad \text{（複合同順）}$$

サイン，コサイン，タンジェントの加法定理で，$\beta = \alpha$ とおけば，つぎの 2 倍角の公式が得られる。

$$\sin 2\alpha = 2\sin\alpha\cos\beta$$
$$\cos 2\alpha = \cos 2\alpha - \sin 2\alpha = 1 - 2\sin 2\alpha = 2\cos 2\alpha - 1$$
$$\tan 2\alpha = \frac{2\tan\alpha}{1 - \tan 2\alpha}$$

2 倍角の公式 $\cos 2\alpha = 1 - 2\sin^2\alpha = 2\cos^2\alpha - 1$ から

$$\sin^2\alpha = \frac{1-\cos 2\alpha}{2}, \quad \cos^2\alpha = \frac{1+\cos 2\alpha}{2}$$

したがって

$$\tan^2\alpha = \frac{1-\cos 2\alpha}{1+\cos 2\alpha}$$

これらを半角の公式という。

演習 1 $\cos 30° = \sqrt{3}/2$ を用いて，$\sin 15°$, $\cos 15°$, $\tan 15°$ を求めよ。

【解】

$$\sin^2 15° = \frac{1-\cos 30°}{2} = \frac{2-\sqrt{3}}{4}$$
$$\cos^2 15° = \frac{1+\cos 30°}{2} = \frac{2+\sqrt{3}}{4}$$

《One Point Advice》
積和公式は積の形の三角関数の積分を求めるときに使うのである。積分は積の形が苦手なので，和の形に直すのである。和の形になれば，あとは積分の線形性（第 2 章第 1 節）を利用するのである。

$$\tan^2 15° = \frac{1-\cos 30°}{1+\cos 30°} = 7-4\sqrt{3}$$

$\sin 15° > 0$, $\cos 15° > 0$, $\tan 15° > 0$ であるから,
$$\sin 15° = \frac{\sqrt{2-\sqrt{3}}}{2}, \quad \cos 15° = \frac{\sqrt{2+\sqrt{3}}}{2}, \quad \tan 15° = \sqrt{7-4\sqrt{3}}$$

【注意】
　加法定理を用いて $\sin(45°-30°)$, $\cos(45°-30°)$, $\tan(45°-30°)$ を計算した結果と比べるとよい。加法定理を用いて，サイン，コサインの積を和または差の形になおす公式（積和公式）

$$\sin\alpha\cos\beta = \frac{1}{2}\{\sin(\alpha+\beta)+\sin(\alpha-\beta)\}$$

$$\cos\alpha\sin\beta = \frac{1}{2}\{\sin(\alpha+\beta)-\sin(\alpha-\beta)\}$$

$$\cos\alpha\cos\beta = \frac{1}{2}\{\cos(\alpha+\beta)\cos(\alpha-\beta)\}$$

$$\sin\alpha\sin\beta = -\frac{1}{2}\{\cos(\alpha+\beta)-\cos(\alpha-\beta)\}$$

を導くことができる。たとえば，サインの加法定理を辺々加えれば
$$\sin(\alpha+\beta)+\sin(\alpha-\beta) = 2\sin\alpha\cos\beta$$
となり，これから第1の公式が得られる。

演習2　$\cos\alpha\sin\beta$，$\cos\alpha\cos\beta$，$\sin\alpha\sin\beta$ を和または差の形になおす公式を証明せよ。

【解】
　サインの加法定理より
$$\sin(\alpha+\beta) = \sin\alpha\cos\beta + \cos\alpha\sin\beta$$
$$\sin(\alpha-\beta) = \sin\alpha\cos\beta - \cos\alpha\sin\beta$$
この2式を辺々引き算をすれば
$$\sin(\alpha+\beta) - \sin(\alpha-\beta) = 2\cos\alpha\sin\beta$$
$$\therefore \quad \cos\alpha\sin\beta = \frac{1}{2}\{\sin(\alpha+\beta)-\sin(\alpha-\beta)\}$$

コサインの加法定理より
$$\cos(\alpha+\beta) = \cos\alpha\cos\beta - \sin\alpha\sin\beta$$
$$\cos(\alpha-\beta) = \cos\alpha\cos\beta + \sin\alpha\sin\beta$$
この2式を辺々加え，また辺々引けば，つぎの2式を得る。
$$\cos(\alpha+\beta) + \cos(\alpha-\beta) = 2\cos\alpha\cos\beta$$
$$\cos(\alpha+\beta) - \cos(\alpha-\beta) = -2\sin\alpha\sin\beta$$
$$\therefore \quad \cos\alpha\cos\beta = \frac{1}{2}\{\cos(\alpha+\beta)+\cos(\alpha-\beta)\}$$
$$\sin\alpha\sin\beta = \frac{1}{2}\{\cos(\alpha+\beta)-\cos(\alpha-\beta)\}$$

上の公式で，$\alpha+\beta=\theta$，$\alpha-\beta=\varphi$ とおき，α と β を θ，φ で表して両辺に2を掛ければ，つぎの公式（和積公式）が得られる。

$$\sin\theta + \sin\varphi = 2\sin\frac{\theta+\varphi}{2}\cos\frac{\theta-\varphi}{2}$$

$$\sin\theta - \sin\varphi = 2\cos\frac{\theta+\varphi}{2}\sin\frac{\theta-\varphi}{2}$$

$$\cos\theta + \cos\varphi = 2\cos\frac{\theta+\varphi}{2}\cos\frac{\theta-\varphi}{2}$$

$$\cos\theta - \cos\varphi = -2\sin\frac{\theta+\varphi}{2}\sin\frac{\theta-\varphi}{2}$$

和積公式は波の合成を求めるときに使うのである。

演習3　上の公式を証明せよ。

【解】
$$\alpha+\beta=\theta,\ \alpha-\beta=\varphi \text{ より},\ \alpha=\frac{\theta+\varphi}{2},\ \beta=\frac{\theta-\varphi}{2}$$
「サイン, コサインの積を和または差の形になおす公式」の α と β を, 上式を用いて, θ, φ で表し, 両辺に 2 を掛ければ, 証明すべき公式が得られる。

演習 4 つぎの値を求めよ。
（1） $\sin 15° + \sin 75°$　　　　（2） $\cos 105° - \cos 15°$
【解】
（1）　$\sin 15° + \sin 75° = 2\sin\dfrac{15°+75°}{2}\cos\dfrac{15°-75°}{2}$
$$= 2\sin 45°\cos(-30°) = 2\cdot\dfrac{\sqrt{2}}{2}\cdot\dfrac{\sqrt{3}}{2} = \dfrac{\sqrt{6}}{2}$$
（2）　$\cos 105° + \cos 15° = 2\sin\dfrac{105°+15°}{2}\sin\dfrac{105°-15°}{2}$
$$= 2\sin 60°\sin 45° = 2\cdot\dfrac{\sqrt{3}}{2}\cdot\dfrac{\sqrt{2}}{2} = -\dfrac{\sqrt{6}}{2}$$

3.1.3 線形変換による図形の像

線形変換で, 直線, 円などをうつしてみよう。

●**直線の変換**●

例題　直線の変換 1

行列 $\begin{pmatrix} 3 & -1 \\ 1 & 2 \end{pmatrix}$ で表される線形変換により, 直線 $x+y=4$ はどんな図形に変換されるか。

【解】
直線 $x+y=4$ 上の任意の点の x 座標を t とすると, y 座標は $4-t$ となり, この直線はパラメータ表示すれば
$$\begin{cases} x=t \\ y=4-t \end{cases}$$
点 $(t, 4-t)$ が点 (x', y') にうつるとすると,
$$\begin{pmatrix} x' \\ y' \end{pmatrix} = \begin{pmatrix} 3 & -1 \\ 1 & 2 \end{pmatrix}\begin{pmatrix} t \\ 4-t \end{pmatrix} = \begin{pmatrix} 4t-4 \\ -t+8 \end{pmatrix}$$
したがって,
$$\begin{cases} x' = 4t-4 \\ y' = -t+8 \end{cases}$$
から, t を消去して $x'+4y'=28$ が得られ, 点 (x', y') は直線 $x+4y=28$ 上にあることがわかる。

【別解】
$$\begin{pmatrix} x' \\ y' \end{pmatrix} = \begin{pmatrix} 3 & -1 \\ 1 & 2 \end{pmatrix} \begin{pmatrix} x \\ y \end{pmatrix}$$
とおくと，
$$\begin{pmatrix} x \\ y \end{pmatrix} = \begin{pmatrix} 3 & -3 \\ 1 & 2 \end{pmatrix}^{-1} \begin{pmatrix} x' \\ y' \end{pmatrix} = \begin{pmatrix} \frac{2}{7} & \frac{1}{7} \\ -\frac{1}{7} & \frac{3}{7} \end{pmatrix} \begin{pmatrix} x' \\ y' \end{pmatrix}$$
だから，
$$\begin{cases} x = \frac{2}{7}x' + \frac{1}{7}y' \\ y = -\frac{1}{7}x' + \frac{3}{7}y' \end{cases}$$
が得られる。これを $x+y=4$ に代入して，
$$\frac{2}{7}x' + \frac{1}{7}y' + \left(-\frac{1}{7}x' + \frac{3}{7}y'\right) = 4$$
これを整理すると，$x'+4y'=28$ が求められる。

練習 1.7

行列 $\begin{pmatrix} 2 & 1 \\ -1 & 2 \end{pmatrix}$ で表される線形変換によって，直線 $x-y+2=0$ はどんな図形にうつされるか。

例題　直線の変換 2

以下の行列で表される線形変換で，直線 $x+y=4$ にうつされるもとの図形を求めよ。

$$\begin{pmatrix} 3 & -1 \\ 1 & 2 \end{pmatrix}$$

【解】
成分で書くと
$$\begin{cases} x' = 3x - y \\ y' = x + 2y \end{cases}$$
で，点 (x, y) が点 (x', y') にうつされる。(x', y') が $x+y=4$ 上にあるので，$(3x-y)+(x+2y)=4$ 整理すると $4x+y=4$ となり，求める図形は，直線 $4x+y=4$ である。

練習 1.8

練習 1.7 と同じ線形変換によってある図形を変換したら，直線 $x+y=1$ になった。もとの図形を求めよ。

例題（直線の変換 1, 2）で見たように，一般には，線形変換によって直線は直線にうつされる。

例題　直線から直線への変換

以下の行列で表される線形変換によって，直線 $3x+4y=1$ が $2x-y=1$ にうつされるように，a, b の値を定めよ（図 3.1.9）。

$$\begin{pmatrix} 1 & a \\ b & 2 \end{pmatrix}$$

【解】

点 (x, y) が (x', y') にうつされるとすると，この線形変換は

$$\begin{cases} x' = x + ay \\ y' = bx + 2y \end{cases}$$

と表せる。(x, y) が $3x+4y=1$ 上にあると，(x', y') は $2x-y=1$ にあるので，

$$2(x+ay) - (bx+2y) = 1$$

すなわち，$(2-b)x + (2a-2)y = 1$ が成り立つ。これが $3x+4y=1$ と一致するから，$2-b=3$, $2a-2=4$ となる。こうして，$a=3$, $b=-1$ が得られる。

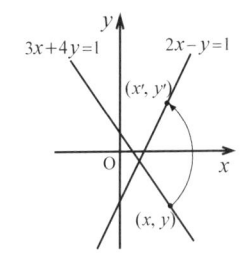

図 3.1.9　直線から直線への変換

練習 1.9

行列 $\begin{pmatrix} a & 1 \\ -2 & b \end{pmatrix}$ で表される線形変換がつぎの条件を満たすとき，それぞれ a, b の値を求めよ。

(1) 直線 $x+2y=1$ が $x+y=1$ にうつる。
(2) 直線 $x+y=1$ が同じ $x+y=1$ にうつる。

● 円の変換 ●

例題　円の線形変換

円 $x^2+y^2=a^2$ を，y 軸方向に b/a 倍に縮めてできる図形はどんな式で表せるか（図 3.1.10）。

ただし，$a > b > 0$ とする。

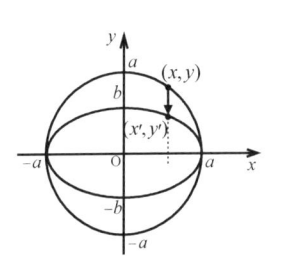

図 3.1.10　楕円と線形変換

【解】

点 (x, y) が (x', y') にうつるとすると，この変換は
$$\begin{cases} x' = x \\ y' = \dfrac{b}{a} y \end{cases}$$
という線形変換で表せる。

したがって，$x = x'$，$y = ay'/b$ であるからこれを $x^2 + y^2 = a^2$ に代入すると，
$$x'^2 + \frac{a^2}{b^2} y'^2 = a^2$$
すなわち
$$\frac{x'^2}{a^2} + \frac{y'^2}{b^2} = 1$$
という式が得られる。こうして，点 (x', y') は，
$$\frac{x^2}{a^2} + \frac{y^2}{b^2} = 1$$
これを楕円という（第5章参照）。

練習 1.10

$\dfrac{x^2}{9} + \dfrac{y^2}{4} = 1$ で表される図形を，y 軸方向に $\dfrac{3}{2}$ 倍すると，円 $x^2 + y^2 = 9$ となることを示せ。

第1節 復習問題

1 つぎの行列を求めよ。
  (1) 点 (x, y) を，直線 $x+y=0$ に関して対称な点 (x', y') にうつす線形変換の行列。
  (2) 点 (x, y) を，直線 $x+y=0$ 上に正射影した点 (x', y') にうつす線形変換の行列。

2 直線 $x+y=4$ を，原点のまわりに $30°$ 回転して得られる直線の式を求めよ。

3 行列 $\begin{pmatrix} 3 & 1 \\ 1 & 2 \end{pmatrix}$ で表される線形変換によって，直線 $x-y=1$ にうつされるようなもとの図形を求めよ。

4 線形変換により，点 $(3,1)$ が点 $(4,0)$ に，点 $(2,1)$ が点 $(0,2)$ にうつされた。この変換によって，点 $(9,3)$ はどんな点にうつるか。また，点 $(16,6)$ はどうか。

5 4点 $(0,0)$, $(2,0)$, $(2,3)$, $(0,3)$ で囲まれる長方形を以下のせん断を表す行列で変換し，図解して確かめよ。
  (1) $\begin{pmatrix} 1 & 0.5 \\ 0 & 1 \end{pmatrix}$ (2) $\begin{pmatrix} 1 & 0 \\ 0.5 & 1 \end{pmatrix}$

第2節　線形性の利用

ベクトルの正比例は便利である。

3.2.1　線形性

●線形変換の線形性●

第2章で，行列による線形写像が線形性という性質を満たすことを示した。行列による線形写像である線形変換が「線形性」という以下の性質が成立する。ただし，k は実数であるが，そのことを $k \in R$ で示す。

（Ⅰ）　$f(\vec{x_1}+\vec{x_2})=f(\vec{x_1})+f(\vec{x_2})$

（Ⅱ）　$f(k\vec{x})=kf(\vec{x})\ (k \in R)$

［証明］　（Ⅰ）によって与えられる線形変換を f とし，

$$\vec{x_1}=(x_1, y_1),\ \vec{x_2}=(x_2, y_2)$$
$$f(\vec{x_1})=(x_1', y_1'),\ f(\vec{x_2})=(x_2', y_2')$$

とすると

$$\begin{cases} x_1'=ax_1+by_1 \\ y_1'=cx_1+dy_1 \end{cases},\ \begin{cases} x_2'=ax_2+by_2 \\ y_2'=cx_2+dy_2 \end{cases}$$

また

$$\vec{x_1}+\vec{x_2}=(x_1+x_2, y_1+y_2)$$

であるから，$f(\vec{x_1}+\vec{x_2})$ の x 成分，y 成分は

$$a(x_1+x_2)+b(y_1+y_2)=(ax_1+by_1)+(ax_2+by_2)=x_1'+x_2'$$
$$c(x_1+x_2)+d(y_1+y_2)=(cx_1+dy_1)+(cx_2+dy_2)=y_1'+y_2'$$

ゆえに

$$f(\vec{x_1}+\vec{x_2})=f(\vec{x_1})+f(\vec{x_2})$$

となり，（Ⅰ）が証明された。同様にして，（Ⅱ）を証明することができる。

《One Point Advice》
　ここで，質問がでる。線形性の（Ⅰ）番目の性質を使えば，
$$f(\vec{x}+\vec{x})=f(\vec{x})+f(\vec{x})=2f(\vec{x})$$
であり，（Ⅱ）番の性質の $k=2$ の場合に相当する。これを繰り返せば，すべての場合が尽くせるような気がするが，それは間違いである。いくらがんばっても，k が整数の場合しか表せない。k は実数で成立するのであり，（Ⅰ）と（Ⅱ）は絶対に異なった性質である。

問1　線形性の証明

（1）　（Ⅱ）を証明せよ。

（2）　線形変換 f に対して
$$f(p\vec{x_1}+q\vec{x_2})=pf(\vec{x_1})+qf(\vec{x_2})$$
という等式が成り立つことを示せ。

【解】

（1）　線形変換 f の行列を $\begin{pmatrix} a & b \\ c & d \end{pmatrix}$ とし，$\vec{x}=(x, y),\ f(\vec{x})=(x', y')$ とすれば

$$\begin{cases} x'=ax+by \\ y'=cx+dy \end{cases}$$

また $k\vec{x}=(kx,ky)$ であるから,$f(k\vec{x})$ の x 成分,y 成分は
$$a(kx)+b(ky)=k(ax+by)$$
$$c(kx)+d(ky)=k(cx+dy)$$
ゆえに
$$f(k\vec{x})=kf(\vec{x})$$
(2) 線形変換 f の線形性を用いると
$$f(p\vec{x_1}+q\vec{x_2})=f(p\vec{x_1})+f(q\vec{x_2})$$
$$=pf(\vec{x_1})+qf(\vec{x_2})$$
となり,証明された。

例題　中点から中点への変換

線形変換 f によって,異なる 2 点 A,B がそれぞれ異なる 2 点 A′,B′ にうつるとする(図3.2.1)。このとき,線分 AB の中点 M の f による像 M′ が線分 A′B′ の中点であることを証明せよ。

【解】

A,B,M の位置ベクトルを $\vec{a}$,$\vec{b}$,$\vec{x}$ とすると,A′,B′,M′ の位置ベクトルは $f(\vec{a})$,$f(\vec{b})$,$f(\vec{x})$ であり M が AB の中点であることから
$$\vec{x}=\frac{\vec{a}+\vec{b}}{2}$$
$$\therefore\ f(\vec{x})=f\left(\frac{\vec{a}+\vec{b}}{2}\right)=\frac{f(\vec{a}+\vec{b})}{2}=\frac{f(\vec{a})+f(\vec{b})}{2}$$
ゆえに,M′ は線分・A′B′ の中点である。

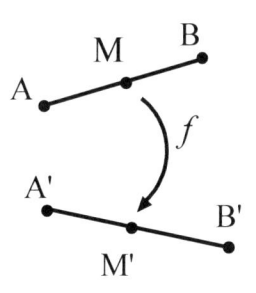

図3.2.1　中点から中点

練習2.1

例題(中点から中点への変換)と同じ仮定のもとで,線分 AB を $m:n$ に内分する点 P の f による像 P′ が線分 A′B′ を $m:n$ に内分することを証明せよ。

●平行移動とアフィン変換(Affine Transform)●

回転は線形変換であるが,平行移動は線形変換ではない。まずこのことを考察しよう。

問2　アフィン変換

つぎのような変換について,線形性が成立しないことを証明せよ。
$$\begin{pmatrix}x'\\y'\end{pmatrix}=\begin{pmatrix}a&b\\c&d\end{pmatrix}\begin{pmatrix}x\\y\end{pmatrix}+\begin{pmatrix}p\\q\end{pmatrix}\iff f(\vec{x})=A\vec{x}+\vec{b}$$

【解】

$\vec{x}$ は $\vec{x}'$ へ,$\vec{y}$ は $\vec{y}'$ にうつされるとする。

> （1）
> $$\begin{matrix} f(\vec{x}) = A\vec{x} + \vec{b} \\ f(\vec{y}) = A\vec{y} + \vec{b} \end{matrix} \Longrightarrow f(\vec{x}) + f(\vec{y}) = A\vec{x} + A\vec{y} + 2\vec{b}$$
> 一方
> $$f(\vec{x} + \vec{y}) = A\vec{x} + A\vec{y} + \vec{b}$$
> したがって，$f(\vec{x}+\vec{y}) = f(\vec{x}) + f(\vec{y})$ は成立しない．
> （2）
> $$kf(\vec{x}) = kA\vec{x} + k\vec{b}$$
> $$f(k\vec{x}) = kA\vec{y} + \vec{b}$$
> したがって，$kf(\vec{x}+\vec{y}) = f(k\vec{x})$ は成立しない．

点 (x, y) を $(x+3, y+5)$ に移動させることを考えよう．

$$\begin{matrix} x' = 1 \times x + 0 \times y + 3 \\ y' = 0 \times x + 1 \times y + 5 \end{matrix} \Longleftrightarrow \begin{pmatrix} x' \\ y' \end{pmatrix} = \begin{pmatrix} 1 & 0 \\ 0 & 1 \end{pmatrix} \begin{pmatrix} x \\ y \end{pmatrix} + \begin{pmatrix} 3 \\ 5 \end{pmatrix}$$

今度は x 方向に 2 倍拡大して，$(3,5)$ ずらしてみる．

$$\begin{pmatrix} x' \\ y' \end{pmatrix} = \begin{pmatrix} 2 & 0 \\ 0 & 1 \end{pmatrix} \begin{pmatrix} x \\ y \end{pmatrix} + \begin{pmatrix} 3 \\ 5 \end{pmatrix}$$

また，原点に θ の回転をして $(3,5)$ ずらしてみる．

$$\begin{pmatrix} x' \\ y' \end{pmatrix} = \begin{pmatrix} \cos\theta & -\sin\theta \\ \sin\theta & \cos\theta \end{pmatrix} \begin{pmatrix} x \\ y \end{pmatrix} + \begin{pmatrix} 3 \\ 5 \end{pmatrix}$$

となる．一般に，つぎのように書ける．

$$\begin{pmatrix} x' \\ y' \end{pmatrix} = \begin{pmatrix} a & b \\ c & d \end{pmatrix} \begin{pmatrix} x \\ y \end{pmatrix} + \begin{pmatrix} p \\ q \end{pmatrix} \Longleftrightarrow \vec{x} = A\vec{x} + \vec{b}$$

こんなふうに書けば，ベクトルの 1 次関数のように見える．しかし，上で取り上げたように，これでは線形性は満たさない．

そこで勝手にもう 1 つの成分を追加しよう．

$$x' = ax + by + p \times 1$$
$$y' = cx + dy + q \times 1$$
$$1 = 0 \times x + 0 \times y + 1 \times 1$$

となることに着目して，「積の和を内積と見よ」の精神でつぎのように 3×3 行列によって整理できる．

$$\begin{pmatrix} x' \\ y' \\ 1 \end{pmatrix} = \begin{pmatrix} a & b & p \\ c & d & q \\ 0 & 0 & 1 \end{pmatrix} \begin{pmatrix} x \\ y \\ 1 \end{pmatrix}$$

こうなれば，線形性が満たされることは一目瞭然である．

$$\vec{x'} = A\vec{x} \tag{2.1}$$

上式 (2.1) のように，定数項がない（原点を通る）形を**同次形**（homogeneous）という．同次形は線形性を満たすのである．つまり，同次形では原点は原点に変換されるのである．一方，

$$\vec{x}' = A\vec{x} + \vec{b} \qquad (2.2)$$

上式 (2.2) のように，定数項のある形を**非同次形** (inhomogeneous) という。2 次元の変換であるのに，1 次元だけ次元を上げて 3 次元変換行列をつくると，非同次形が同次形になり，線形性を満たす。このような 3 次元座標を「同次座標」とよんでいる。平行移動は同次座標の利用により，線形性を獲得するのである。

1 次関数 (linear function) を考えてみよう。$f(x) = ax + b$ は線形性を満たさないが，以下のようにすると線形性を満たす。

$$\begin{pmatrix} y \\ 1 \end{pmatrix} = \begin{pmatrix} a & b \\ 0 & 1 \end{pmatrix} \begin{pmatrix} x \\ 1 \end{pmatrix}$$

● 2 次元の幾何変換 ●

2 次元図形の変換での平行移動，回転，拡大縮小，せん断の 4 つを**幾何変換**という。

$$T = \begin{pmatrix} 1 & 0 & p \\ 0 & 1 & q \\ 0 & 0 & 1 \end{pmatrix}, \quad R = \begin{pmatrix} \cos\theta & -\sin\theta & 0 \\ \sin\theta & \cos\theta & 0 \\ 0 & 0 & 1 \end{pmatrix},$$

$$S = \begin{pmatrix} S_x & 0 & 0 \\ 0 & S_y & 0 \\ 0 & 0 & 1 \end{pmatrix}, \quad A = \begin{pmatrix} 1 & a & 0 \\ 0 & 1 & 0 \\ 0 & 0 & 1 \end{pmatrix}$$

こういうあつかいは，コンピュータグラフィックスや画像処理を行うときに使われる。たとえば，x 軸方向の縮小と y 軸方向の拡大 $S(0.7, 1.1)$，x 軸方向の平行移動 $T(10, 0)$，回転 $R(60°)$，すこしだけせん断 ($a = 1.1$) を順に施す様子を示す。このとき $ARTS$ の積となる。

$$\begin{pmatrix} 1 & 1.1 & 0 \\ 0 & 1 & 0 \\ 0 & 0 & 1 \end{pmatrix} \begin{pmatrix} \cos 60° & -\sin 60° & 0 \\ \sin 60° & \cos 60° & 0 \\ 0 & 0 & 1 \end{pmatrix} \begin{pmatrix} 1 & 0 & 10 \\ 0 & 1 & 0 \\ 0 & 0 & 1 \end{pmatrix} \begin{pmatrix} 0.7 & 0 & 0 \\ 0 & 1.1 & 0 \\ 0 & 0 & 1 \end{pmatrix}$$

$$(2.3)$$

《One Point Advice》
行列の積 ARTS は ART（芸術）が可算名詞になって複数形になれば，「技術」あるいは「芸術作品」という意味で，行列の名前をしゃれでつけている。先頭の行列が最後に実行されることに注意してほしい。

3.2.2 線形性を利用して公式を導く

● 基本ベクトルの変換 ●

線形変換 f によって，基本ベクトル $\vec{e}_1 = (1, 0)$，$\vec{e}_2 = (0, 1)$ がそれぞれ $\vec{a}_1$，$\vec{a}_2$ にうつったとする。すなわち，$\vec{a}_1 = f(\vec{e}_1)$，$\vec{a}_2 = f(\vec{e}_2)$ とすると，線形変換の線形性により，一般のベクトル

$$\vec{x} = x\vec{e}_1 + y\vec{e}_2$$

に対しては

$$f(\vec{x}) = xf(\vec{e}_1) + f(\vec{e}_2) = x\vec{a}_1 + y\vec{a}_2$$

となるから，線形変換 f により，ベクトル $\vec{x}=(x,y)$ はベクトル
$$\vec{x}'=x\vec{a}_1+y\vec{a}_2$$
にうつる。図 3.2.2 は，$x=3$，$y=2$ の場合を示している。

問 3　基本ベクトルの線形変換

線形変換 f の行列が $\begin{pmatrix} a_1 & a_2 \\ b_1 & b_2 \end{pmatrix}$ であるとき，$\vec{e}_1=(1,0)$，$\vec{e}_2=(0,1)$ の像 $f(\vec{e}_1)$，$f(\vec{e}_2)$ の成分表示を求めよ。

【解】
$f(\vec{e}_1)=(x_1,y_1)$，$f(\vec{e}_2)=(x_2,y_2)$ とすれば
$$\begin{pmatrix} x_1 \\ y_1 \end{pmatrix}=\begin{pmatrix} a_1 & a_2 \\ b_1 & b_2 \end{pmatrix}\begin{pmatrix} 1 \\ 0 \end{pmatrix}=\begin{pmatrix} a_1 \\ b_1 \end{pmatrix},\quad \begin{pmatrix} x_2 \\ y_2 \end{pmatrix}=\begin{pmatrix} a_1 & a_2 \\ b_1 & b_2 \end{pmatrix}\begin{pmatrix} 0 \\ 1 \end{pmatrix}=\begin{pmatrix} a_2 \\ b_2 \end{pmatrix}$$
$$\therefore\ f(\vec{e}_1)=(a_1,b_1),\ f(\vec{e}_2)=(a_2,b_2)$$

練習 2.2

図 3.2.2(a) における 2 点 M，N は，f によって，それぞれ図 3.2.2(b) のどの点にうつるか。また，OE_1，OE_2 を 2 辺とする正方形は，どのような図形にうつるか。

例題　直線から直線への変換

線形変換 f によって，異なる 2 点 A，B がそれぞれ異なる 2 点 A′，B′ にうつれば，直線 AB は，f によって，直線 A′B′ にうつる（図 3.2.3）。

【解】
A，B，A′，B′ の位置ベクトルを $\vec{a}$，$\vec{b}$，$\vec{a}'$，$\vec{b}'$ とすると $\vec{a}'=f(\vec{a})$，$\vec{b}'=f(\vec{b})$ となる。また，直線 AB 上の動点 P の位置ベクトルを $\vec{x}$ とすれば，媒介変数 t を用いて，直線 AB は
$$\vec{x}=\vec{a}+t(\vec{b}-\vec{a})$$
という媒介変数表示で表される。

P の像 P′ の位置ベクトルを $\vec{x}'$ とすれば $\vec{x}'=f(\vec{x})$ であるから，f の線形性により
$$\vec{x}'=\vec{a}'+t(\vec{b}'-\vec{a}')$$
ゆえに，$\vec{x}'$ を位置ベクトルとする点 P′ の全体は，直線 A′B′ となる。

線形変換 f によって，異なる 2 点 A，B が同じ点 A′ にうつることもある。このような場合には，上の証明で

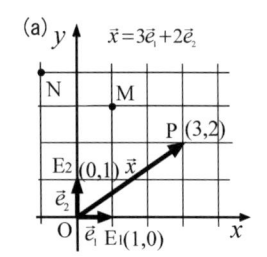

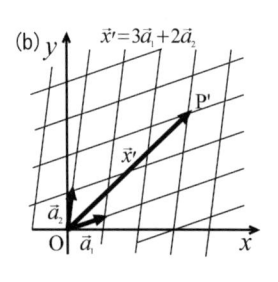

図 3.2.2　直交座標 (a) と斜交座標 (b)

$$\vec{a}' = \vec{b}' \quad \therefore \quad \vec{b}' - \vec{a}' = \vec{0}$$

となり，直線 AB の任意の点 P, に対して

$$\vec{x}' = \vec{a}'$$

ゆえに，このような線形変換 f によって，直線 AB 上のすべての点は 1 点 A' にうつる。

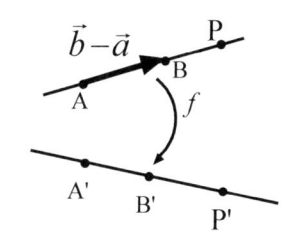

図 3.2.3 直線から直線へ変換

● 回転と折り返し ●

行列を求める $\iff$ $\begin{pmatrix}1\\0\end{pmatrix}$, $\begin{pmatrix}0\\1\end{pmatrix}$ の像を求めるという観点から，回転変換 R_θ，折り返し変換 S_θ の行列を求めてみよう。

原点のまわりに角 θ だけ回転すると，

$$\begin{pmatrix}1\\0\end{pmatrix} \to \begin{pmatrix}\cos\theta\\\sin\theta\end{pmatrix}$$

$$\begin{pmatrix}0\\1\end{pmatrix} \to \begin{pmatrix}-\sin\theta\\\cos\theta\end{pmatrix}$$

と変換される。ここで，

$$\begin{pmatrix}\cos\theta\\\sin\theta\end{pmatrix} = \vec{a}, \quad \begin{pmatrix}-\sin\theta\\\cos\theta\end{pmatrix} = \vec{b}$$

とおく。点 (x, y) が (x', y') にうつったとすると，図 3.2.4 において

$$\begin{pmatrix}x'\\y'\end{pmatrix} = x\vec{a} + y\vec{b} = x\begin{pmatrix}\cos\theta\\\sin\theta\end{pmatrix} + y\begin{pmatrix}-\sin\theta\\\cos\theta\end{pmatrix}$$

となる。すなわち，原点のまわりの回転は

$$\begin{pmatrix}x'\\y'\end{pmatrix} = \begin{pmatrix}\cos\theta & -\sin\theta\\\sin\theta & \cos\theta\end{pmatrix}\begin{pmatrix}x\\y\end{pmatrix}$$

という線形変換である。

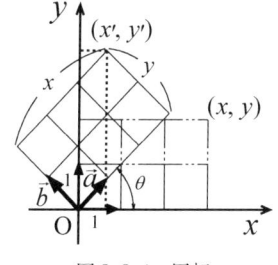

図 3.2.4 回転

折り返し変換 S_θ については，$\vec{e}_1 = \begin{pmatrix}1\\0\end{pmatrix}$ は l_θ から $(-\theta)$ の位置にあるので，$\theta - (-\theta) = 2\theta$ の位置にうつり，$\vec{e}_2 = \begin{pmatrix}0\\1\end{pmatrix}$ は l_θ から $(90° - \theta)$ の位置にあるので，$\theta - (90° - \theta) = 2\theta - 90°$ の位置にうつる。したがって，

$$S_\theta \begin{pmatrix}1\\0\end{pmatrix} = \begin{pmatrix}\cos 2\theta\\\sin 2\theta\end{pmatrix}$$

$$S_\theta \begin{pmatrix}0\\1\end{pmatrix} = \begin{pmatrix}\cos(2\theta - 90°)\\\sin(2\theta - 90°)\end{pmatrix} = \begin{pmatrix}\sin 2\theta\\-\cos 2\theta\end{pmatrix}$$

となる。すなわち，回転変換 R_θ，折り返し変換（鏡映）S_θ は各々，

$$\begin{pmatrix} \cos\theta & -\sin\theta \\ \sin\theta & \cos\theta \end{pmatrix}, \begin{pmatrix} \cos 2\theta & \sin 2\theta \\ \sin 2\theta & -\cos 2\theta \end{pmatrix}$$

である。回転と折り返し行列の形はとても良く似ている。実際，容易に

$$S_\theta = R_{2\theta} \cdot \begin{pmatrix} 1 & 0 \\ 0 & -1 \end{pmatrix} = R_{2\theta} \cdot S_\theta$$

の成立していることがわかるはずである。ここで回転，折り返しの行列の行列式の値を求めると，それぞれ 1, −1 となることがわかる（図3.2.5）。

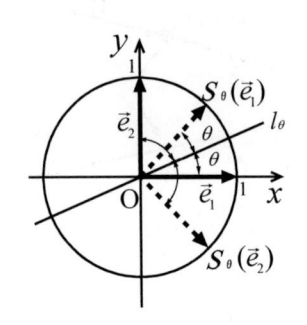

図 3.2.5　直線に関する折り返し

[コラム]　線形変換と複素数平面

原点のまわりの 90° の回転を表す行列を J とすれば，

$$J = \begin{pmatrix} \cos 90° & -\sin 90° \\ \sin 90° & \cos 90° \end{pmatrix} = \begin{pmatrix} 0 & -1 \\ 1 & 0 \end{pmatrix}$$

ここで

$$J^2 = \begin{pmatrix} 0 & -1 \\ 1 & 0 \end{pmatrix}^2 = \begin{pmatrix} 0 & -1 \\ 1 & 0 \end{pmatrix}\begin{pmatrix} 0 & -1 \\ 1 & 0 \end{pmatrix} = \begin{pmatrix} -1 & 0 \\ 0 & -1 \end{pmatrix} = -I$$

であるから，原点の周りの回転行列は

$$\begin{pmatrix} \cos\theta & -\sin\theta \\ \sin\theta & \cos\theta \end{pmatrix} = \begin{pmatrix} \cos\theta & 0 \\ 0 & \cos\theta \end{pmatrix} + \begin{pmatrix} 0 & -\sin\theta \\ \sin\theta & 0 \end{pmatrix} = \cos\theta\, I + \sin\theta\, J$$

と表される。ここで行列 I を 1 として，行列 J を虚数単位 i で置き換えると，複素数 $\cos\theta + i\sin\theta$ に対応する。一般の複素数に対して，

$$a + bi \iff aI + bJ = \begin{pmatrix} a & -b \\ b & a \end{pmatrix}$$

という行列の変換を対応させると，複素数の和と積が行列で対応させることが可能になる。

3.2.3　逆行列をもたない線形変換

●退化型の線形変換●

線形変換

$$\begin{pmatrix} x' \\ y' \end{pmatrix} = \begin{pmatrix} a & b \\ c & d \end{pmatrix}\begin{pmatrix} x \\ y \end{pmatrix}$$

によって，図 3.2.6 のように，正方形の格子が平行四辺形の格子にうつることはすでに学んだ。このとき，

$$\begin{pmatrix} 1 \\ 0 \end{pmatrix} \to \begin{pmatrix} a \\ c \end{pmatrix},\quad \begin{pmatrix} 0 \\ 1 \end{pmatrix} \to \begin{pmatrix} b \\ d \end{pmatrix}$$

であるから，点 $(1,0)$, $(0,1)$ はそれぞれ点 $A(a,c)$, $B(b,d)$ にうつされる。ここで特に，3 点 O, A, B が一直線上にくるときは，平面全体がその直線上につぶされてしまう。このときは，$a:c = b:d$, すなわち $ad - bc = 0$ であるから，線形変換を表す行列が逆行列をもた

ないことと同値である。このような線形変換を「退化型の線形変換」とよぶことにする。

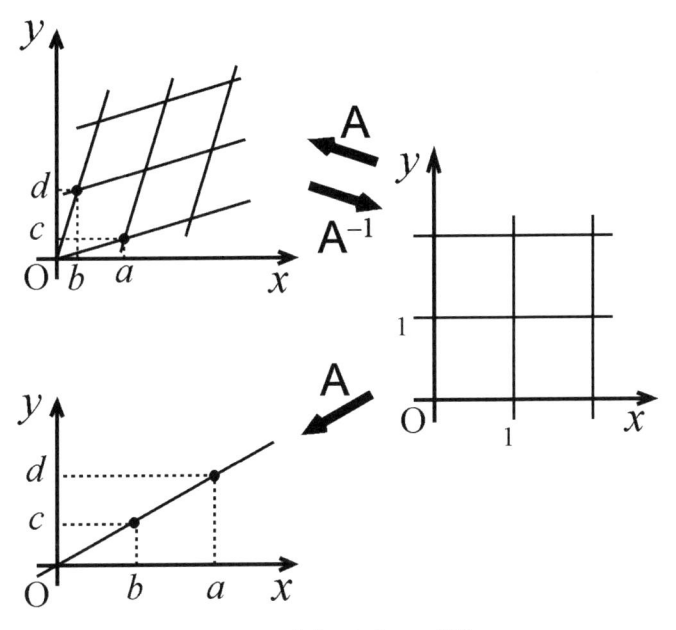

図 3.2.6 基本ベクトルの変換

例題　退化型線形変換

以下の行列で表される線形変換により，平面全体はどんな直線にうつされるか。

$$\begin{pmatrix} 1 & 2 \\ 2 & 4 \end{pmatrix}$$

【解】

成分で書く。

$$\begin{cases} x' = x + 2y \\ y' = 2x + 4y \end{cases}$$

これより，$y' = 2x'$ が導ける。すなわち，どんな点 (x, y) をとっても，直線 $y = 2x$ 上にうつされる。

練習 2.3

つぎの行列で表される退化型の線形変換により，平面上の点はどのようにうつされるか。

① $\begin{pmatrix} 4 & 2 \\ -2 & 1 \end{pmatrix}$ 　　② $\begin{pmatrix} 0 & 0 \\ 0 & 0 \end{pmatrix}$

[コラム]　線形性の利用で難問も簡単

つぎの問題を解いてみよう。

座標平面の原点を O とし，$\overrightarrow{OA}=\begin{pmatrix}1\\1\end{pmatrix}$，$\overrightarrow{OB}=\begin{pmatrix}1\\-1\end{pmatrix}$ とする。また α，β は 2 つの実数とする。任意の点 P に対しベクトル $\overrightarrow{OP}$ の $\overrightarrow{OA}$ への正射影を $\overrightarrow{OP_1}$，すなわち点 P_1 は P から O と A を通る直線へ下ろした垂線の足，$\overrightarrow{OP}$ の $\overrightarrow{OB}$ への正射影を $\overrightarrow{OP_2}$ とし，線形変換 $f_{\alpha,\beta}$ を
$$f_{\alpha,\beta}(\overrightarrow{OP})=\alpha\overrightarrow{OP_1}+\beta\overrightarrow{OP_2}$$
によって定める。線形変換がどのような α，β に対しても
$$f_{\alpha,\beta}\circ g=g\circ f_{\alpha,\beta}\quad (\circ\text{ は変換の合成を表す})$$
となるための必要十分条件は，ある α'，β' に対して $g=f_{\alpha',\beta'}$ となることである。これを証明せよ。

【解】

まずは成分計算で解いてみよう。
$$\overrightarrow{OP}=\begin{pmatrix}x\\y\end{pmatrix},\quad f_{\alpha,\beta}(\overrightarrow{OP})=\begin{pmatrix}x'\\y'\end{pmatrix}$$
とおくと，
$$\overrightarrow{OP_1}=\frac{1}{2}\begin{pmatrix}x+y\\x+y\end{pmatrix}=\frac{1}{2}\begin{pmatrix}1&1\\1&1\end{pmatrix}\begin{pmatrix}x\\y\end{pmatrix}$$
$$\overrightarrow{OP_2}=\frac{1}{2}\begin{pmatrix}x-y\\-x+y\end{pmatrix}=\frac{1}{2}\begin{pmatrix}1&-1\\-1&1\end{pmatrix}\begin{pmatrix}x\\y\end{pmatrix}$$
であり
$$\begin{pmatrix}x'\\y'\end{pmatrix}=f_{\alpha,\beta}(\overrightarrow{OP})=\alpha\overrightarrow{OP_1}+\beta\overrightarrow{OP_2}=\left\{\frac{\alpha}{2}\begin{pmatrix}1&1\\1&1\end{pmatrix}+\frac{\beta}{2}\begin{pmatrix}1&-1\\-1&1\end{pmatrix}\right\}\begin{pmatrix}x\\y\end{pmatrix}$$
$$=\frac{1}{2}\begin{pmatrix}\alpha+\beta&\alpha-\beta\\\alpha-\beta&\alpha+\beta\end{pmatrix}$$

よって，$f_{\alpha,\beta}$ を表す行列を $A_{\alpha,\beta}$ とすると
$$A_{\alpha,\beta}=\frac{1}{2}\begin{pmatrix}\alpha+\beta&\alpha-\beta\\\alpha-\beta&\alpha+\beta\end{pmatrix}$$

このとき
$$s=\frac{\alpha+\beta}{2},\ t=\frac{\alpha-\beta}{2}\iff \alpha=s+t,\ \beta=s-t$$
とおくと
$$A_{\alpha,\beta}=\begin{pmatrix}s&t\\t&s\end{pmatrix}\quad \text{「}\alpha,\beta\text{ が任意の値をとる」}\iff \text{「}s,t\text{ が任意の値をとる」}$$

よって，g を表す行列を
$$B=\begin{pmatrix}a&b\\c&d\end{pmatrix}$$
とおくと，

「どのような α，β に対しても $f_{\alpha,\beta}\circ g=g\circ f_{\alpha,\beta}$ となる」

$\iff$「$\begin{pmatrix}s&t\\t&s\end{pmatrix}\begin{pmatrix}a&b\\c&d\end{pmatrix}=\begin{pmatrix}a&b\\c&d\end{pmatrix}\begin{pmatrix}s&t\\t&s\end{pmatrix}$ が任意の s,t に対して成り立つ」

$\iff$「$as+ct=as+bt$，$bs+dt=at+bs$，$at+cs=cs+dt$，$bt+ds=ct+ds$ が任意の s,t に対して成り立つ」

$\iff a=d$ かつ $b=c$

$\iff B=\begin{pmatrix}a&b\\b&a\end{pmatrix}$

$\iff B=\dfrac{1}{2}\begin{pmatrix}\alpha'+\beta'&\alpha'-\beta'\\\alpha'-\beta'&\alpha'+\beta'\end{pmatrix}=A_{\alpha',\beta'}$　（ただし，$\alpha'=a+b,\beta'=a-b$）

したがって，「どのような α，β に対しても，$f_{\alpha,\beta}\circ g=g\circ f_{\alpha,\beta}$ となる」ための

第2節 線形性の利用　　101

必要十分条件は「ある α', β' に対して $g=f_{\alpha',\beta'}$ となる」ことである。

【別解】

線形変換の線形性（図3.2.7）を用いて，つぎのように解いてもよい。

$\overrightarrow{OA}$, $\overrightarrow{OB}$ は1次独立だから
$$\overrightarrow{OP}=k\overrightarrow{OA}+l\overrightarrow{OB}, \qquad (\overrightarrow{OP_1}=k\overrightarrow{OA},\ \overrightarrow{OP_2}=l\overrightarrow{OB})$$
$$g(\overrightarrow{OA})=p\overrightarrow{OA}+q\overrightarrow{OB}$$
$$g(\overrightarrow{OB})=r\overrightarrow{OA}+s\overrightarrow{OB}$$

とおける（Pは任意の点だから，k, l は任意の実数）。

このとき
$$g(\overrightarrow{OP})=g(k\overrightarrow{OA}+l\overrightarrow{OB})=kg(\overrightarrow{OA})+lg(\overrightarrow{OB})=(pk+rl)\overrightarrow{OA}+(qk+sl)\overrightarrow{OB}$$

だから，$f_{\alpha,\beta}(\overrightarrow{OA})=\alpha\overrightarrow{OA}$, $f_{\alpha,\beta}(\overrightarrow{OB})=\beta\overrightarrow{OB}$ を用いて

$$f_{\alpha,\beta}\circ g(\overrightarrow{OP})=f_{\alpha,\beta}((pk+rl)\overrightarrow{OA}+(qk+sl)\overrightarrow{OB})$$
$$=(pk+rl)f_{\alpha,\beta}(\overrightarrow{OA})+(qk+sl)f_{\alpha,\beta}(\overrightarrow{OB})$$
$$=\alpha(pk+rl)\overrightarrow{OA}+\beta(qk+sl)\overrightarrow{OB}$$
$$g\circ f_{\alpha,\beta}(\overrightarrow{OP})=g\circ f_{\alpha,\beta}(k\overrightarrow{OA}+l\overrightarrow{OB})$$
$$=g(kf_{\alpha,\beta}(\overrightarrow{OA})+lf_{\alpha,\beta}(\overrightarrow{OB}))=g(\alpha k\overrightarrow{OA}+\beta l\overrightarrow{OB})$$
$$=\alpha k(p\overrightarrow{OA}+q\overrightarrow{OB})+\beta l(r\overrightarrow{OA}+s\overrightarrow{OB})$$
$$=(p\alpha k+r\beta l)\overrightarrow{OA}+(q\alpha k+s\beta l)\overrightarrow{OB}$$

ゆえに，
$$f_{\alpha,\beta}\circ g(\overrightarrow{OP})=g\circ f_{\alpha,\beta}(\overrightarrow{OP})$$

が任意の点Pに対して成り立つための条件は
$$\begin{cases}\alpha(pk+rl)=p\alpha k+r\beta l\\ \beta(qk+sl)=q\alpha k+s\beta l\end{cases}\iff \begin{cases}r(\alpha-\beta)k=0\\ q(\alpha-\beta)l=0\end{cases}$$

が任意の実数 k, l に対して成り立つことである。すなわち，
$$r(\alpha-\beta)=q(\alpha-\beta)=0$$

よって，g がどのような α, β に対しても
$$f_{\alpha,\beta}\circ g=g\circ f_{\alpha,\beta}$$

となるための条件は，$r=q=0$，すなわち
$$g(\overrightarrow{OA})=p\overrightarrow{OA},\ g(\overrightarrow{OB})=s\overrightarrow{OB}$$

だから
$$g(\overrightarrow{OP})=pk\overrightarrow{OA}+sl\overrightarrow{OB}=f_{p,s}(\overrightarrow{OP})$$

すなわち，$g=f_{p,s}$ となることである。

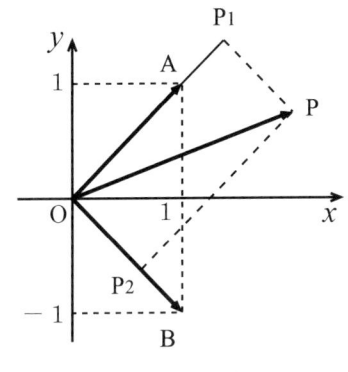

図3.2.7　線形性

第 2 節　復習問題

1 行列 $\begin{pmatrix} -4 & -10 \\ 3 & 7 \end{pmatrix}$ で表される線形変換によって零ベクトルでないベクトルが，その実数倍にうつったという。そのようなベクトルを例示せよ。

2 直線 $x-y+2=0$ を原点のまわりに $30°$ 回転させ，さらに x 軸に関して対称移動したとき，その直線の式を求めよ。

3 平面上の点を原点のまわりに $90°$ 回転する変換を f，y 軸に関する鏡映を g とする。つぎの変換を表す行列を求めよ。
　　（1）　$g \circ f$　　　　（2）　$f \circ g$　　　（3）　$f^{-1} \circ g \circ f$

4 $\begin{pmatrix} \dfrac{1}{2} & -\dfrac{\sqrt{3}}{2} \\ \dfrac{\sqrt{3}}{2} & \dfrac{1}{2} \end{pmatrix}^n$ で，n にいろいろな自然数を入れて得られる行列をすべて求めよ。

5 行列 $\begin{pmatrix} 2 & 1 \\ 2 & 3 \end{pmatrix}$ で表される線形変換において，原点以外にも動かない点があることを示せ。またそのような点の集合を求めよ。

第3節　固有値問題

固有値の道は対角化に通ずる。

3.3.1 同じ方向への変換と対角化

●固有値と固有ベクトル●

線形変換後のベクトルが変換前と平行である場合を考えてみよう。まずはつぎの問1を解いてみよう。

問1　同じ方向への変換

つぎの2次行列 M の変換によってベクトル (x, y) が平行なベクトル $(\lambda x, \lambda y)$ が存在するとき，以下のようになる。

$$M\begin{pmatrix}x\\y\end{pmatrix}=\lambda\begin{pmatrix}x\\y\end{pmatrix}, \quad \text{ただし } M=\begin{pmatrix}3&1\\2&4\end{pmatrix}, \begin{pmatrix}x\\y\end{pmatrix}\neq\begin{pmatrix}0\\0\end{pmatrix}$$

(1) 定数 λ を求めよ。
(2) 定数 λ に対するベクトルをあげよ。

【解】

等式より

$$\begin{cases}3x+y=\lambda x\\2x+4y=\lambda y\end{cases} \iff \begin{cases}(3-\lambda)x+y=0\\2x+(4-\lambda)y=0\end{cases}$$

これを行列で表すと

$$\begin{pmatrix}3-\lambda&1\\2&4-\lambda\end{pmatrix}\begin{pmatrix}x\\y\end{pmatrix}=\begin{pmatrix}0\\0\end{pmatrix}$$

となる。ベクトル (x, y) は $x=0, y=0$ 以外に解をもつので

$$\begin{pmatrix}3-\lambda&1\\2&4-\lambda\end{pmatrix}$$

は逆行列をもたない。したがって，

$$\lambda^2-(3+4)\lambda+(3\times4-1\times2)=0 \iff \lambda^2-7\lambda+10=0$$
$$\iff (\lambda-2)(\lambda-5)=0$$

この2次方程式を**固有方程式**という。したがって，$\lambda=2$ または 5 となる。

$\lambda=2$ のとき

$$\begin{pmatrix}1&1\\2&2\end{pmatrix}\begin{pmatrix}x\\y\end{pmatrix}=\begin{pmatrix}0\\0\end{pmatrix} \iff \begin{cases}x+y=0\\2x+2y=0\end{cases}$$

より，$x=1, y=-1$ はベクトルの1つである。

$\lambda=5$ のとき

$$\begin{pmatrix}-2&1\\2&-1\end{pmatrix}\begin{pmatrix}x\\y\end{pmatrix}=\begin{pmatrix}0\\0\end{pmatrix} \iff \begin{cases}-2x+y=0\\2x-y=0\end{cases}$$

より，$x=1, y=2$ はベクトルの1つである。

上で求めた，λ の値を**固有値**，それに付随するベクトルを**固有ベクトル**という。

《One Point Advice》
行列は以下のようになっていることに注意せよ。
$$\begin{pmatrix}3-\lambda&1\\2&4-\lambda\end{pmatrix}=M-\lambda I$$

《One Point Advice》
　固有値は eigenvalue，固有ベクトルは eigenvector であるが，eigen はドイツ語由来の英単語である。ドイツ語 eigen は英語の own と同系統の単語で「自分自身の」という意味である。固有ベクトルは線形変換後も「自分自身」と同じ方向へ変換されるので eigen であり，そのときの係数は自分自身の値であるので eigen なのである。

練習 3.1

以下の行列の固有値，それに付随するベクトルの固有ベクトルを求めよ。

(1) $\begin{pmatrix} 2 & 1 \\ 1 & 2 \end{pmatrix}$ (2) $\begin{pmatrix} 1 & 2 \\ -1 & 4 \end{pmatrix}$ (3) $\begin{pmatrix} 4 & 2 \\ 2 & 7 \end{pmatrix}$

●対角化●

まずは，つぎの行列の例題を解いてみよう。

例題　対角行列の n 乗 1

2×2 行列 A, B があり，逆行列をもつ 2×2 行列 P に対して，$B = P^{-1}AP$ とおく。

(1) $B^3 = P^{-1}A^3P$ であることを示せ。

(2) $A^3 = PB^3P^{-1}$ であることを示せ。

(3) $A = \begin{pmatrix} 3 & 1 \\ -2 & 0 \end{pmatrix}$, $P = \begin{pmatrix} 1 & -1 \\ -2 & 1 \end{pmatrix}$ のとき，$B = P^{-1}AP$ を求めよ。また，B^3 を求め，(2) によって A^3 を求めよ。

【解】

(1) $B^3 = (P^{-1}AP)^3 = (P^{-1}AP)(P^{-1}AP)(P^{-1}AP)$
$= P^{-1}APP^{-1}APP^{-1}AP = P^{-1}AEAEAP$　($\because$ $PP^{-1} = E$)

(2) (1) より，$P^{-1}A^3P = B^3$. 左から P，右から P^{-1} を掛けると，

$$PP^{-1}A^3PP^{-1} = PB^3P^{-1} \quad PP^{-1} = E$$
$$\therefore A^3 = PB^3P^{-1}$$

(3)

$$P^{-1} = \frac{1}{-1}\begin{pmatrix} 1 & 1 \\ 2 & 1 \end{pmatrix} = \begin{pmatrix} -1 & -1 \\ -2 & -1 \end{pmatrix}$$

だから

$$B = P^{-1}AP = \begin{pmatrix} -1 & -1 \\ -2 & -1 \end{pmatrix}\begin{pmatrix} 3 & 1 \\ -2 & 0 \end{pmatrix}\begin{pmatrix} 1 & -1 \\ -2 & 1 \end{pmatrix} = \begin{pmatrix} 1 & 0 \\ 0 & 2 \end{pmatrix}$$

$$\therefore B^3 = \begin{pmatrix} 1 & 0 \\ 0 & 2 \end{pmatrix}\begin{pmatrix} 1 & 0 \\ 0 & 2 \end{pmatrix}\begin{pmatrix} 1 & 0 \\ 0 & 2 \end{pmatrix} = \begin{pmatrix} 1 & 0 \\ 0 & 8 \end{pmatrix}$$

$$\therefore A^3 = PB^3P^{-1} = \begin{pmatrix} 1 & -1 \\ -2 & 1 \end{pmatrix}\begin{pmatrix} 1 & 0 \\ 0 & 8 \end{pmatrix}\begin{pmatrix} -1 & -1 \\ -2 & -1 \end{pmatrix} = \begin{pmatrix} 15 & 7 \\ -14 & -6 \end{pmatrix}$$

さて，例題（対角行列の n 乗）では，行列 B の n 乗が簡単に計算できている。これは，B が斜め方向の成分（対角線上）のみが値をもち，それ以外は値をもたない（0という意味である）ので，**対角行列**とよばれる形をしているからである。では，行列 P などはどうやって求めるのであろうか？

そこで問1の行列 M について，固有値2，5の固有ベクトルを以下のようにすると

$$\begin{pmatrix} 3 & 1 \\ 2 & 4 \end{pmatrix}\begin{pmatrix} 1 \\ -1 \end{pmatrix}=2\begin{pmatrix} 1 \\ -1 \end{pmatrix}, \quad \begin{pmatrix} 3 & 1 \\ 2 & 4 \end{pmatrix}\begin{pmatrix} 1 \\ 2 \end{pmatrix}=5\begin{pmatrix} 1 \\ 2 \end{pmatrix}$$

となり，

$$\begin{pmatrix} 3 & 1 \\ 2 & 4 \end{pmatrix}\begin{pmatrix} 1 & 1 \\ -1 & 2 \end{pmatrix}=\begin{pmatrix} 1 & 1 \\ -1 & 2 \end{pmatrix}\begin{pmatrix} 2 & 0 \\ 0 & 5 \end{pmatrix} \iff MP=PT$$

となる。行列 P は元の行列 M の固有ベクトルを並べたものであり，対角行列は固有値を対角線上に配置したものとなる。ここからは例題（対角行列の n 乗1）と同様の手続きで解ける。

行列 P は $\det = 1 \times 2 - 1 \times (-1) \neq 0$ であるから，行列 P は逆行列をもち，

$$\begin{pmatrix} 1 & 1 \\ -1 & 2 \end{pmatrix}^{-1}\begin{pmatrix} 3 & 1 \\ 2 & 4 \end{pmatrix}\begin{pmatrix} 1 & 1 \\ -1 & 2 \end{pmatrix}=\begin{pmatrix} 2 & 0 \\ 0 & 5 \end{pmatrix} \iff P^{-1}MP=T$$

$$\text{ただし } P^{-1}=\begin{pmatrix} \frac{2}{3} & -\frac{1}{3} \\ \frac{1}{3} & \frac{1}{3} \end{pmatrix}$$

となる。つまり，行列 T は対角行列であるので n 乗すると簡単な形になる。以下の問でそのことを確認しよう。

● 対角行列の n 乗 ●

問2 対角行列の n 乗

ここで，T^n を求めてから M^n を求めよ。

【解】

T のべき乗を順次計算すると

$$T^2=\begin{pmatrix} 2 & 0 \\ 0 & 5 \end{pmatrix}\begin{pmatrix} 2 & 0 \\ 0 & 5 \end{pmatrix}=\begin{pmatrix} 4 & 0 \\ 0 & 25 \end{pmatrix}$$

$$T^3=\begin{pmatrix} 2 & 0 \\ 0 & 5 \end{pmatrix}\begin{pmatrix} 4 & 0 \\ 0 & 25 \end{pmatrix}=\begin{pmatrix} 8 & 0 \\ 0 & 125 \end{pmatrix}$$

より以下の形と推定できる。

$$T^n=\begin{pmatrix} 2^n & 0 \\ 0 & 5^n \end{pmatrix}$$

さて，$T=P^{-1}MP=\begin{pmatrix} \alpha & 0 \\ 0 & \beta \end{pmatrix}$ のとき $P^{-1}M^nP=\begin{pmatrix} \alpha^n & 0 \\ 0 & \beta^n \end{pmatrix}$ である。

$$(P^{-1}MP)^n = P^{-1}MPP^{-1}MP\cdots P^{-1}MPP^{-1}MP = P^{-1}M^nP,$$
$$\begin{pmatrix} \alpha & 0 \\ 0 & \beta \end{pmatrix}^n = \begin{pmatrix} \alpha^n & 0 \\ 0 & \beta^n \end{pmatrix}$$

したがって
$$M^n = PTP^{-1} = \begin{pmatrix} 1 & 1 \\ -1 & 2 \end{pmatrix} \begin{pmatrix} 2^n & 0 \\ 0 & 5^n \end{pmatrix} \begin{pmatrix} \frac{2}{3} & -\frac{1}{3} \\ \frac{1}{3} & \frac{1}{3} \end{pmatrix}$$
$$= \frac{1}{3}\begin{pmatrix} 2^{n+1}+5^n & -2^n+5^n \\ -2^{n+1}+2\cdot 5^n & 2^n+2\cdot 5^n \end{pmatrix}$$

【注意】
対角行列 T は相似変換（拡大・縮小と鏡映）を表すため，何乗しても相似変換である。そこがポイントである。つまり，対角化行列は n 乗の形が容易に求められるのである。

例題　対角行列の n 乗2

行列 $\begin{pmatrix} 2 & 1 \\ 1 & 2 \end{pmatrix}$ について以下の手順で n 乗を求めよ。

（1）　固有値を求めよ。

（2）　固有ベクトル求めよ。ただし，今回は単位ベクトル（長さ1）とせよ。

（3）　対角行列を求めよ。

（4）　行列の n 乗を求めよ。

【解】
練習 3.1（1）と同じ行列である。

（1）　$\lambda = 1, 3$

（2）　各固有値に対する固有ベクトルを求めよう。

　　$\lambda = 1$ のとき $x+y=0$ を満たせばよくて，例えば $(x,y) = (1, -1)$。

　　$\lambda = 3$ のとき $x-y=0$ を満たせばよくて，例えば $(x,y) = (1,1)$。

固定ベクトルは $\dfrac{1}{\sqrt{2}}\begin{pmatrix} 1 \\ -1 \end{pmatrix}$, $\dfrac{1}{\sqrt{2}}\begin{pmatrix} 1 \\ 1 \end{pmatrix}$

（3）　固有ベクトルを並べて行列 P をつくって，対角行列をつくろう。

$$P = \frac{1}{\sqrt{2}}\begin{pmatrix} 1 & 1 \\ -1 & 1 \end{pmatrix} \text{ から } P^{-1} = \frac{1}{\sqrt{2}}\begin{pmatrix} 1 & -1 \\ 1 & 1 \end{pmatrix}$$

よって
$$P^{-1}AP = \frac{1}{\sqrt{2}}\begin{pmatrix} 1 & 1 \\ -1 & 1 \end{pmatrix}\begin{pmatrix} 2 & 1 \\ 1 & 2 \end{pmatrix}\frac{1}{\sqrt{2}}\begin{pmatrix} 1 & -1 \\ 1 & 1 \end{pmatrix} = \begin{pmatrix} 1 & 0 \\ 0 & 3 \end{pmatrix}$$

（4）　$(P^{-1}AP)^n = P^{-1}APP^{-1}AP\cdots P^{-1}APP^{-1}AP = P^{-1}A^nP,$

$$(P^{-1}AP)^n = \begin{pmatrix} 1 & 0 \\ 0 & 3 \end{pmatrix}^n \text{ から } \quad P^{-1}A^nP = \begin{pmatrix} 1 & 0 \\ 0 & 3^n \end{pmatrix}$$

よって

$$A_n = P\begin{pmatrix} 1 & 0 \\ 0 & 3^n \end{pmatrix}P^{-1} = \frac{1}{\sqrt{2}}\begin{pmatrix} 1 & 1 \\ -1 & 1 \end{pmatrix}\begin{pmatrix} 1 & 0 \\ 0 & 3^n \end{pmatrix}\frac{1}{\sqrt{2}}\begin{pmatrix} 1 & -1 \\ 1 & 1 \end{pmatrix}$$

$$= \frac{1}{2}\begin{pmatrix} 1 & 3^n \\ -1 & 3^n \end{pmatrix}\begin{pmatrix} 1 & -1 \\ 1 & 1 \end{pmatrix} = \frac{1}{2}\begin{pmatrix} 3^n+1 & 3^n-1 \\ 3^n-1 & 3^n+1 \end{pmatrix}$$

実際に問題を解くときは表3.1のように整理するとよい。

表3.1 固有値問題の整理

(1)	固有値	$\lambda=1$	$\lambda=3$
(2)	固有ベクトル	$\dfrac{1}{\sqrt{2}}\begin{pmatrix}1\\-1\end{pmatrix}$	$\dfrac{1}{\sqrt{2}}\begin{pmatrix}1\\1\end{pmatrix}$
(3)	行列P	\multicolumn{2}{l}{$P=\dfrac{1}{\sqrt{2}}\begin{pmatrix}1&1\\-1&1\end{pmatrix}$,}
		\multicolumn{2}{l}{$P^{-1}=\dfrac{1}{\sqrt{2}}\begin{pmatrix}1&-1\\1&1\end{pmatrix}$}
	対角化	\multicolumn{2}{l}{$P^{-1}AP=\begin{pmatrix}1&0\\0&3\end{pmatrix}$}
(4)	A^n	\multicolumn{2}{l}{$A^n=P\begin{pmatrix}1^n&0\\0&3^n\end{pmatrix}P^{-1}$}
		\multicolumn{2}{l}{$=\dfrac{1}{2}\begin{pmatrix}3^n+1&3^n-1\\3^n-1&3^n+1\end{pmatrix}$}

練習 3.2

以下の行列を対角化して n 乗を求めよ。

$$\begin{pmatrix} 1 & 2 \\ -1 & 4 \end{pmatrix}$$

[コラム] ハミルトン・ケーリーの定理と固有方程式

行列 A が $A = \begin{pmatrix} a_{11} & a_{12} \\ a_{21} & a_{22} \end{pmatrix}$ で与えられるとき,ハミルトン・ケーリーの定理より

$$A^2 - (a_{11}+a_{22})A + (a_{11}a_{22}-a_{12}a_{21})I = O$$

一方,つぎの2次行列 A の変換によってベクトル (x, y) が平行なベクトル $(\lambda x, \lambda y)$ が存在するとき,以下のようになる

$$A\begin{pmatrix} x \\ y \end{pmatrix} = \lambda \begin{pmatrix} x \\ y \end{pmatrix} \quad \text{ただし} \quad \begin{pmatrix} x \\ y \end{pmatrix} \neq \begin{pmatrix} 0 \\ 0 \end{pmatrix}$$

λ を固有値というが,等式より

$$\begin{cases} a_{11}x + a_{12}y = \lambda x \\ a_{21}x + a_{22}y = \lambda y \end{cases} \iff \begin{cases} (a_{11}-\lambda)x + a_{12}y = 0 \\ a_{21}x + (a_{22}-\lambda)y = 0 \end{cases}$$

これを行列で表すと

$$\begin{pmatrix} a_{11}-\lambda & a_{12} \\ a_{21} & a_{22}-\lambda \end{pmatrix}\begin{pmatrix} x \\ y \end{pmatrix} = \begin{pmatrix} 0 \\ 0 \end{pmatrix} \iff (A-\lambda I)\begin{pmatrix} x \\ y \end{pmatrix} = \begin{pmatrix} 0 \\ 0 \end{pmatrix}$$

となる。ベクトル (x, y) は $x=0, y=0$ 以外に解をもつので

$$\begin{pmatrix} a_{11}-\lambda & a_{12} \\ a_{21} & a_{22}-\lambda \end{pmatrix} = (A-\lambda I)$$

は逆行列をもたない。したがって,

$$(a_{11}-\lambda)(a_{22}-\lambda) - a_{12}a_{21} = 0 \iff \lambda^2 - (a_{11}+a_{22})\lambda + (a_{11}a_{22}-a_{12}a_{21}) = 0$$

この固有方程式の形はハミルトン・ケーリーの形と同じ形である。したがって,

$$(a_{11}-\lambda)(a_{22}-\lambda) - a_{12}a_{21} = 0 \iff \det(A-\lambda I) = 0$$

というふうに,行列式でも表現できる。一般にはハミルトン・ケーリーの定理は行列式の形で表現できる。

ここで固有方程式の2解を λ_1, λ_2 とすると,以下のことがいえる。

$$\lambda^2 + (a_{11}+a_{22})\lambda + (a_{11}a_{22}-a_{12}a_{21}) = 0 \iff (\lambda-\lambda_1)(\lambda-\lambda_2) = 0$$
$$\iff \lambda^2 + (\lambda_1+\lambda_2)\lambda + \lambda_1\lambda_2 = 0$$

これは行列でも同様に以下のように表現できる。

$$A^2+(a_{11}+a_{22})A+(a_{11}a_{22}-a_{12}a_{21})=0 \iff (A-\lambda_1 I)(A-\lambda_2 I)=0$$
$$\iff A^2+(\lambda_1+\lambda_2)A+\lambda_1\lambda_2 I=0$$
$$\iff A^2+\mathrm{tr}(A)\cdot A+\det(A)\cdot I=0$$

3次の行列の場合,固有方程式の3解をλ_1, λ_2, λ_3とすると
$$(A-\lambda_1 I)(A-\lambda_2 I)(A-\lambda_3 I)=0 \iff A^2+(\lambda_1+\lambda_2+\lambda_3)A+\lambda_1\lambda_2\lambda_3 I=0$$
$$\iff A^2+\mathrm{tr}(A)\cdot A^2+(\lambda_1\lambda_2+\lambda_2\lambda_3+\lambda_3\lambda_1)A+\det(A)\cdot I=0$$

となる。

3.3.2 固有値問題の具体例

昔の「代数・幾何」の検定済み教科書(三省堂, 1988年)に載っていた補足解説を問題演習形式に変形したものを解いてみよう。

例題 人口の移動の問題

ある都市圏で,郊外人口をx万人,都市部人口をy万人としたとき,10年後の郊外人口x'万人,都市部人口y'万人の間につぎの関係が成り立つとしよう。

$$\begin{cases} x'=0.7x+0.4y \\ y'=0.4x+1.3y \end{cases}$$

行列を用いて表すと

$$\begin{pmatrix} x' \\ y' \end{pmatrix} = A\begin{pmatrix} x \\ y \end{pmatrix}, \quad A=\begin{pmatrix} 0.7 & 0.4 \\ 0.4 & 1.3 \end{pmatrix} \tag{3.1}$$

1990年の郊外人口を100万人,都市部人口を10万人とすると,2000年の郊外,都市部の人口は,

$$\begin{pmatrix} 0.7 & 0.4 \\ 0.4 & 1.3 \end{pmatrix}\begin{pmatrix} 100 \\ 10 \end{pmatrix} = \begin{pmatrix} 74 \\ 53 \end{pmatrix} \tag{3.2}$$

より,それぞれ74万人,53万人になると推定される。さらに,その10年後の2010年の人口構成は,式(3.2)にさらにAを作用させる。つまりAとAの合成変換の行列,

$$A^2 = \begin{pmatrix} 0.7 & 0.4 \\ 0.4 & 1.3 \end{pmatrix}\begin{pmatrix} 0.7 & 0.4 \\ 0.4 & 1.3 \end{pmatrix} = \begin{pmatrix} 0.65 & 0.80 \\ 0.80 & 1.85 \end{pmatrix} \tag{3.3}$$

を$\begin{pmatrix} 100 \\ 10 \end{pmatrix}$に作用させればよい。同じようにして,30年後,40年後,…の人口変化を推定する行列は,A^3, A^4, A^5, …などで示される。

(1) 行列Aの固有値と固有ベクトルを求めよ。

(2) 行列Aを対角化せよ。

(3) 行列Aのn乗を求めよ。$10n$年後の都市部と郊外部の

人口を計算せよ。
 (4) 人口の変化をグラフに表して考察せよ。
 (5) この変換行列 A の求め方を考察せよ。

【解】
(1) 固有ベクトルを求めよう。

この方向のベクトルを $\begin{pmatrix} x \\ y \end{pmatrix}$ とすると，これに行列 A を作用させても $\begin{pmatrix} x \\ y \end{pmatrix}$ の方向がかわらないから，

$$\begin{pmatrix} 0.7 & 0.4 \\ 0.4 & 1.3 \end{pmatrix}\begin{pmatrix} x \\ y \end{pmatrix} = \lambda \begin{pmatrix} x \\ y \end{pmatrix} \tag{3.4}$$

という関係が成り立つ（図3.3.1）。上の式を書きなおすと

$$\begin{cases} (0.7-\lambda)x + 0.4y = 0 \\ 0.4x + (1.3-\lambda)y = 0 \end{cases} \tag{3.5}$$

となり，さらに行列の形で書くと

$$\begin{pmatrix} 0.7-\lambda & 0.4 \\ 0.4 & 1.3-\lambda \end{pmatrix}\begin{pmatrix} x \\ y \end{pmatrix} = \lambda \begin{pmatrix} 0 \\ 0 \end{pmatrix} \tag{3.6}$$

ここで $\begin{pmatrix} x \\ y \end{pmatrix}$ は零ベクトルではないから，変換 $\begin{pmatrix} 0.7-\lambda & 0.4 \\ 0.4 & 1.3-\lambda \end{pmatrix}$ が，退化形の変換を表す行列になる。すなわち，$(0.7-\lambda)(1.3-\lambda)-0.16=0$ となり，これを解いて，$\lambda = 0.5, 1.5$ となる。

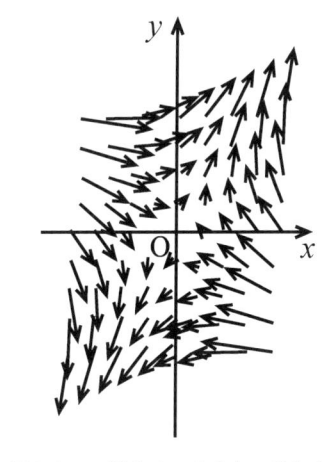

図3.3.1 行列 A による点の動き方

この k の2つの値を，行列 A の固有値である。これを式 (3.6) に代入して $\begin{pmatrix} x \\ y \end{pmatrix}$ を求めると，

$$\lambda = 1.5 \text{ のとき } \begin{pmatrix} x \\ y \end{pmatrix} = u \begin{pmatrix} 1 \\ 2 \end{pmatrix} \quad (\text{ただし，} u \neq 0)$$

$$\lambda = 0.5 \text{ のとき } \begin{pmatrix} x \\ y \end{pmatrix} = v \begin{pmatrix} 2 \\ -1 \end{pmatrix} \quad (\text{ただし，} v \neq 0)$$

となる。図3.3.2 の直線 u の方向が $\begin{pmatrix} 1 \\ 2 \end{pmatrix}$ という方向で，直線 v の方向が $\begin{pmatrix} 2 \\ -1 \end{pmatrix}$ である。これらをそれぞれ固有値 1.5, 0.5 に対する固有ベクトルという。つまり，郊外と都市部の人口の比率は，1：2 の状態にどんどん近づいていく。

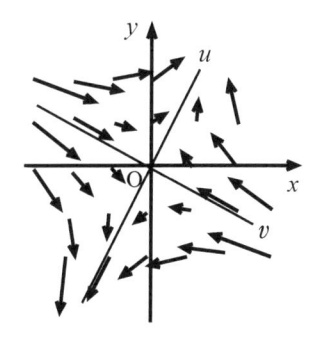

図3.3.2 固有ベクトル (u, v)

(2) 対角化しよう。

直線 u の方向が $\begin{pmatrix}1\\2\end{pmatrix}$ という方向に対して $A\begin{pmatrix}1\\2\end{pmatrix}=1.5\begin{pmatrix}1\\2\end{pmatrix}$，直線 v の方向が $\begin{pmatrix}2\\-1\end{pmatrix}$ という方向に対して $A\begin{pmatrix}2\\-1\end{pmatrix}=0.5\begin{pmatrix}2\\-1\end{pmatrix}$，それらに行列 A を n 回作用させると

$$A^n\begin{pmatrix}1\\2\end{pmatrix}=1.5^n\begin{pmatrix}1\\2\end{pmatrix},\quad A^n\begin{pmatrix}2\\-1\end{pmatrix}=0.5^n\begin{pmatrix}2\\-1\end{pmatrix}$$

となる。

$$A^n\begin{pmatrix}1&2\\2&-1\end{pmatrix}=\begin{pmatrix}1&2\\2&-1\end{pmatrix}\begin{pmatrix}1.5^n&0\\0&0.5^n\end{pmatrix}$$

そこで

$$A^n\begin{pmatrix}1&2\\2&-1\end{pmatrix}\begin{pmatrix}1&2\\2&-1\end{pmatrix}^{-1}=\begin{pmatrix}1&2\\2&-1\end{pmatrix}\begin{pmatrix}1.5^n&0\\0&0.5^n\end{pmatrix}\begin{pmatrix}1&2\\2&-1\end{pmatrix}^{-1}$$

$$=\frac{1}{5}\begin{pmatrix}1.5^n+4\times0.5^n & 2\times1.5^n-2\times0.5^n\\2\times1.5^n-2\times0.5^n & 4\times1.5^n+0.5^n\end{pmatrix}$$

こうして $10n$ 年後の人口の計算が可能になる。

(3) $10n$ 年後の動向を調べよう。

また，u 上の点 (x,y) は式 (3.5) により

$$1.5\begin{pmatrix}x\\y\end{pmatrix}=\begin{pmatrix}0.7&0.4\\0.4&1.3\end{pmatrix}\begin{pmatrix}x\\y\end{pmatrix} \tag{3.7}$$

という関係を満たし，v 上の点 (x,y) は

$$0.5\begin{pmatrix}x\\y\end{pmatrix}=\begin{pmatrix}0.7&0.4\\0.4&1.3\end{pmatrix}\begin{pmatrix}x\\y\end{pmatrix} \tag{3.8}$$

という関係を満たすから，線形変換の式 (3.7) は u 上の点を P としたとき，$\overrightarrow{\mathrm{OP}}$ を 1.5 倍し，v 上の点を Q としたとき，$\overrightarrow{\mathrm{OQ}}$ を 0.5 倍するような働きをもっていることもわかる。そこで，ベクトル $\vec{x}$ が与えられたとき，$\vec{x}$ を u 方向のベクトル $\vec{x}_u$ と，v 方向のベクトル $\vec{x}_v$ の和に分解して表そう。すなわち

$$\vec{x}=\vec{x}_u+\vec{x}_v$$

したがって，

$$A\vec{x}=A(\vec{x}_u+\vec{x}_v)=A\vec{x}_u+A\vec{x}_v=1.5\vec{x}_u+0.5\vec{x}_v$$

さらに A を掛けると

$$A^2\vec{x}=A(A\vec{x})=A(1.5\vec{x}_u+0.5\vec{x}_v)=1.5A\vec{x}_u+0.5A\vec{x}_v$$
$$=1.5^2\vec{x}_u+0.5^2\vec{x}_v$$

同様にして

$$A^n \vec{x} = 1.5^n \vec{x_u} + 0.5^n \vec{x_v} \qquad (3.9)$$

として，$\vec{x}$ を A で n 回変換した結果が得られる。n を大きくしていくと，0.5^n が 0 に近づいていくことから，$A^n \vec{x}$ は，だいたい $\vec{x_u}$ の方向に近づくことがわかる。このように，$A^n \vec{x}$ を求めたいときは，変換 A で方向がかわらない直線を求め，$\vec{x_u}$ と $\vec{x_v}$ の線形結合で表して求めることができる。

(4) グラフで考察しよう。

1990 年に郊外人口 100 万，都市部人口 10 万として計算し，横軸に郊外人口を，縦軸に都市部人口をとってその変化を見ると，人口は図 3.3.3 のような動きを示す。

このように，線形変換

$$\begin{pmatrix} x' \\ y' \end{pmatrix} = \begin{pmatrix} 0.7 & 0.4 \\ 0.4 & 1.3 \end{pmatrix} \begin{pmatrix} x \\ y \end{pmatrix} \qquad (3.10)$$

を繰り返すことによって，点がどのように変化していくかを見るには，いろいろな点の動きを矢線で表した図をつくってみるとよい。郊外人口と都市部人口の変化を見る場合は，図の第 1 象限を見ればよいのだが，年数が経つに従って，人口はある一定の方向に近づいていくことがみえるだろう。この方向の傾きが，将来の，郊外人口に対する都市部人口の比率を表している。この方向を求めてみよう。

式 (3.9) で $A^n \vec{x} = 1.5^n \vec{x_u} + 0.5^n \vec{x_v}$ であることを求めた。固有値の 1.5（u 軸方向）の n 乗は n が大きくなるにつれて，大きくなるが，固有値の 0.5（v 軸方向）の n 乗は n が大きくなるにつれて，小さくなる。だから，式 (3.9) は n が大きくなると，

$$A^n \vec{x} \approx 1.5^n \vec{x_u}$$

に近づいていくことがわかる。つまり，(1,2) 方向へ向いていくことがわかる。

(5) 行列 A を求めてみよう。

では人口推移の変換係数である行列 A はどうやって求めるのであろうか？転出と転入に基づいて分析すればよいのである（表 3.2）。

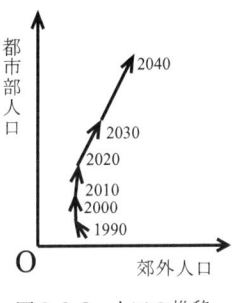

図 3.3.3 人口の推移

表 3.2 郊外人口と都市部人口

年	郊外		
	人口	転出	転入
1980	x		
1990	x'	$(1-a)x$	by
年	都市部		
	人口	転出	転入
1980	y		
1990	y'	$(1-c)x$	dy

練習 3.3

2つの容器 A, B のそれぞれ x %, y %の食塩水 100 g から 30 g を取り出して他方に入れる操作で, A, B の濃度がそれぞれ x' %, y' %になるとすると以下の線形変換で表される.

$$\begin{cases} x' = 0.7x + 0.3y \\ y' = 0.3x + 0.7y \end{cases}$$

何回も繰り返すとそれぞれの濃度はどんな値に近づくかを推定せよ.

[コラム] 行列の線形微分方程式

以前の高校数学では $\dfrac{dx(t)}{dt} = kx(t)$ という式があった. この解は, 初期条件 $t = t_0$ のとき, $x(t) = x(t_0)\exp(k(t - t_0))$ という自然対数の底（ドイツ人 Euler オイラーの e）とする指数関数となる. では, $\vec{x}(t)$ がベクトル $\vec{x}(t) = (x_1(t), x_2(t))$ のときはどうなるのであろうか. 以下のような係数が行列になる微分方程式となる.

$$\frac{d\vec{x}(t)}{dt} = M\vec{x}(t)$$

結論から言えば, $\vec{x}(t) = \vec{x}(t_0)\exp(M(t - t_0))$ という形で書くことができるが, 指数関数の行列によるべき乗とはいかがなものだろうか.

そもそも自然対数は

$$\exp(kt) = 1 + \frac{(kt)^2}{2!} + \frac{(kt)^3}{3!} + \frac{(kt)^4}{4!} + \cdots = \sum_{n=1}^{\infty} \frac{(kt)^n}{n!}$$

という無限級数の和の形で書くことができる. この類比で考えれば,

$$\exp(Mt) = I + \frac{(Mt)^2}{2!} + \frac{(Mt)^3}{3!} + \frac{(Mt)^4}{4!} + \cdots = \sum_{n=1}^{\infty} \frac{(Mt)^n}{n!}$$

という具合に, 行列の無限級数で定義することができる. さて, 行列 M が対角行列の場合を考えてみよう. そこで行列とベクトルの成分を以下のようにする.

$$M = \begin{pmatrix} k_1 & 0 \\ 0 & k_2 \end{pmatrix}, \quad \vec{x}(t) = (x_1(t), x_2(t))$$

そうであれば, 各成分ごとに微分方程式を書いて

$$\frac{dx_1(t)}{dt} = k_1 x_1(t), \quad \frac{dx_2(t)}{dt} = k_2 x_2(t)$$

という簡単な形になり, 1次元のときと全く同じになる.

$$x_1(t) = \exp(k_1(t - t_0))x_1(t_0), \quad x_2(t) = \exp(k_2(t - t_0))x_2(t_0)$$

これを書き直すと

$$\vec{x}(t) = \begin{pmatrix} \exp(k_1(t - t_0)) & 0 \\ 0 & \exp(k_2(t - t_0)) \end{pmatrix} \vec{x}(t_0)$$

となり, 形式的には

$$\exp(Mt) = \begin{pmatrix} \exp(k_1(t - t_0)) & 0 \\ 0 & \exp(k_2(t - t_0)) \end{pmatrix}$$

今度は行列が対角化可能なときを考えてみよう.

$$P^{-1}MP = T$$

とおく.

$\vec{y}(t) = P^{-1}\vec{x}(t)$, つまり $\vec{x}(t) = P\vec{y}(t)$ として代入すると

$$P\frac{d\vec{y}(t)}{dt} = MP\vec{y}(t)$$

両辺の P^{-1} を掛ける.

$$\frac{d\vec{y}(t)}{dt} = P^{-1}MP\vec{y}(t) = T\vec{y}(t)$$

そうすると行列 T の固有値 λ_1, λ_2 のとき

$$\vec{y}(t) = \exp(T(t-t_0))\vec{y}(t_0) = \begin{pmatrix} \exp(\lambda_1(t-t_0)) & 0 \\ 0 & \exp(\lambda_2(t-t_0)) \end{pmatrix}\vec{y}(t_0)$$

ここで $\vec{y}$ を $\vec{x}$ に戻す必要があり，

$$\vec{x}(t) = P\exp(T(t-t_0))P^{-1}\vec{x}(t_0)$$

これではわけがわからないので，具体的に練習しよう。

【例題】

つぎの連立微分方程式を解け。
$$\frac{dx_1(t)}{dt} = 3x_1(t) + x_2(t), \quad \frac{dx_2(t)}{dt} = 2x_1(t) + 4x_2(t)$$

行列で表現し直すと
$$\frac{d\vec{x}(t)}{dt} = \begin{pmatrix} 3 & 1 \\ 2 & 4 \end{pmatrix}\vec{x}(t), \quad M = \begin{pmatrix} 3 & 1 \\ 2 & 4 \end{pmatrix}$$

となり，固有方程式は
$$\lambda^2 - (3+4)\lambda + (3\times 4 - 1\times 2) = 0 \iff \lambda^2 - 7\lambda + 10 = 0$$
$$\iff (\lambda - 2)(\lambda - 5) = 0$$

したがって，固有値は 2 と 5 となる。以上から固有値 $2, 5$ の固有ベクトルを以下のようにすると
$$\begin{pmatrix} 3 & 1 \\ 2 & 4 \end{pmatrix}\begin{pmatrix} 1 \\ -1 \end{pmatrix} = 2\begin{pmatrix} 1 \\ -1 \end{pmatrix} \quad \begin{pmatrix} 3 & 1 \\ 2 & 4 \end{pmatrix}\begin{pmatrix} 1 \\ 2 \end{pmatrix} = 5\begin{pmatrix} 1 \\ 2 \end{pmatrix}$$

となり，
$$\begin{pmatrix} 3 & 1 \\ 2 & 4 \end{pmatrix}\begin{pmatrix} 1 & 1 \\ -1 & 2 \end{pmatrix} = \begin{pmatrix} 1 & 1 \\ -1 & 2 \end{pmatrix}\begin{pmatrix} 2 & 0 \\ 0 & 5 \end{pmatrix} \iff MP = PT$$

となる。行列 P は $\det(P) = 1\times 2 - 1\times(-1) \neq 0$ であるから，行列 P は逆行列をもち，
$$\begin{pmatrix} 1 & 1 \\ -1 & 2 \end{pmatrix}^{-1}\begin{pmatrix} 3 & 1 \\ 2 & 4 \end{pmatrix}\begin{pmatrix} 1 & 1 \\ -1 & 2 \end{pmatrix} = \begin{pmatrix} 2 & 0 \\ 0 & 5 \end{pmatrix} \iff P^{-1}MP = T$$

ただし，
$$P^{-1} = \begin{pmatrix} \frac{2}{3} & -\frac{1}{3} \\ \frac{1}{3} & \frac{1}{3} \end{pmatrix}$$

となり，$\vec{y}(t) = P^{-1}\vec{x}(t)$，つまり $\vec{x}(t) = P\vec{y}(t)$ とおいて解くと
$$\frac{d\vec{y}(t)}{dt} = T\vec{y}(t) \iff \vec{y}(t) = \exp(T(t_0-t))\vec{y}(t_0)$$
$$= \begin{pmatrix} \exp(2(t-t_0)) & 0 \\ 0 & \exp(5(t-t_0)) \end{pmatrix}\vec{y}(t_0)$$

となる。
$$\vec{x}(t) = P\exp(T(t-t_0))P^{-1}\vec{x}(t_0)$$
$$\iff \vec{x}(t) = \begin{pmatrix} \frac{2}{3}\exp(2(t-t_0)) + \frac{1}{3}\exp(5(t-t_0)) & \frac{2}{3}\exp(2(t-t_0)) + \frac{1}{3}\exp(5(t-t_0)) \\ \frac{2}{3}\exp(2(t-t_0)) + \frac{1}{3}\exp(5(t-t_0)) & \frac{2}{3}\exp(2(t-t_0)) + \frac{1}{3}\exp(5(t-t_0)) \end{pmatrix}$$
$$\begin{pmatrix} x_1(t_0) \\ x_2(t_0) \end{pmatrix}$$

となり，解が求まった。

たとえば，2つの物質間で化学反応が進む場合に時間的な変化の解析に使われる。

3.3.3 そのほかの固有値問題

本項の内容は発展的である。

●固有方程式が重解の場合●

固有値が重解の場合は，固有ベクトルも重なるので，実は対角化ができない。まずは，以下の例題を解いてみよう。

例題　固有値重解の固有ベクトル

つぎの2次行列 M の変換によってベクトル (x, y) が平行なベクトル $(\lambda x, \lambda y)$ が存在するとき，以下のようになる。

$$M\begin{pmatrix} x \\ y \end{pmatrix} = \lambda \begin{pmatrix} x \\ y \end{pmatrix} \quad \text{ただし } M = \begin{pmatrix} 3 & -1 \\ 1 & 1 \end{pmatrix}, \quad \begin{pmatrix} x \\ y \end{pmatrix} \neq \begin{pmatrix} 0 \\ 0 \end{pmatrix}$$

定数 λ を求めよ。また，定数 λ に対するベクトルをあげよ。

【解】

等式より

$$\begin{cases} 3x - y = \lambda x \\ x + y = \lambda y \end{cases} \iff \begin{cases} (3-\lambda)x - y = 0 \\ x + (1-\lambda)y = 0 \end{cases}$$

逆行列をもたないので，これを行列式で表すと

$$\begin{vmatrix} 3-\lambda & -1 \\ 1 & 1-\lambda \end{vmatrix} = 0$$

したがって，

$$(3-\lambda)(1-\lambda) - (-1) \cdot 1 = 0 \iff \lambda^2 - 4\lambda + 4 = 0$$
$$\iff (\lambda - 2)^2 = 0 \quad \lambda = 2 \text{ (重解)}$$

となる。

$x - y = 0$ を満たせばよいので固有ベクトルとしては，例えば，$(x, y) = (1, 1)$ をとればよい。

上で求めた，λ の値を固有値，それに付随する固有ベクトルから変換行列 P をつくってみよう。同じ固有ベクトルを並べて行列 P をつくろう。

$$P = \begin{pmatrix} 1 & 1 \\ 1 & 1 \end{pmatrix}$$

となるが，これは $\det(P) = 0$ となり，P^{-1} が求められないので，対角化できない。同じ方向の固有ベクトルを2つ並べても，それは退化型の行列であるから逆行列をもたない。固有値重解では固有ベクトルが平行であるから，逆行列をもたないのは当然である。そこで，固有ベクトル以外に $(x, y) = (1, 0)$ にとって（基本ベクトルにとる）変換行

列 P は

$$P = \begin{pmatrix} 1 & 1 \\ 1 & 0 \end{pmatrix}$$

ととる。

$$P = \begin{pmatrix} 1 & 1 \\ 1 & 0 \end{pmatrix} \text{から} \quad P^{-1} = \begin{pmatrix} 0 & -1 \\ -1 & 1 \end{pmatrix}$$

よって

$$P^{-1}AP = \begin{pmatrix} 0 & -1 \\ -1 & 1 \end{pmatrix}\begin{pmatrix} 3 & -1 \\ 1 & 1 \end{pmatrix}\begin{pmatrix} 1 & 1 \\ 1 & 0 \end{pmatrix} = \begin{pmatrix} 2 & 1 \\ 0 & 2 \end{pmatrix}$$

$$(P^{-1}AP)^n = P^{-1}APP^{-1}AP \cdots P^{-1}APP^{-1}AP = P^{-1}A^nP,$$

$$(P^{-1}AP)^n = \begin{pmatrix} 2 & 1 \\ 0 & 2 \end{pmatrix}^n \text{から} \quad P^{-1}A^nP = \begin{pmatrix} 2^n & n\cdot 2^{n-1} \\ 0 & 2^n \end{pmatrix}$$

$$\left[\because \begin{pmatrix} \alpha & 1 \\ 0 & \alpha \end{pmatrix}^n = \left(\alpha \begin{pmatrix} 1 & \frac{1}{\alpha} \\ 0 & 1 \end{pmatrix}\right)^n = \alpha^n \begin{pmatrix} 1 & \frac{n}{\alpha} \\ 0 & 1 \end{pmatrix} = \begin{pmatrix} \alpha^n & n\alpha^{n-1} \\ 0 & \alpha^n \end{pmatrix}\right]$$

よって

$$A^n = P\begin{pmatrix} 2^n & n\cdot 2^{n-1} \\ 0 & 2^n \end{pmatrix}P^{-1} = \begin{pmatrix} 0 & -1 \\ -1 & 1 \end{pmatrix}\begin{pmatrix} 2^n & n\cdot 2^{n-1} \\ 0 & 2^n \end{pmatrix}\begin{pmatrix} 1 & 1 \\ 1 & 0 \end{pmatrix}$$

$$= \begin{pmatrix} -2^n & 0 \\ n\cdot 2^{n-1} & -2^n \end{pmatrix}$$

このことは表 3.3 のように整理するとよい。

表 3.3 固有値問題の整理

(1)	固有値	$\lambda = 2$	$\lambda = 2$
(2)	固有ベクトル	$\begin{pmatrix} 1 \\ 1 \end{pmatrix}$	基本ベクトルをとる $\begin{pmatrix} 1 \\ 0 \end{pmatrix}$
(3)	行列 P		$P = \begin{pmatrix} 1 & 1 \\ 1 & 0 \end{pmatrix},$ $P = \begin{pmatrix} 0 & -1 \\ -1 & 1 \end{pmatrix}$
	対角化		$P^{-1}A^nP = \begin{pmatrix} 2^n & n\cdot 2^{n-1} \\ 0 & 2^n \end{pmatrix}$
(4)	A^n		$A^n = P\begin{pmatrix} 2^n & 0 \\ 0 & 2^n \end{pmatrix}P^{-1}$ $= \begin{pmatrix} -2^n & 0 \\ n\cdot 2^n & -2^n \end{pmatrix}$

● ジョルダン標準形 ●

2次の行列を固有ベクトル,または基本ベクトルを並べてつくった変換行列 P で変形すれば,以下のような3つのタイプに行列を変形することができる。これらの行列をまとめてジョルダン標準形という。

$$J_1 = \begin{pmatrix} \alpha & 0 \\ 0 & \beta \end{pmatrix} \ (\alpha \neq \beta), \quad J_2 = \begin{pmatrix} \alpha & 0 \\ 0 & \alpha \end{pmatrix}, \quad J_3 = \begin{pmatrix} \alpha & 1 \\ 0 & \alpha \end{pmatrix}$$

J_1 は固有値が異なる2つの実数の場合,J_2 は固有値が重解の場合でこれは単位行列の拡大・縮小にすぎない。J_3 は固有値重解の場合のもうひとつの場合で,これはせん断と拡大・縮小の行列であることは既に述べたとおりである。これらは n 乗を求めるのに役立つのである。

本書ではジョルダン標準形に関するこれ以上詳しいあつかいはしない。

● 3次の行列の固有値問題 ●

最後に,3次の行列の固有値問題もやってみよう。3次の行列の逆行列の求め方(掃き出し法)と行列式の求め方(サラスの公式)を利用

すること以外は，２次の行列の知識をそのまま利用することができる。

例題　３次の行列の対角行列の n 乗

つぎの行列について以下の手順で n 乗を求めよ。

$$\begin{pmatrix} 4 & 2 & -7 \\ 3 & 3 & -7 \\ 1 & 2 & -4 \end{pmatrix}$$

（１）固有値を求めよ。
（２）固有ベクトル求めよ。
（３）対角行列を求めよ。
（４）行列の n 乗を求めよ。

【解】
（１）これを行列で表すと

$$\begin{pmatrix} 4-\lambda & 2 & -7 \\ 3 & 3-\lambda & -7 \\ 1 & 2 & -4-\lambda \end{pmatrix} \begin{pmatrix} x \\ y \\ z \end{pmatrix} = \begin{pmatrix} 0 \\ 0 \\ 0 \end{pmatrix}$$

となる。ベクトル (x,y) は $x=0$，$y=0$ 以外に解をもつので以下のように，行列式は 0 となる。

$$\begin{vmatrix} 4-\lambda & 2 & -7 \\ 3 & 3-\lambda & -7 \\ 1 & 2 & -4-\lambda \end{vmatrix} = 0$$

サラスの公式を使うと
$(4-\lambda)(3-\lambda)(-4-\lambda)+3\cdot 2\cdot(-7)+1\cdot 2\cdot(-7)-(-7)(3-\lambda)\cdot 1$
$-(-7)\cdot 2\cdot(4-\lambda)-(-4-\lambda)\cdot 2\cdot 3=0$
$\iff (\lambda+1)(\lambda-1)(\lambda-3)=0$

よって，固有値は $-1, 1, 3$ である。

（２）各固有値に対する固有ベクトルを求めよう。
$\lambda=-1$ のとき　$(x,y,z)=(1,1,1)$
$\lambda=1$ のとき　$(x,y,z)=(1,2,1)$
$\lambda=3$ のとき　$(x,y,z)=(7.7.3)$

（３）固有ベクトルを並べて行列 P をつくって，対角行列をつくろう。ただし，P の逆行列は掃き出し法で求めている。

$$P=\begin{pmatrix} 1 & 1 & 7 \\ 1 & 2 & 7 \\ 1 & 1 & 3 \end{pmatrix} \text{ から } P^{-1}=\begin{pmatrix} -\frac{2}{3} & 2 & -\frac{7}{3} \\ -\frac{5}{3} & 3 & -\frac{7}{3} \\ -1 & 2 & -2 \end{pmatrix}$$

よって，$P^{-1}AP = \begin{pmatrix} 1 & 1 & 7 \\ 1 & 2 & 7 \\ 1 & 1 & 3 \end{pmatrix} \begin{pmatrix} 4 & 2 & -7 \\ 3 & 3 & -7 \\ 1 & 2 & -4 \end{pmatrix} \begin{pmatrix} -\frac{2}{3} & 2 & -\frac{7}{3} \\ -\frac{5}{3} & 3 & -\frac{7}{3} \\ -1 & 2 & -2 \end{pmatrix}$

$= \begin{pmatrix} -1 & 0 & 0 \\ 0 & 1 & 0 \\ 0 & 0 & 3 \end{pmatrix}$

(4) $(P^{-1}AP)^n = P^{-1}APP^{-1}AP \cdots P^{-1}APP^{-1}AP = P^{-1}A^nP$

$(P^{-1}AP)^n = \begin{pmatrix} -1 & 0 & 0 \\ 0 & 1 & 0 \\ 0 & 0 & 3 \end{pmatrix}^n$ から $P^{-1}A^nP = \begin{pmatrix} (-1)^n & 0 & 0 \\ 0 & 1^n & 0 \\ 0 & 0 & 3^n \end{pmatrix}$

よって

$A^n = P(P^{-1}A^nP)P^{-1}$

$= \frac{1}{3} \begin{pmatrix} -2 \cdot (-1)^n + 5 - 21 \cdot 3^n & 6 \cdot (-1)^n + 9 + 42 \cdot 3^n \\ -2 \cdot (-1)^n + 10 - 21 \cdot 3^n & 6 \cdot (-1)^n + 18 + 42 \cdot 3^n \\ -2 \cdot (-1)^n + 5 - 9 \cdot 3^n & 6 \cdot (-1)^n + 9 + 18 \cdot 3^n \\ & \begin{matrix} -7 \cdot (-1)^n - 7 - 42 \cdot 3^n \\ -7 \cdot (-1)^n - 14 - 42 \cdot 3^n \\ -7 \cdot (-1)^n - 7 - 18 \cdot 3^n \end{matrix} \end{pmatrix}$

実際に問題を解くときは表3.4のように整理するとよい。

表3.4 固有値問題の整理

(1)	固有値	$\lambda = -1$	$\lambda = 1$	$\lambda = 3$
(2)	固有ベクトル	$\begin{pmatrix} 1 \\ 1 \\ 1 \end{pmatrix}$	$\begin{pmatrix} 1 \\ 2 \\ 1 \end{pmatrix}$	$\begin{pmatrix} 7 \\ 7 \\ 3 \end{pmatrix}$
(3)	行列 P 対角化	$P = \begin{pmatrix} 1 & 1 & 7 \\ 1 & 2 & 7 \\ 1 & 1 & 3 \end{pmatrix}$	$P^{-1} = \begin{pmatrix} -\frac{2}{3} & 2 & -\frac{7}{3} \\ -\frac{5}{3} & 3 & -\frac{7}{3} \\ -1 & 2 & -2 \end{pmatrix}$	$P^{-1}AP = \begin{pmatrix} -1 & 0 & 0 \\ 0 & 1 & 0 \\ 0 & 0 & 3 \end{pmatrix}$
(4)	A^n	$P(P^{-1}A^nP)P^{-1}$ $= \frac{1}{3} \begin{pmatrix} -2 \cdot (-1)^n + 5 - 21 \cdot 3^n & 6 \cdot (-1)^n + 9 + 42 \cdot 3^n \\ -2 \cdot (-1)^n + 10 - 21 \cdot 3^n & 6 \cdot (-1)^n + 18 + 42 \cdot 3^n \\ -2 \cdot (-1)^n + 5 - 9 \cdot 3^n & 6 \cdot (-1)^n + 9 + 18 \cdot 3^n \\ & \begin{matrix} -7 \cdot (-1)^n - 7 - 42 \cdot 3^n \\ -7 \cdot (-1)^n - 14 - 42 \cdot 3^n \\ -7 \cdot (-1)^n - 7 - 18 \cdot 3^n \end{matrix} \end{pmatrix}$		

●対角化とトレース●

対角成分の和をトレースという。トレースの値は対角化してもかわらない。

$$A = \begin{pmatrix} 4 & 2 & -7 \\ 3 & 3 & -7 \\ 1 & 2 & -4 \end{pmatrix}$$

のとき，行列 A のトレースを $\mathrm{tr}(A)$ と書く。

$$\mathrm{tr}(A) = 3$$

行列 A を対角化して

$$P^{-1}AP = \begin{pmatrix} -1 & 0 & 0 \\ 0 & 1 & 0 \\ 0 & 0 & 3 \end{pmatrix}$$

については $\mathrm{tr}(P^{-1}AP) = 3$ となる。

[コラム] スペクトル分解による行列の n 乗計算

$A = \alpha P_1 + \beta P_2$ は，「任意の $\vec{x}$ に対し，
 (1) $\vec{x}$ を $\vec{u}$ 方向と $\vec{v}$ 方向に分解する。
 (2) $\vec{x}$ の $\vec{u}$ 方向を α 倍する（これを $\vec{u}'$ とする）。
 (3) $\vec{x}$ の $\vec{v}$ 方向を β 倍する（これを $\vec{v}'$ とする）。
 (4) $\vec{u}' + \vec{v}'$ が $A\vec{x}$ になる。」
ことををいったものである。
 [条件]
 1. $P_1\vec{u} = \vec{u}$, $P_1\vec{v} = \vec{0}$
 2. $P_2\vec{v} = \vec{v}$, $P_2\vec{u} = \vec{0}$

さて，与えられた行列 A を，条件 1,2 を満たす行列 P_1, P_2 と，A の固有値 α, β を用いて $A = \alpha P_1 + \beta P_2$ の形に表すとき，右辺を A のスペクトル分解という。もし，P_1 と P_2 が以下のような条件を満たす（各自確かめてみよ）。
 $P_1 P_2 = O$
 $P_1{}^n = P_1$, $P_2{}^n = P_2$

スペクトル分解の有用性は行列の n 乗計算が簡単にできることにある。それは，$A = \alpha P_1 + \beta P_2$ (α, β は A の異なる固有値) のように A がスペクトル分解されていれば，n を正の整数として

$$A^n = (\alpha P_1 + \beta P_2)^n = (\alpha P_1)^n + (\beta P_2)^n = \alpha^n P_1{}^n + \beta^n P_2{}^n = \alpha^n P_1 + \beta^n P_2$$

となるからである。清史弘「数学受験教科書9」(SEG 出版) も参考にすると，以下のように結果を得る。A は異なる固有値 α, β をもつものとすれば

$P_1 = \dfrac{A - \beta I}{\alpha - \beta}$, $P_2 = \dfrac{A - \alpha I}{\beta - \alpha}$ (α, β は A の固有値)

となり，このとき，A^n (n は自然数) はつぎのように表せる。

$A^n = \alpha^n \cdot \dfrac{A - \beta I}{\alpha - \beta} + \beta^n \cdot \dfrac{A - \alpha I}{\beta - \alpha}$

第2章の章末問題6も参照するとよい。スペクトル分解は受験数学では役立つ。

第3節 復習問題

1 2つの行列を $A=\begin{pmatrix} 2 & 1 \\ 3 & 4 \end{pmatrix}$, $P=\begin{pmatrix} -a & a \\ a & b \end{pmatrix}$ とする。また、a, b は実数で $a(a+b) \neq 0$ とする。

(1) 行列で $B=\begin{pmatrix} p & 0 \\ 0 & q \end{pmatrix}$ で $B=P^{-1}AP$ が成り立つとき、p と q の値を定めよ。また、a と b の関係式を求めよ。

(2) (1) の B の n 個の積 B^n を計算し、これを利用して A^n を求めよ。

2 つぎの行列を対角化せよ。

(1) $A=\begin{pmatrix} 3 & -1 \\ 13 & -3 \end{pmatrix}$ 　　(2) $A=\begin{pmatrix} 5 & 3 \\ -4 & -2 \end{pmatrix}$

(3) $A=\begin{pmatrix} 1 & 3 & 1 \\ 0 & -2 & -1 \\ 3 & -1 & 1 \end{pmatrix}$ 　(4) $A=\begin{pmatrix} 1 & -1 & 0 \\ 2 & 3 & 2 \\ 1 & 1 & 2 \end{pmatrix}$

3 $A=\begin{pmatrix} 2 & 2 \\ 3 & -3 \end{pmatrix}$ として、A の固有値を求め、A^n（n は自然数）を求めよ。

⇒ P.118 のコラムの公式を使ってたしかめてみよう。

第4節　3次元幾何変換

3次元でも意外と簡単！

本節の解説は3次元の幾何変換である。3次元のコンピュータグラフィックスを行うときに必要である。

3.4.1　3次元アフィン変換と4次行列

3次元図形の幾何変換は，2次元図形に対する変換の拡張として容易に理解することができる。3次元幾何変換は，1つの3次元座標系のなかで図形が受ける変形をあつかうもので，3次元から3次元への変換である。ここでは，同次座標および行列を用いて数学的に一貫性のある説明を行う。

●アフィン変換と行列●

3次元空間の点Pの位置 (x, y, z) に次式のような線形変換を施して新しい位置 (x', y', z') にうつすことを考える。ここで，(x', y', z') から (x, y, z) への逆変換も一意に存在するものとする。

$$\begin{aligned} x' &= a_{11}x + a_{12}y + a_{13}z + b_x \\ y' &= a_{21}x + a_{22}y + a_{23}z + b_y \\ z' &= a_{31}x + a_{32}y + a_{33}z + b_z \end{aligned} \quad (4.1)$$

このような変換をアフィン変換（affine transformation）という。これを行列を用いて表現すると次式のようになる。

$$\begin{pmatrix} x' \\ y' \\ z' \end{pmatrix} = \begin{pmatrix} a_{11} & a_{12} & a_{13} \\ a_{21} & a_{22} & a_{23} \\ a_{31} & a_{32} & a_{33} \end{pmatrix} \begin{pmatrix} x \\ y \\ z \end{pmatrix} + \begin{pmatrix} b_x \\ b_y \\ b_z \end{pmatrix} \iff \vec{x'} = A\vec{x} + \vec{b} \quad (4.2)$$

ここで，変換の係数は3×3の行列として表され，位置を表すベクトル，つまり x, y, z 座標値の3つの値および3つの定数は3×1の行列（つまり列ベクトル）として表されている。

この式は線形性を満たさない。

また，同次座標を用いると，式 (4.1) と同じ変換を次式のように表すことができる。

$$\begin{pmatrix} x' \\ y' \\ z' \\ 1 \end{pmatrix} = \begin{pmatrix} a_{11} & a_{12} & a_{13} & b_x \\ a_{21} & a_{22} & a_{23} & b_y \\ a_{31} & a_{32} & a_{33} & b_z \\ 0 & 0 & 0 & 1 \end{pmatrix} \begin{pmatrix} x \\ y \\ z \\ 1 \end{pmatrix} \iff \vec{v'} = H\vec{v} \quad (4.3)$$

これは結局，式 (4.2) と同じ変換を表しているのであるが，1つの

行列に式 (4.2) の加算の操作もまとめて表現できるので，より簡潔な表現になっている。同次座標に基づく式 (4.3) の方法の利点をつぎに説明する。いま，アフィン変換式 (4.2) を次式のように表したとする。

$$\vec{x'} = A_1 \vec{x} + \vec{b}_1 \qquad (4.4)$$

A_1，は変数の係数行列，$\vec{b}_1$ は定数ベクトルである。さらに次式のようなアフィン変換を施したものとする。

$$\vec{x''} = A_2 \vec{x'} + \vec{b}_2 \qquad (4.5)$$

この2回のアフィン変換をまとめると次式のようになる。

$$\vec{x''} = A_2 A_1 \vec{x} + A_2 \vec{b}_1 + \vec{b}_2 \qquad (4.6)$$

これを同次座標に基づく変換式 (4.3) を用いると，次式で表すことができる。

$$\vec{v''} = H_2 H_1 \vec{v} \qquad (4.7)$$

この H_1，H_2 は 4×4 行列である。特に，$H = H_2 H_1$，を前もって計算しておけば，変換すべき座標データが多い場合でも 4×4 のアフィン変換行列 H が1つで済むので，高速処理が実現できる。この節では以降，同次座標と 4×4 の変換行列を用いた式 (4.3) の表記法に基づいて解説していく。

●**幾何変換における同次座標の意味**●

3次元空間の位置 P は x，y，z 各軸の座標値を並べた3つの値の組で表せるが，これにさらに倍率を表す要素 w を加えて4つの値の組 (x, y, z, w) で表したものが同次座標（斉次座標ともいう）である。同次座標から通常の座標を求めるには，各要素を w で割った値 $(x/w, y/w, z/w)$ を並べるとよい。したがって，2つの同次座標があって，一方が他方の定数倍になっているような場合は，これらは同じ位置を表すと考える。たとえば，$(20, 0, 14, 1)$ と $(80, 0, 56, 4)$ は同じ位置を表す。特に w が1のときは，(x, y, z) がそのまま点 P の位置となる。同次座標では，すべての要素が0となることは許されない。また，(x, y, z, w) において w が0のとき，すなわち同次座標 (x, y, z, o) は，原点 $(0, 0, 0)$ から点 (x, y, z) に向かって引いた半直線の無限遠点を指すものと考える。このように，無限遠点を自然にあつかえることが同次座標の特徴である。

3.4.2　3次元幾何変換

3次元アフィン変換の例を解説する。いずれも，点 (x, y, z) に変換行列を施して新たに (x', y', z') にうつるものである。3次元図形の基本構成要素である各点に幾何変換を施すことによって，3次元図形

全体を変換することができる。

●平行移動●

x, y, z 各軸方向に t_x, t_y, t_z だけ移動させる操作は次式のようになる（図3.4.1）。

$$\begin{pmatrix} x' \\ y' \\ z' \\ 1 \end{pmatrix} = \begin{pmatrix} 1 & 0 & 0 & t_x \\ 0 & 1 & 0 & t_y \\ 0 & 0 & 1 & t_z \\ 0 & 0 & 0 & 1 \end{pmatrix} \begin{pmatrix} x \\ y \\ z \\ 1 \end{pmatrix} \qquad (4.8)$$

図3.4.1　平行移動

この変換行列を $T(t_x, t_y, t_z)$ と表すものとすると，逆変換行列は $T(-t_x, -t_y, -t_z)$ となる。

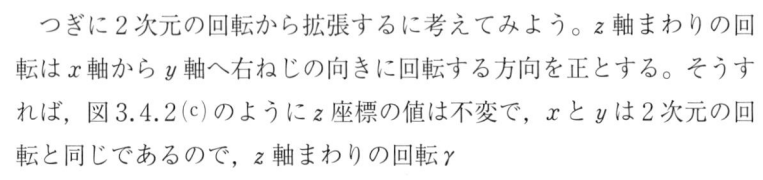

●回転●

つぎに2次元の回転から拡張するに考えてみよう。z 軸まわりの回転は x 軸から y 軸へ右ねじの向きに回転する方向を正とする。そうすれば，図3.4.2(c)のように z 座標の値は不変で，x と y は2次元の回転と同じであるので，z 軸まわりの回転 γ

$$x' = \cos\gamma x - \sin\gamma y$$
$$y' = \sin\gamma x + \cos\gamma y$$
$$z' = z$$

となるので，これを同次座標で表せば，z 軸まわりの回転 $R_z(\gamma)$ は次式のように表される。

$$\begin{pmatrix} x' \\ y' \\ z' \\ 1 \end{pmatrix} = \begin{pmatrix} \cos\gamma & -\sin\gamma & 0 & 0 \\ \sin\gamma & \cos\gamma & 0 & 0 \\ 0 & 0 & 1 & 0 \\ 0 & 0 & 0 & 1 \end{pmatrix} \begin{pmatrix} x \\ y \\ z \\ 1 \end{pmatrix} \qquad (4.9)$$

逆変換行列は $R_z(-\gamma)$ となる。

同様に図3.4.2(a)のように x 軸まわりに角度 α だけ回転する変換は，x 座標の値は不変で，y と z は2次元の回転と同じで，x 軸上に x 軸の正方向に右ネジを置いたとき，ネジが進むような回転の方向（y から z へ回転）が正であることから以下のようになる。

$$\begin{pmatrix} x' \\ y' \\ z' \\ 1 \end{pmatrix} = \begin{pmatrix} 1 & 0 & 0 & 0 \\ 0 & \cos\alpha & -\sin\alpha & 0 \\ 0 & \sin\alpha & \cos\alpha & 0 \\ 0 & 0 & 0 & 1 \end{pmatrix} \begin{pmatrix} x \\ y \\ z \\ 1 \end{pmatrix} \qquad (4.10)$$

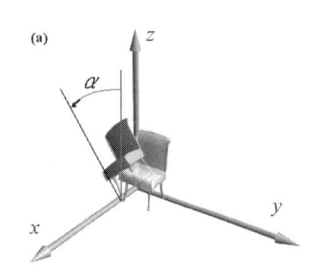

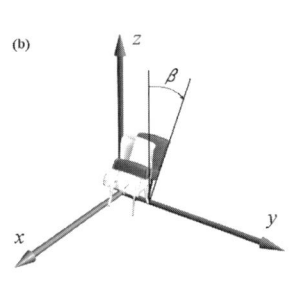

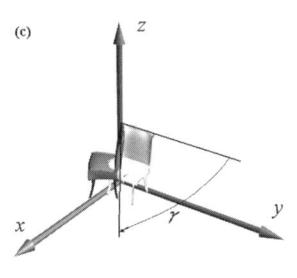

この変換行列を $R_x(\alpha)$ と表すものとすると，逆変換行列は $R_x(-\alpha)$

図3.4.2　それぞれ，(a)x 軸，(b)y 軸，(c)z 軸に関する回転

となる。

y軸まわりに角度βだけ回転する変換は，y座標の値は不変で，zとxは2次元の回転と同じで，y軸上にy軸の正方向に右ネジを置いたとき，ネジが進むような回転の方向（zからxへ回転）が正であることから以下のようになる

$$\begin{pmatrix}x'\\y'\\z'\\1\end{pmatrix}=\begin{pmatrix}\cos\beta & 0 & -\sin\beta & 0\\0 & 1 & 0 & 0\\\sin\beta & 0 & \cos\beta & 0\\0 & 0 & 0 & 1\end{pmatrix}\begin{pmatrix}x\\y\\z\\1\end{pmatrix}$$

式(4.9)と式(4.10)のように，y軸まわりの回転$R_y(\beta)$とすれば，逆変換行列は$R_y(-\beta)$となる。ところで，図3.4.2(b)のように，通常CGの世界ではxからzへの回転が正であることからβを$-\beta$にかえればよいので，

$$\begin{pmatrix}x'\\y'\\z'\\1\end{pmatrix}=\begin{pmatrix}\cos\beta & 0 & \sin\beta & 0\\0 & 1 & 0 & 0\\-\sin\beta & 0 & \cos\beta & 0\\0 & 0 & 0 & 1\end{pmatrix}\begin{pmatrix}x\\y\\z\\1\end{pmatrix} \quad (4.11)$$

となる。

平行移動と回転は，どの順序で何回施しても原図形の形状自体はかわらない。すなわち，角度も長さも不変である。このような線形変換を特に**剛体変換**という。線形性を理解した読者には角度も長さも不変であることは当然のことに思えるだろう。

●**拡大・縮小**●

図3.4.3のような原点を起点として各軸方向にs_x, s_y, s_zの倍率で拡大・縮小する操作はスケーリングともいい，次式のように表される。倍率の絶対値が0より大かつ1より小の場合は縮小となる。1なら不変，1より大ならば拡大である。また倍率が負の場合は反転図形となる。

$$\begin{pmatrix}x'\\y'\\z'\\1\end{pmatrix}=\begin{pmatrix}s_x & 0 & 0 & 0\\0 & s_y & 0 & 0\\0 & 0 & s_z & 0\\0 & 0 & 0 & 1\end{pmatrix}\begin{pmatrix}x\\y\\z\\1\end{pmatrix} \quad (4.12)$$

この変換行列を$S(s_x, s_y, s_z)$と表すものとすると，逆変換行列は$S(1/s_x, 1/s_y, 1/s_z)$となる。

《One Point Advice》

同次座標を用いた3次元座標での回転行列はつぎのようにすると覚えやすい。まずはz軸まわりの回転はx軸からy軸へ右ねじの向きに回転する方向を正とすると2次元とほとんど同じである。

$$R_z(\theta)=\begin{pmatrix}\cos\theta & -\sin\theta & 0 & 0\\\sin\theta & \cos\theta & 0 & 0\\0 & 0 & 1 & 0\\0 & 0 & 0 & 1\end{pmatrix} \downarrow z軸$$

つぎにx軸まわりの回転はy軸からz軸へ右ねじの向きに回転する方向を正とすると同様になる。

$$R_x(\theta)=\begin{pmatrix}1 & 0 & 0 & 0\\0 & \cos\theta & -\sin\theta & 0\\0 & \sin\theta & \cos\theta & 0\\0 & 0 & 0 & 1\end{pmatrix} \downarrow x軸$$

最後にy軸まわりの回転はz軸からx軸へ右ねじの向きに回転する方向を正とすると同様になる（$x, y, z, x, ...$とサイクリックにまわることに注意せよ）。

$$\begin{pmatrix}\cos\theta & 0 & -\sin\theta & 0\\0 & 1 & 0 & 0\\\sin\theta & 0 & \cos\theta & 0\\0 & 0 & 0 & 1\end{pmatrix} \downarrow y軸$$

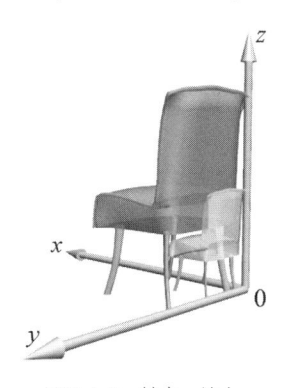

図3.4.3 拡大・縮小

●せん断●

変換行列の左上の3×3部分行列の対角線上にない要素はせん断という幾何変換を引き起こす。たとえば、(i,j) 要素 $a_{ij}(i \neq j)$ が0でない場合は、「第 j 軸の座標値の絶対値が大きいところにある点Pほど、第 i 軸方向に大きく変位した位置にうつされる。すなわち、i 軸方向に歪む」a_{ij} はその歪みの程度を示す比例定数である。ただし、i, j はそれぞれ x, y, z のいずれかである。$1 \leq i$, $j \leq 3$ であり、第1、第2、第3軸というのは、順に x, y, z 軸を指す。次式の処理を施したせん断の例を図3.4.4に示す。ただし、a_{xy} は y 軸方向のひずみの影響が x 軸方向におよぶ度合いを表す（a_{xy} は正の定数とする）。

$$\begin{pmatrix} x' \\ y' \\ z' \\ 1 \end{pmatrix} = \begin{pmatrix} 1 & a_{xy} & 0 & 0 \\ 0 & 1 & 0 & 0 \\ 0 & 0 & 1 & 0 \\ 0 & 0 & 0 & 1 \end{pmatrix} \begin{pmatrix} x \\ y \\ z \\ 1 \end{pmatrix} \quad (4.13)$$

図3.4.4 せん断

●変換行列の性質●

これまで解説した4種の変換はいずれも線形変換である。拡大・縮小やせん断が施されると、もとの図形の長さや角度は維持されなくなるが、直線性や平面性、線分や面の平行性は保持される。もちろん、線形性により線分上にとった任意点の内分比と外分比は変換後も保持される。

剛体変換は線形変換の特別な場合である。線形変換の逆変換は一意に決まる。実際、これらの各変換の逆変換は、変換行列の逆行列によって可能である。点 $X(\vec{x})$ に対して変換行列 P_1, P_2, P_3 を順に施す操作は、$P_3 P_2 P_1 \vec{x}$ で表される。これは、$(P_3(P_2(P_1 \vec{x})))$ の意味であるが、一般に行列は積演算に関して結合則が成り立つので、$(P_3((P_2 P_1) \vec{x}))$ や $((P_3 P_2)(P_1 \vec{x}))$、あるいは $(P_3 P_2 P_1) \vec{x}$ などの順序で計算しても同じ結果となる。特に $P = P_3 P_2 P_1$ のような P をあらかじめ計算しておけば、さまざまな幾何変換を任意の回数だけ施すような処理も、この合成変換行列を一つ用いて $P\vec{x}$ で実現できることになる。また、P の逆変換 P^{-1} は $P_1^{-1} P_2^{-1} P_3^{-1}$ である。このように、複数回の変換を合成したものも逆変換もすべてアフィン変換である（「アフィン変換は閉じている」という）。最後に合成の例を示す。図3.4.5は、x 軸方向の縮小 $S(0.7, 1, 1)$、z 軸に関する回転 $R_z(90°)$、x 軸方向の平行移動 $T(10, 0, 0)$ を順に施す様子を示す。この複数の変換の結果得られる最終図形はつぎのような合成変換行列 P で直ちに得られる。

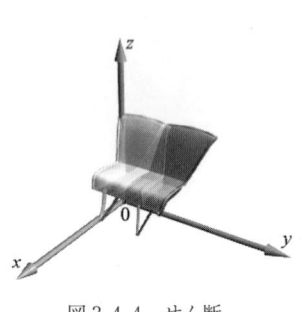

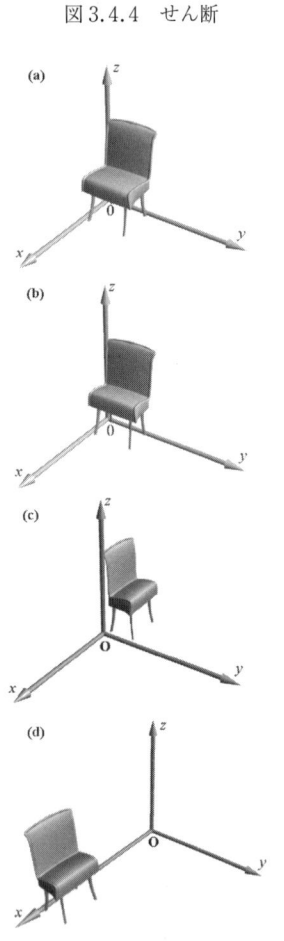

図3.4.5 合成変換の例(a)は原図で、(b) x 軸方向の縮小 $S(0.7, 1, 1)$、(c) z 軸に関する回転 $R_z(90°)$、(d) x 軸方向の平行移動 $T(10, 0, 0)$ を順に施す様子を示す

$$P = T(10,0,0)R(90°)S(0.7,1,1)$$

$$= \begin{pmatrix} 1 & 0 & 0 & 10 \\ 0 & 1 & 0 & 0 \\ 0 & 0 & 1 & 0 \\ 0 & 0 & 0 & 1 \end{pmatrix} \begin{pmatrix} 0 & -1 & 0 & 0 \\ 1 & 0 & 0 & 0 \\ 0 & 0 & 1 & 0 \\ 0 & 0 & 0 & 1 \end{pmatrix} \begin{pmatrix} 0.7 & 0 & 0 & 0 \\ 0 & 1 & 0 & 0 \\ 0 & 0 & 1 & 0 \\ 0 & 0 & 0 & 1 \end{pmatrix}$$

$$= \begin{pmatrix} 0 & -1 & 0 & 10 \\ 0.7 & 0 & 0 & 0 \\ 0 & 0 & 1 & 0 \\ 0 & 0 & 0 & 1 \end{pmatrix} \tag{4.14}$$

●行列の積の非可換の図形的解釈●

2つの行列の積について一般には

$$AB \neq BA \tag{4.15}$$

であり,積の交換法則は一般に成立しないことを第2章で述べた。$AB=BA$ のとき,A,B は交換可能あるいは可換であるという。

2つの行列の積が交換しない(非可換)ということの意味を理解するのは困難かもしれない。2次行列ではよい例がないが,3次の行列ではよい例がある。

$$A = \begin{pmatrix} 0 & -1 & 0 \\ 1 & 0 & 1 \\ 0 & 0 & 0 \end{pmatrix}, \quad B = \begin{pmatrix} 0 & 0 & 1 \\ 0 & 1 & 0 \\ -1 & 0 & 0 \end{pmatrix}$$

前節で述べたように,この行列 A は z 軸を回転軸として右ネジの方向に 90° 回転する操作をあらわし ($\theta = 90°$ とせよ),B は y 軸を回転軸として 90° 回転する操作をあらわす。直接の計算から

$$AB = \begin{pmatrix} 0 & -1 & 0 \\ 0 & 0 & 1 \\ -1 & 0 & 0 \end{pmatrix}, \quad BA = \begin{pmatrix} 0 & 0 & 1 \\ 1 & 0 & 0 \\ 0 & 1 & 0 \end{pmatrix}$$

となる。図3.4.6に操作 AB,BA によって空間図形がどのように動いていくかを具体的に描いてみた。変換後の2つの図形の違いから $AB \neq BA$ であることが理解できるであろう。

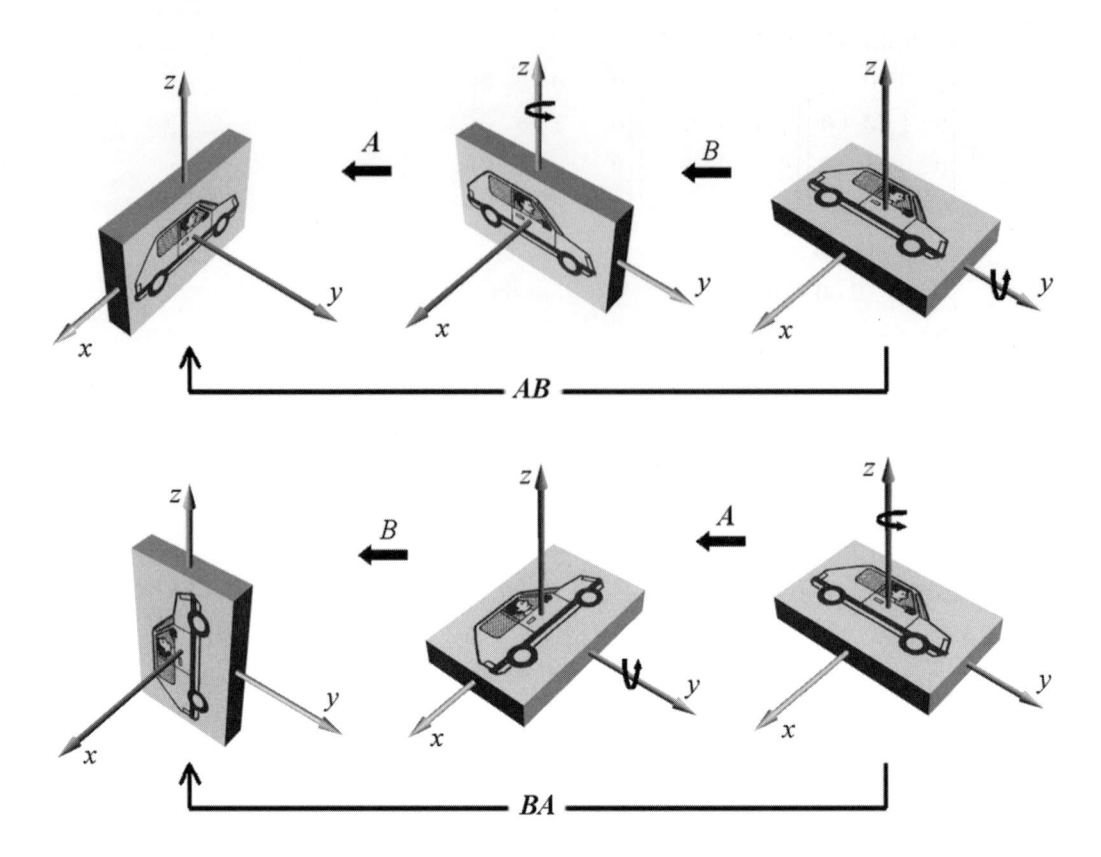

図 3.4.6　回転操作 AB と回転操作 BA

第5節　行列の演算と群

行列の演算を抽象化しよう。

本節は内容が高度であるので最初は読み飛ばしても良い。しかし，将来専攻する分野によっては必要となる基礎的な考え方である。意外かもしれないが，化学，材料科学，物性物理学では結晶に関する群（group）という考え方を使うのである。

3.5.1　群

●整数の演算について●

たとえば，a, b を整数とすれば，足し算 $a+b$，引き算 $a-b$，掛け算 $a \times b$ のいずれの結果も整数である。「整数は足し算，引き算，掛け算について閉じている」という。ところが，$a \div b$ は必ずしも整数ではない。「整数は割り算について閉じていない」という。

つぎに，整数は足し算，掛け算について結合法則が成立する。つまり整数 a, b, c に対して，$*$ を $+$ または $\times$ と解釈すれば

$$(a*b)*c = a*(b*c)$$

が成り立つ。

整数の足し算については

$$0+a = a+0 = a$$

が成立して，

$$a+(-a) = 0$$

が成り立つ。このとき，0 を足し算の単位元，$-a$ を逆元という。

整数の掛け算については

$$a \times 1 = 1 \times a = a$$

が成立して

$$a \times (1/a) = (1/a) \times a = 1$$

が成り立つ。このとき，1 を掛け算の単位元，$1/a$ を逆元という。これは a^{-1}（エーインバース）とも書く。a が整数の場合，$1/a$ は $a=1$ の場合を除いて整数ではないので，a を整数と限定すれば，掛け算の逆元は存在しない。

このように，ある集合（上の例では整数）の要素（a, b, c など）がある演算について閉じていて，結合則が成立して，単位元と逆元が存在するとき，「群をなす」という。上の例では，整数の足し算では群をなすが，整数の掛け算は群をなさない。もっとも有理数や実数の掛け算では群をなす。

●群をなす●

一般に，ある集合 G の任意の 2 つの要素 a, b に対して定義された演算 $a*b$ がつぎの性質をもつとき，G は演算 $*$ について群(group)をなすという。

(1) $a \in G$, $b = G$ ならば $a*b \in G$。すなわち，G は演算 $*$ について閉じている。

(2) G の任意の要素 a, b, c に対して
$$(a*b)*c = a*(b*c)$$
すなわち，演算 $*$ について結合法則が成り立つ。

(3) G のなかに特定の要素 e が存在し，G の任意の要素 a に対して，つねに
$$e*a = a*e = a$$
となる。要素 e を G の単位元という。

(4) G の任意の要素 a に対して，
$$a^{-1}*a = a*a^{-1} = e$$
となるような G の要素 a^{-1} が存在する。要素 a^{-1} を a の逆元という。

【注意】

(1)と(2)しか満たさないときを「半群」，(1)〜(3)のみ満たすことを「モノイド（単系）」という。また，G の任意の要素 a, b に対して
$$a*b = b*a$$
すなわち，演算 $*$ について交換法則が成り立つ群を特に「アーベル群」または「可換群」という。

例題　群の具体例

a を任意の定数としたときのつぎの行列 $\begin{pmatrix} 1 & a \\ 0 & 1 \end{pmatrix}$ 全体の集合を S とする。S が群をなすことを示せ（せん断の行列であることを思い出せ）。

【解】

(1) $\begin{pmatrix} 1 & a \\ 0 & 1 \end{pmatrix}\begin{pmatrix} 1 & b \\ 0 & 1 \end{pmatrix} = \begin{pmatrix} 1 & a+b \\ 0 & 1 \end{pmatrix} \in S$ であるから，行列の乗法については S は閉じている。

(2) S の要素は 2 次の正方行列であるから，乗法の結合法則が成り立つ。

（3） 単位行列 $I = \begin{pmatrix} 1 & 0 \\ 0 & 1 \end{pmatrix}$ は S の要素である。

（4） S の要素 $\begin{pmatrix} 1 & a \\ 0 & 1 \end{pmatrix}$ の逆行列 $\begin{pmatrix} 1 & -a \\ 0 & 1 \end{pmatrix}$ は S の要素である。

例題　回転行列と群

原点のまわりの角 θ だけの回転を R_θ と表し，任意の角 θ に対する回転 R_θ 全体の集合を R とする（図 3.5.1）。R が群をなすことを示せ。

【解】

（1） $R_\beta \circ R_\alpha = R_{\alpha+\beta}$ であるから，R の任意の要素 R_α と R_β に合成変換 $R_\beta \circ R_\alpha$ を対応させる演算 $\circ$ について R は閉じている。

（2） 演算 $\circ$ について，結合法則
$$R_\gamma \circ (R_\beta \circ R_\alpha) = (R_\gamma \circ R_\beta) \circ R_\alpha$$
が成り立つ。

（3） 平面上の各点を，その点自身に対応させる写像 I（このような写像を恒等写像という）は，R_0 と表されるから，I は R の要素である。

（4） R の任意の要素 R_θ の逆変換 $R_{-\theta}$ も R の要素である。

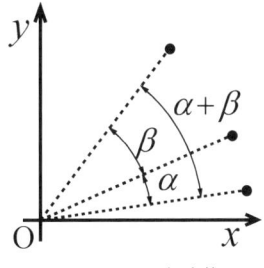

図 3.5.1　回転変換

例題　逆行列をもつ行列と群

2×2 型の行列のうち，逆行列をもつもの全体からなる集合を G とすると，この G は行列の乗法について群をなす。このことを証明せよ。

【解】

（1） $A \in G$，$B \in G$ ならば A^{-1}，B^{-1} が存在し，$B^{-1}A^{-1}$ が AB の逆行列となるから，$AB \in G$ である。

（2） 行列の乗法では，一般に，結合法則が成り立つ。

（3） 2×2 型の単位行列 I の逆行列は I 自身であるから，$I \in G$ であり，任意の G の要素 A に対して $IA = AI = A$。

（4） $A \in G$ ならば A^{-1} は 2×2 型の行列であって，その逆行列 A をもつから，$A^{-1} \in G$ である。

[コラム] パウリのスピン行列

ついでにパウリのスピン行列とよばれるものが量子力学の世界では用いられる。その計算ルールは
$$\sigma_x^2 = \sigma_y^2 = \sigma_z^2 = I,$$
$$\sigma_x\sigma_y - \sigma_y\sigma_x = i\sigma_z,$$
$$\sigma_y\sigma_z - \sigma_z\sigma_y = i\sigma_x,$$
$$\sigma_z\sigma_x - \sigma_x\sigma_z = i\sigma_y$$

である。これは，
$$\sigma_x = \begin{pmatrix} 0 & 1 \\ 1 & 0 \end{pmatrix}, \quad \sigma_y = \begin{pmatrix} 0 & i \\ -i & 0 \end{pmatrix},$$
$$\sigma_z = \begin{pmatrix} 1 & 0 \\ 0 & -1 \end{pmatrix}$$

としたときの計算と同じである。いずれも行列式の値は -1 である。

[コラム] 四元数

とりあえず，つぎの問題を解いてみよう。行列の成分が複素数になっているが，計算方法は同じである。

つぎの行列について解答せよ。この問題では単位行列は E としている。
$$E = \begin{pmatrix} 1 & 0 \\ 0 & 1 \end{pmatrix}, \quad I = \begin{pmatrix} 0 & 1 \\ -1 & 0 \end{pmatrix}, \quad J = \begin{pmatrix} 0 & i \\ i & 0 \end{pmatrix}, \quad K = \begin{pmatrix} i & 0 \\ 0 & -i \end{pmatrix}$$

(1) 以下を証明せよ。
$$I^2 = J^2 = K^2 = -E, \quad JK = -KJ = I, \quad KI = -IK = J, \quad IJ = -JK = K$$

(2) $a = b = c = d = 0$ をのぞいて，a, b, c, d が実数であるとき，$A = aE + bI + cJ + dK$ のとき A の逆行列を計算せよ。

【解】

（1）はひたすら計算すればよいので，省略する。

（2） $A = \begin{pmatrix} a+di & b+ci \\ -b+ci & a-di \end{pmatrix}$ であるので $|A| = a^2+b^2+c^2+d^2 \neq 0$

$$A^{-1} = \frac{1}{|A|}\begin{pmatrix} a-di & -b-ci \\ b-ci & a+di \end{pmatrix} = \frac{1}{|A|}(aE - bI - cJ - dK)$$

さて，これはハミルトンの四元数（quaternion クォータニオン）と同じような形をしているのである。
$$q = a + bi + cj + dk$$
としたときに，
$$i^2 = j^2 = k^2 = -1, \quad ij = -ji = k, \quad jk = -kj = i, \quad ki = -ik = j$$
というルールを満たす数である。複素数が2次元の平面を表しているのに対して，3次元を表す数を必死にさがして見つけたのが，四元数である。四元数は掛け算について群をなす。各自で証明してみよう。

また，四元数に共役はある。$q = a+bi+cj+dk$ であるとき
$$q* = a - bi - cj - dk$$
を共役という。

ちなみに，$\det(E) = 1$ であるのに対して，$\det(I) = \det(J) = \det(K) = -1$ であることに注目しておくとよい。

表 5.1 XY の積

X\Y	I	P	Q	R
I	I	P	Q	R
P	P	I	R	Q
Q	Q	R	I	P
R	R	Q	P	I

例題　行列式が1，または−1の行列と群

つぎの4つの2×2型の行列
$$I = \begin{pmatrix} 1 & 0 \\ 0 & 1 \end{pmatrix}, \quad P = \begin{pmatrix} -1 & 0 \\ 0 & -1 \end{pmatrix}, \quad Q = \begin{pmatrix} 1 & 0 \\ 0 & -1 \end{pmatrix}, \quad R = \begin{pmatrix} -1 & 0 \\ 0 & 1 \end{pmatrix}$$
からなる集合も，行列の乗法について群をなすことを示せ。

【解】

このことは，要素の積の表5.1をつくってみるとわかりやすい。

(1) どの積も I, P, Q, R のうちの1つであるから，この集合は行列の乗法について閉じている。

(2) 行列の乗法であるから，結合法則は成り立っている。

(3) 表から，I はこの集合の単位元である。

(4) 表から，各要素には逆元が存在する。したがって，群になるための4つの条件を満たしている。

練習 5.1

つぎの 4 つの 2×2 型の行列からなる集合が

$$\left\{ \begin{pmatrix} 1 & 0 \\ 0 & 1 \end{pmatrix}, \begin{pmatrix} 0 & -1 \\ 1 & 0 \end{pmatrix}, \begin{pmatrix} -1 & 0 \\ 0 & -1 \end{pmatrix}, \begin{pmatrix} 0 & 1 \\ -1 & 0 \end{pmatrix} \right\}$$

（1） 行列の乗法について群をなすことを示せ。

（2） この群の単位元と，4 つの要素それぞれの逆元をいえ。

（3） この群について積の表をつくってみよ。

練習 5.2

つぎの 2 つの行列の集合が乗法について群をなすことを確かめよ。

$$\left\{ \begin{pmatrix} 1 & 0 \\ 0 & -1 \end{pmatrix}, \begin{pmatrix} 1 & 0 \\ 0 & 1 \end{pmatrix} \right\}$$

第3章　章末問題

❶　点 $(0,1)$ を点 $(-1,3)$ へ，点 $(1,-1)$ を点 $(3,-4)$ へうつすような線形変換の行列を求めよ。

❷　点 $(3,2)$ を原点のまわりにつぎの角だけ回転した点の座標を求めよ。
（1）　$30°$　　　　（2）　$-45°$　　　　（3）　$150°$

❸　つぎの関係式（1）を満たす数 x, y, u, v は必ず関係式（2）を満たし，また逆に，（2）を満たす数 x, y, u, v は必ず（1）を満たすとき，数 a, b, c, d を求めよ。

（1）　$\begin{cases} x=au+5v \\ y=4u+bv \end{cases}$　　　（2）　$\begin{cases} u=cx-5y \\ v=dx+3y \end{cases}$

❹　行列 $\begin{pmatrix} 3 & 2 \\ 1 & 4 \end{pmatrix}$ で表される線形変換について，つぎの問に答えよ。
（1）　y 軸上の点は，どのような図形にうつされるか。
（2）　この線形変換で，直線 $y=kx$ 上の点がつねに直線 $y=kx$ 上にうつされるとき，k の値を求めよ。

❺　t を媒介変数とする直線 l の方程式が $\begin{cases} x=4+2t \\ y=3+t \end{cases}$ であるとき，行列 $\begin{pmatrix} 4 & -3 \\ -2 & 2 \end{pmatrix}$ の表す線形変換によって，l はどのような図形にうつされるか。

❻　$\left\{ \begin{pmatrix} 1 & 0 \\ 0 & 1 \end{pmatrix}, \begin{pmatrix} -1 & 0 \\ 0 & 1 \end{pmatrix}, \begin{pmatrix} 1 & 0 \\ 0 & -1 \end{pmatrix}, \begin{pmatrix} -1 & 0 \\ 0 & -1 \end{pmatrix}, \begin{pmatrix} 0 & 1 \\ 1 & 0 \end{pmatrix}, \begin{pmatrix} 0 & -1 \\ 1 & 0 \end{pmatrix}, \begin{pmatrix} 0 & 1 \\ -1 & 0 \end{pmatrix}, \begin{pmatrix} 0 & -1 \\ -1 & 0 \end{pmatrix} \right\}$

が行列の乗法について群をなすことを証明せよ。

❼　行列 $\begin{pmatrix} a & -3 \\ 1 & b \end{pmatrix}$ によって表される線形変換を f としたとき，$f \circ f$ が平面上のどの点も動かさない変換となるように a, b を定めよ。

第4章 空間図形
~紙面では実感できない幾何学~

　図形の苦手な人にとって，空間図形ほどやっかいなものはない。図形認識が弱いと困ることも多い。たとえば，家の間取り図である。空間図形とは一見無縁に思われる主婦といえども家の間取り図も読めないようでは家の改良や改築はもとより新築でも工務店と交渉するのに困ることがよく起こる。

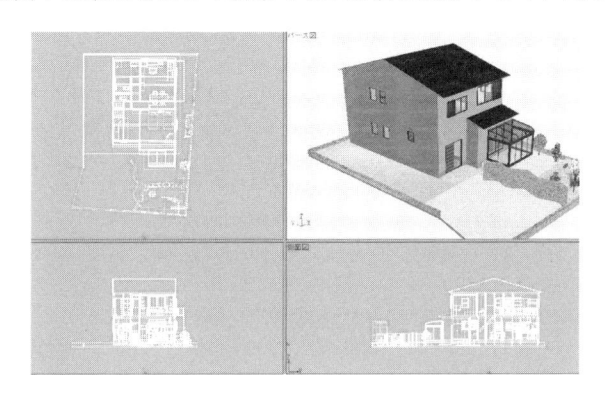

第1節　空間内の直線の方程式 ———————————————————— 134
　4.1.1　ベクトルによる直線の方程式 ………………………………………… 134
　4.1.2　2直線の位置関係 ……………………………………………………… 138
　4.1.3　球面の方程式 …………………………………………………………… 141
第2節　空間内の平面の方程式 ———————————————————— 145
　4.2.1　平面のベクトル方程式 ………………………………………………… 145
　4.2.2　平面の方程式 …………………………………………………………… 145
　4.2.3　平面の高さ ……………………………………………………………… 149
　4.2.4　2次元平面上の直線と法線ベクトル ………………………………… 153
第3節　ベクトルの外積 ———————————————————————— 157
　4.3.1　2次元ベクトルの外積 ………………………………………………… 157
　4.3.2　3次元ベクトルの外積 ………………………………………………… 157
　4.3.3　三垂線の定理 …………………………………………………………… 162
第4節　空間図形の総合問題 —————————————————————— 166
　4.4.1　直線と平面の問題 ……………………………………………………… 166
　4.4.2　3元連立1次方程式の不定・不能 …………………………………… 170
　4.4.3　多変量解析への道 ……………………………………………………… 174
章末問題 ———————————————————————————————— 179

第1節　空間内の直線の方程式

パラメータ表示が必要だ。

4.1.1 ベクトルによる直線の方程式

●位置ベクトル●

点 P があるとき，基準とする定点 O を定めるとベクトル $\overrightarrow{OP}$ がきまる。このベクトルを，点 O を基準とする点 P の位置ベクトルという（図 4.1.1，図 4.1.2）。2 点 P，Q に対して，

$$\overrightarrow{PQ} = \vec{q} - \vec{p}$$
$$\overrightarrow{OP} + \overrightarrow{PQ} = \overrightarrow{OQ} \tag{1.1}$$

であるから，

$$\overrightarrow{PQ} = \overrightarrow{OQ} - \overrightarrow{OP} \tag{1.2}$$

が成り立つ。したがって，P，Q の位置ベクトルをそれぞれ $\vec{p} = \overrightarrow{OP}$，$\vec{q} = \overrightarrow{OQ}$ とすれば，式(1.2)は $\overrightarrow{PQ} = \vec{q} - \vec{p}$ となる。基準とする点 O はどこに定めてもよいが，座標軸が与えられているときは座標の原点にとると，つぎのように点の座標と位置ベクトルの成分表示が対応する（図 4.1.3）。

点 P　　　　　　　　　　位置ベクトル $\overrightarrow{OP}$

座標 (a, b, c)　　⇔　　成分表示 $\begin{pmatrix} a \\ b \\ c \end{pmatrix}$

座標 (a, b)　　⇔　　成分表示 $\begin{pmatrix} a \\ b \end{pmatrix}$

この対応は，点 P のかわりにベクトル $\overrightarrow{OP}$ を考え，また逆に $\overrightarrow{OP}$ のかわりに点 P を考えるという形で，大いに利用できる。

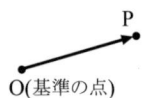

図 4.1.1　位置ベクトル

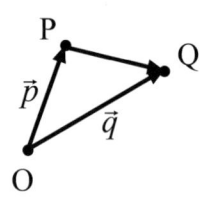

図 4.1.2　点 P，Q の位置関係

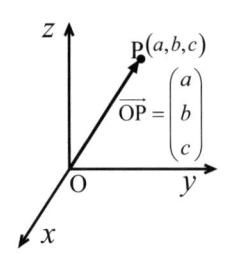

図 4.1.3　P と $\overrightarrow{OP}$

例題　空間での内分点

線分 AB を $t:s$ に内分する点を P とすると，

$$\overrightarrow{OP} = \frac{s\overrightarrow{OA} + t\overrightarrow{OB}}{t+s}$$

が成り立つことを導け。

【解】

$$\overrightarrow{OP} = \overrightarrow{OA} + \overrightarrow{AP} = \overrightarrow{OA} + \frac{t}{t+s}\overrightarrow{AB}$$

ところが

$$\overrightarrow{AB} = \overrightarrow{OB} - \overrightarrow{OA}$$

であるから
$$\overrightarrow{OP} = \overrightarrow{OA} + \frac{t}{t+s}(\overrightarrow{OB} - \overrightarrow{OA}) = \frac{s\overrightarrow{OA} + t\overrightarrow{OB}}{t+s}$$

練習 1.1

△ABC の重心を G とすると,
$$\overrightarrow{OG} = \frac{1}{3}(\overrightarrow{OA} + \overrightarrow{OB} + \overrightarrow{OC})$$
となることを導け。

● 1 点と方向ベクトル ●

いま,空間内を飛行機が等速直線運動をしていたとしよう(図 4.1.4)。この飛行機の軌跡である直線を L とすると,L は 1 つの定点 P およびどちらの方向に飛んでいるかを示すベクトル $\vec{d}$ によってきまる。これを直線 L の方向ベクトルという(図 4.1.5)。

点 X が直線 L 上にある条件は,t を 1 つの実数として $\overrightarrow{PX} = t\vec{d}$ と書けることである。$\overrightarrow{OX} = \overrightarrow{OP} + \overrightarrow{PX}$ だから,X, P の位置ベクトルを $\vec{x}$, $\vec{p}$ とするとき,
$$\vec{x} = \vec{p} + t\vec{d} \tag{1.3}$$
となる。変数 t が数直線上を動くとき,式(1.3)で定まる $\vec{x}$ を位置ベクトルとする点 X は,直線 L 上を動く。t をパラメータとよび,式(1.5)を直線 L のパラメータ表示という。また,式(1.3)はベクトルを使って直線を表しているので,直線 L の「ベクトル方程式」ともいう。

つぎに,2 点 A, B を通る直線について考えよう(図 4.1.6)。2 点 A, B の位置ベクトルをそれぞれ $\vec{a}$, $\vec{b}$, また直線上の任意の点を X としてその位置ベクトルを $\vec{x}$ とする。直線 AB の方向ベクトルとして $\overrightarrow{AB}$,すなわち $\vec{b} - \vec{a}$ をとると,式(1.3)により
$$\vec{x} = \vec{a} + t(\vec{b} - \vec{a}) \tag{1.4}$$
が得られる。これがこの直線のパラメータ表示である。

式(1.4)を変形すると $\vec{x} = (1-t)\vec{a} + t\vec{b}$ となり,ここで $1-t=s$ とおくと,$\vec{x} = s\vec{a} + t\vec{b}$ と表すことができる。すなわち,直線 AB 上の任意の点 X は,位置ベクトル $\vec{x}$ を使って,
$$\vec{x} = s\vec{a} + t\vec{b} \quad \text{ただし} \quad s+t=1 \tag{1.5}$$
という形の $\vec{a}$, $\vec{b}$ の線形結合として表すことができる(図 4.1.7)。

ベクトルを使った直線のパラメータ表示 $\vec{x} = \vec{p} + t\vec{d}$ を成分で表してみよう。P, X の座標をそれぞれ (p, q, r), (x, y, z) とし,また,

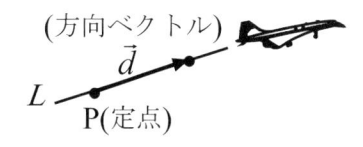

図 4.1.4 定点と方向ベクトルで直線が決まる。

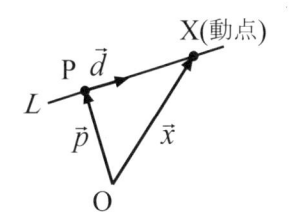

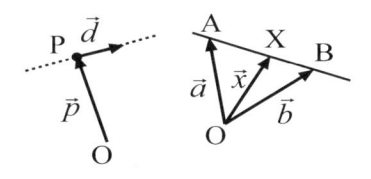

図 4.1.5 $\vec{x} = \vec{p} + t\vec{d}$

図 4.1.6 2 点 A, B を通る直線

とすると

$$\begin{pmatrix} x \\ y \\ z \end{pmatrix} = \begin{pmatrix} p \\ q \\ r \end{pmatrix} + t \begin{pmatrix} l \\ m \\ n \end{pmatrix} \tag{1.6}$$

$$\vec{d} = \begin{pmatrix} l \\ m \\ n \end{pmatrix}$$

すなわち，

$$\begin{cases} x = p + tl \\ y = q + tm \\ z = r + tn \end{cases} \tag{1.7}$$

が得られる。これが，座標 x, y, z についての直線 L のパラメータ表示である。$lmn \neq 0$ のときは，式(1.7)の各式を t について解くと

$$t = \frac{x-p}{l}, \quad t = \frac{y-q}{m}, \quad t = \frac{z-r}{n} \tag{1.8}$$

t を消去すると

$$\frac{x-p}{l} = \frac{y-q}{m} = \frac{z-r}{n} \tag{1.9}$$

図 4.1.7 $s+t=1$

が成り立つ。これを直線 L の方程式という。方向ベクトルの成分のうち 0 がある場合は注意が必要で，つぎの例題を参照してほしい。
この式(1.9)は，

$$\begin{cases} \dfrac{x-p}{l} = \dfrac{y-q}{m} \\ \dfrac{y-q}{m} = \dfrac{z-r}{n} \end{cases}$$

という 2 つの式と同じである。つまり，x, y, z の変数は 3 つで式は 2 本だから x, y, z の値は定まらないのである（定点ではない）。

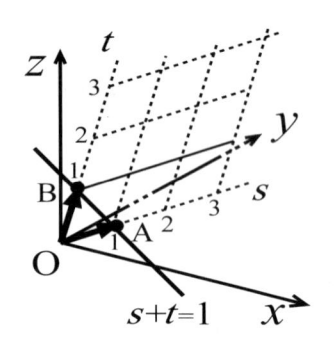

例題　1 点と方向ベクトル

点 P(1, 2, 3) を通り，

$$\vec{d} = \begin{pmatrix} 4 \\ 5 \\ 0 \end{pmatrix}$$

を方向ベクトルとする直線の方程式を求めよ。

【解】
方向ベクトルの z 成分は 0 であるので，式(1.9)に代入しようとすると分母が 0 になってしまう。式(1.7)を使って

$$\begin{cases} x = 1+4t \\ y = 2+5t \\ z = 3 \end{cases}$$

から t を消去して

$$\begin{cases} \dfrac{x-1}{4} = \dfrac{y-2}{5} \\ z = 3 \end{cases}$$

となる。

練習 1.2

（1） 点 $(4, 2, -5)$ を通り，方向ベクトルが $(-2, 1, 3)$ である直線の方程式を求めよ。

（2） 点 $(7, -2, 3)$ を通り，直線 $x-2 = \dfrac{y-5}{3} = \dfrac{4-z}{6}$ に平行な直線の方程式を求めよ。

● 2 点を通る直線 ●

つぎに，2 点 $P_0 = (x_0, y_0, z_0)$，$P_1 = (x_1, y_1, z_1)$ を通る直線の方程式を考えよう。この直線の方向ベクトルとしては

$$\overrightarrow{P_0P_1} = (x_1 - x_0, y_1 - y_0, z_1 - z_0)$$

をとればよいから

相異なる 2 点 (x_0, y_0, z_0)，(x_1, y_1, z_1) を通る直線の方程式は

$$\frac{x - x_0}{x_1 - x_0} = \frac{y - y_0}{y_1 - y_0} = \frac{z - z_0}{z_1 - z_0}$$

問　2 点を通る直線のベクトル方程式

2 点 $A(\vec{a})$，$B(\vec{b})$ を通る直線のベクトル方程式は $\vec{p} = (1-t)\vec{a} + t\vec{b}$ であることを証明せよ。ただし，t は実数とする。

【解】

$\vec{a} = (a_1, a_2, a_3)$，$\vec{b} = (b_1, b_2, b_3)$ とし，直線上の任意の点 P の位置ベクトルを $p = (x, y, z)$ とすると，直線 AB の方程式は

$$\frac{x - a_1}{b_1 - a_1} = \frac{y - a_2}{b_2 - a_2} = \frac{z - a_3}{b_3 - a_3}$$

上の式の値を t とおくと，

$$x = a_1 + t(b_1 - a_1) = (1-t)a_1 + tb_1$$
$$y = a_2 + t(b_2 - a_2) = (1-t)a_2 + tb_2$$
$$z = a_3 + t(b_3 - a_3) = (1-t)a_3 + tb_3$$

$$\therefore (x,y,z) = (1-t)(a_1, a_2, a_3) + t(b_1, b_2, b_3)$$

よって，$\vec{p} = (1-t)\vec{a} + t\vec{b}$

練習 1.3

つぎの 2 点を通る直線の方程式を求めよ。
（1） $(-1,2,3)$, $(4,-5,6)$　　　（2） $(-2,0,2)$, $(3,7,-5)$

練習 1.4

原点およびこれと異なる点 $P(x_1, y_1, z_1)$ を通る直線の方程式を求めよ。

練習 1.5

直線 $\dfrac{x-3}{2} = \dfrac{y+2}{3} = \dfrac{z-3}{-1}$ 上にある点の例を 5 つあげよ。

4.1.2　2 直線の位置関係

●空間における直線と平面●

空間における直線や平面の位置関係について，まとめておこう。2 直線 l, m の位置関係には，つぎの 3 つの場合がある（図 4.1.8）。

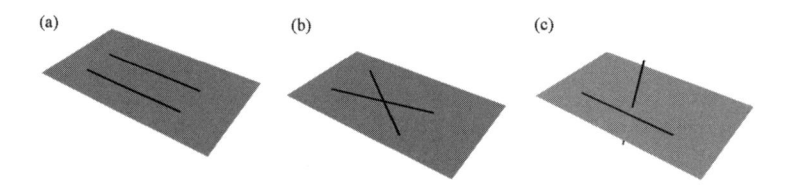

図 4.1.8　2 直線の関係

2 直線 l, m が平行でないとき，任意の点 O を通り，l, m に平行な直線を，それぞれ l', m' とすると，l' と m' は同じ平面 α 上にある。そして，l' と m' のなす角は，点 O のとり方によらず一定である。この角を，2 直線 l, m のなす角という。特に，この角が直角のとき，l と m は垂直であるといい，$l \perp m$ と表す。垂直な 2 直線 l, m が交わるとき，l と m は直交するという。

l と平面 α の位置関係には，つぎの 3 つの場合がある（図 4.1.9）。

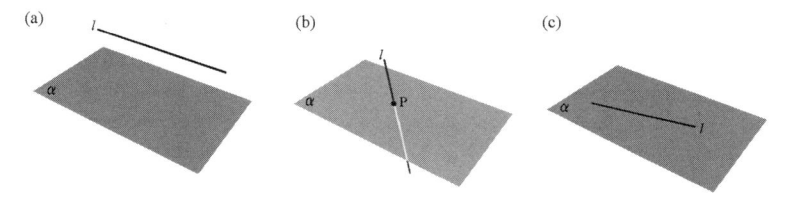

図 4.1.9　(a) 平行である　(b) 1 点で交わる　(c) l は α 上にある

直線 h が，平面 α 上のすべての直線と垂直であるとき，h と α は垂直である，または直交するといい，$h \perp \alpha$ と表す．また，このとき，h を平面 α の垂線という（図 4.1.10）．

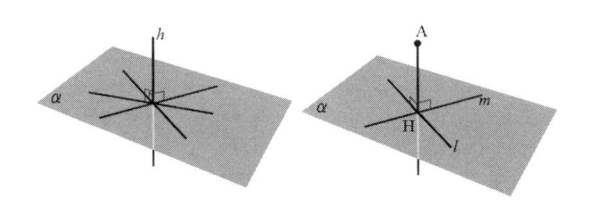

図 4.1.10　直線と平面の関係

A を平面 α 上にない点とし，H を平面 α 上の点とするとき，つぎのことが成り立つ．

直線 AH が，H を通る α 上の 2 直線 l，m に垂直ならば，AH は平面 α に垂直である．

平面 α 上にない点 A を通る α の垂線が，平面 α と交わる点 H を，点 A から平面 α に下ろした垂線の足という．点 A から直線 l に下ろした垂線の足も，同じように定義される．

2 平面 α，β の位置関係には，つぎの 2 つの場合がある（図 4.1.11）．

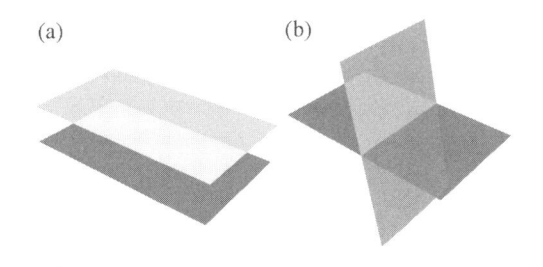

図 4.1.11　平面と平面の位置関係　(a) 平行　(b) 交わる

平面内の 2 直線の位置関係は
（ア）　1 点で交わる

(イ) 平行で共有点がない
(ウ) 一致する

の3つの場合が考えられる。ところが，空間内の2直線を考えると，もう1つ，同一平面上にのらない場合がある。立体交差などがそれであり，これを

(エ) ねじれの位置にあるという。

例題 2直線の位置関係

(1) 直線 L, L' がつぎのように表されるとき，L, L' の位置関係を調べてみよう。

$$L : \frac{x-1}{2} = \frac{y-3}{1} = \frac{z+1}{3}$$

$$L' : \frac{x+1}{4} = \frac{y-2}{2} = \frac{z+1}{6}$$

(2) つぎの2直線 L, L' の場合を調べてみよう。

$$L : \frac{x-3}{1} = \frac{y-4}{-2} = \frac{z+1}{3}$$

$$L' : \frac{x-5}{2} = \frac{y-1}{1} = \frac{z-6}{3}$$

【解】

(1) 方向ベクトル

$$\vec{d} = \begin{pmatrix} 2 \\ 1 \\ 3 \end{pmatrix}, \quad \vec{d'} = \begin{pmatrix} 4 \\ 2 \\ 6 \end{pmatrix}$$

について $\vec{d'} = 2\vec{d}$ だから，L と L' は平行である。L 上の点，例えば $(1, 3, -1)$ は，L' にないから，L と L' は一致してはいない。

(2) 方向ベクトルを見て，平行でないことがわかる。つぎに，共有点をもつかどうかを調べる。上の2式の値をそれぞれ s, t とおくと，

$$L : \begin{cases} x = 3 + s \\ y = 4 - 2s \\ z = -1 + 3s \end{cases}, \quad L' = \begin{cases} x = 5 + 2t \\ y = 1 + t \\ z = 6 + 3t \end{cases}$$

となる。したがって

$$\begin{cases} 3 + s = 5 + 2t & \text{①} \\ 4 - 2s = 1 + t & \text{②} \\ -1 + 3s = 6 + 3t & \text{③} \end{cases}$$

を同時に満たす s, t が存在すれば，L と L' は共有点をもつこと

になる。ところで，式①，式②から $s=8/5$，$t=-1/5$ を得るが，この値は式③を満たさない（式③の左辺$=19/5$，右辺$=27/5$ となってしまう）。つまり，上の連立方程式を満たす解は存在しない。このように，L，L' は平行でなく，しかも共有点をもたないから，ねじれの位置にあることがわかる。

練習 1.6

つぎの2直線 L，L' が，ねじれの位置にあることを示せ。

$$L : \frac{x-1}{2} = \frac{y-4}{3} = \frac{z+1}{1}$$

$$L' : \frac{x+1}{3} = \frac{y+1}{1} = \frac{z}{2}$$

4.1.3 球面の方程式

●球面の方程式と球の内外●

1.1.3項であつかったように，中心 $C(a,b,c)$ と $X(x, y, z)$ の距離が r のとき

$$\sqrt{(x-a)^2+(y-b)^2+(z-c)^2}=r$$

これが，中心 (a,b,c)，半径 r の球の方程式である（図 4.1.12）。たとえば，中心が $(2,-1,3)$，半径が4の球の方程式は

$$(x-2)^2+(y+1)^2+(z-3)^2=16 \tag{1.10}$$

となる。

式 (1.10) を，展開して $x^2+y^2+z^2-4x+2y-6z-2=0$ と書き表すこともできる。このように，球の方程式は展開すると，一般に

$$x^2+y^2+z^2+Ax+By+Cz+D=0 \tag{1.11}$$

の形になる。

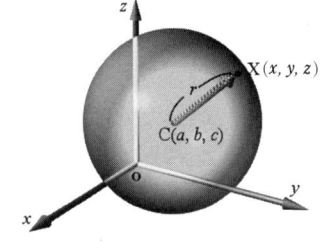

図 4.1.12 点 C を中心，半径 r の球

練習 1.7

つぎの点 A，B，C，D は，球の方程式 (1.10) の上にのっているか。
A$(5,1,1)$，B$(6,-1,3)$　C$(0,0,0)$，D$(3,2,3-\sqrt{6})$

例題　球面の方程式

$x^2+y^2+z^2-2x+6y-4z+9=0$ の中心の座標と半径を求めよ。

【解】

上の式は，つぎのように変形することにより，球の中心と半径を求めることができる。

$$x^2-2x+y^2+6y+z^2-4z=-9$$
$$(x-1)^2+(y+3)^2+(z-2)^2=-9+14=5$$
したがって，中心は $(1,-3,2)$，半径は $\sqrt{5}$ の球である。

練習 1.8

つぎの球の方程式を求めよ。
(1) 中心が $(3,0,-2)$，半径が 2
(2) 原点を中心とし，半径が r
(3) 1つの直径の両端が $(3,-2,5)$，$(7,4,1)$
(4) $(1,1,1)$ を中心，原点を通る

練習 1.9

4点 $(0,0,0)$，$(4,0,0)$，$(0,3,0)$，$(0,0,-1)$ を通る球の方程式を
$$x^2+y^2+z^2+Ax+By+Cz+D=0$$
としたとき，A，B，C，D の値を求めよ。また，この球の中心と半径を求めよ。

練習 1.10

$x^2+y^2+z^2-2x-2y-2z-6=0$ に接し，原点を中心とする球の方程式を求めよ。

●**球面のベクトル方程式**●

空間における曲面 S が与えられたとき，点 P が S 上にある条件を，点 P の位置ベクトル $\vec{p}$ に関する等式で表したものを，S の**ベクトル方程式**という。

たとえば，原点を中心とし，半径が 2 である球面を S とすれば，P$(\vec{p})$ が S 上にある条件は，
$$|\vec{p}|=2$$

これが球面 S のベクトル方程式である。同様に，定点 A$(\vec{a})$ を中心とし，半径 r の球のベクトル方程式は
$$|\vec{p}-\vec{a}|=r$$
となる。ベクトル方程式から x,y,z に関する方程式を導くには，$\vec{p}=(x,y,z)$ を代入すればよい（図 4.1.13）。

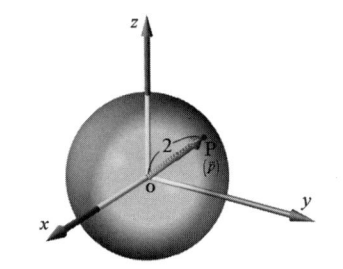

図 4.1.13 球面のベクトル方程式

《One Point Advice》
$|\vec{a}|=r \iff |\vec{a}|^2=r^2$ であることを思いだそう。この場合は，$|\vec{p}|=2$ から
$$|\vec{p}|^2=2^2$$
ここで
$$\vec{p}=(x,y,z)$$
とすると
$$|\vec{p}|^2=x^2+y^2+z^2$$
であるから
$$x^2+y^2+z^2=2^2$$
すなわち，原点を中心とする半径 2 の球の x,y,z に関する方程式が得られた。

練習 1.11

$\vec{a}=(4,-10,8)$ とするとき，球 $|2\vec{p}-\vec{a}|=6$ の中心と半径を求めよ。

例題　球面

点 A(0,4,0) を中心とし，半径が2である球上の動点を Q とするとき，OQ の中点 P はどのような曲面上にあるか。ただし，O は原点である（図4.1.14）。

【解】

A，Q，P の位置ベクトルをそれぞれ $\vec{a}$，$\vec{q}$，$\vec{p}$ とする。点 Q は球上の点であるから

$$|\vec{q}-\vec{a}|=2 \qquad (1)$$

$$\vec{p}=\frac{1}{2}\vec{q} \qquad (2)$$

式(2)から $\vec{q}=2\vec{p}$ であるから，これを式(1)に代入して

$$|2\vec{p}-\vec{a}|=2, \quad |2\vec{p}-\vec{a}|=2\left|\vec{p}-\frac{\vec{a}}{2}\right|$$

であるから

$$\left|\vec{p}-\frac{\vec{a}}{2}\right|=1$$

ゆえに，点 p は中心(0,2,0)半径1の球上にある。

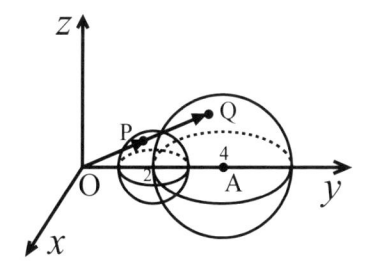

図4.1.14　2つの球面

第1節　復習問題

1 点 $(4,2,-5)$ を通り，方向ベクトルが $(-2,1,3)$ である直線の方程式を求めよ。

2 点 $(7,-2,3)$ を通り，直線 $x-2=\dfrac{y-5}{3}=\dfrac{4-z}{6}$ に平行な直線の方程式を求めよ。

3 つぎの2点を通る直線の方程式を求めよ。
　（1）　$(-1,2,3)$, $(4,-5,6)$　　（2）　$(-2,0,2)$, $(3,7,-5)$

4 2点 $(1,2,3)$, $(3,1,-1)$ を通る直線と xy 平面との交点の座標を求めよ。また，zx 平面との交点を求めよ。

第2節　空間内の平面の方程式

法線ベクトルに注目せよ。

4.2.1　平面のベクトル方程式

●平面のパラメータ表示●

はじめに，3次元空間において原点をとおる平面を考えよう（図4.2.1）。たとえば

$$\overrightarrow{OA}=\vec{a}=(a_1, a_2, a_3), \quad \overrightarrow{OB}=\vec{b}=(b_1, b_2, b_3)$$

がともに零ベクトルでなく，しかも $\vec{a}$ と $\vec{b}$ が平行でないとき（線形独立），$\vec{a}$，$\vec{b}$ は1つの平面 π_1 に含まれる。このとき，π_1 は3点O，A，Bを通り，π_1 上の任意の点 X の位置ベクトル $\vec{x}$ は，$\vec{a}$，$\vec{b}$ の線形結合として

$$\vec{x}=s\vec{a}+t\vec{b} \tag{2.1}$$

と表され，逆にこう表される点は，π_1 上にある（図4.2.1）。この式(2.1)が，s, t をパラメータとした平面 π_1 のパラメータ表示である。

つぎに，必ずしも原点Oを通らない一般の平面の場合を考えよう（図4.2.2）。平面 π_2 が，定点Pを通り，2つのベクトル $\vec{a}$，$\vec{b}$ を含むものとする。このとき平面 π_2 を，点Pを通りベクトル $\vec{a}$，$\vec{b}$ が張る平面ということがある。π_2 上の任意の点をXとすると，

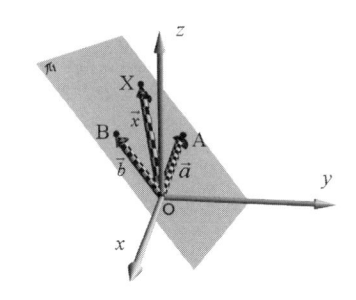

$$\overrightarrow{PX}=s\vec{a}+t\vec{b}$$

と書け，また，

$$\overrightarrow{OX}=\overrightarrow{OP}+\overrightarrow{PX}$$

だから，点X，Pの位置ベクトルをそれぞれ $\vec{x}$，$\vec{p}$ とすれば，

$$\vec{x}=\vec{p}+s\vec{a}+t\vec{b} \tag{2.2}$$

と表せる。これが，平面 π_2 のパラメータ表示である（図4.2.2）。式(2.2)は，線形写像（1）とベクトル $\vec{p}$ だけの平行移動を合成した写像とみることができる。

図4.2.1　$\vec{a}$ と $\vec{b}$ の張る平面

《One Point Advice》
第2章でみたように，式(2.1)は，$\vec{a}$，$\vec{b}$ をそれぞれ第1列，第2列とした行列 A を使って

$$\vec{x}=\begin{pmatrix}sa_1+tb_1\\sa_2+tb_2\\sa_3+tb_3\end{pmatrix}=\begin{pmatrix}a_1&b_1\\a_2&b_2\\a_3&b_3\end{pmatrix}\begin{pmatrix}s\\t\end{pmatrix}$$

と表すことができ，st 平面から，xyz 空間への線形写像として定めることができる。すなわち，(s, t) が st 平面を動くときの，この線形写像の像が，π_1 である。

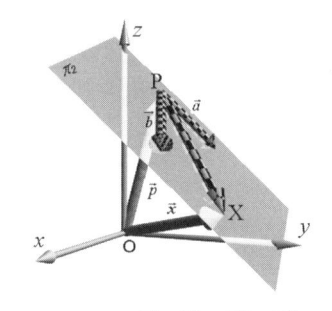

図4.2.2　$\vec{x}=\vec{p}+s\vec{a}+t\vec{b}$

問1　空間の平面

3つの点 A(1,2,1)，B(−1,3,2)，C(−4,0,5) を通る平面をパラメータ表示のベクトルで表せ（図4.2.3）。

【解】
式(2.2)における $\vec{a}$，$\vec{b}$ としてそれぞれ

$$\overrightarrow{CA}, \quad \overrightarrow{CB}$$

をえらぶことにすれば，式(2.2)は

$$\vec{x}=\overrightarrow{OC}+s\overrightarrow{CA}+t\overrightarrow{CB} \tag{2.3}$$

と書け，この式から

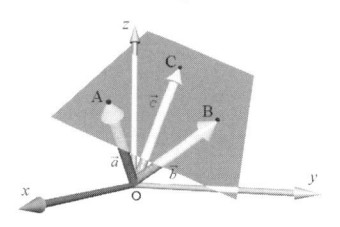

図4.2.3　点 A，B，C を通る平面

《One Point Advice》
式(2.4)をみると, 式(2.2)によって定まる写像の特徴として, x, y, z がすべて s, t の1次式ではあるが, 式(2.1)とちがって定数項を含んでいることがわかる。この写像は線形写像より広い形とみることができ, アフィン写像とよばれる。

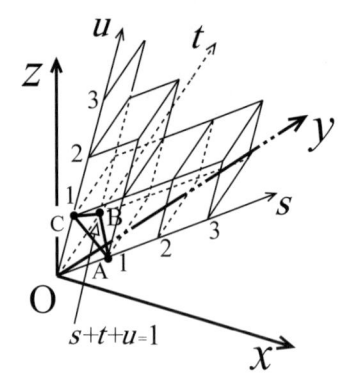

$$\begin{cases} x = -4 + 5s + 3t \\ y = 0 + 2s + 3t \\ z = 5 - 4s - 3t \end{cases} \qquad (2.4)$$

ところで, 式(2.4)から s, t を消去をすると方程式 $2x + y + 3z = 7$ が得られる。なお, 3点 A, B, C の位置ベクトルをそれぞれ $\vec{a}, \vec{b}, \vec{c}$ とすると, 上の式(2.3)は

$$\vec{x} = \vec{c} + s(\vec{a} - \vec{c}) + t(\vec{b} - \vec{c}) = s\vec{a} + t\vec{b} + (1 - s - t)\vec{c}$$

となる。ここで $1 - s - t = u$ とおくと, 3点 A, B, C を通る平面は

$$\vec{x} = s\vec{a} + t\vec{b} + u\vec{c}, \quad \text{ただし, } s + t + u = 1 \qquad (2.5)$$

と書くことができる (図4.2.4参照)。これは, 2点 A, B を通る直線の方程式 ((1.4), (1.5))

$$\vec{p} = (1 - t)\vec{a} + t\vec{b}$$

の拡張になっている。

図4.2.4 $\vec{x} = s\vec{a} + t\vec{b} + u\vec{c}$, ただし, $s + t + u = 1$

4.2.2 平面の方程式

●1点と法線ベクトル●

P を通り, 与えられたベクトル $\vec{n}$ と垂直な平面 π を考える。ただし, $\vec{n}$ は $\vec{0}$ でないとする。このベクトル $\vec{n}$ を, 平面 π の法線ベクトルという (図4.2.5, 図4.2.6)。π 上に任意の点 X をとると,

$$\vec{n} \perp \overrightarrow{\text{PX}}$$

である (直線と平面の垂直については4.4.1項であつかう)。そこで, 内積を使うと

$$\vec{n} \cdot \overrightarrow{\text{PX}} = 0$$

となる。P, X の位置ベクトルをそれぞれ $\vec{p}, \vec{x}$ とすると,

$$\vec{n} \cdot (\vec{x} - \vec{p}) = 0 \qquad (2.6)$$

と書ける。P, X の座標をそれぞれ $(x_0, y_0, z_0), (x, y, z)$ とし, また

$$\vec{n} = \begin{pmatrix} a \\ b \\ c \end{pmatrix}$$

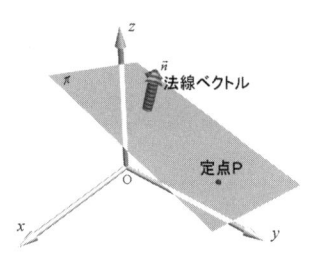

図4.2.5 定点と法線ベクトル

とすると, 式(2.6)は

$$\begin{pmatrix} a \\ b \\ c \end{pmatrix} \cdot \begin{pmatrix} x - x_0 \\ y - y_0 \\ z - z_0 \end{pmatrix} = 0$$

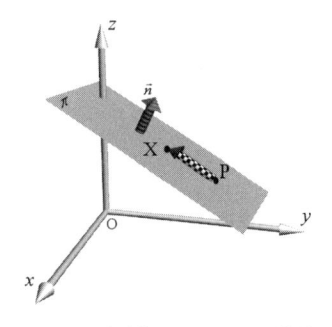

図4.2.6 平面内のベクトル⊥法線ベクトル

すなわち $a(x - x_0) + b(y - y_0) + c(z - z_0) = 0$ と表せる ($\vec{n} \neq \vec{0}$ であ

るから，a, b, c のうち少なくとも 1 つは 0 でないのである)．これが，点 P を通り，$\vec{n}$ を法線ベクトルとする平面 π の方程式である．たとえば，

$$\vec{n} = \begin{pmatrix} 3 \\ -1 \\ 2 \end{pmatrix}$$

と垂直で，点 $(2,4,5)$ を通る平面 π の方程式は $3(x-2)-(y-4)+2(z-5)=0$，すなわち $3x-y+2z=12$ である（図 4.2.7）．

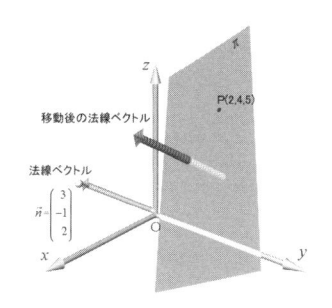

図 4.2.7　平面と法線ベクトル

練習 2.1

つぎの問いに答えよ．

（1）1 点 $(-2,0,1)$ を通り，

$$\vec{n} = \begin{pmatrix} 2 \\ 4 \\ 3 \end{pmatrix}$$

を法線ベクトルとする平面 π の方程式を求めよ．

（2）2 点 $(2,1,-2)$ は π 上にあるか．

練習 2.2

つぎの点 P を通り，$\vec{n}$ を法線ベクトルとする平面の方程式を求めよ．

（1）$P(0,0,0)$, $\vec{n} = \begin{pmatrix} -1 \\ 3 \\ 2 \end{pmatrix}$　　（2）$P(3,-1,5)$, $\vec{n} = \begin{pmatrix} 1 \\ 1 \\ 0 \end{pmatrix}$

練習 2.3

つぎの問いに答えよ．

（1）点 $(2,3,4)$ を通り，x 軸に垂直な平面の方程式を求めよ．

（2）xy 平面，yz 平面，zx 平面のそれぞれの方程式を求めよ．

平面の方程式は，定数項を右辺に移項し，それを d とおくと

$$ax+by+cz=d \tag{2.7}$$

と表せる．逆に，たとえば $a \neq 0$ とすると，式 (2.7) は $a(x-d/a)+by+cz=0$ と変形することにより，$(d/a,0,0)$ を通り，法線ベクトルが

$$\begin{pmatrix} a \\ b \\ c \end{pmatrix}$$

であるような平面を表すことがわかる．

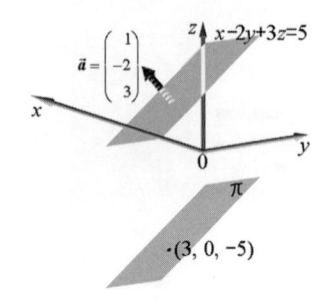

図4.2.8

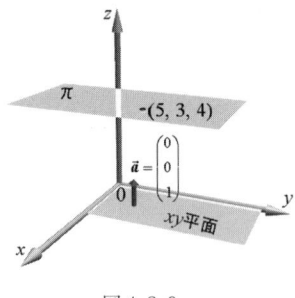

図4.2.9

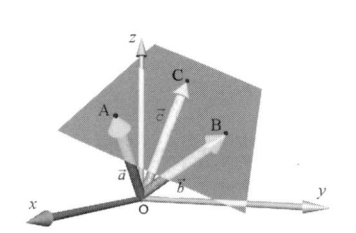

図4.2.10　3点を通る平面図

練習 2.4

つぎの平面の方程式を求めよ。

（1）平面 $x-2y+3z=5$ と平行で，点 $(3,0,-5)$ を通る平面（図4.2.8）。

（2）xy 平面と平行で，点 $(5,3,4)$ を通る平面（図4.2.9）。

練習 2.5

つぎの2つの平面が平行になるように a, b の値を定めよ。
$$2x-y+3z=1, \quad 3x+ay+bz=3$$

練習 2.6

つぎの2つの平面が一致するように，a, c, d の値を定めよ。
$$ax+y-2z=3, \quad 2x-3y+cz=d$$

練習 2.7

直線
$$\frac{x-2}{3}=\frac{y+1}{-1}=\frac{z-1}{2}$$
と垂直で原点を通る平面の方程式を求めよ。

● 3点を通る平面 ●

例題　3点で平面は決まる

3点 $A(1,2,1)$，$B(-1,3,2)$，$C(-4,0,5)$ を通る平面 π の方程式を求めよ（図4.2.10）。

【解】

求める平面の方程式を
$$ax+by+cz=d$$
とおく。3点 $A(1,2,1)$，$B(-1,3,2)$，$C(-4,0,5)$ を通るから上式に代入して，
$$\begin{cases} a+2b+c=d \\ -a+3b+2c=d \\ -4a+0b+5c=d \end{cases}$$
となり，これを解く。式3本で未知数は4つであるから値は求められないが，比は求められることに注意して解くと
$$a=\frac{2}{7}d, \quad b=\frac{1}{7}d, \quad c=\frac{3}{7}d$$
となり，求める方程式は
$$2x+y+3z=7$$

第2節 空間内の平面の方程式

である。

【別解】

π は，A を通って，2 つのベクトル

$\vec{AB} = \begin{pmatrix} -2 \\ 1 \\ 1 \end{pmatrix}$, $\vec{AC} = \begin{pmatrix} -5 \\ -2 \\ 4 \end{pmatrix}$ を含む平面であるから，法線ベクトルを

$$\vec{n} = \begin{pmatrix} a \\ b \\ c \end{pmatrix}$$

とすると，$\vec{n} \cdot \vec{AB} = 0$, $\vec{n} \cdot \vec{AC} = 0$ である．成分で書くと，$-2a + b + c = 0 \cdots (1)$, $-5a - 2b + 4c = 0 \cdots (2)$.

これから $(1) \times 2 + (2)$ より，$a = (2/3)c$, $b = (1/3)c$ が導けるので，法線ベクトルとして

$$\vec{n} = \begin{pmatrix} 2 \\ 1 \\ 3 \end{pmatrix}$$

を選ぶ．平面 π は A(1, 2, 1) を通るので，平面上の点を P(x, y, z) とすれば，$\vec{AP}$ と法線ベクトルは垂直であるからその内積は 0 になる（図 4.2.11）．

$$\vec{n} \cdot \vec{AX} = \begin{pmatrix} 2 \\ 1 \\ 3 \end{pmatrix} \cdot \begin{pmatrix} x-1 \\ y-2 \\ z-1 \end{pmatrix} = 2(x-1) + (y-2) + 3(z-1) = 0$$

$\therefore \ 2x + y + 3z = 7$

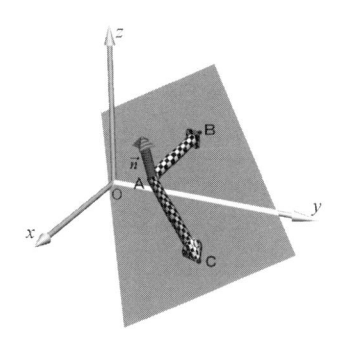

図 4.2.11 AB と AC の双方に垂直なベクトル

練習 2.8

つぎの 3 点を通る平面の方程式を求めよ．

(1) $(2, 0, 0)$, $(3, 3, 0)$, $(0, 0, 4)$
(2) $(1, 1, 0)$, $(0, 2, 1)$, $(-1, 0, 3)$

4.2.3 平面の高さ

●平面の高さとは●

点 P と平面 π があり，P から π に垂線 PH を下ろしたとき，線分 PH の長さを $\overline{PH}$ と書き，$\overline{PH}$ を点 P と平面 π の距離という（図 4.2.12）．点 $(2, 1, -3)$ と平面 $x - 2y + z = 4$ の距離はいくらであろうか．この問題を，つぎのように順に考えよう．図 4.2.13 のように，単位ベクトル $\vec{OE}$ を法線ベクトルとする平面の層を考え，$\vec{OE}$ 方向の高さ 1，高

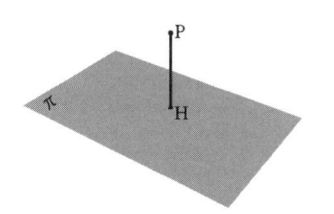

図 4.2.12 点と平面の距離

さ 2, ... というよび方をする。高さ p の平面上に任意の点 X をとり，$\angle$XOE $=\theta$ とすると，
$$\overrightarrow{\mathrm{OE}}\cdot\overrightarrow{\mathrm{OX}}=|\overrightarrow{\mathrm{OE}}||\overrightarrow{\mathrm{OX}}|\cos\theta=\cos\theta=p$$
となる。したがって，
$$\overrightarrow{\mathrm{OE}}=\begin{pmatrix}l\\m\\n\end{pmatrix}$$
X の座標を (x, y, z) とすると，平面の方程式 $lx+my+nz=p$，ただし，$l^2+m^2+n^2=1$ が得られる。

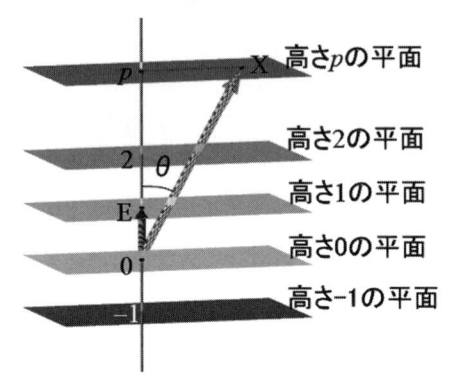

図 4.2.13 平面の高さ

平面 $x-2y+z=4$ の場合，両辺を
$$\sqrt{1^2+(-2)^2+1^2}=\sqrt{6}$$
で割って
$$\frac{1}{\sqrt{6}}x-\frac{2}{\sqrt{6}}y+\frac{1}{\sqrt{6}}z=\frac{4}{\sqrt{6}}$$
であるから，原点からの高さは $\frac{4}{\sqrt{6}}$ であることがわかる。

一般に，平面 $ax+by+cz=d$ の $\begin{pmatrix}a\\b\\c\end{pmatrix}$ 方向の高さは $\frac{d}{\sqrt{a^2+b^2+c^2}}$ である。

> **例題　2次元平面上の直線の法線ベクトル**
>
> 点 $(2,1,-3)$ を通り，$x-2y+z=4$ に平行な平面 π の高さを求めてみよう（図 4.2.14）。
>
> 【解】
> π を $x-2y+z=d$ とおくと，$(2,1,-3)$ を通るから，$d=2-2\times1+(-3)=-3$，よって，π の方程式は $x-2y+z=-3$，したがっ

て，この平面の $\begin{pmatrix} 1 \\ -2 \\ 1 \end{pmatrix}$ 方向の高さは $-\dfrac{3}{\sqrt{6}}$ である。

点 $(2, 1, -3)$ と平面 $x-2y+z=4$ の距離は

$$\frac{4}{\sqrt{6}} - \left(-\frac{3}{\sqrt{6}}\right) = \frac{7}{\sqrt{6}}$$

であることがわかる。

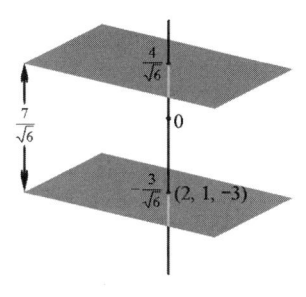

図 4.2.14 高さの差を考える

問2 平面と点の距離の公式

点 (x_0, y_0, z_0) と平面 $ax+by+cz=d$ との距離は，一般につぎのようになる（図 4.2.15）。

$$\frac{|ax_0 + by_0 + cz_0 - d|}{\sqrt{a^2+b^2+c^2}} \tag{2.8}$$

上の式 (2.8) を導け。

【解】

点 $P(x_0, y_0, z_0)$ と平面 π：
$$ax+by+cz=d \tag{2.9}$$
と平行な平面 π' の方程式は $a(x-x_0)+b(y-y_0)+c(z-z_0)=0$
すなわち
$$ax+by+cz=ax_0+by_0+cz_0 \tag{2.10}$$
である。
式 (2.9)，式 (2.10) の両辺を $\sqrt{a^2+b^2+c^2}$ 割ると

$$\frac{a}{\sqrt{a^2+b^2+c^2}}x + \frac{b}{\sqrt{a^2+b^2+c^2}}y + \frac{c}{\sqrt{a^2+b^2+c^2}}z = \frac{d}{\sqrt{a^2+b^2+c^2}}$$

$$\frac{a}{\sqrt{a^2+b^2+c^2}}x + \frac{b}{\sqrt{a^2+b^2+c^2}}y + \frac{c}{\sqrt{a^2+b^2+c^2}}z = \frac{ax_0+by_0+cz_0}{\sqrt{a^2+b^2+c^2}}$$

であるから，π, π' の原点からの高さはそれぞれ

$$\frac{d}{\sqrt{a^2+b^2+c^2}}, \quad \frac{ax_0+by_0+cz_0}{\sqrt{a^2+b^2+c^2}}$$

したがって，$P(x_0, y_0, z_0)$ と平面 $\pi : ax+by+cz=d$ との距離は

$$\frac{|ax_0+by_0+cz_0-d|}{\sqrt{a^2+b^2+c^2}}$$

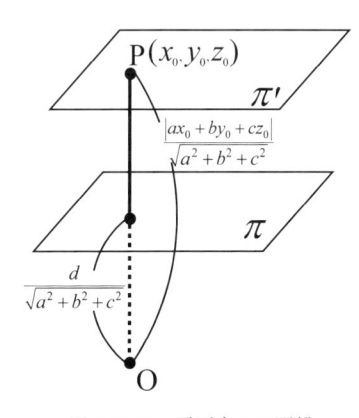

図 4.2.15 平面までの距離

練習 2.9

つぎの点と平面の距離を求めよ。

(1) $(2, 4, -1)$, $x-2y+3z=5$

(2) $(1, 2, 1)$, $3x+y+z=-2$

●平面の方程式の標準形●

つぎに，原点からの距離が d（ただし，$d>0$）である平面の方程式を求めてみよう。原点 O からこの平面に下ろした垂線の足を P_0 とし，$\overrightarrow{OP_0}$ と同じ向きの単位ベクトルを，$\vec{e} = (l, m, n)$ とする。点 P_0 の位

置ベクトルを $\vec{p_0}$ とすれば，$\vec{p_0} = d\vec{e} = (dl, dm, dl)$ となる。

したがって，公式から，この平面の方程式は
$$l(x-dl) + m(y-dm) + n(z-dn) = 0$$
すなわち
$$lx + my + nz = d(l^2 + m^2 + n^2)$$
ところで $l^2 + m^2 + n^2 = 1$ であるから，求める方程式は
$$lx + my + nz = d$$
となる。したがって，つぎの結果が得られる。

原点からの距離が d である平面の方程式は，
$$lx + my + nz = d \quad (l^2 + m^2 + n^2 = 1) \tag{2.11}$$
の形に書ける。ここで l，m，n は原点からこの平面に下ろした垂線と同じ向きの単位ベクトルの成分である。この形の方程式を，平面の方程式の標準形ということがある。

一般に，平面の方程式 $ax + by + cz = d$ $(d > 0)$ を標準形で表すと

$$\frac{a}{\sqrt{a^2+b^2+c^2}}x + \frac{b}{\sqrt{a^2+b^2+c^2}}y + \frac{c}{\sqrt{a^2+b^2+c^2}}z = \frac{d}{\sqrt{a^2+b^2+c^2}}$$

$$\tag{2.12}$$

となる。

[コラム] 投影法

（1）平行投影

投影線が投影面に垂直な場合を直投影といい，垂直でない場合を斜投影という。直投影の代表的な例としては，三面図とアイソメ図がある。立体を三面図で表現した例は第4章の表紙の住宅のCGにある（P.133）。つぎに，アイソメ図（等測投影図ともいう）は，物体の面を投影面に傾けて配置したもので，図(a)に示すように，物体の底面の直交する2稜が水平線から傾くように描かれる。物体の大まかな形状を知るのに適している。本書の3次元CGは大半が平行投影（アイソメ図）で描かれている。

（2）透視投影

投影面から有限の距離に視点を置いた投影法である。透視投影は遠近法ともいい，平行投影と比べてより写真に近い図を生成するための変換である。パース図ともよばれる。3次元空間における平行な直線群が透視図では1点（消点という）に集中するように描かれ，視点から遠いものほどより小さく描かれる。このため遠近感が得られ，奥行きが知覚される。ただし，投影面に平行な平行直線群は消点を生じないことに注意。図(b)がそれである。当然のことであるが，平行平面が平行には見えない。

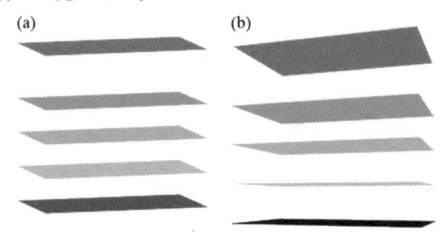

図 2種類の投影法で描いた平行平面。 (a)平行投影（アイソメ図） (b)透視投影（パース図）

4.2.4 2次元平面上の直線の法線ベクトル

この項では，2次元平面での直線と法線ベクトルの関係を考えてみよう。

例題　2次元平面上の直線の法線ベクトル

点 $A(x_0, y_0)$ を通り，ベクトル $\vec{n} = \begin{pmatrix} a \\ b \end{pmatrix}$ と垂直な直線 L の方程式を求めよう（図 4.2.16）。

このとき，$\vec{n}$ を L の法線ベクトルという。

【解】

直線 L 上に任意の点 $X(x, y)$ をとると，$\vec{n} \perp \overrightarrow{AX}$ であるから $\vec{n} \cdot \overrightarrow{AX} = 0$ である。成分で表すと，

$$\begin{pmatrix} a \\ b \end{pmatrix} \cdot \begin{pmatrix} x - x_0 \\ y - y_0 \end{pmatrix}$$

より，$a(x - x_0) + b(y - y_0) = 0$ となる。ここで，$ax_0 + by_0 = d$ とおくと，$ax + by = d$ になる。

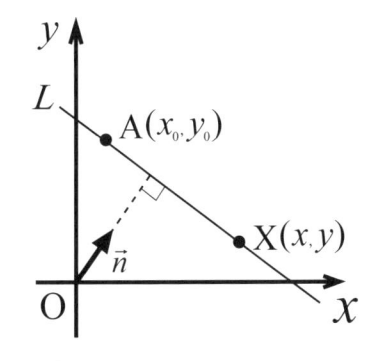

図 4.2.16　2次元平面上の直線の法線ベクトル

練習 2.10

点 $A(3, 2)$ を通り，$\vec{n} = \begin{pmatrix} -1 \\ 4 \end{pmatrix}$ と垂直な直線の方程式を求めよ。

練習 2.11

つぎの直線の法線ベクトルをいえ。
(1) $2x + 3y = 1$ 　　(2) $3x = 2$

2直線 $ax + by = d$，$a'x + b'y = d'$ をそれぞれ L，L' とするとき，

$$L // L' \Leftrightarrow \begin{pmatrix} a \\ b \end{pmatrix} // \begin{pmatrix} a' \\ b' \end{pmatrix}$$

したがって，

$$L // L' \Leftrightarrow ab' - a'b = 0,$$

$$L \perp L' \Leftrightarrow \begin{pmatrix} a \\ b \end{pmatrix} \perp \begin{pmatrix} a' \\ b' \end{pmatrix}$$

したがって，

$$L \perp L' \Leftrightarrow aa' + bb' = 0$$

また，L，L' の傾きは a/b および a'/b' であるので，その積は

$$\frac{a}{b} \cdot \frac{a'}{b'} = -1 \Leftrightarrow aa' + bb' = 0$$

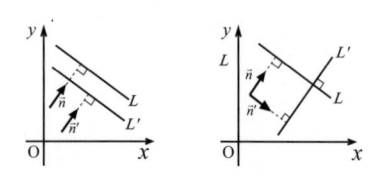

図4.2.17 2つの直線の関係（平行と垂直）

となり、互いに垂直な直線の傾きの積は−1であることが示される（図4.2.17）。

直線 L の法線ベクトルを $\vec{n}$、L' の法線ベクトルを $\vec{n'}$、とすると、
$$L/\!/L' \Leftrightarrow \vec{n}/\!/\vec{n'}, \quad L \perp L' \Leftrightarrow \vec{n} \perp \vec{n'}$$

例題　直線までの距離

直線 $L: 5x+3y=6$ の原点 O からの距離を求めよう。

【解】

両辺を
$$\sqrt{5^2+3^2}=\sqrt{34}$$
で割ると、
$$\frac{5}{\sqrt{34}}x+\frac{3}{\sqrt{34}}y=\frac{6}{\sqrt{34}} \tag{1}$$
となる。したがって L は、単位ベクトル
$$\vec{e}=\begin{pmatrix}\dfrac{5}{\sqrt{34}}\\[4pt]\dfrac{3}{\sqrt{34}}\end{pmatrix}$$

を法線ベクトルとする直線である（図4.2.18）。ところで、図4.2.19 の X(x,y)、H、θ に対して
$$\frac{5}{\sqrt{34}}x+\frac{3}{\sqrt{34}}y=\vec{e}\cdot\overrightarrow{\mathrm{OX}}=|\overrightarrow{\mathrm{OX}}|\cos\theta=\overline{\mathrm{OH}}$$

であるから、式（1）の右辺 $\dfrac{6}{\sqrt{34}}$ が求める距離となっていることがわかる。この例では $\theta<90°$ であるから、$\vec{e}\cdot\overrightarrow{\mathrm{OX}}$ がそのまま $\overline{\mathrm{OH}}$ となるが、$\theta>90°$ の場合は、$\vec{e}\cdot\overrightarrow{\mathrm{OX}}$ は負となるので、その絶対値が $\overline{\mathrm{OH}}$ となる。

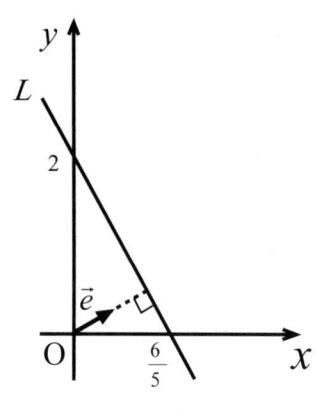

図4.2.18

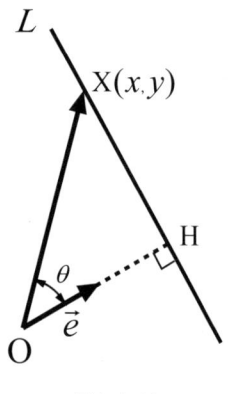

図4.2.19

前項と同じ論法により、一般に、直線 $ax+by=d$ が与えられたとき、両辺を $\sqrt{a^2+b^2}$ で割った右辺 $\dfrac{d}{\sqrt{a^2+b^2}}$ のことを、$\vec{e}$ 方向の直線の高さとよぶと、その絶対値が原点からの距離を表す。つまり
$$\vec{e}=\begin{pmatrix}\dfrac{a}{\sqrt{a^2+b^2}}\\[4pt]\dfrac{b}{\sqrt{a^2+b^2}}\end{pmatrix}$$
となる。

例題　点と直線の距離

点 A (x_0, y_0) と直線 $L : ax+by=d$ との距離を求めよう。

【解】

A を通って L に平行な直線を L' とすると，$a(x-x_0)+b(y-y_0)=0$，すなわち $ax+by=ax_0+by_0$ と表せる。そして，L, L' の $\vec{e}$ 方向の高さはそれぞれ

$$\frac{d}{\sqrt{a^2+b^2}}, \quad \frac{ax_0+by_0}{\sqrt{a^2+b^2}}$$

であるから，求める距離は

$$\frac{|ax_0+by_0-d|}{\sqrt{a^2+b^2}}$$

となる。

こうして，空間における x, y, z の1次方程式 $ax+by+cz=d$ は平面を表したのに対して，平面における，x, y の1次方程式 $ax+by=d$ は直線を表す。

そして $\begin{pmatrix} a \\ b \\ c \end{pmatrix}$ および $\begin{pmatrix} a \\ b \end{pmatrix}$ が，それぞれ法線ベクトルになっているのである。

練習 2.12

つぎの直線の原点からの距離を求めよ。

(1) $x-2y=3$ 　　(2) $3x+4y=5$

(3) $\dfrac{x}{2}+\dfrac{y}{3}=1$ 　　(4) $x=3$

練習 2.13

点 $(1,2)$ と直線 $2x+3y=4$ との距離を求めよ。

［コラム］　4次元の世界

平面（2次元空間という）で，x, y の1次方程式 $ax+by=p$ は「直線」を表す。また，3次元空間で x, y, z の1次方程式 $ax+by+cz=p$ は平面を表した。それでは，4次元空間では x, y, z, w の1次方程式 $ax+by+cz+dw=p$ では4次元空間の平面であるが，これは3次元であるはずなので，「平面」とよぶのはおかしい。こういうものを「超平面」という。3次元で立体とよぶものは4次元以上の世界では多様体とよばれる。しかし，4次元の世界は目で見えない。3次元の世界は2次元断面積で表現できると同じように，4次元の世界を3次元断面積で表現できるはずだが…

n	n 次元	$n-1$ 次元
4以上	多様体	超平面
3	立体	平面
2	平面	直線

第2節　復習問題

1 点$(2,4,5)$を通り，ベクトル$(1,-1,-2)$を法線ベクトルとする平面の方程式を求めよ。

2 2点$A(2,3,5)$，$B(4,-2,1)$がある。点Aを通り$\overrightarrow{AB}$に垂直な平面の方程式を求めよ。

3 点$(2,1,3)$を通り，xy平面に平行な平面の方程式を求めよ。

4 原点および2点$(1,0,-1)$，$(0,2,3)$を通る平面の方程式を求めよ。

5 点$(3,5,-2)$を通り，平面$2x-y+3z=0$に平行な平面の方程式を求めよ。

6 原点からの距離が3で，平面$6x+2y+9z=0$に平行な平面の方程式を求めよ。

第3節　ベクトルの外積

もう1つのベクトルの掛け算。

4.3.1　2次元ベクトルの外積

●平行四辺形の面積●

1.2.1項の例題（三角形の面積と内積）において，図4.3.1.のような2次元平面で2つのベクトルがつくる三角形の面積を求めた。

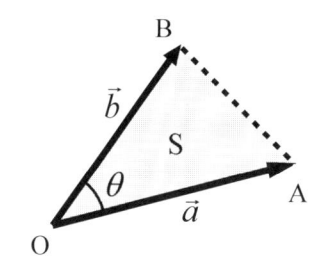

それによると，$\vec{a}=(a_1,a_2)$，$\vec{b}=(b_1,b_2)$ のときは，
$$S=\frac{1}{2}|a_1b_2-a_2b_1|$$
となる。

図4.3.1　三角形

今度はノーテーションをかえて，平行四辺形の面積を考えよう（図4.3.2.）。
$\overrightarrow{OA}=\vec{a}=(x_1,y_1)$，$\overrightarrow{OB}=\vec{b}=(x_2,y_2)$ に対して
$$S=|x_1y_2-x_2y_1|$$
となる。

これは以下のように，行列式を用いて表すことができる。
$$\begin{vmatrix} x_1 & y_1 \\ x_2 & y_2 \end{vmatrix}=x_1y_2-x_2y_1$$

で表すことができる。これを図にすると図4.3.3になり，2次元の外積とよばれる。

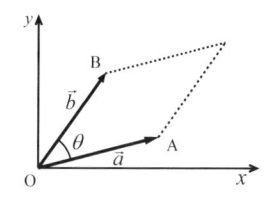

図4.3.2　平行四辺形

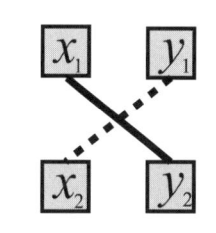

図4.3.3　2次元の外積

4.3.2　3次元ベクトルの外積

●3次元空間での平行四辺形●

例題　平行四辺形の面積

平行四辺形の面積を求めてみよう。

3点 A(1,−1,−1)，B(2,−3,1)，D(4,3,−1)がある（図4.3.4）。

（1）四角形ABCDが平行四辺形となるとき，点Cの座標を求めよ。

（2）$\overrightarrow{AB}$ と $\overrightarrow{AD}$ でつくる角を θ とするとき，$\cos\theta$ の値を求めよ。

（3）平行四辺形ABCDの面積を求めよ。

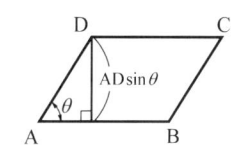

図4.3.4　平行四辺形

【解】

（1）C(x,y,z) とおくと，四角形ABCDが平行四辺形になるとき，$\overrightarrow{AB}=\overrightarrow{DC}$ だから，

$$(1, -2, 2) = (x-4, y-3, z+1)$$
$$\therefore \quad x=5, y=1, z=1$$

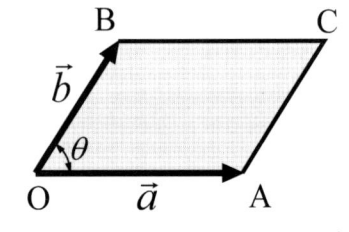

よって，点 C の座標は，$(5, 1, 1)$

(2) $\overrightarrow{AB} = (1, -2, 2)$, $\overrightarrow{AD} = (3, 4, 0)$ より ($\overrightarrow{AB} = \overrightarrow{OB} - \overrightarrow{OA}$, $\overrightarrow{DC} = \overrightarrow{OC} - \overrightarrow{OD}$)

$$\overrightarrow{AB} \cdot \overrightarrow{AD} = 1 \cdot 3 - 2 \cdot 4 + 2 \cdot 0 = -5$$
$$|\overrightarrow{AB}| = \sqrt{1^2 + (-2)^2 + 2^2} = 3, \quad |\overrightarrow{AD}| = \sqrt{3^2 + 4^2 + 0^2} = 5$$
$$\therefore \quad \cos\theta = \frac{\overrightarrow{AB} \cdot \overrightarrow{AD}}{|\overrightarrow{AB}||\overrightarrow{AD}|} = \frac{-5}{3 \cdot 5} = -\frac{1}{3}$$

(3) $0° < \theta < 180°$ より
$$\sin\theta = \sqrt{1 - \cos^2\theta} = \frac{2\sqrt{2}}{3}$$

よって，平行四辺形 ABCD の面積を S とすると，$(\sin\theta > 0)$
$$S = |\overrightarrow{AB}||\overrightarrow{AD}|\sin\theta = 3 \cdot 5 \cdot \frac{2\sqrt{2}}{3} = 10\sqrt{2}$$

1.2.1項の例題（三角形の面積と内積の(3)）において，3次元平面で2つのベクトルがつくる三角形の面積を求めた．そこで，一般的な平行四辺形 OACB（図 4.3.5）の面積 S をベクトルで表すとつぎのようになる．
$$S = \sqrt{|\vec{a}|^2|\vec{b}|^2 - (\vec{a} \cdot \vec{b})^2}$$

ここで，$\vec{a} = (a_1, a_2, a_3)$, $\vec{b} = (b_1, b_2, b_3)$ とすると，
$$S = \sqrt{(a_2b_3 - a_3b_2)^2 + (a_3b_1 - a_1b_3)^2 + (a_1b_2 - a_2b_1)^2}$$

となる．

この面積 S は，成分が $(a_2b_3 - a_3b_2,\ a_3b_1 - a_1b_3,\ a_1b_2 - a_2b_1)$ であるベクトルの大きさである．このベクトルを $\vec{a}$ と $\vec{b}$ の外積といい，$\vec{a} \times \vec{b}$ で表す．

外積を成分で表そう．$\vec{a} = (a_1, a_2, a_3)$, $\vec{b} = (b_1, b_2, b_3)$ のとき，
$$\vec{a} \times \vec{b} = (a_2b_3 - a_3b_2, a_3b_1 - a_1b_3, a_1b_2 - a_2b_1)$$
$$= \left(\begin{vmatrix} a_2 & a_3 \\ b_2 & b_3 \end{vmatrix}, \begin{vmatrix} a_3 & a_1 \\ b_3 & b_1 \end{vmatrix}, \begin{vmatrix} a_1 & a_2 \\ b_1 & b_2 \end{vmatrix} \right)$$

外積の結果の各成分はこのように行列式で書くとわかりやすい．

外積 $\vec{a} \times \vec{b}$ の図形的意味を考えてみよう．
$$\vec{a} \cdot (\vec{a} \times \vec{b}) = a_1(a_2b_3 - a_3b_2) + a_2(a_3b_1 - a_1b_3) + a_3(a_1b_2 - a_2b_1)$$
$$= a_1a_2b_3 - a_1a_3b_2 + a_2a_3b_1 - a_1a_2b_3 - a_2a_3b_1 = 0$$
$$\vec{b} \cdot (\vec{a} \times \vec{b}) = b_1(a_2b_3 - a_3b_2) + b_2(a_3b_1 - a_1b_3) + b_3(a_1b_2 - a_2b_1)$$
$$= a_2b_1b_3 - a_3b_1b_2 + a_3b_1b_2 - a_1b_2b_3 + a_1b_2b_3 - a_2b_1b_3 = 0$$

図 4.3.5　2つのベクトルのはる平行四辺形

第3節 ベクトルの外積   159

$\vec{a} \neq \vec{0}$, $\vec{b} \neq \vec{0}$, また $\vec{a} \neq \vec{b}$ より $\vec{a} \times \vec{b} \neq \vec{0}$ だから $\vec{a} \perp \vec{a} \times \vec{b}$, $\vec{b} \perp \vec{a} \times \vec{b}$ となる。また，大きさは，$|\vec{a} \times \vec{b}| = |\vec{a}||\vec{b}| \sin \theta$ である。

よって，$\vec{a}$，$\vec{b}$ の外積 $\vec{a} \times \vec{b}$ は，$\vec{a}$，$\vec{b}$ に垂直で，大きさが $\vec{a}$，$\vec{b}$ のつくる平行四辺形の面積に等しいベクトルである（図4.3.6.）。

外積の成分計算の覚え方は，図4.3.7.を参照してほしい。2.3節の図2.3.1のサラスの公式を参照するとよく似ていることがわかる。

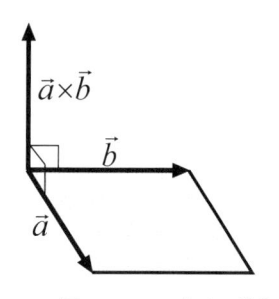

図4.3.6　3次元の外積

●ベクトルの外積の演算規則●

ベクトル積については，つぎの等式の成り立つことは容易にたしかめられる。

Ⅰ　$(\vec{a}_1 + \vec{a}_2) \times \vec{b} = \vec{a}_1 \times \vec{b} + \vec{a}_2 \times \vec{b}$　　　（線形性）
Ⅱ　$(\lambda \vec{a}) \times \vec{b} = \lambda (\vec{a} \times \vec{b})$　　　（線形性）
Ⅲ　$\vec{a} \times \vec{b} = -\vec{b} \times \vec{a}$　　　（交代性）
Ⅳ　$\vec{e}_1 = (1,0,0)$, $\vec{e}_2 = (0,1,0)$, $\vec{e}_3 = (0,0,1)$ のとき，$\vec{e}_1 \times \vec{e}_2 = \vec{e}_3$
Ⅴ　$\vec{a} \times \vec{b} = 0$ $\Leftrightarrow$ $x_1/x_2 = y_1/y_2 = z_1/z_2$ $\Leftrightarrow$ $\vec{b} = \lambda \vec{a}$

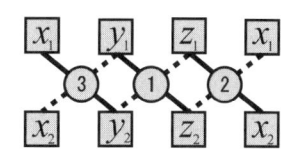

図4.3.7　3次元の外積の求め方

《One Point Advice》
ベクトルの外積は演算結果がベクトルであるのでベクトル積ともよばれる。一方，ベクトルの内積は演算結果がスカラー量であるからスカラー積ともよばれる。あるいは，外積と内積は掛け算の記号に×（クロス）と・（ドット）を使用するため，海外ではクロス積やドット積ともよばれる。

上の演算ルールのⅠとⅡは内積と同様に線形性が成り立つ（p.48参照）。交代性はベクトルの外積固有の性質であるので注意してほしい。交代性は定義から，演算結果が逆向きベクトルになることは明らかである。Ⅴも注意が必要である。平行なベクトルの外積は0である。これは，2つのベクトルの張る平面が面積0であることから明らかである。

さて第3のベクトル
$$\vec{OC} = \vec{c} = (x_3, y_3, z_3)$$
と外積の内積をとると，

$$(\vec{a} \times \vec{b}) \cdot \vec{c} = \begin{vmatrix} y_1 & z_1 \\ y_2 & z_2 \end{vmatrix} x_3 + \begin{vmatrix} z_1 & x_1 \\ z_2 & x_2 \end{vmatrix} y_3 + \begin{vmatrix} x_1 & y_1 \\ x_2 & y_2 \end{vmatrix} z_3 = \begin{vmatrix} x_1 & y_1 & z_1 \\ x_2 & y_2 & z_2 \\ x_3 & y_3 & z_3 \end{vmatrix} \quad (3.1)$$

となり，サラスの公式に一致する。

つぎに，ベクトル積 $\vec{a} \times \vec{b}$ の大きさを別なやり方で求めてみよう。簡単のため，式(3.1)で $\vec{c} = \vec{a} \times \vec{b} = (x_3, y_3, z_3)$ と考えると，
$$|\vec{a} \times \vec{b}|^4 = ((\vec{a} \times \vec{b}) \cdot (\vec{a} \times \vec{b}))^2 = ((\vec{a} \times \vec{b}) \cdot \vec{c}) \cdot ((\vec{a} \times \vec{b}) \cdot \vec{c})$$

《One Point Advice》
式(3.1)で判別式を $D = (\vec{a}, \vec{b}, \vec{c})$ と表す。行列式の2つの行を交換すると符号がかわる（各自確かめてみよ）から特に，
$(\vec{a} \times \vec{b}, \vec{c}) = (\vec{b} \times \vec{c}, \vec{a}) = (\vec{c} \times \vec{a}, \vec{b})$
さらに，2つの行が一致すると行列式の値は0（退化型の行列）となるから，
$(\vec{a} \times \vec{b}, \vec{a}) = (\vec{a} \times \vec{b}, \vec{b}) = 0$
つまり，ベクトル $\vec{a} \times \vec{b}$ は，ベクトル $\vec{OA} = \vec{a}$ にも，$\vec{OB} = \vec{b}$ にも垂直だから，これらの張る平面 OAB に垂直である。

$$= \begin{vmatrix} x_1 & y_1 & z_1 \\ x_2 & y_2 & z_2 \\ x_3 & y_3 & z_3 \end{vmatrix} \cdot \begin{vmatrix} x_1 & x_2 & x_3 \\ y_1 & y_2 & y_3 \\ z_1 & z_2 & z_3 \end{vmatrix} = \begin{vmatrix} |\vec{a}|^2 & \vec{a}\cdot\vec{b} & 0 \\ \vec{a}\cdot\vec{b} & |\vec{b}|^2 & 0 \\ 0 & 0 & |\vec{a}\times\vec{b}|^2 \end{vmatrix}$$

$$= (|\vec{a}|^2 \cdot |\vec{b}|^2 - (\vec{a}\cdot\vec{b})^2 | \vec{a}\times\vec{b} |^2) \tag{3.2}$$

が得られ，この場合は $\vec{a}\times\vec{b} \neq 0$ であるので

$$|\vec{a}\times\vec{b}|^2 = |\vec{a}|^2 \cdot |\vec{b}|^2 - (\vec{a},\vec{b})^2 \tag{3.3}$$

が成り立つ．したがって，

$$|\vec{a}\times\vec{b}|^2 = |\vec{a}|^2 \cdot |\vec{b}|^2 - |\vec{a}|^2 \cdot |\vec{b}|^2 \cos^2\theta = |\vec{a}|^2 \cdot |\vec{b}|^2 \sin^2\theta$$

$$|\vec{a}\times\vec{b}| = |\vec{a}| \cdot |\vec{b}| \cdot |\sin\theta|$$

$\vec{a}\times\vec{b}=0$ のときも，$\theta=0$ で成り立つ．

[コラム] 電磁誘導と外積

　長い指から電磁力，つまり電流，磁界，力というのはフレミングの左手の法則である．高校の物理の教科書には
$$F = IBL$$
と書かれている．場合によっては
$$F = IBL\sin\theta$$
とも書かれており，なぜ $\sin\theta$ なのかわからない．実は何を隠そうこの公式こそ
$$\vec{F} = \vec{I}\times\vec{B}L$$
という外積を使った式なのである．電流ベクトルと磁束密度ベクトル（磁界）の双方に垂直なベクトルが電磁力なのである．もちろん，本書の読者には $\sin\theta$ の意味もわかるようになる．

●外積の計算●

まずは外積の計算をしてみよう．

例題　外積の計算

つぎの式が成立することを示せ．
$$(\vec{a}+\vec{b})\times(\vec{a}-\vec{b}) = -2\vec{a}\times\vec{b}$$

【解】
$$(\vec{a}+\vec{b})\times(\vec{a}-\vec{b}) = \vec{a}\times\vec{a} - \vec{a}\times\vec{b} + \vec{b}\times\vec{a} + \vec{b}\times\vec{b}$$
$$= \vec{0} - \vec{a}\times\vec{b} + (-\vec{a}\times\vec{b}) + \vec{0}$$
$$= -2\vec{a}\times\vec{b}$$

内積と外積を比較できるようにつぎのような対応関係をまとめた．

〈内積〉

$\vec{a}\cdot\vec{b} = |\vec{a}|\cdot|\vec{b}|\cos\theta$

$\vec{a}\cdot\vec{b} = \vec{b}\cdot\vec{a}$

$\vec{a}\cdot\vec{a} = |\vec{a}|^2$

$(\vec{a}+\vec{b})\cdot(\vec{a}-\vec{b}) = |\vec{a}|^2 - |\vec{b}|^2$

$\vec{a}\perp\vec{b} \Leftrightarrow \vec{a}\cdot\vec{b} = 0$

〈外積〉

$\vec{a}\times\vec{b} = |\vec{a}|\cdot|\vec{b}|\sin\theta\,\vec{e}\,(\vec{a}\perp\vec{e}, \vec{b}\perp\vec{e})$

$\vec{a}\times\vec{b} = -\vec{b}\times\vec{a}$

$\vec{a}\times\vec{a} = \vec{0}$

$(\vec{a}+\vec{b})\times(\vec{a}-\vec{b}) = -2\vec{a}\times\vec{b}$

$\vec{a}\parallel\vec{b} \Leftrightarrow \vec{a}\times\vec{b} = 0$

例題　外積を用いて平面を決定する

3点 A(1,2,1), B(−1,3,2), C(4,5,0) を通る平面 π の方程式を求めよ（図4.3.8）．

【解】
π は，A を通って，2つのベクトル

を含む平面であるから，法線ベクトルはそれぞれに垂直なベクトルであるので

$$\vec{n} = \overrightarrow{AB} \times \overrightarrow{AC} = \begin{pmatrix} -2 \\ 1 \\ 1 \end{pmatrix} \times \begin{pmatrix} 3 \\ 3 \\ -1 \end{pmatrix} = \begin{pmatrix} -4 \\ 1 \\ -9 \end{pmatrix}$$

$$\overrightarrow{AB} = \begin{pmatrix} -2 \\ 1 \\ 1 \end{pmatrix}, \quad \overrightarrow{AC} = \begin{pmatrix} 3 \\ 3 \\ -1 \end{pmatrix}$$

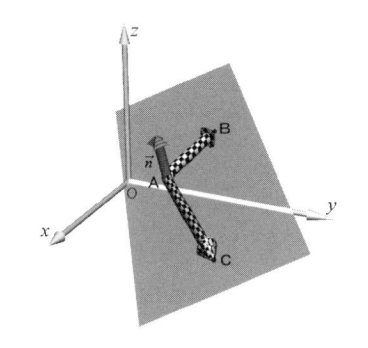

図 4.3.8 ABとACの双方に垂直なベクトルは外積で求められる

となる。平面 π は A(1, 2, 1) を通るので，平面上の点を $P(x, y, z)$ とすれば，$\overrightarrow{AP}$ と法線ベクトルは垂直であるからその内積は 0 になる。

$$\vec{n} \cdot \overrightarrow{AX} = \begin{pmatrix} -4 \\ 1 \\ -9 \end{pmatrix} \cdot \begin{pmatrix} x-1 \\ y-2 \\ z-1 \end{pmatrix} = -4(x-1) + (y-2) - 9(z-1) = 0$$

$$\therefore \quad 4x - y + 9z = 11$$

練習 3.1

外積を使って，つぎの 3 点を通る平面の方程式を求めよ（練習 2.8 と同じ問題であり，その解き方を比較しながら解答せよ）。

(1) $(2, 0, 0)$，$(3, 3, 0)$，$(0, 0, 4)$
(2) $(1, 1, 0)$，$(0, 2, 1)$，$(-1, 0, 3)$

●平行六面体●

平行六面体の体積を求めてみよう（図 4.3.9）。底面積と高さを掛ければ体積は求められる。面積の値は底面を構成する $\vec{a}$ と $\vec{b}$ の外積の値である。高さは，$\vec{a}$ と $\vec{b}$ に垂直なベクトルつまり外積 $\vec{a} \times \vec{b}$ の方向へ，$\vec{c}$ の正射影をしたときの長さである。よって体積は

$$V = (\vec{a} \times \vec{b}) \cdot \vec{c}$$

となる。成分計算すると

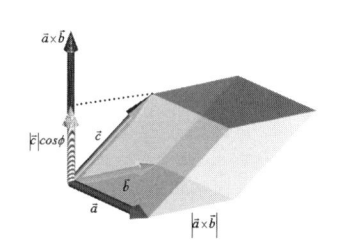

図 4.3.9 平行六面体

$$(\vec{a} \times \vec{b}) \cdot \vec{c} = \begin{pmatrix} a_2 b_3 - a_3 b_2 \\ a_3 b_1 - a_1 b_3 \\ a_1 b_2 - a_2 b_1 \end{pmatrix} \cdot \begin{pmatrix} c_1 \\ c_2 \\ c_3 \end{pmatrix}$$

$$= a_2 b_3 c_1 - a_3 b_2 c_1 + a_3 b_1 c_2 - a_1 b_3 c_2 + a_1 b_2 c_3 - a_2 b_1 c_3$$

$$= \begin{vmatrix} a_1 & b_1 & c_1 \\ a_2 & b_2 & c_2 \\ a_3 & b_3 & c_3 \end{vmatrix}$$

となり，$\vec{a}, \vec{b}, \vec{c}$ を縦に並べた行列の行列式の値になる（2.3.3 項参照）。

同様に，正四面体の体積を求めてみよう。底面積と高さを掛けて 3 で割れば体積は求められる。面積の値は底面を構成する $\vec{a}$ と $\vec{b}$ の外積の値の半分である。高さは，$\vec{a}$ と $\vec{b}$ に垂直なベクトルつまり外積 $\vec{a} \times \vec{b}$ の方向へ，$\vec{c}$ の正射影をしたときの長さである。よって体積は

$$V = \frac{1}{2}(\vec{a} \times \vec{b}) \cdot \vec{c} \div 3 = \frac{1}{6}(\vec{a} \times \vec{b}) \cdot \vec{c}$$

となる。

練習 3.2

$\vec{a} = (1, 2, 3)$，$\vec{b} = (4, 1, -2)$，$\vec{c} = (-1, 7, -3)$ を 3 辺とする平行六面体の体積を求めよ。

4.3.3 三垂線の定理

文科省の学習指導要領には「三垂線の定理を理解させる」旨が書かれている。ここでは，ベクトルを使わない証明をあげておく。

●三垂線の定理●

直線が平面に垂直に交わることについては直観的なあつかいをしてきたが，ここで理論的にまとめておこう。まず，つぎの定理を証明する。

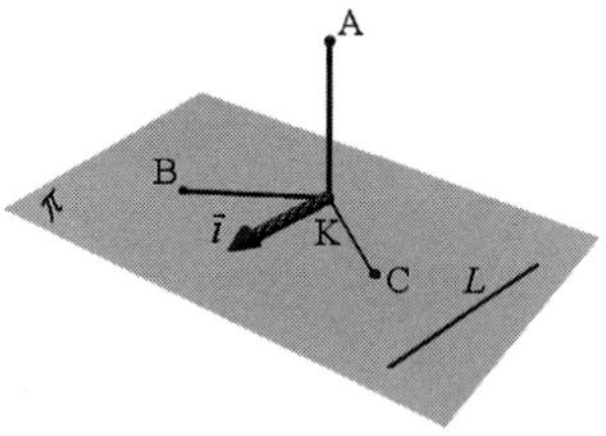

定理

A は平面 π に含まれない点とし，B，C，K は π に含まれる 3 点で，しかも一直線上にないとする（図 4.3.10）。いま，AK⊥KB でかつ AK⊥KC ならば，π 上の任意の直線 L に対して AK⊥L である。

図 4.3.10 AK⊥KB かつ AK⊥KC ⇒ AK⊥L

証明 ベクトル $\vec{AK}, \vec{KB}, \vec{KC}$ を考えると，$\vec{AK} \perp \vec{KB}$，$\vec{AK} \perp \vec{KC}$ より，$\vec{AK} \cdot \vec{KB} = 0$，$\vec{AK} \cdot \vec{KC} = 0$。$\pi$ 上の任意の直線 L の方向ベクトルを $\vec{l}$ とすると，$\vec{KB}, \vec{KC}$ の線形結合として

$$\vec{l} = s\overrightarrow{KB} + t\overrightarrow{KC}$$

と表せる。

$$\overrightarrow{AK} \cdot \vec{l} = \overrightarrow{AK} \cdot (s\overrightarrow{KB} + t\overrightarrow{KC}) = s(\overrightarrow{AK} \cdot \overrightarrow{KB}) + t(\overrightarrow{AK} \cdot \overrightarrow{KC}) = s \times 0 + t \times 0 = 0$$

よって,

$$\overrightarrow{AK} \perp \vec{l}$$

すなわち,AK⊥L である。

これで,AK は π 上のすべての直線と垂直であることがわかった。この定理を背景にして,あらためて直線と平面の垂直をつぎのように定義する。

定義

平面上のすべての直線が AB と垂直のとき,直線 AB と平面 π は垂直であるといい,AB⊥π と書く。

しかし,はじめの定理によれば,直線 AB が π 上の平行でない 2 直線と垂直であることだけを確認すれば,自動的に AB⊥π がいえることになる(図 4.3.11)。また,空間内の点,直線,平面について三垂線の定理とよばれるつぎの性質がある。

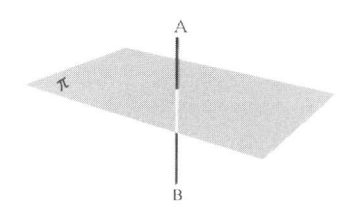

図 4.3.11 AB⊥π

定理

平面 π に含まれない点 A から π に垂線 AH を下ろす(図 4.3.12)。続いて H から π に含まれる直線 L に垂線 HK を下ろす。すると,AK は A から L に下ろした垂線になる。すなわち,AH⊥π,HK⊥L ならば,AK⊥L となる。

証明 AH⊥π より,AH⊥L。いま,L の方向ベクトルを $\vec{l}$ とすると,

$$\overrightarrow{AK} \cdot \vec{l} = (\overrightarrow{AH} + \overrightarrow{HK}) \cdot \vec{l} = \overrightarrow{AH} \cdot \vec{l} + \overrightarrow{HK} \cdot \vec{l} = 0$$

ゆえに,AK⊥L である。

AH⊥π,HK⊥L ならば,AK⊥L となる。

図 4.3.12 AH⊥π,HK⊥L ならば,AK⊥L

問 三垂線の定理の逆

三垂線の定理は,仮定と結論を入れ換えたつぎの形にしても成り立つ(図 4.3.13)。これらを証明せよ。
(1) AH⊥π,AK⊥L ならば,HK⊥L となる。
(2) AK⊥L,HK⊥L,AH⊥KH ならば,AH⊥π となる。

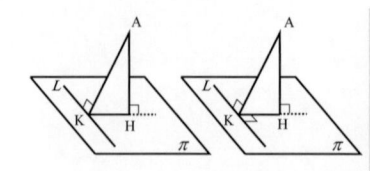

図 4.3.13　三垂線の定理の逆

【解】
（1）　AH⊥π より AH⊥L となる。これと AK⊥π より，L は AK と AH を含む平面 π′ に垂直である。HK は π′ 上の直線だから HK⊥L である。
（2）　AK⊥L，HK⊥L により，L は AK と HK を含む平面に垂直である。よって，AH⊥L となる。これと AH⊥KH により，AH は L と KH を含む平面，すなわち π に垂直である。

第 3 節　復習問題

1 つぎの 4 点に対して，OA，OB，OC を 3 辺とする平行六面体 OADB-CEFG の体積を (1) と (2) に従って求めよ。
  O(0,0,0)，A(2,2,2)，B$(-2,1,1)$，C$(-1,-1,1)$
  (1) 平行四辺形 OADB の面積を求めて，C から平行四辺形 OADB への垂線を下すことによって体積を求めよ。
  (2) 外積を使って求めよ。

2 外積を使って以下のベクトルを求めよ。
$$\vec{a} = \begin{pmatrix} 2 \\ 1 \\ -1 \end{pmatrix}, \vec{b} = \begin{pmatrix} 1 \\ -1 \\ -5 \end{pmatrix}$$ の両方に垂直で，かつ大きさ 1 のベクトル。　⇒第 1 章第 2 節　復習問題 3

3 $\vec{a} = (1, 2, -3)$，$\vec{b} = (2, -1, -2)$ が与えられている。
  (1) ベクトル $\vec{x} = (x_1, x_2, x_3)$ とすれば $\vec{x}$ が $\vec{a}$ と $\vec{b}$ の双方に垂直になるように $x_1 : x_2 : x_3$ を求めよ。ただし，$\vec{x}$ は $\vec{0}$ でないとする。
  (2) $\vec{x}$ の大きさが $\vec{a}$ と $\vec{b}$ の張る面積の大きさに一致するように，$\vec{x}$ を定めよ。このとき，向きは問わない。
  (3) $\vec{a}$ と $\vec{b}$ の外積を計算して，(2) の解と一致することを確認せよ。　⇒第 1 章　章末問題 6

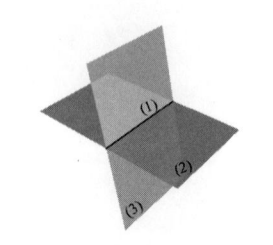

図4.4.1 平面と平面の交線

第4節 空間図形の総合問題

パラメータ表示とベクトル表示の使い分けをせよ。

4.4.1 直線と平面の問題

●2平面の交わり●

2つの平面の交線（図4.4.1），直線と平面の交点，2直線に垂直な直線などについて考えよう。

たとえば，直線の方程式

$$\frac{x-4}{-2}=\frac{y-2}{1}=\frac{z+5}{3} \tag{4.1}$$

で表される直線 l を考えるとき，式 (4.1) は，連立方程式

$$\begin{cases} \dfrac{x-4}{-2}=\dfrac{y-2}{1} \\ \dfrac{y-2}{1}=\dfrac{z+5}{3} \end{cases}$$

すなわち，

$$x+2y=8 \tag{4.2}$$
$$3y-z=11 \tag{4.3}$$

のことである。ところで，式 (4.2)，式 (4.3) はともに平面の方程式である。すなわち，式 (4.1) は直線 l を2平面の交線として表現している。

問1 空間での直線

式 (4.1) で表される直線 l を考えるとき，図4.4.1 の平面 (2)，(3) の法線ベクトルと直交することを確かめよ。

上の式 (4.2)，式 (4.3) から y を x，z で表し，2平面 (2)，(3) の交線の方程式を導け。また，この式から式 (4.1) を導け。

【解】

直線 (1) の方向ベクトルは $\vec{a} = \begin{pmatrix} -2 \\ 1 \\ 3 \end{pmatrix}$，

平面 (2) の法線ベクトルは $\vec{b} = \begin{pmatrix} 1 \\ 2 \\ 0 \end{pmatrix}$，

平面 (3) の法線ベクトルは $\vec{c} = \begin{pmatrix} 0 \\ 3 \\ -1 \end{pmatrix}$

$\vec{a} \cdot \vec{b} = (-2) \times 1 + 1 \times 2 + 3 \times 0 = 0$，$\vec{a} \cdot \vec{c} = (-2) \times 0 + 1 \times 3 + 3 \times (-1) = 0$
となり，$\vec{a} \perp \vec{b}$，$\vec{a} \perp \vec{c}$ であることが確かめられる。

式(4.2)より $y=\dfrac{8-x}{2}=\dfrac{x-8}{-2}$, 式(4.3)より $y=\dfrac{z+11}{3}$

よって平面(2), (3)の交線は

$$\dfrac{8-x}{2}=y=\dfrac{z+11}{3}$$

となる。

各辺から2を引くと

$$\dfrac{x-8}{-2}-2=y-2=\dfrac{z+11}{3}-2$$

ゆえに, $\dfrac{x-4}{-2}=\dfrac{y-2}{1}=\dfrac{z+5}{3}$

すなわち, 式(4.1)になった。

例題　平面と直線との交点

直線
$$L: \dfrac{x-1}{2}=\dfrac{y+3}{1}=\dfrac{z}{3}$$
と, 平面 $\pi : 5x-y-2z=6$ との交点Pの座標を求めてみよう（図4.4.2）。

【解】

$\dfrac{x-1}{2}=\dfrac{y+3}{1}=\dfrac{z}{3}=t$ とおくと, $x=2t+1$, $y=t-3$, $z=3t$ であるから, π の方程式に代入して

$$5(2t+1)-(t-3)-2\times 3t=6$$

これを解くと, $t=-\dfrac{2}{3}$ となる。よって,

$$x=2\times\left(-\dfrac{2}{3}\right)+1=-\dfrac{1}{3},\quad y=-\dfrac{2}{3}-3=-\dfrac{11}{3},$$
$$z=3\times\left(-\dfrac{2}{3}\right)=-2$$

ゆえに, Pの座標は

$$\left(-\dfrac{1}{3},\ -\dfrac{11}{3},\ -2\right)$$

である。

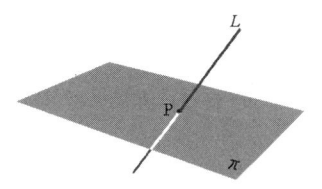

図4.4.2　平面と直線の交わり

練習 4.1

(1) 直線 $\dfrac{x-3}{1}=\dfrac{y}{-2}=\dfrac{z+2}{2}$ と, 平面 $2x-3y-z=0$ の交点を求めよ。

(2) 直線 $\dfrac{x-1}{2}=\dfrac{y+1}{3}$, $z=2$ と, 平面 $x+y+z=1$ の交点を求めよ。

練習 4.2

点 A$(3,4,1)$ から，平面 $x+2y+3z=56$ に下ろした垂線を AH とするとき，H の座標を求めよ。

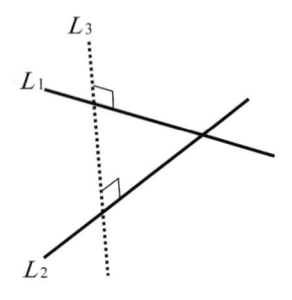

図4.4.3 直線と直線の距離

例題　2直線に垂直な直線

2直線
$$L_1: \frac{x-2}{3}=y+1=\frac{z-2}{2} \qquad L_2: x+1=\frac{y-4}{2}=-z$$
の両方に垂直に交わる直線 L_3 の方程式を求めてみよう（図4.4.3）。

【解】

L_1, L_2 の式をそれぞれ s, t とおくと，
$$L_1: \begin{cases} x=3s+2 \\ y=s-1 \\ z=2s+2 \end{cases} \qquad L_2: \begin{cases} x=t-1 \\ y=2t+4 \\ z=-t \end{cases}$$
と書ける。したがって，P$(3s+2, s-1, 2s+2)$, Q$(t-1, 2t+4, -t)$ は，それぞれ L_1, L_2 の上にある。

P, Q が L_3 との交点である条件は，
$$\overrightarrow{PQ}=\begin{pmatrix} t-3s-3 \\ 2t-s+5 \\ -t-2s-2 \end{pmatrix}, \quad \vec{l}_1=\begin{pmatrix} 3 \\ 1 \\ 2 \end{pmatrix}, \quad \vec{l}_2=\begin{pmatrix} 1 \\ 2 \\ -1 \end{pmatrix}$$
に対して，
$$\overrightarrow{PQ} \perp \vec{l}_1 \quad \text{かつ} \quad \overrightarrow{PQ} \perp \vec{l}_2$$
が成り立つことである。
$$\overrightarrow{PQ} \cdot \vec{l}_1 = 0, \quad \overrightarrow{PQ} \cdot \vec{l}_2 = 0$$
より，
$$\begin{cases} 3t-14s-8=0 \\ 2t-s+3=0 \end{cases}$$
が導ける。これを解くと，$s=-1$, $t=-2$ となり，P, Q の座標はそれぞれ $(-1,-2,0)$, $(-3,0,2)$ であることがわかる。また，
$$\overrightarrow{PQ}=\begin{pmatrix} -2 \\ 2 \\ 2 \end{pmatrix}=2\begin{pmatrix} -1 \\ 1 \\ 1 \end{pmatrix}$$
であるから，求める直線 L_3 の方程式は
$$\frac{x+1}{-1}=y+2=z$$

となる。つまり PQ=$2\sqrt{3}$ となるが，2 直線 L_1, L_2 の最短距離である。

練習 4.3

点 P(5, 3, 0) を通り，直線 $\dfrac{x-4}{3}=\dfrac{y+3}{2}=\dfrac{z+1}{-1}$ に垂直に交わる直線の方程式を求めよ。また，交点を Q としたとき，PQ を求めよ。

例題　交線

つぎの 2 平面の交線 g の方程式，および g の方向ベクトルを求めよ。

$$\begin{cases} 2x-y+z=2 & (1) \\ x+2y-4z=0 & (2) \end{cases}$$

【解】

直線 g の方程式を求めるために，式 (1)，式 (2) から x を y, z で表す。

式 (1)×4+式 (2) より

$$9x-2y=8 \quad \therefore \quad x=\dfrac{2y+8}{9} \qquad (3)$$

式 (1)×2+式 (2) より

$$5x-2z=4 \quad \therefore \quad x=\dfrac{2z+4}{5} \qquad (4)$$

式 (3)，式 (4) から

$$x=\dfrac{2y+8}{9}=\dfrac{2z+4}{5} \quad \therefore \quad \dfrac{x}{2}=\dfrac{y+4}{9}=\dfrac{z+2}{5}$$

これは交線 g の方程式である。また，求める方向ベクトルは $(2, 9, 5)$ である。

直線 l と平面 α とが垂直であるとき，l と α の交点 P を通る α 上の直線は，すべて l に垂直である (図 4.4.4)。

このことから例題 (交線) の方向ベクトルは，与えられた 2 つの平面の法線ベクトルのいずれにも垂直になることがわかる。

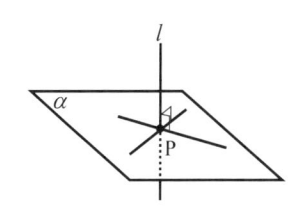

図 4.4.4. 直線と平面

練習 4.4

上のことを利用して，例題 (交線) の直線 g の方向ベクトルを求めよ。

4.4.2 3元連立1次方程式の不定・不能

3元連立1次方程式の解き方については，2.3節であつかった。x, y, z の1次式は平面を表す。そこで，3元連立1次方程式を3つの平面の交わりでとらえてみよう。3つの平面の交わりのタイプは図4.4.5のように，(a)〜(h)までの8つのパターンに分類できる。

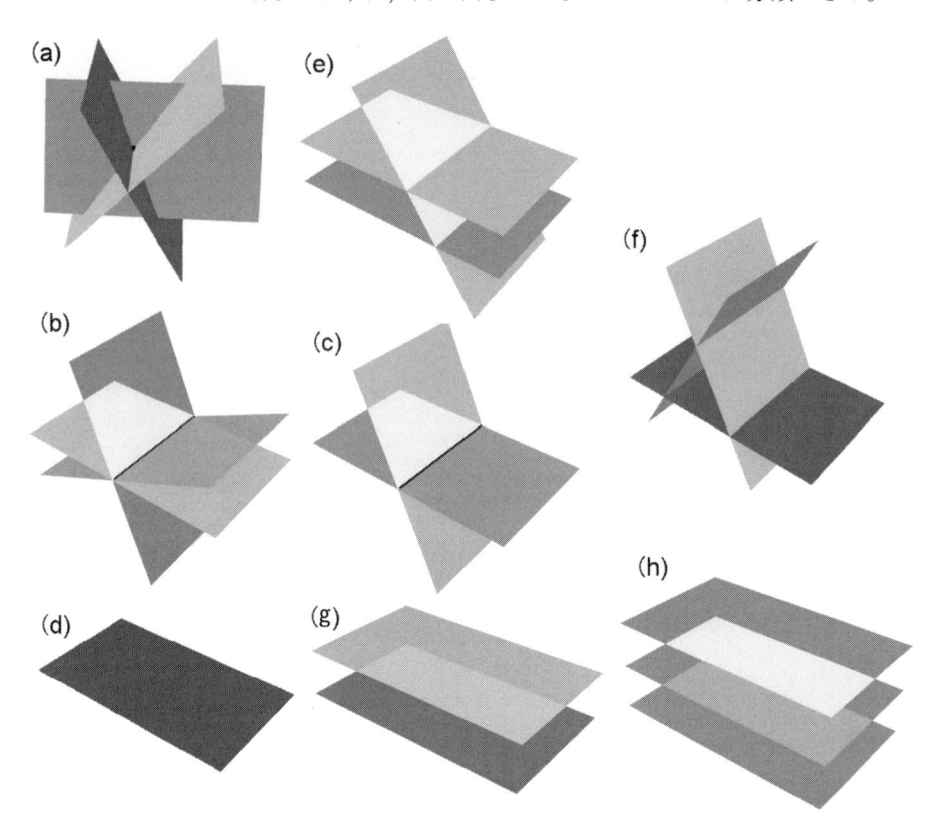

図4.4.5 (a)3平面の交点（解あり），(b)1つの交線と3平面（不定），(c)1つの交線と2平面（不定），(d)重なった3平面（不定），(e)平行な2平面と1平面（不能），(f)平行な三つの交線（不能），(g)重なった2平面と平行なもう1つの平面（不能），(h)平行な3平面（不能）

●1つの解が定まる場合●

(a) 1つの交点　　解あり

$$\begin{cases} 3x+6y+9z=60 \\ 2x+7y-3z=13 \\ 3x+8y+2z=38 \end{cases}$$

$$\begin{cases} 3x+6y+9z=60 \\ 2x+7y-3z=13 \\ 3x+8y+2z=38 \end{cases} \Leftrightarrow \begin{pmatrix} 3 & 6 & 9 \\ 2 & 7 & -3 \\ 3 & 8 & 2 \end{pmatrix} \begin{pmatrix} x \\ y \\ z \end{pmatrix} = \begin{pmatrix} 60 \\ 13 \\ 38 \end{pmatrix} \Leftrightarrow \begin{pmatrix} 1 & 0 & 0 \\ 0 & 1 & 0 \\ 0 & 0 & 1 \end{pmatrix} \begin{pmatrix} x \\ y \\ z \end{pmatrix} = \begin{pmatrix} 2 \\ 3 \\ 4 \end{pmatrix}$$

$$\therefore (x, y, z) = (2, 3, 4)$$

これはいわゆる連立方程式の解が定まる場合である。3本の連立方程式が独立に存在することを**ランク（階数）**3という。この場合，解は一意に定まるので自由度はない。自由度0という。

●解が不定の場合●

(b) 交線共有　　不定

$$\begin{cases} 3x+6y+9z=60 \\ 2x+7y-3z=13 \\ 2x+5y+3z=31 \end{cases}$$

$$\begin{cases} 3x+6y+9z=60 \\ 2x+7y-3z=13 \\ 2x+5y+3z=31 \end{cases} \Leftrightarrow \begin{pmatrix} 3 & 6 & 9 \\ 2 & 7 & -3 \\ 2 & 5 & 3 \end{pmatrix} \begin{pmatrix} x \\ y \\ z \end{pmatrix} = \begin{pmatrix} 60 \\ 13 \\ 31 \end{pmatrix}$$

$$\begin{pmatrix} 3 & 6 & 9 & 60 \\ 2 & 7 & -3 & 13 \\ 2 & 5 & 3 & 31 \end{pmatrix} \Rightarrow \begin{pmatrix} 1 & 2 & 3 & 20 \\ 0 & 3 & -9 & -27 \\ 0 & 1 & 3 & -9 \end{pmatrix} \Rightarrow \begin{pmatrix} 1 & 2 & 3 & 20 \\ 0 & 1 & -3 & -9 \\ 0 & 0 & 0 & 0 \end{pmatrix}$$

$$\therefore x+2y+3z=20,\ y-3z=-9$$

これを直線の方程式で表せば，以下のようになる。

$$\begin{pmatrix} x \\ y \\ z \end{pmatrix} = t \begin{pmatrix} -9 \\ 3 \\ 1 \end{pmatrix} + \begin{pmatrix} 38 \\ -9 \\ 0 \end{pmatrix}$$

(c) 交線共有　　不定

$$\begin{cases} 3x+6y+9z=60 \\ 2x+4y+6z=40 \\ 2x+7y-3z=13 \end{cases}$$

$$\begin{cases} 3x+6y+9z=60 \\ 2x+4y+6z=40 \\ 2x+7y-3z=13 \end{cases} \Leftrightarrow \begin{pmatrix} 3 & 6 & 9 \\ 2 & 4 & 6 \\ 2 & 7 & -3 \end{pmatrix} \begin{pmatrix} x \\ y \\ z \end{pmatrix} = \begin{pmatrix} 60 \\ 40 \\ 13 \end{pmatrix}$$

$$\begin{pmatrix} 3 & 6 & 9 & 60 \\ 2 & 4 & 6 & 40 \\ 2 & 7 & -3 & 13 \end{pmatrix} \Rightarrow \begin{pmatrix} 1 & 2 & 3 & 20 \\ 2 & 4 & 6 & 40 \\ 2 & 7 & -3 & 13 \end{pmatrix} \Rightarrow \begin{pmatrix} 1 & 2 & 3 & 20 \\ 0 & 0 & 0 & 0 \\ 2 & 7 & -3 & 13 \end{pmatrix} \Rightarrow$$

$$\begin{pmatrix} 1 & 2 & 3 & 20 \\ 2 & 7 & -3 & 13 \\ 0 & 0 & 0 & 0 \end{pmatrix} \Rightarrow \begin{pmatrix} 1 & 2 & 3 & 20 \\ 0 & 3 & -9 & -27 \\ 0 & 0 & 0 & 0 \end{pmatrix} \Rightarrow \begin{pmatrix} 1 & 2 & 3 & 20 \\ 0 & 1 & -3 & -9 \\ 0 & 0 & 0 & 0 \end{pmatrix} \Rightarrow$$

$$\begin{pmatrix} 1 & 0 & 9 & 38 \\ 0 & 1 & -3 & -9 \\ 0 & 0 & 0 & 0 \end{pmatrix}$$

$$\therefore \quad x+9z=38, \quad y-3z=-9$$

これを直線の方程式で表せば，以下のようになる。

$$\begin{pmatrix} x \\ y \\ z \end{pmatrix} = t \begin{pmatrix} -9 \\ 3 \\ 1 \end{pmatrix} + \begin{pmatrix} 38 \\ -9 \\ 0 \end{pmatrix}$$

(b)と(c)では3本あった方程式は結局2本になった。これをランク2という。このとき，解は不定であっても直線上（1次元）にある自由度があるので，そのまま自由度1という。

《One Point Advice》
　図4.4.5において，(d), (g), (h)は下の行にそろえている。3平面一致の(d)は不定で，平行な場合である(g)と(h)は不能である。

(d) 一致する3平面　　不能

$$\begin{cases} 3x+6y+9z=60 \\ 2x+4y+6z=40 \\ x+2y+3z=20 \end{cases}$$

$$\begin{cases} 3x+6y+9z=60 \\ 2x+4y+6z=40 \\ x+2y+3z=20 \end{cases} \Leftrightarrow \begin{pmatrix} 3 & 6 & 9 \\ 2 & 4 & 6 \\ 1 & 2 & 3 \end{pmatrix} \begin{pmatrix} x \\ y \\ z \end{pmatrix} = \begin{pmatrix} 60 \\ 40 \\ 20 \end{pmatrix}$$

$$\begin{pmatrix} 3 & 6 & 9 & 60 \\ 2 & 4 & 6 & 40 \\ 1 & 2 & 3 & 20 \end{pmatrix} \Rightarrow \begin{pmatrix} 1 & 2 & 3 & 20 \\ 2 & 4 & 6 & 40 \\ 1 & 2 & 3 & 20 \end{pmatrix} \Rightarrow \begin{pmatrix} 1 & 2 & 3 & 20 \\ 0 & 0 & 0 & 0 \\ 0 & 0 & 0 & 0 \end{pmatrix}$$

$$\therefore \quad x+2y+3z=20 \quad (\text{解は平面上に存在する})$$

(d)では3本あった方程式は結局1本になった。これをランク1という。このとき，解は不定であっても平面上（2次元）にある自由度があるので，自由度2という。

●不能の場合●

(e) 平行な2平面と交わる1平面　　不能

$$\begin{cases} 3x+6y+9z=60 \\ 3x+6y+9z=40 \\ 2x+7y-3z=13 \end{cases}$$

$$\begin{cases} 3x+6y+9z=60 \\ 3x+6y+9z=40 \\ 2x+7y-3z=13 \end{cases} \Leftrightarrow \begin{pmatrix} 3 & 6 & 9 \\ 3 & 6 & 9 \\ 2 & 7 & -3 \end{pmatrix} \begin{pmatrix} x \\ y \\ z \end{pmatrix} = \begin{pmatrix} 60 \\ 40 \\ 13 \end{pmatrix}$$

$$\begin{pmatrix} 3 & 6 & 9 & 60 \\ 3 & 6 & 9 & 40 \\ 2 & 7 & -3 & 13 \end{pmatrix} \Rightarrow \begin{pmatrix} 1 & 2 & 3 & 20 \\ 3 & 6 & 9 & 40 \\ 2 & 7 & -3 & 13 \end{pmatrix} \begin{pmatrix} 1 & 2 & 3 & 20 \\ 0 & 0 & 0 & -20 \\ 2 & 7 & -3 & 13 \end{pmatrix} \Rightarrow$$

$$\begin{pmatrix} 1 & 2 & 3 & 20 \\ 2 & 7 & -3 & 13 \\ 0 & 0 & 0 & -20 \end{pmatrix} \Rightarrow \begin{pmatrix} 1 & 2 & 3 & 20 \\ 0 & 3 & -9 & -27 \\ 0 & 0 & 0 & -20 \end{pmatrix} \Rightarrow \begin{pmatrix} 1 & 2 & 3 & 20 \\ 0 & 1 & -3 & -9 \\ 0 & 0 & 0 & -20 \end{pmatrix}$$

方程式は定まらない。

(f) 平行な3つの交線　　不能

$$\begin{cases} 3x+6y+9z=60 \\ 2x+7y-3z=13 \\ 3x+9y=60 \end{cases}$$

$$\begin{cases} 3x+6y+9z=60 \\ 2x+7y-3z=13 \\ 3x+9y=60 \end{cases} \Leftrightarrow \begin{pmatrix} 3 & 6 & 9 \\ 2 & 7 & -3 \\ 3 & 9 & 0 \end{pmatrix} \begin{pmatrix} x \\ y \\ z \end{pmatrix} = \begin{pmatrix} 60 \\ 13 \\ 60 \end{pmatrix}$$

$$\begin{pmatrix} 3 & 6 & 9 & 60 \\ 2 & 7 & -3 & 13 \\ 3 & 9 & 0 & 60 \end{pmatrix} \Rightarrow \begin{pmatrix} 1 & 2 & 3 & 20 \\ 2 & 7 & -3 & 13 \\ 3 & 9 & 0 & 60 \end{pmatrix} \Rightarrow \begin{pmatrix} 1 & 2 & 3 & 20 \\ 3 & 9 & 0 & 60 \\ 2 & 7 & -3 & 13 \end{pmatrix} \Rightarrow$$

$$\begin{pmatrix} 1 & 2 & 3 & 20 \\ 0 & 3 & -9 & 0 \\ 2 & 7 & -3 & 13 \end{pmatrix} \Rightarrow \begin{pmatrix} 1 & 2 & 3 & 20 \\ 0 & 1 & -3 & 0 \\ 2 & 7 & -3 & 13 \end{pmatrix} \Rightarrow \begin{pmatrix} 1 & 2 & 3 & 20 \\ 0 & 1 & -3 & 0 \\ 0 & 3 & -9 & -27 \end{pmatrix} \Rightarrow$$

$$\begin{pmatrix} 1 & 2 & 3 & 20 \\ 0 & 1 & -3 & 0 \\ 0 & 0 & 0 & -27 \end{pmatrix}$$

方程式は定まらない。

(g) 一致する2平面に平行なもう1つの平面　　不能

$$\begin{cases} 3x+6y+9z=60 \\ 2x+4y+6z=40 \\ 3x+6y+9z=20 \end{cases}$$

$$\begin{cases} 3x+6y+9z=60 \\ 2x+4y+6z=40 \\ 3x+6y+9z=20 \end{cases} \Leftrightarrow \begin{pmatrix} 3 & 6 & 9 \\ 2 & 4 & 6 \\ 3 & 6 & 9 \end{pmatrix} \begin{pmatrix} x \\ y \\ z \end{pmatrix} = \begin{pmatrix} 60 \\ 40 \\ 20 \end{pmatrix}$$

$$\begin{pmatrix} 3 & 6 & 9 & 60 \\ 2 & 4 & 6 & 40 \\ 3 & 6 & 9 & 20 \end{pmatrix} \Rightarrow \begin{pmatrix} 1 & 2 & 3 & 20 \\ 2 & 4 & 6 & 40 \\ 3 & 6 & 9 & 20 \end{pmatrix} \Rightarrow \begin{pmatrix} 1 & 2 & 3 & 20 \\ 0 & 0 & 0 & 0 \\ 3 & 6 & 9 & 20 \end{pmatrix} \Rightarrow$$

$$\begin{pmatrix} 1 & 2 & 3 & 20 \\ 3 & 6 & 9 & 20 \\ 0 & 0 & 0 & 0 \end{pmatrix} \Rightarrow \begin{pmatrix} 1 & 2 & 3 & 20 \\ 0 & 0 & 0 & -20 \\ 0 & 0 & 0 & 0 \end{pmatrix}$$

方程式は定まらない。

(h) 平行な3平面　　不能

$$\begin{cases} 3x+6y+9z=60 \\ 3x+6y+9z=40 \\ 3x+6y+9z=20 \end{cases}$$

$$\begin{cases} 3x+6y+9z=60 \\ 3x+6y+9z=40 \\ 3x+6y+9z=20 \end{cases} \Leftrightarrow \begin{pmatrix} 3 & 6 & 9 \\ 3 & 6 & 9 \\ 3 & 6 & 9 \end{pmatrix} \begin{pmatrix} x \\ y \\ z \end{pmatrix} = \begin{pmatrix} 60 \\ 40 \\ 20 \end{pmatrix}$$

$$\begin{pmatrix} 3 & 6 & 9 & 60 \\ 3 & 6 & 9 & 40 \\ 3 & 6 & 9 & 20 \end{pmatrix} \Rightarrow \begin{pmatrix} 1 & 2 & 3 & 20 \\ 3 & 6 & 9 & 40 \\ 3 & 6 & 9 & 20 \end{pmatrix} \Rightarrow \begin{pmatrix} 1 & 2 & 3 & 20 \\ 0 & 0 & 0 & -20 \\ 0 & 0 & 0 & -40 \end{pmatrix}$$

方程式は定まらない。

4.4.3　多変量解析への道

統計学ではあるデータに対してどのくらいの頻度で分布するかを考えることが基本となっている。このとき，あるデータを**変量**といい，頻度を**度数**（frequency）という。高校までの数学では1つの変量に対する度数しか考えない。たとえば，身長とその人数の関係や数学の成績とその分布人数の関係などである。しかし，身長，体重，胸囲を一度に考えるにはベクトルを用いることになる。この場合，3種類の変量があらわれる。このように複数の変量があらわれる解析を**多変量解析**という。ここでは人数分（全度数）のベクトルが必要になる。

●体位のデータ●

たとえば，8人の班があり，メンバーの身長，体重，胸囲が表4.1のようであったとする。

生徒 i の体位を，空間の点 $P_i(x_i, y_i, z_i)$ あるいは，P_i の位置ベクトル

$$\vec{p}_i = \overrightarrow{OP_i} = \begin{pmatrix} x_i \\ y_i \\ z_i \end{pmatrix}$$

で表す（図 4.4.6）。すると，班のメンバーの体位の平均は，ベクトル

$$\vec{m} = \begin{pmatrix} \frac{1}{8}(x_1+x_2+\cdots+x_8) \\ \frac{1}{8}(y_1+y_2+\cdots+y_8) \\ \frac{1}{8}(z_1+z_2+\cdots+z_8) \end{pmatrix} = \frac{1}{8}(\vec{p}_1+\vec{p}_2+\cdots+\vec{p}_8)$$

表 4.1

体位＼生徒	1	2	…	8
身長（cm）	x_1	x_2	…	x_8
体重（kg）	y_1	y_2	…	y_8
胸囲（cm）	z_1	z_2	…	z_8

と表すことができる。また，$\vec{m} = \overrightarrow{OM}$ できまる点 M を，点 $P_1, P_2, \ldots,$ P_8 の平均という。

二つの点 P, Q の平均は，線分 PQ の中点 M であり，また 3 つの点 P, Q, R の平均は，三角形 PQR の重心 M′ である。これらのことは

$$\overrightarrow{OM} = \frac{1}{2}(\overrightarrow{OP}+\overrightarrow{OQ}), \quad \overrightarrow{OM'} = \frac{1}{3}(\overrightarrow{OP}+\overrightarrow{OQ}+\overrightarrow{OR})$$

からわかる。

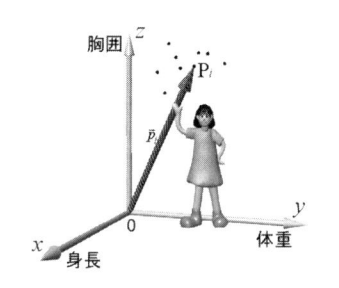

図 4.4.6 体位を表すベクトル

●**重みつき平均**●

> **問 2　重みつき平均**
> つぎに，8 個の点 $P_1, P_2, \ldots, P_8$ の中に重複がある場合を考えよう。たとえば，$P_1, P_2, P_3,$ の平均を A 点で表し，P_4, P_5, P_6, P_7, P_8 の平均を B 点で表す。それらの点を 8 人の平均である M は
> $$\overrightarrow{OM} = \frac{1}{8}(3\overrightarrow{OA}+5\overrightarrow{OB}) \tag{4.4}$$
> で表される。そこで
> $$3\overrightarrow{MA}+5\overrightarrow{MB} = 0$$
> を導け。

【解】
式（4.4）より，
$$8\overrightarrow{OM} = 3\overrightarrow{OA}+5\overrightarrow{OB}$$
$$3\overrightarrow{OA}+5\overrightarrow{OB}-8\overrightarrow{OM} = \vec{0}$$
$$3(\overrightarrow{OA}-\overrightarrow{OM})+5(\overrightarrow{OB}-\overrightarrow{OM}) = \overrightarrow{MB}$$

ところが
$$\overrightarrow{OA}-\overrightarrow{OM} = \overrightarrow{MA}, \quad \overrightarrow{OB}-\overrightarrow{OM} = \overrightarrow{MB}$$
だから
$$3\overrightarrow{MA}+5\overrightarrow{MB} = \vec{0}$$

なお，図 4.4.7 では，点 A で 3 点が重なっており，点 B では 5 点が重なっていることを強調するために，それぞれの周囲に点が複数個描いてある。

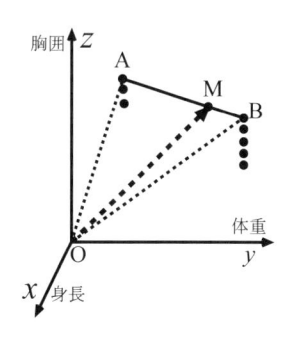

図 4.4.7 重みつき平均

式 (4.4) できまる点 M を，A に重さ 3 を，B に重さ 5 を与えた重さつきの平均という。この場合，M は AB を 5：3 に内分する点である。同様に，A に重さ 4 を，B に重さ 1 を，C に重さ 3 を与えた重さつき平均 M は，

$$\overrightarrow{OM} = \frac{1}{8}(4\overrightarrow{OA} + \overrightarrow{OB} + 3\overrightarrow{OC}) \tag{4.5}$$

で表される。

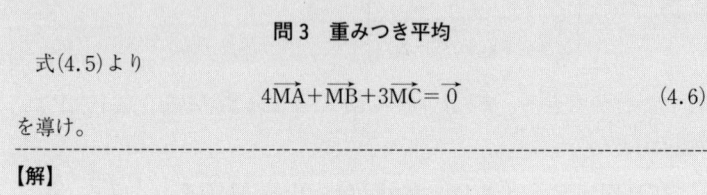

問 3　重みつき平均

式 (4.5) より

$$4\overrightarrow{MA} + \overrightarrow{MB} + 3\overrightarrow{MC} = \vec{0} \tag{4.6}$$

を導け。

【解】
式 (4.6) の場合の M の位置はどこであろうか。

$$\overrightarrow{OD} = \frac{1}{5}(4\overrightarrow{OA} + \overrightarrow{OB}),$$

$$\overrightarrow{OM} = \frac{1}{8}(5\overrightarrow{OD} + 3\overrightarrow{OC})$$

$$\overrightarrow{OM} = \frac{1}{8}\left(\frac{4\overrightarrow{OA} + \overrightarrow{OB}}{5} \times 5 + 3\overrightarrow{OC}\right)$$

と変形し，

$$\overrightarrow{OD} = \frac{4\overrightarrow{OA} + \overrightarrow{OB}}{5}$$

とすると

$$\overrightarrow{OM} = \frac{1}{8}(5\overrightarrow{OD} + 3\overrightarrow{OC})$$

となるので，M は図 4.4.8. のような点であることがわかる。

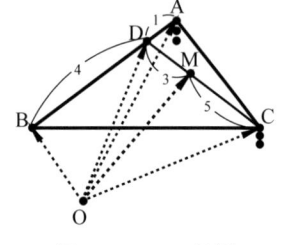

図 4.4.8　M の位置

●**重みつき平均の一般化**●

重みつき平均を一般化し，$s + t \neq 0$ であるような任意の実数 s, t に対し，点 A に重み s を，点 B に重み t を与えたときの重みつき平均 M を

$$\overrightarrow{OM} = \frac{1}{s+t}(s\overrightarrow{OA} + t\overrightarrow{OB}) \tag{4.7}$$

$$(s+t)\overrightarrow{OM} = s\overrightarrow{OA} + t\overrightarrow{OB} \tag{4.8}$$

（左辺は点 M に重さ $s + t$ を与えたことに相当する。）

で定義する。

実数 $\dfrac{s}{s+t}$, $\dfrac{t}{s+t}$ をあらためて s, t と書けば，式 (4.7) は

$$\overrightarrow{OM} = s\overrightarrow{OA} + t\overrightarrow{OB}, \quad s + t = 1 \tag{4.9}$$

の形に書ける。

3 点以上のときも同様であり，点 A, B, C にそれぞれ s, t, u，ただし $s + t + u \neq 0$ を与えたときの重みつき平均 M は，

$$(s + t + u)\overrightarrow{OM} = s\overrightarrow{OA} + t\overrightarrow{OB} + u\overrightarrow{OC} \tag{4.10}$$

あるいは，$s+t+u=1$ として，
$$\vec{OM}=s\vec{OA}+t\vec{OB}+u\vec{OC}, \quad s+t+u=1 \tag{4.11}$$
で表される。

式 (4.11) は位置ベクトルを用いた表現だが，これできまる点 M は，位置ベクトルを定めるための基準となる点 O のとり方に依存しない。なぜなら，基準となる点 O を別の点 O' にかえたとき（図 4.4.9），$\vec{O'M'}=s\vec{O'A}+t\vec{O'B}+u\vec{O'C}$ を満たす点 M' を考えると，

$$\begin{aligned}\vec{OM'}&=\vec{OO'}+\vec{O'M'}=(s+t+u)\vec{OO'}+s\vec{O'A}+t\vec{O'B}+u\vec{O'C}\\&=s(\vec{OO'}+\vec{O'A})+t(\vec{OO'}+\vec{O'B})+u(\vec{OO'}+\vec{O'C})\\&=s\vec{OA}+t\vec{OB}+u\vec{OC}=\vec{OM}\end{aligned}$$

M' は M と一致するからである（このように式 (4.10) は基準点の位置に関係なく，点 A，B，C，M だけに依存する）。

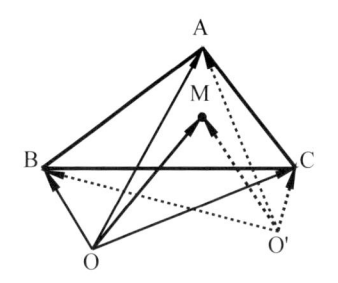

図 4.4.9 基準点をかえる。

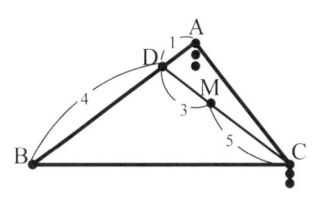

そこで，式 (4.11) において M を基準の点にとれば
$$s\vec{MA}+t\vec{MB}+u\vec{MC}=\vec{0} \tag{4.12}$$
となり，また A を基準の点にとれば，
$$\vec{AM}=t\vec{AB}+u\vec{AC} \tag{4.13}$$
となる。たとえば，式 (4.4) において，基準点 O を A にかえると，
$$\vec{AM}=\frac{5}{8}\vec{AB}$$
が導け，また，式 (4.6) において，基準点 O を C にかえると
$$\vec{CM}=\frac{1}{8}(4\vec{CA}+\vec{CB})=\frac{5}{8}\times 4\frac{\vec{CA}+\vec{CB}}{5}$$
が導ける（図 4.4.10）。こうすると，M の位置もすぐわかる。この方法で，一般に
$$\vec{OM}=(1-t)\vec{OA}+t\vec{OB}, \quad \vec{OM}=(1-s-t)\vec{OA}+s\vec{OB}+t\vec{OC}$$
の s，t を動かしたときの M の位置を知ることができる。

図 4.4.10 $\vec{CM}=\frac{5}{8}\times 4\dfrac{\vec{CA}+\vec{CB}}{5}$

なお，式 (4.12) における $s\vec{MA}$ は，点 A に重み s を与えたときの，点 M を支点とするモーメントベクトルとよばれる。結局，3 点 A，B，C にそれぞれ重み s，t，u を与えたときの平均 M は，M を支点とする 3 個のモーメントベクトルの和が零ベクトルになるという条件できまる。

第4節　復習問題

1 つぎの各平面の方程式を求めよ。
 (1) 点 $(4,6,7)$ を通り，yz 平面に平行なもの。
 (2) 点 $(3,-2,5)$ を通り，ベクトル $(-3,1,-5)$ に垂直なもの。
 (3) 点 $(4,-5,3)$ を通り，平面 $3x+6y-4z=3$ に平行なもの。
 (4) 3点 $(1,2,-3)$，$(-1,2,3)$，$(1,-2,3)$ を通るもの。

2 球 $(x-2)^2+(y-1)^2+z^2=5$ 上の点 $(3,1,-2)$ において，この球に接する平面の方程式を求めよ。

3 2平面 $3x+z-1=0$，$x-\sqrt{5}y+2z=0$ がある。それぞれの平面の法線ベクトルのなす角を求めよ。

4 点 $(1,2,2)$ を通り，平面 $x-y+z=0$ と $2x+3y-z=5$ との両方に垂直な平面の方程式を求めよ。

5
 (1) 点 $(2,-3,7)$ を通り，方向ベクトルが $(1,1,-4)$ である直線の方程式を求めよ。
 (2) 直線 $2x-6=4-y=z-5$ の方向ベクトルを求めよ。
 (3) (1) と (2) の直線のなす角を求めよ。

6 平面 $x+2y-2z=0$ を α，直線 $x-1=\dfrac{2-y}{4}=z+2$ を g とする（図 4.4.11）。
 (1) 平面 α と直線 g の交点 P の座標を求めよ。
 (2) 平面 α の法線ベクトルと直線 g とのなす角 ϕ（鋭角）を求めよ。
 (3) 直線 g 上の1点 Q(Q≠P) から平面 α に下ろした垂線の足を R とする。直線 g と直線 PR のなす角 θ を求めよ。

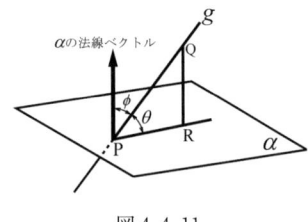

図 4.4.11

第4章　章末問題

❶ 2点 $A(a,b,c)$, $A'(a',b',c')$ からの距離の平方の和が一定であるような点の集合は，どんな曲面を表すか。その曲面の方程式を求めよ。

❷ 2つのベクトル $t\vec{a}+\vec{b}$ と $\vec{a}-t\vec{b}$ の大きさが等しいとき，2つのベクトル $\vec{a}$, $\vec{b}$ のなす角を求めよ。ただし $|\vec{a}|=|\vec{b}|=1$, $t \neq 0$ とする。

❸
(1) $\vec{a}=(1,1,\sqrt{2})$, $\vec{b}=(1,2,3)$ とするとき，$|\vec{b}-t\vec{a}|$ を最小にする t の値を求めよ。

(2) (1)で求めた t の値を t_0 とすると，$\vec{b}-t_0\vec{a}$ は $\vec{a}$ に垂直であることを証明せよ。

❹ 定点 C の位置ベクトルを $\vec{c}$ とする。点 C を中心とする半径 r の円周上の点 X_0 の位置ベクトルを $\vec{x_0}$ とすれば，点 X_0 におけるこの円の接線のベクトル方程式は $(\vec{x}-\vec{c},\vec{x_0}-\vec{c})=r^2$ となることを示せ。

❺ 点 $(2,3,-4)$ を通り，xy 平面と $(5,5,0)$ で交わる直線 g がある。
(1) この直線 g の方程式を求めよ。
(2) 平面 $ax+by+cz=d$ が上の直線 g と垂直に交わるとき，$a:b:c$ を求めよ。
(3) (2)の平面が，さらに点 $(3,-2,1)$ を通るとき，この平面の方程式を求めよ。

❻ 直線 $\dfrac{x-1}{3}=\dfrac{y-2}{2}=\dfrac{z-1}{3}$ を含み，点 $(1,-1,2)$ を通る平面の方程式を求めよ。

第5章 2次曲線
~円錐の切り口~

円錐の切り口を観察してみよう。

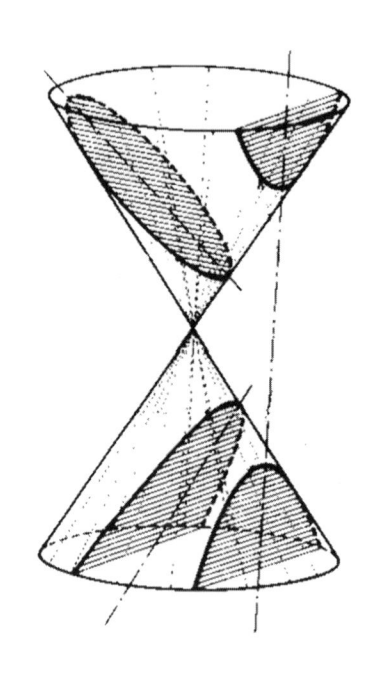

第1節 円錐曲線	181
5.1.1 円錐曲線と2次曲線の幾何学的関係	181
5.1.2 円錐曲線の代数的表現（2次曲線の方程式）	184
5.1.3 円錐曲線の，準線，離心率	190
5.1.4 2次曲線の媒介変数表示	194
第2節 2次曲線の応用	196
5.2.1 円錐曲線と接線	196
5.2.2 2次曲線の標準化	200
5.2.3 コンピュータと2次曲線	204
章末問題	213

第1節 円錐曲線

円錐を切れば，楕円，双曲線，放物線。

5.1.1 円錐曲線と2次曲線の幾何学的関係

●**円錐を切る**●

円錐を1つの平面で切るとき，切り方によって，その切り口が図5.1.1のように楕円，放物線，双曲線とよばれる3種類の曲線になる。これらの曲線は円錐に関係するので，「円錐曲線」とよばれる。古代ギリシャの数学者アポロニウス（BC. 262頃～200頃）は，すでに円錐曲線を発見しており，これらの曲線の基本的な性質は，ほとんど彼の著した「円錐曲線論（8巻，ただし第8巻は失われている）」のなかに納められていた。

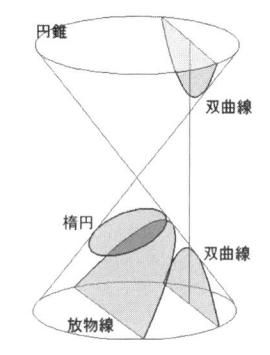

図5.1.1 円錐の切り口に現れる曲線

問 円錐曲線の例

日常生活のなかで見られる円錐曲線の例をあげよ（円錐曲線の一部分だけが見られる例でよい）。

【解】

（1） 壁に当たった懐中電灯の光（図5.1.2）。円錐状にひろがっているから，これで壁などを照らせば，光を当てる角度によって明るい部分が円形になったり，楕円，双曲線，放物線になったりする。懐中電灯によって照らされる明るい部分と，その外の暗い部分との境界の曲線は，円錐曲線になる。

（2） つり橋。美しい曲線は放物線に近いことが知られている。

（3） 筧。

（4） ニンジンや大根の切り口。

（5） 神戸ポートタワーは外形が双曲線である。

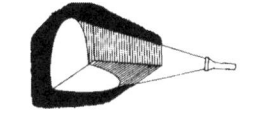

図5.1.2 懐中電灯の光がつくる円錐曲線

図5.1.3 明石大橋

図5.1.4 ポートタワー

点Aにおいて交わる2直線をl, mとし，l, mのなす角をαとしよう。ただし，$0° < \alpha < 90°$とする。この図形をmを軸として回転させると，図5.1.5のようにAを頂点とする2つの円錐ができる。このとき，lを母線という。この円錐を頂点Aを通らない平面πで切るとき，切り口の曲線は，図5.1.5のような平面πと軸mとのなす角θの値によって，いろいろになる。ただし，$0° < \theta \leq 90°$とする。

$\theta > \alpha$ のときは，図5.1.5でわかるように，平面πは2つの円錐の一方とだけ交わり，その切り口は閉じた曲線になる。このような曲線を楕円という（「楕」は垂れ下がった円の形をした木製の容器，みそ樽などに使う）。特に$\theta = 90°$のとき，切り口は円となる。

$\theta = \alpha$ のときは，平面 π は 1 つの母線と平行になるから，2 つの円錐の片方としか交わらない。

$\theta < \alpha$ のときは，平面 π はこの 2 つの円錐のどちらとも交わるから，切り口の曲線は 2 つできる。そこで，この曲線を双曲線とよぶ。

●円錐曲線と楕円の関係●

図 5.1.6 のように，A を頂点とする円錐を平面 π で切ったとき，切り口が楕円になる場合を考えよう。楕円の性質を考えるために，この円錐に内接しかつ平面 π に接する 2 つの球 O_1, O_2 を考えよう。2 つの球と円錐との関係を理解するには円錐の軸を含み平面 π に垂直な平面でこの円錐を切り，図 5.1.6 のようにできた三角形の内接円を O_1, 傍接円を O_2 として，この 2 円を軸のまわりに回転させればよい。F_1, F_2 は，球 O_1, O_2 と平面 π との接点になっている。図 5.1.7 では，P は楕円上の任意の点であり，PF_1, PQ_1 と，PF_2, PQ_2 は，点 P からそれぞれ円 O_1, O_2 に引いた接線であるから，$PF_1 = PQ_1$, $PF_2 = PQ_2$ となる。この 2 式の辺々を足せば，$PF_1 + PF_2 = PQ_1 + PQ_2 = Q_1Q_2$ である。

Q_1Q_2 は，図 5.1.6 での 2 円 O_1, O_2 の共通接線 R_1R_2 の長さに等しく，一定である。また，F_1, F_2 は定点である。そこで，楕円においては，2 定点が存在し，楕円上の任意の点からその 2 定点にいたる距離の和が一定になっていることがわかる。

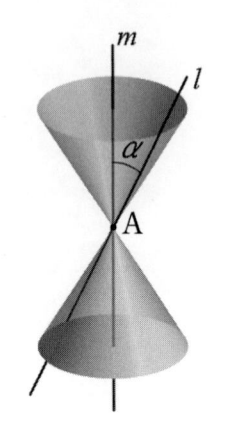

図 5.1.5 円錐と母線

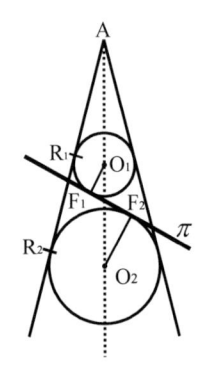

図 5.1.6 平面 π を真横から見たところ

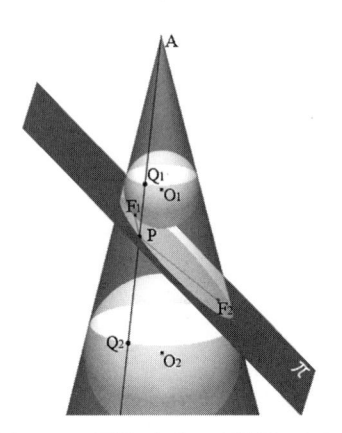

図 5.1.7 円錐の切り口が楕円になる

針と糸とを使って，きれいな楕円をかくことができる。まず，2 本の針か画びょうと，糸と鉛筆とを用意する。板か厚紙の上に紙を置き，針を 2 か所にしっかり立てる。これに輪にした糸をかけて，図 5.1.8 のように鉛筆で糸をピンと張りながら一周させればよい。ここで，輪にした糸の長さを l，針の位置を F_1, F_2，鉛筆の先を P とすると，

$$PF_1 + F_1F_2 + PF_2 = l$$

となり，
$$PF_1+PF_2=l-F_1F_2$$
となる。l と F_1F_2 とは一定であるから，2定点 F_1, F_2 にいたる距離の和 PF_1+PF_2 は確かに，P は楕円を描く。また，針の位置 F_1, F_2 が，前項で学んだ2定点にあたることもわかった。この2定点 F_1, F_2 を焦点と名づける。

図 5.1.8 楕円の書き方

●円錐曲線と双曲線の関係●

図 5.1.9 のように，頂点 A を共有する2つの円錐を平面 π で切ったとき，切り口が双曲線になる場合を考えよう。楕円の場合と同じように，それぞれの円錐に内接し，かつ平面 π にそれぞれ F_1, F_2 で接する球 O_1, O_2 を考える。O_1F_1, O_2F_2 は，ともに平面 π に垂直だから，$O_1F_1 /\!/ O_2F_2$ となっている。したがって，O_1F_1, O_2F_2 は同一平面上にある。この平面で円錐と2つの球を切ったのが，図 5.1.10 である。今度は，円 O_1, O_2 は，ともに傍接円になっている。図 5.1.10 では，P は双曲線上の任意の点であり，PF_1, PQ_1 と，PF_2, PQ_2 は，点 P からそれぞれ円 O_1, O_2 に引いた接線だから，
$$PF_1=PQ_1, \quad PF_2=PQ_2$$
この2式を，辺々引けば
$$PF_2-PF_1=PQ_2-PQ_1=Q_1Q_2$$

Q_1Q_2 は，図 5.1.9 での2円 O_1, O_2 の共通接線 R_1R_2 の長さに等しく，一定である。そこで，双曲線においては2定点が存在し，双曲線上の任意の点からその2定点にいたる距離の差が一定であることがわかった。この2定点はやはり「焦点」というのである。

図 5.1.9 平面 π を真横から見たところ

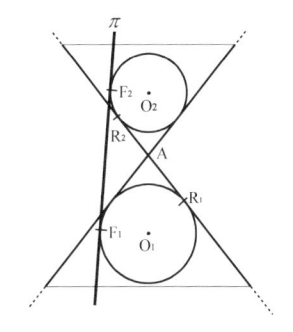

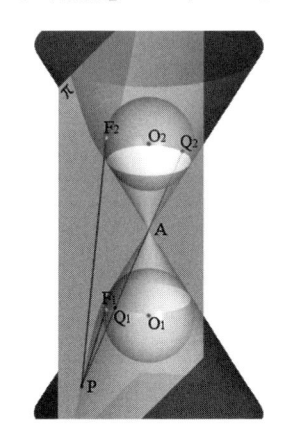

図 5.1.10 円錐の切り口が双曲線になる

●円錐曲線と放物線の関係●

図 5.1.12 のように，点 A を頂点とする円錐を 1 つの母線に平行な平面 π で切ったときにできる放物線 L について考える。この円錐に内接し，平面 π と点 F で接する球 O を考える。球 O が円錐と接する点がつくる円を含んで平面 π' をつくり，平面 π との交線を l とする（図 5.1.11）。L 上の任意の点を P とし，AP が球 O と接する点を Q とすると，接線の性質から，

$$PF = PQ \tag{1.1}$$

がいえる。また，点 P から，直線 l に垂線 PR を，平面 π' に垂線 PS を下ろすと，

$$\angle PSR = \angle PSQ = 90°$$

がいえる。また，母線と軸とのなす角に等しい 2 角 $\angle RPS$，$\angle QPS$ は等しいので，PS を共有する 2 つの三角形 $\triangle PRS$，$\triangle PQS$ は合同となり，

$$PR = PQ \tag{1.2}$$

ゆえに，式 (1.1) と式 (1.2) とから，PR=PF がいえた。以上のことから，放物線では定点と定直線とが存在し，曲線上の任意の点からそれらにいたる距離が等しくなっていることがわかる。この定点を焦点，定直線を準線という。

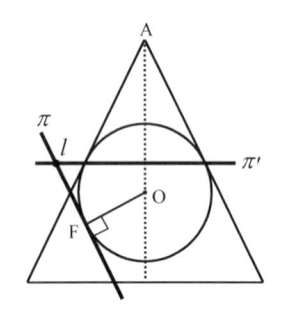

図 5.1.11 平面 π，π' を真横から見たところ

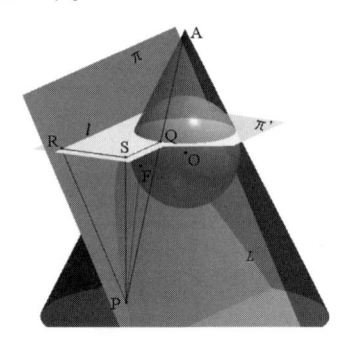

図 5.1.12 円錐の切り口が放物線になる

5.1.2 円錐曲線の代数的表現（2 次曲線の方程式）

円錐曲線は代数的には x と y の 2 次式で表すことができる。ここでは楕円，双曲線，放物線を表してみよう。

●楕円の方程式●

一般の場合について楕円の方程式を導いてみよう。焦点を F_1，F_2 とし，楕円上の任意の点 P が

$$PF_1 + PF_2 = 2a, \quad \text{ただし } a > 0 \tag{1.3}$$

を満たすものとしよう（図 5.1.13）。直線 F_1F_2 を x 軸，線分 F_1F_2 の垂直二等分線を y 軸とし，F_1, F_2 の座標を $(-c,0)$, $(c,0)$ とすると，$F_1F_2=2c$ となる（$c>0$ とする）。$PF_1+PF_2>F_1F_2$ がいえるから，

$$a>c \tag{1.4}$$

でなければならない。

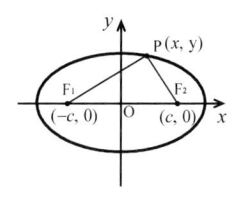

図 5.1.13　$PF_1+PF_2=2a$

P の座標を (x,y) とすると，式 (1.3) から

$$\sqrt{(x+c)^2+y^2}+\sqrt{(x-c)^2+y^2}=2a \tag{1.5}$$

この式の両辺に $\sqrt{(x+c)^2+y^2}-\sqrt{(x-c)^2+y^2}$ を掛けると，つぎの方程式が得られる。

$$\frac{x^2}{a^2}+\frac{y^2}{a^2-c^2}=1 \tag{1.6}$$

そこで，$b=\sqrt{a^2-c^2}$ とすれば，式 (1.6) はつぎのように書ける（$b>0$ である。以下特に断らない限り，a, b, c は正とする）。

$$\frac{x^2}{a^2}+\frac{y^2}{b^2}=1 \tag{1.7}$$

が楕円の方程式である。ここでは，$a \geq b$ となっている。特に $a=b$ のときは円である。a は長径，b は短径とよばれる。

ここで，$F_1(-c,0)$, $F_2(c,0)$ を焦点とし，$PF_1+PF_2=2a$ を満たす点 $P(x,y)$ の描く楕円の方程式から，$b=\sqrt{a^2-c^2}$ であるので $c=\sqrt{a^2-b^2}$ となり，焦点の座標は，$(-\sqrt{a^2-b^2},0)$, $(\sqrt{a^2-b^2},0)$ で与えられる。もちろん，$a \leq b$ のときは焦点は $(0,-\sqrt{b^2-a^2})$, $(0,\sqrt{b^2-a^2})$ で与えられる。

例題　楕円の例

2 焦点 F_1, F_2 の座標をそれぞれ $F_1(-1,0)$, $F_2(1,0)$ として，つぎの楕円の方程式を求めてみよう（図 5.1.14）。

【解】

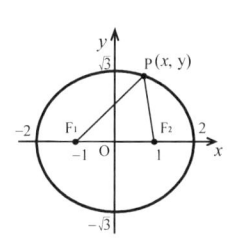

点 $P(x,y)$ が $PF_1+PF_2=4$ を満たしながら楕円を描くとしよう。条件から，

$$\sqrt{(x+1)^2+y^2}+\sqrt{(x-1)^2+y^2}=4 \tag{1.8}$$

両辺に

$$\sqrt{(x+1)^2+y^2}-\sqrt{(x-1)^2+y^2}$$

を掛けてみると，

$$((x+1)^2+y^2)-((x-1)^2+y^2)=4(\sqrt{(x+1)^2+y^2}-\sqrt{(x-1)^2+y^2})$$

整理して両辺を 4 で割ると，

$$\sqrt{(x+1)^2+y^2}-\sqrt{(x-1)^2+y^2}=x \tag{1.9}$$

図 5.1.14　$PF_1+PF_2=4$

式 (1.8) から式 (1.9) を引くことにより，

$$2\sqrt{(x-1)^2+y^2}=4-x$$

両辺を2乗すると，
$$4(x^2-2x+1+y^2)=16-8x+x^2$$

整理すると，
$$3x^2+4y^2=12$$

これを，12で両辺を割ると，
$$\frac{x^2}{4}+\frac{y^2}{3}=1 \tag{1.10}$$

となる。

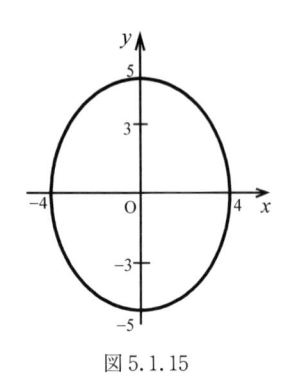

例題　楕円の焦点など

$\frac{x^2}{16}+\frac{y^2}{25}=1$ の焦点の座標を求めよ。また，この式のグラフを書け。

【解】

$16<25$ であるから，x軸とy軸とを取り換えると，方程式は $\frac{x^2}{25}+\frac{y^2}{16}=1$ となる。これは，$(-\sqrt{25-16},0)$ および $(\sqrt{25-16},0)$ すなわち $(-3,0)$，$(3,0)$ を焦点とする楕円で，その上の任意の点から2焦点にいたる距離の和は10である。したがって，求めるグラフは $(0,-3)$，$(0,3)$ を焦点とする楕円で，図5.1.15のようになる。

図 5.1.15

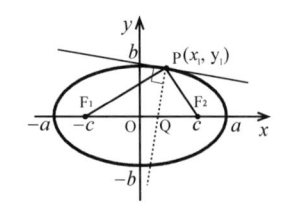

図 5.1.16　楕円上の点 P を通り，P における接線に垂直な直線

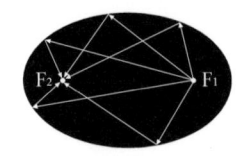

図 5.1.17　F_1 を出た光はすべて F_2 に集まる

[コラム]　楕円の「焦点」という名前の由来

さて，楕円 $\frac{x^2}{a^2}+\frac{y^2}{b^2}=1$ 上の点 $P(x_1,y_1)$ を通り，その点における接線に垂直な直線の方程式は，$y-y_1=\frac{a^2y_1}{b^2x_1}(x-x_1)$ となる（図5.1.6）。これと x 軸との交点を Q すると，Q の座標は $\left(\frac{a^2-b^2}{a^2}x_1,0\right)$ となる。焦点を $F_1(-c,0)$，$F_2(c,0)$ とすると，

$$QF_1 : QF_2 = c+\frac{c^2}{a^2}x_1 : c-\frac{c^2}{a^2}x_1$$

また，以前に学んだことより，

$$PF_1 : PF_2 = a+\frac{c}{a}x_1 : a-\frac{c}{a}x_1$$

がいえるから，

$$PF_1 : PF_2 = QF_1 : QF_2$$

したがって，$\angle F_1PQ = \angle F_2PQ$ となる。

もし楕円が鏡でできていれば，F_1 をでた光は P で反射されて F_2 を通ることがわかる。すべての点 P について同じことがいえるから，F_1 をでた光はすべて F_2 に集まることになる（図5.1.17）。

これが，焦点という名前のつけられた理由である。
　たとえば，楕円形のビリヤードの台をつくったとしよう。焦点に穴があれば，F_1 付近で球をつけば，F_2 に球は入るのである。

● 双曲線の方程式 ●

双曲線の方程式を導いてみよう。

図 5.1.8 のように，焦点を F_1，F_2 とし，双曲線上の任意の点 P が，
$$|PF_1 - PF_2| = 2a \tag{1.11}$$
を満たすものとしよう。直線 F_1F_2 を x 軸，線分 F_1F_2 の垂直二等分線を y 軸とし，F_1，F_2 の座標を $(-c, 0)$，$(c, 0)$ とすると，$F_1F_2 = 2c$ となる。
$$|PF_1 - PF_2| < F_1F_2 \tag{1.12}$$
なので，
$$a < c \tag{1.13}$$
でなければならない。P の座標を (x, y) とすると，式 (1.11) から
$$\sqrt{(x+c)^2 + y^2} - \sqrt{(x-c)^2 + y^2} = \pm 2a$$
　この式の両辺に
$$\sqrt{(x+c)^2 + y^2} + \sqrt{(x-c)^2 + y^2}$$
を掛けて，楕円のときのように変形すると，
$$\frac{x^2}{a^2} - \frac{y^2}{c^2 - a^2} = 1 \tag{1.14}$$
ここで，
$$b = \sqrt{c^2 - a^2}$$
とおくと，式 (1.14) は
$$\frac{x^2}{a^2} - \frac{y^2}{b^2} = 1 \tag{1.15}$$
これが，双曲線の方程式である。

　2 点 $F_1(-c, 0)$，$F_2(c, 0)$ を焦点とし，$|PF_1 - PF_2| = 2a$ を満たす点 $P(x, y)$ の描く双曲線の方程式は
$$\frac{x^2}{a^2} - \frac{y^2}{c^2 - a^2} = 1 \tag{1.16}$$
であった。そこで，双曲線の方程式が
$$\frac{x^2}{a^2} - \frac{y^2}{b^2} = 1 \tag{1.17}$$
で与えられたときには，$b^2 = c^2 - a^2$ より，
$$c = \sqrt{a^2 + b^2}$$
となる。そこで，式 (1.17) の焦点の座標は
$$(-\sqrt{a^2 + b^2}, 0), \quad (\sqrt{a^2 + b^2}, 0) \tag{1.18}$$

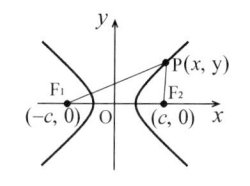

図 5.1.18　$|PF_1 - PF_2| = 2a$

[コラム]　楕円軌道の発見

　ケプラー (1571～1630) は，火星や木星などの惑星が，太陽を 1 つの焦点とする楕円軌道を描くことを発見した。これを力学の法則から導いたのはニュートン (1642～1727) である。

　ここではニュートンが定式化したケプラーの法則を見てみよう。

　第 1 法則：惑星は太陽を 1 つの焦点とする楕円軌道上を動く。

　第 2 法則：惑星と太陽とを結ぶ線分の描く面積は単位時間あたりつねに一定である（面積速度一定の法則）。

　第 3 法則：惑星の公転周期の 2 乗は軌道の長径の 3 乗に比例する。

　第 1 法則，第 2 法則が解明され (1609 年発表)，後に第 3 法則が解明された (1619 年)。ニュートンは自分が発見した運動の法則と，このケプラーの法則などをもとに万有引力の法則を導き出した。すなわち，ケプラーが太陽系の惑星の運動について述べたことは，実は 2 つの任意の物体間に対しても同様に成り立つことがわかった。したがって，ケプラーの法則は，太陽と惑星の間だけでなく，惑星と衛星（あるいは人工衛星），衛星と「孫衛星」などの間でも成立する。

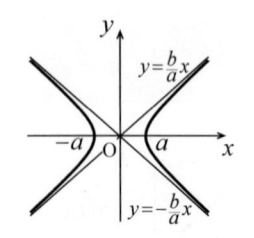

図 5.1.19 双曲線 $\dfrac{x^2}{a^2}-\dfrac{y^2}{b^2}=1$ と漸近線 $y=\dfrac{a}{b}x$

《One Point Advice》
漸近線は「ゼンキンセン」と読む（斬や暫はザンと読むが，漸はゼンである）。字の意味からは，「ゆっくりと近づく，急には近づかない」という意味にとれるが，数学では教科書にあるように，「いくらでも近づいていく」と理解してよい。漸近線のもとの言葉 asymptote はギリシャ語系で，"sym" は「一緒に」，"a" は否定の接頭語だから，「どこまで行っても座標軸とは一緒にならない」という意味が原義である。言葉のニュアンスのうつりかわりに注意してほしい。

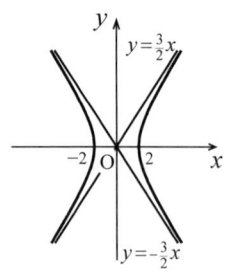

図 5.1.20

表 1.1

x	双曲線上の y の値	漸近線上の y の値
10	14.70	15.00
20	29.80	30.00
50	74.90	75.00
100	149.96	150.00
500	749.99	750.00

で与えられる。

●双曲線の漸近線●

双曲線の方程式
$$\dfrac{x^2}{a^2}-\dfrac{y^2}{b^2}=1 \tag{1.19}$$

は，つぎのように変形できる（図 5.1.19）。
$$y^2=b^2\left(\dfrac{x^2}{a^2}-1\right)$$

この式の右辺の値は，x の値が非常に大きいときは，およそ $b^2\cdot\dfrac{x^2}{a^2}$ に等しい。言い換えれば，x が大きいところでは，この双曲線は
$$y=\pm\dfrac{b}{a}x$$

という2つの直線に近くなる。この直線が，漸近線である。双曲線 (1.19) の2つの漸近線は，
$$\dfrac{x^2}{a^2}-\dfrac{y^2}{b^2}=0$$

と表すと便利である。漸近線は曲線の概形をつかむのに役立つ。

例題　双曲線の漸近線と概形

双曲線 $\dfrac{x^2}{4}-\dfrac{y^2}{9}=1$ の漸近線を求めよ。また，$x=10, 20, 50, 100, 500$ のときの双曲線上の y の値と漸近線上の y の値を求めて，双曲線の概形と漸近線を書け。

【解】

漸近線は $y=\pm\dfrac{3}{2}x$ である。

また，$y=0$ とおくと，$x=\pm 2$ となり，双曲線と x 軸との交点がわかる。以上のことから，図 5.1.20 のような図が描ける。ところで，上の例題の双曲線とその漸近線について，いくつかの x の値に対する y の値を比較して見ると表 1.1 のようになる。この表は，$x>0, y>0$ の部分で計算したものである。x の値が大きくなるにつれて2つの y の値が近づく様子がよくわかる。

●放物線の方程式●

放物線を表す方程式を導いてみよう。そのために，放物線の焦点を F，準線を l とし，F から l に下ろした垂線と l との交点を G として

おこう（図5.1.21）．FGをy軸に，線分FGの垂直二等分線をx軸に選び，Fの座標を$(0,p)$とすると，lの方程式は$y=-p$と表されることになる．放物線上の任意の点を$P(x,y)$とし，Pからlに下ろした垂線をPHとすると，PF＝PHがいえるから，
$$\sqrt{x^2+(y-p)^2}=|y-(-p)| \tag{1.20}$$
辺々を2乗すると，
$$x^2+y^2-2py+p^2=y^2+2py+p^2,\quad 4py=x^2$$
$$\therefore\quad y=\frac{1}{4p}x^2$$

となる．これが，放物線の方程式である．$\frac{1}{4p}=a$とおくと，上の式は$y=ax^2$となり，高校で学んだ放物線と同じものであることがわかる．放物線の焦点については後ほど議論する．

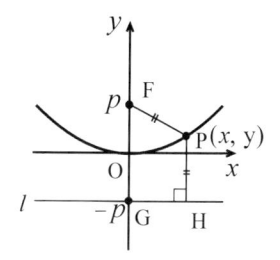

図5.1.21 座標軸のとり方

［コラム］ 双曲線の利用 ロラン

2つの焦点$F_1(-c,0)$，$F_2(c,0)$を固定し，F_1，F_2にいたる距離の差$2a$をいろいろに変化させて，双曲線の形がどのように変化するかについて考えてみよう．図5.1.22のように，F_1，F_2を中心として等間隔に同心円を描き，その交点を順にたどって双曲線を書けばよい．図では，$c=5$にとり，同心円の半径は，間隔を1にとってある．この図からもわかるように，aを小さくすると双曲線はゆるやかにひろがり，aを大きくすると双曲線は鋭く曲がる．特に$a=0$のときは，F_1，F_2の垂直二等分線になる．このような場合には双曲線とはいわない．

双曲線のこのような性質を利用して，遠距離を航海する船が自分の位置を確かめることが可能である．「ロラン」とよばれる方法を紹介する．

ロラン（LORAN）とは，LOng RAnge Navigation（遠距離航海）の略であり，太平洋・大西洋はロラン局の網でおおわれている（ある特殊な電波を発する発信局を3か所以上設置しておく）．

船ではロラン局A，Bから同時に発信される電波を受信して，その時間差から，発信地A，Bからの距離の差dを計算する．すなわち，船の位置をPとすると，
$$|PA-PB|=d$$
PはA，Bを焦点とするある双曲線上にのっていることがわかる．

同じような方法で，発信地B，Cからの距離の差d'を計算する．するとPは
$$|PB-PC|=d'$$
を満たす双曲線の上にものっているわけである．これらの双曲線の交点が，Pの位置となる．交点の位置を簡単に知るために，いろいろなd，d'の値に対する双曲線を記入したロラン海図というものがつくられ，実際に使われている．

ロランA方式というのは既に過去のものとなり，今はさらに進化したロランC方式がそれに取ってかわり，更にGPSも利用されているようだ．

参考サイト
http://www.kaiho.mlit.go.jp/syoukai/

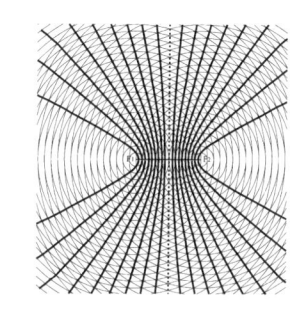

図5.1.22 同心円をもとに双曲線をかく

```
soshiki/toudai/lolanc/

http://www.kohkun.go.jp/knowledge/
navigation/nav_pos_loran.html
```

5.1.3 円錐曲線の，準線，離心率

本項の内容は，円錐曲線を統一的にとらえる理論である。一見，形の異なる円錐曲線が準線と離心率によって統一的にとらえられることを感じ取ることが大切である。

●楕円の準線，離心率●

前項の学習で，$F_1(-c, 0)$，$F_2(c, 0)$ を焦点とした楕円の方程式は以下のようになる。

$$\frac{x^2}{a^2} + \frac{y^2}{a^2 - c^2} = 1$$

の上の任意の点 P の座標を (x, y) とすると，

$$PF_2 = \sqrt{(x-c)^2 + y^2} = \sqrt{(x-c)^2 + (a^2 - c^2)\left(1 - \frac{x^2}{a^2}\right)}$$

$$= \sqrt{\left(\frac{c}{a}x - a\right)^2} = \frac{c}{a}\left|x - \frac{a^2}{c}\right|$$

$x = a^2/c$ の表す直線を l とし，P から l に下ろした垂線の足を H とすると，

$$PF_2 = \frac{c}{a}PH \quad \left(\frac{c}{a} < 1\right)$$

が成り立つ。このような直線 l を，この楕円の準線という（図 5.1.23）。

円錐曲線の焦点を F，準線を l とし，曲線上の点 P から l に下ろした垂線を PH とすると，PF/PH $= e$ となる定数 e が存在する。この e を離心率という。楕円では $e < 1$ となる。

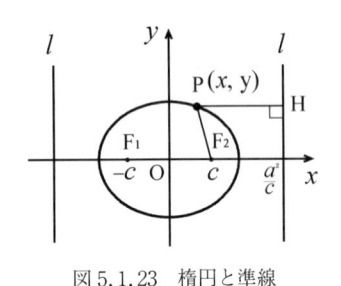

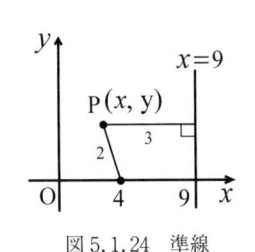

図 5.1.23 楕円と準線

例題　楕円の方程式

点 $(4, 0)$ と，直線 $x = 9$ にいたる距離の比が，$2:3$ となる点の描く図形の方程式を求めよ（図 5.1.24）。

【解】

条件を満たす点を $P(x, y)$ とすると，

$$\sqrt{(x-4)^2 + y^2} : |9 - x| = 2 : 3$$

図 5.1.24 準線

したがって,
$$2|9-x| = 3\sqrt{(x-4)^2+y^2}$$
両辺を2乗して整理すると, $5x^2+9y^2=180$
$$\therefore \quad \frac{x^2}{36}+\frac{y^2}{20}=1$$

例題　楕円と直線の交点

楕円 $\frac{x^2}{4}+\frac{y^2}{3}=1$ と,直線 $y=2x+k$ との交点を P(x_1, y_1), Q(x_2, y_2) とし,PQ の中点を R(X, Y) とするとき(図5.1.25),点 R の座標はどんな方程式を満たすか.

【解】
$y=2x+k$ を $\frac{x^2}{4}+\frac{y^2}{3}=1$ に代入して,
$$3x^2+4(2x+k)^2=12, \quad 19x^2+16kx+4k^2-12=0$$
(1) において解と係数との関係から,
$$x_1+x_2 = -\frac{16k}{19}$$
$$X = \frac{x_1+x_2}{2} = -\frac{8k}{19} \quad (2)$$
$$Y = 2X+k = \frac{3k}{19} \quad (3)$$
これらから k を消去して,$Y = -(3/8)X$.

【解説】この問題からわかるように楕円を横切る平行な直線の中点は一直線上にある.

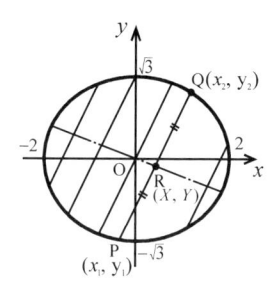

図5.1.25　楕円と直線

《One Point Advice》
解と係数の関係
$ax^2+bx+c=0$ の2解を α, β とすれば
$$\alpha+\beta=-\frac{b}{a}, \quad \alpha\beta=\frac{c}{a}$$
$$ax^2+bx+c = a(x-\alpha)(x-\beta)$$
と因数分解すれば容易に理解できる.

●双曲線の準線,離心率●

双曲線 $\frac{x^2}{a^2}-\frac{y^2}{c^2-a^2}=1$ の上の任意の点を P(x, y) とすると,楕円のときと同様に
$$PF_2 = \sqrt{(x-c)^2+y^2} = \sqrt{(x-c)^2+(c^2-a^2)\left(1-\frac{x^2}{a^2}\right)}$$
$$= \sqrt{\left(\frac{c}{a}x-a\right)^2} = \frac{c}{a}\left|x-\frac{a^2}{c}\right|$$

$x=\frac{a^2}{c}$ の表す直線を l とし,P から l に下ろした垂線の足を H とすると(図5.1.26),
$$PF_2 = \frac{c}{a}PH \quad \left(\frac{c}{a}>1\right)$$

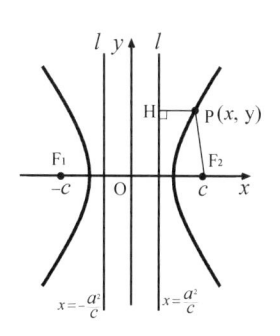

図5.1.26　双曲線と準線

が成り立つ．この l は，やはり準線という．

円錐曲線の焦点を F，準線を l とし，曲線上の点 P から l に下ろした垂線を PH とすると，PF/PH$=e$ となる定数 e は離心率といい，双曲線では $e>1$ となる．

●放物線の準線，離心率●

前項で学んだように，F$(0, p)$ を焦点とし，直線 $y=-p$ を準線とする放物線の方程式は，
$$y=\frac{1}{4p}x^2$$
であったから，放物線の方程式が
$$y=ax^2 \tag{1.21}$$
で与えられたときには，$a=1/(4p)$，つまり $p=1/(4a)$ となる（図 5.1.27）．そこで，放物線 (1.21) では，焦点の座標は $\left(0, \dfrac{1}{4a}\right)$，準線の方程式は
$$y=-\frac{1}{4a}$$
となる．

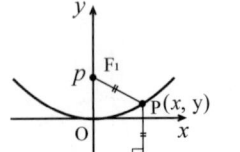

図 5.1.27 座標軸のとり方

円錐曲線の焦点を F，準線を l とし，曲線上の点 P から l に下ろした垂線を PH とすると，PF/PH$=e$ となる定数 e が存在し，e を離心率といい，放物線では $e=1$ となる．

●離心率の意味●

楕円と双曲線も焦点と準線の立場から見ることができる．図 5.1.28 を参照しながら考えよう．PF$=$（P から直線 l までの距離）でなく，e を正の数として PF$=e\times$（P から l までの距離）とするのである．e を**離心率**（eccentricity）という．$e=1$ の場合が放物線である．図 5.1.28 のように，l と F をとり，
$$\mathrm{PF}=e\mathrm{QP}$$
とする．また $e\mathrm{GF}=k$ とおく．図 5.1.28 のように r と θ をきめると，
$$\mathrm{QP}=\mathrm{GF}+r\cos\theta \text{ であるから，}$$
$$r=e(r\cos\theta+\mathrm{GF})=er\cos\theta+k \tag{1.22}$$
となる．F を原点とし，GF を x 軸とする座標を入れると，式 (1.22) は
$$\sqrt{x^2+y^2}=r=e\cos\theta+k=ex+k$$
だから，両辺を 2 乗して
$$(1-e^2)x^2-2ekx+y^2=k^2$$

図 5.1.28

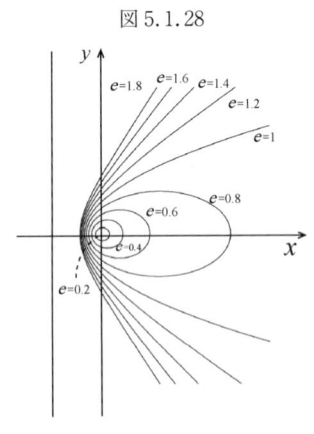

図 5.1.29 離心率の変化と曲線（図 5.2.11 参照）

$$(1-e^2)\left(x-\frac{ek}{1-e^2}\right)^2+y^2=\frac{k^2}{1-e^2} \quad (e\neq 1)$$

となる。標準の形にすると，

$e<1$ ならば

$$\frac{\left(x-\frac{ek}{1-e^2}\right)^2}{\left(\frac{k}{1-e^2}\right)^2}+\frac{y^2}{\left(\frac{k}{\sqrt{1-e^2}}\right)^2}=1 \quad (1.23)$$

$e>1$ ならば

$$\frac{\left(x+\frac{ek}{e^2-1}\right)^2}{\left(\frac{k}{e^2-1}\right)^2}-\frac{y^2}{\left(\frac{k}{\sqrt{e^2-1}}\right)^2}=1 \quad (1.24)$$

である。これより，離心率 e について

$0<e<1$ のとき楕円，$e=1$ のとき放物線，$e>1$ のとき双曲線であることがわかる。

式 (1.23) は楕円で，中心は $\left(\frac{ek}{1-e^2},0\right)$ 焦点は $\left(\frac{ek}{1-e^2}\pm\frac{ek}{1-e^2},0\right)$ となり，F=(0,0) がの楕円の焦点であることがわかる。

式 (1.24) は双曲線で，中心は $\left(-\frac{ek}{e^2-1},0\right)$ 焦点は $\left(-\frac{ek}{e^2-1}\pm\frac{ek}{e^2-1},0\right)$ となり，F(0,0) が双曲線の焦点である。

式 (1.23) で，k を一定として e を限りなく 0 に近づける ($e\to 0$) と，$1-e^2$ は限りなく 1 に近づくので，（ｉ）は $x^2/k^2+y^2/k^2=1$ という円の式に近づく。しかしこのとき，$e\times$GF$=k$ だから GF は限りなく大きくならなければならない（GF$\to\infty$）から，準線 l は図の左のほうに遠ざかる。この，$e\to 0$ の極限の場合も含めれば，円錐曲線が離心率によって統一的に理解できる。式 (1.22) は

$$r=\frac{k}{1-e\cos\theta} \quad (k\text{ は一定}) \quad (1.25)$$

と書ける。k は，$\theta=90°$ としたときの r の値で，通径とよばれる。これによって，双曲線，放物線，楕円，円が同じ形で表されることになった。たとえば，$e=0$ とすると，$r=k$（一定）となり，軌跡は円となる。離心率によって，図形がどのように変化するかを図 5.1.29 で確認してみよう。また，5.2.3 項でコンピュータでも確認しよう。

● 離心率の直感的理解 ●

同心円に線を引いてその交点を結ぶと楕円，放物線，双曲線ができる（図 5.1.30）。各自考察してみよう。

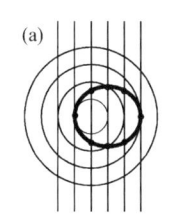

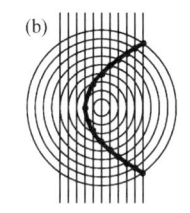

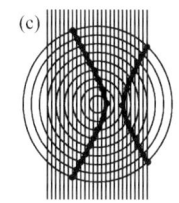

図 5.1.30 (a) $e=1/2$ 楕円
(b) $e=1$ 放物線
(c) $e=2$ 双曲線

[コラム] 放物線の焦点の応用例

　空気の抵抗がなければ，投げられた物体は地球の重心を 1 つの焦点とする楕円軌道を描く。この軌道は離心率が限りなく 1 に近いため，放物線のように見える。これからもわかるように，放物線は，楕円の 1 つの焦点が無限に遠ざかったものである。

　そこで，光を反射する放物線形の面をつくって焦点の位置に光源を置くと，面に当たって反射した光は，対称軸と平行に直進する。

　サーチライトやパラボラアンテナなどに利用されている（parabola とは放物線のことである）。サーチライトやパラボラアンテナは，この回転放物面を使っている。したがって，焦点に光源や電波の発信源をおくと，特定の方向に遠くまで送ることができる。また反対に，遠方からくる光や電波を集めるときにも，この回転放物面がそのまま利用できる。遠くからくる光や電波は，ほぼ平行線の束となっていると考えられるから，その方向に放物面の対称軸を一致させると，反射した光や電波は焦点に集まることになる（図 5.1.32）。

図 5.1.31　パラボラアンテナ

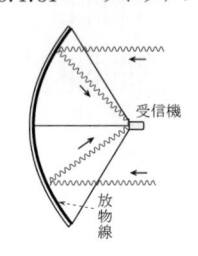

図 5.1.32　焦点 F に光や電波が集まる

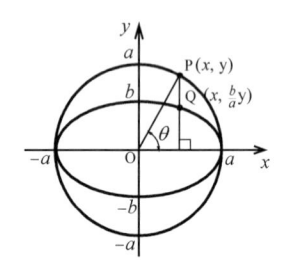

図 5.1.33　楕円

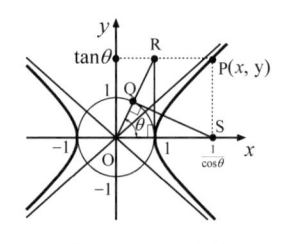

図 5.1.34　双曲線

[コラム]　円錐曲線の名前の由来

　古代ギリシアでは，円錐を平面で切るとき，その切り口を，現代の記号を使って表すと，
$$y^2 = ax - bx^2$$
$$y^2 = ax$$
$$y^2 = ax + bx^2$$
となる3種類の曲線になることが発見されていた．それぞれ，以下のようによばれた．
　　楕　円　エレイプシス（不足，英語では ellipse），
　　放物線　パラボレー（横に投げる，英語では parabola），
　　双曲線　ピュペルボレー（超過，

5.1.4　2次曲線の媒介変数表示

●楕円の媒介変数表示●

$a > 0$ とする．円 $x^2 + y^2 = a^2$ 上の点を $P(x, y)$ とし，半直線 OP が x 軸の正の部分となす角を θ とすると
$$x = a\cos\theta, \quad y = a\sin\theta$$
これは，原点 O を中心とし，半径 a の円の媒介変数表示である（図5.1.33）．

楕円 $\dfrac{x^2}{a^2} + \dfrac{y^2}{b^2} = 1$ は，上の円 $x^2 + y^2 = a^2$ を y 軸方向に，$\dfrac{b}{a}$ 倍に縮小または拡大した曲線であるから，つぎのように媒介変数表示される．
$$x = a\cos\theta, \quad y = b\sin\theta \tag{1.26}$$

●双曲線の媒介変数表示●

双曲線
$$x^2 - y^2 = 1 \tag{1.27}$$
の媒介変数表示について考えよう．

$\sin^2\theta + \cos^2\theta = 1$ であるから，$\cos\theta \neq 0$ のとき，等式の両辺を $\cos^2\theta$ で割って，移項すると
$$\frac{1}{\cos^2\theta} - \tan^2\theta = 1$$
よって
$$x = \frac{1}{\cos\theta}, \quad y = \tan\theta \tag{1.28}$$
とおくと，点 $P(x, y)$ は双曲線 (1.27) 上にある．また，図 5.1.34 のように，単位円上に点 $Q(\cos\theta, \sin\theta)$ をとり，さらに2点 $R(1, \tan\theta)$，$S\left(\dfrac{1}{\cos\theta}, 0\right)$ をとって，図 5.1.34 のように点 $P(x, y)$ を定めると，式 (1.28) が成り立つ．ここで，θ が変化して，点 Q が単位円上を動くとき，点 $P(x, y)$ の軌跡は双曲線 (1.27) になる．

したがって，式 (1.28) は，双曲線 (1.27) の媒介変数表示を与える．一般に，双曲線
$$\frac{x^2}{a^2} - \frac{y^2}{b^2} = 1 \tag{1.29}$$
において，$X = \dfrac{x}{a}$，$Y = \dfrac{y}{b}$ とおくと，$X^2 - Y^2 = 1$ となる．

双曲線 $X^2 - Y^2 = 1$ は，媒介変数 θ を用いて $X = \dfrac{1}{\cos\theta}$，$Y = \tan\theta$ と表されるから，双曲線 (1.29) は，つぎのように媒介変数表示される．

$$x = a \cdot \frac{1}{\cos\theta}, \quad y = b\tan\theta$$

> 英語では hyperbola)
> それぞれ，
> $$b\left(x - \frac{a}{2b}\right)^2 + y^2 = \frac{a^2}{4b}$$
> $$y^2 = ax$$
> $$b\left(x + \frac{a}{2b}\right)^2 - y^2 = \frac{a^2}{4b}$$
> と変形されるから，楕円，放物線，双曲線に相当する。

円錐曲線のまとめ

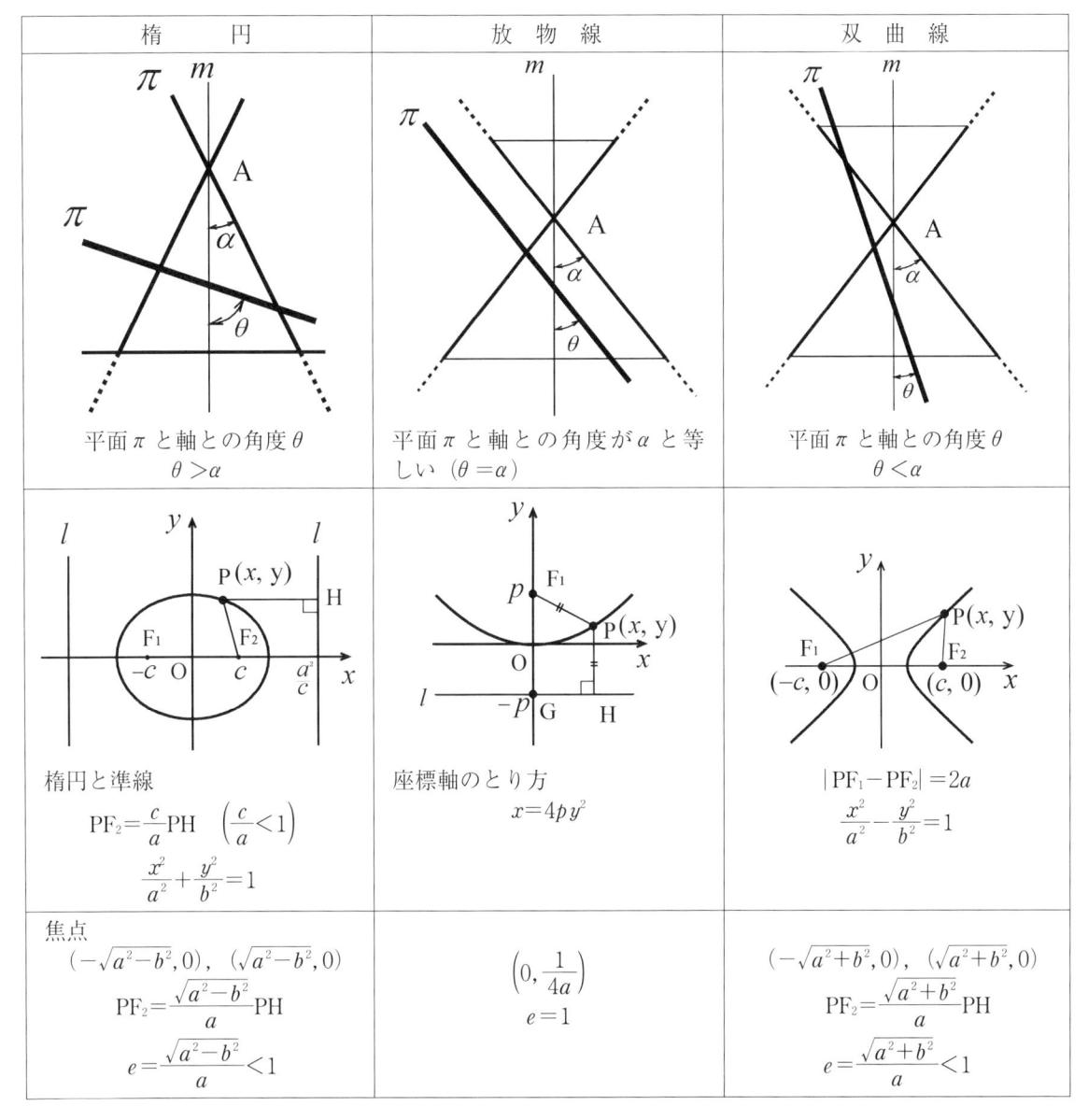

楕 円	放 物 線	双 曲 線
平面 π と軸との角度 θ　$\theta > \alpha$	平面 π と軸との角度が α と等しい ($\theta = \alpha$)	平面 π と軸との角度 θ　$\theta < \alpha$
楕円と準線　$PF_2 = \frac{c}{a}PH \ \left(\frac{c}{a} < 1\right)$　$\frac{x^2}{a^2} + \frac{y^2}{b^2} = 1$	座標軸のとり方　$x = 4py^2$	$\lvert PF_1 - PF_2 \rvert = 2a$　$\frac{x^2}{a^2} - \frac{y^2}{b^2} = 1$
焦点　$(-\sqrt{a^2-b^2},\ 0),\ (\sqrt{a^2-b^2},\ 0)$　$PF_2 = \frac{\sqrt{a^2-b^2}}{a}PH$　$e = \frac{\sqrt{a^2-b^2}}{a} < 1$	$\left(0,\ \frac{1}{4a}\right)$　$e = 1$	$(-\sqrt{a^2+b^2},\ 0),\ (\sqrt{a^2+b^2},\ 0)$　$PF_2 = \frac{\sqrt{a^2+b^2}}{a}PH$　$e = \frac{\sqrt{a^2+b^2}}{a} < 1$

第2節　2次曲線の応用

5.2.1　円錐曲線と接線
●2次曲線の接線●

楕円
$$\frac{x^2}{a^2}+\frac{y^2}{b^2}=1 \tag{2.1}$$

とただ1点を共有する直線とただ1点 (x_1, y_1) を共有する直線の方程式を求めよう。ただし，$a>b>0$ とする（図5.2.1）。式 (2.1) を y について解くと

$$y=\pm\frac{b}{a}\sqrt{a^2-x^2}$$

となるから，これは，原点を中心とする半径 a の円
$$y=\pm\sqrt{a^2-x^2}$$

を y 軸の方向に b/a 倍に縮めたものであることがわかる（図5.2.1）。この円を

$$X^2+Y^2=a^2$$

と表し，その上の点 (X_1, Y_1) における接線をつくると，

$$X_1X+Y_1Y=a^2 \tag{2.2}$$

この接線を y 軸方向に b/a 倍に縮めた直線は，楕円とただ1点で交わる。そこで

$$\begin{cases} X=x \\ Y=\dfrac{a}{b}y \end{cases}, \quad \begin{cases} X_1=x_1 \\ Y_1=\dfrac{a}{b}y_1 \end{cases}$$

を式 (2.2) に代入すれば，求める直線の方程式が得られる。したがって，

$$\begin{aligned} x_1x+\frac{a^2}{b^2}y_1y &= a^2 \\ \frac{x_1x}{a^2}+\frac{y_1y}{b^2} &= 1 \end{aligned} \tag{2.3}$$

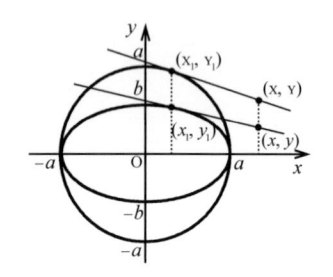

図5.2.1　楕円と接線

この直線を，楕円の接線という。

双曲線
$$\frac{x^2}{a^2}-\frac{y^2}{b^2}=1 \tag{2.4}$$

図5.2.2のようにただ1点 (x_1, y_1) を共有する直線の方程式を求めよう。求める方程式を

$$y=m(x-x_1)+y_1 \tag{2.5}$$

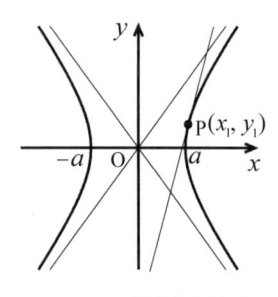

図5.2.2　双曲線と接線

とし，式 (2.4) に代入すると
$$\frac{x^2}{a^2}-\frac{(mx+(y_1-mx_1))^2}{b^2}=1 \qquad (2.6)$$

これを整理すると，
$$(b^2-a^2m^2)x^2-2a^2m(y_1-mx_1)x-a^2(y_1-mx_1)^2-a^2b^2=0$$

この方程式は，共有点がただ 1 つという条件から重根をもち，その重根が x_1 であるから，
$$-\frac{2a^2m(y_1-mx_1)}{2(b^2-a^2m^2)}=x_1 \qquad (2.7)$$

したがって，
$$m=\frac{b^2x_1}{a^2y_1}$$

《One Point Advice》
$ax^2+bx+c=0$ の重解は $x=-\dfrac{b}{2a}$

これを式 (2.5) に代入して整理すると，
$$\frac{x_1x}{a^2}-\frac{y_1y}{b^2}=\frac{x^2}{a^2}-\frac{y^2}{b^2}$$

すなわち，
$$\frac{x_1x}{a^2}-\frac{y_1y}{b^2}=1 \qquad (2.8)$$

この直線を，双曲線の接線という。

例題　楕円の接線

楕円 $\dfrac{x^2}{25}+\dfrac{y^2}{16}=1$ に，点 $(7,-4/5)$ から引いた接線の接点を A，B とするとき，直線 AB の方程式を求めよ（図 5.2.3）。

【解】

接点を $A(x_1,y_1)$, $B(x_2,y_2)$ とすると，A，B における接線の方程式は，それぞれ
$$\frac{x_1x}{25}+\frac{y_1y}{16}=1, \quad \frac{x_2x}{25}+\frac{y_2y}{16}=1$$

これは，ともに点 P を通るから，
$$\frac{7x_1}{25}-\frac{y_1}{20}=1, \quad \frac{7x_2}{25}-\frac{y_2}{20}=1$$

この式は，点 (x_1,y_1), (x_2,y_2) が直線
$$\frac{7x}{25}-\frac{y}{20}=1$$

の上にあることを示し，求める直線となる。

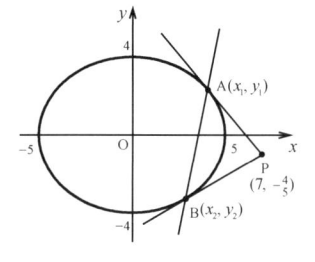

図 5.2.3　楕円の接線

例題　放物線の接線

放射線 $x^2=4py$ 上の点 (x_1, y_1) における接線の方程式は

$$\frac{x}{x_1}=2p(y+y_1)$$

となることを導け。

【解】

　(x_1, y_1) を通り，傾き m の直線の方程式は，

$$y-y_1=m(x-x_1)$$

これを，$x^2=4py$ に代入すると，

$$x^2=4p\{m(x-x_1)+y_1\},$$
$$x^2-4pmx+4p(mx_1-y_1)=0 \tag{1}$$

　接線の場合は，これが重根をもつから
判別式を D とすると

$$\frac{D}{4}=4p^2m^2-4p(mx_1-y_1)=0 \tag{2}$$

　ところで，(x_1, y_1) は $x^2=4py$ の上にあるから，$4py_1=x_1^2$ となる。そこで式 (2) は

$$4p^2m^2-4pmx_1+x_1^2=0, \quad (2pm-x_1)^2=0, \quad m=\frac{x_1}{2p}$$

となる。そこで接線の方程式は，

$$y-y_1=\frac{x_1}{2p}(x-x_1), \quad 2py-2py_1=x_1x-x^2$$

再び $x_1^2=4py_1$ を利用すると，$x_1x=2p(y+y_1)$ となる。

【別解】

　放物線 $x^2=4py$ 上の 2 点 $(x_1, y_1)(x_2, y_2)$ を通る直線の方程式は

$$y-y_1=\frac{y_2-y_1}{x_2-x_1}(x-x_1)=\frac{(y_2-y_1)(x_2+x_1)}{x_2^2-x_1^2}\cdot(x-x_1)$$
$$=\frac{(y_2-y_1)(x_2+x_1)}{4p(y_2-y_1)}\cdot(x-x_1)=\frac{x_2+x_1}{4p}(x-x_1)$$

$x_2=x_1$ とおくと

$$y-y_1=\frac{x_1}{2p}(x-x_1), \quad 2p(y-y_1)=x_1x-x_1^2 \tag{3}$$

また，

$$4py_1=x_1^2 \tag{4}$$

　式 (3) に式 (4) 加えることにより

$$2p(y+y_1)=x_1x$$

となる (図 5.2.4)。

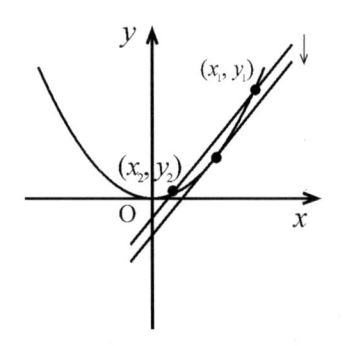

図 5.2.4　放物線と接線

●円錐曲線の諸問題●

ここでは，円錐曲線の諸問題をあつかっておこう。

例題　双曲線と直線の共有点

双曲線 $\dfrac{x^2}{25}-\dfrac{y^2}{9}=1$ と，直線 $y=x+b$ との共有点の数について調べよ（図5.2.5）。

【解】

直線 $y=x+b$ を

$$\frac{x^2}{25}-\frac{y^2}{9}=1$$

に代入して整理すると，

$$9x^2-25(x^2+2bx+b^2)=225$$
$$16x^2+50bx+25(b^2+9)=0.$$

判別式を D と表すと，共有点をもつ条件は

$$\frac{D}{4}=252b^2-16.25(b^2+9)\geqq 0,\ \ b^2-16\geqq 0.$$

ゆえに，$b<-4$ または $b>4$ のとき，共有点は2つ。$b=\pm 4$ のとき，共有点は1つである。

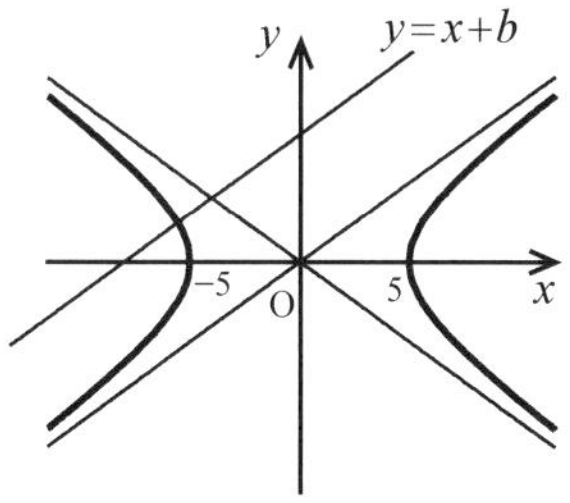

図5.2.5　双曲線と直線の共有点

同様な問題を次節ではコンピュータで理解してみよう（図5.2.14）。

例題　$xy=k$ の形は双曲線

式 $x^2-y^2=2$ で表される図形を，原点のまわりに45°回転してできる図形の方程式は，$xy=1$ となることを示せ。

【解】

点 (x,y) が点 (x',y') にうつると，するとこの変換は

$$\begin{pmatrix}x'\\y'\end{pmatrix}=\begin{pmatrix}\cos 45^\circ & -\sin 45^\circ\\ \sin 45^\circ & \cos 45^\circ\end{pmatrix}\begin{pmatrix}x\\y\end{pmatrix}=\begin{pmatrix}\dfrac{1}{\sqrt{2}} & -\dfrac{1}{\sqrt{2}}\\ \dfrac{1}{\sqrt{2}} & \dfrac{1}{\sqrt{2}}\end{pmatrix}\begin{pmatrix}x\\y\end{pmatrix}$$

という1次変換で表される。

$$\begin{pmatrix}x\\y\end{pmatrix}=\begin{pmatrix}\dfrac{1}{\sqrt{2}} & -\dfrac{1}{\sqrt{2}}\\ \dfrac{1}{\sqrt{2}} & \dfrac{1}{\sqrt{2}}\end{pmatrix}^{-1}\begin{pmatrix}x'\\y'\end{pmatrix}=\begin{pmatrix}\dfrac{1}{\sqrt{2}} & \dfrac{1}{\sqrt{2}}\\ -\dfrac{1}{\sqrt{2}} & \dfrac{1}{\sqrt{2}}\end{pmatrix}\begin{pmatrix}x'\\y'\end{pmatrix}$$

だから

$$\begin{cases} x = \dfrac{1}{\sqrt{2}}x' + \dfrac{1}{\sqrt{2}}y' \\ y = -\dfrac{1}{\sqrt{2}}x' + \dfrac{1}{\sqrt{2}}y' \end{cases}$$

を，$x^2 - y^2 = 2$ に代入すると

$$\left(\frac{1}{\sqrt{2}}x' + \frac{1}{\sqrt{2}}y'\right)^2 - \left(-\frac{1}{\sqrt{2}}x' + \frac{1}{\sqrt{2}}y'\right)^2 = 2$$

より $x'y' = 1$ が得られ，(x', y') は $xy = 1$ にあることがわかる。

5.2.2　2次曲線の標準化

● 2次曲線の一般式 ●

x, y についての1次方程式

$$ax + by + c = 0 \tag{2.9}$$

を満たす (x, y) を集めて平面上に表すとそれは直線になった。

それでは，x, y についての2次方程式

$$ax^2 + bxy + cy^2 + dx + ey + f = 0 \tag{2.10}$$

を満たす x, y の全体はどんな図形になるのであろうか。いくつか例を考えてみよう。

① $a = c = 1$, $b = d = e = 0$, $f = -1$ のとき $x^2 + y^2 = 1$ となって，これは原点中心で半径1の円を表す。

② $a = 1$, $b = d = e = 0$, $c = 9$, $f = -36$ のとき $4x^2 + 9y^2 = 36$ となって，これは楕円になる。

③ $a = 1$, $b = d = e = 0$, $c = -1$, $f = -1$ のとき $x^2 - y^2 = 1$ となって，これは双曲線を表す。

④ $a = 1$, $b = c = d = f = 0$, $e = -1$ のとき $y = x^2$ となって，これは放物線を表す。

⑤ $a = 1$, $b = d = e = f = 0$, $c = -1$ のとき $(x+y)(x-y) = 0$ となって，これは2直線を表す。

このように式 (2.10) は係数の値によって，円，楕円，双曲線，放物線などと次つぎに姿をかえることがわかるだろう。係数を複雑にしていけばこれ以外にもっと複雑な図形があらわれるような気がするかもしれない。しかし実は，2次曲線は円，楕円，双曲線，放物線，またはその退化した形のいずれかになるのである。x, y の係数 b が 0 ならば，これらの図形の標準形を平行移動したものとなっているし，$b \neq 0$ なら，これらの標準形を回転したものになる。そのことは線形変換を使って調べることができる。

例題　傾いた楕円

つぎの式で表される図形を原点のまわりに$-30°$だけ回転するとどんな図形になるか考察せよ（図 5.2.6）。
$$7x^2-6\sqrt{3}xy+13y^2=16$$

【解】

この図形を原点のまわりに$-30°$だけ回転すると
$$\begin{pmatrix} x' \\ y' \end{pmatrix} = \begin{pmatrix} \frac{\sqrt{3}}{2} & \frac{1}{2} \\ -\frac{1}{2} & \frac{\sqrt{3}}{2} \end{pmatrix} \begin{pmatrix} x \\ y \end{pmatrix}$$

すなわち
$$\begin{pmatrix} x \\ y \end{pmatrix} = \begin{pmatrix} \frac{\sqrt{3}}{2} & -\frac{1}{2} \\ \frac{1}{2} & \frac{\sqrt{3}}{2} \end{pmatrix} \begin{pmatrix} x' \\ y' \end{pmatrix}$$

となるから，このx, yをもとの式に代入して整理すると，
$$\frac{x'^2}{4}+y'^2=1$$

このことは，もとの式が楕円を$30°$だけ回転した図形であることを示している（$-30°$という回転角は，線形変換によってx, yの係数が0になるように選んだのである）。

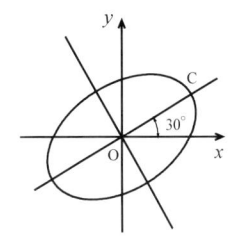

図 5.2.6　傾いた楕円

では，$-30°$を回転させる行列はどうやって求めればよいのであろうか。先の例題（傾いた楕円）の2次曲線は以下のように変形できる。

$$7x^2-6\sqrt{3}xy+13y^2=16 \iff (x \ y)\begin{pmatrix} 7 & -3\sqrt{3} \\ -3\sqrt{3} & 13 \end{pmatrix}\begin{pmatrix} x \\ y \end{pmatrix}=16$$

実は，2次曲線は横ベクトル，行列，縦ベクトルの積で書くことができるのである。ここで，なかに挟まれた行列を
$$A=\begin{pmatrix} 7 & -3\sqrt{3} \\ -3\sqrt{3} & 13 \end{pmatrix}$$

を対角化することによって求めることができる。このように，座標軸に対して傾いている（回転している）2次曲線を座標軸に沿った形に直すことを「2次曲線の標準化」とよんでいる。2次曲線の標準化に際して，行列を使う。ここで2次曲線（円錐曲線）と行列が関連していることがわかるのである。

《One Point Advice》

2次曲線 $ax^2+2bxy+cy^2=1$ は
$$(x \ y)\begin{pmatrix} a & b \\ b & c \end{pmatrix}\begin{pmatrix} x \\ y \end{pmatrix}=1$$
と行列で表すことができる。これは転置行列の記号 t を使うと，
$${}^t\begin{pmatrix} x \\ y \end{pmatrix}\begin{pmatrix} a & b \\ b & c \end{pmatrix}\begin{pmatrix} x \\ y \end{pmatrix}=1$$
と表すことができる。$b=0$のときを特に「標準形」という。

例題　2次曲線の標準化

つぎの2次曲線を標準化せよ。
$$7x^2 - 6\sqrt{3}xy + 13y^2 = 16$$

【解】

まずは以下のように変形して，
$$7x^2 - 6\sqrt{3}xy + 13y^2 = 16 \iff (x\ y)A\begin{pmatrix}x\\y\end{pmatrix} = 16$$

$$A = \begin{pmatrix} 7 & -3\sqrt{3} \\ -3\sqrt{3} & 13 \end{pmatrix}$$

行列 A の固有値を求める。

$|A - \lambda I| = 0$

$\iff A = \begin{vmatrix} 7-\lambda & -3\sqrt{3} \\ -3\sqrt{3} & 13-\lambda \end{vmatrix} = 0 \iff (7-\lambda)(13-\lambda) - (-3\sqrt{3})(-3\sqrt{3}) = 0$

$\iff \lambda^2 - 20\lambda + 64 = 0 \iff (\lambda-4)(\lambda-16) = 0 \qquad \therefore \lambda = 4,\ 16$

ここで，$\lambda = 4$ のとき $3x - 3\sqrt{3}y = 0$ であるから長さ1の固有ベクトルとして $\begin{pmatrix} \sqrt{3}/2 \\ 1/2 \end{pmatrix}$ をとり，$\lambda = 16$ のとき $\sqrt{3}x + 3y = 0$ であるから長さ1の固有ベクトルとして $\begin{pmatrix} 1/2 \\ -\sqrt{3}/2 \end{pmatrix}$ をとる。そして変換行列 P とその逆行列は，

$$P = \begin{pmatrix} \frac{\sqrt{3}}{2} & \frac{1}{2} \\ \frac{1}{2} & -\frac{\sqrt{3}}{2} \end{pmatrix},\ P^{-1} = \begin{pmatrix} \frac{\sqrt{3}}{2} & \frac{1}{2} \\ \frac{1}{2} & -\frac{\sqrt{3}}{2} \end{pmatrix}$$

となり，対角化を行う。

$$P^{-1}AP = \begin{pmatrix} 4 & 0 \\ 0 & 16 \end{pmatrix}$$

ところで，
$$\begin{pmatrix} x \\ y \end{pmatrix} = P\begin{pmatrix} x' \\ y' \end{pmatrix}$$

とすれば，それらの転置（2.2.5項参照）をとれば，

$${}^t\begin{pmatrix} x \\ y \end{pmatrix} = {}^t\left(P\begin{pmatrix} x' \\ y' \end{pmatrix}\right) \iff (x\ y) = (x'\ y')({}^tP)$$

$$\iff (x\ y) = (x'\ y')P^{-1}$$

となる。これをもとの式に代入する。
$$7x^2 - 6\sqrt{3}xy + 13y^2 = 16$$

《One Point Advice》
2.2.5項の転置行列を見直そう。
$A = \begin{pmatrix} a & b \\ b & c \end{pmatrix}$ は ${}^tA = A$ を満たすので，対称行列である。対称行列の変換行列 P は実は ${}^tP = P^{-1}$ を満たす。本書ではこの事実を証明なしで使用している。石村「やさしく学べる線形代数」（共立出版）のP.146 以後に詳しくのべられている。

$$\iff (x\ y)A\begin{pmatrix}x\\y\end{pmatrix}=16 \iff (x'\ y')P^{-1}AP\begin{pmatrix}x'\\y'\end{pmatrix}=16$$

$$\iff (x'\ y')\begin{pmatrix}4 & 0\\0 & 16\end{pmatrix}\begin{pmatrix}x'\\y'\end{pmatrix}=16$$

$$\iff 4x'^2+16y'^2=16$$

$$\iff \frac{x'^2}{4}+y'^2=1$$

練習 2.1

つぎの2次曲線を標準形に直せ。

$3x^2-2xy+3y^2=4$

[コラム] 2次曲面

2次曲面もある。各自，下表を見て考察してみよう。

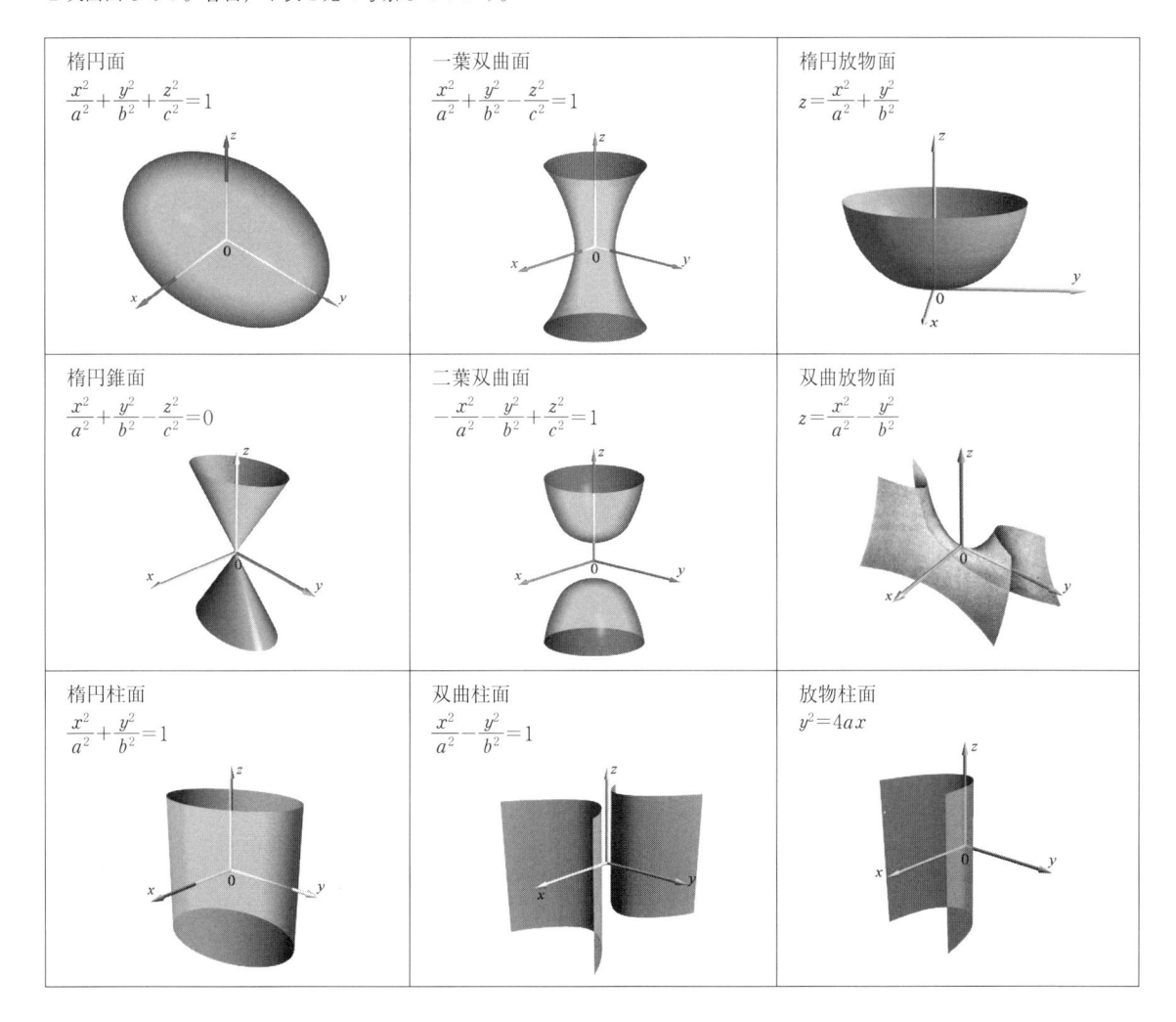

楕円面 $\dfrac{x^2}{a^2}+\dfrac{y^2}{b^2}+\dfrac{z^2}{c^2}=1$	一葉双曲面 $\dfrac{x^2}{a^2}+\dfrac{y^2}{b^2}-\dfrac{z^2}{c^2}=1$	楕円放物面 $z=\dfrac{x^2}{a^2}+\dfrac{y^2}{b^2}$
楕円錐面 $\dfrac{x^2}{a^2}+\dfrac{y^2}{b^2}-\dfrac{z^2}{c^2}=0$	二葉双曲面 $-\dfrac{x^2}{a^2}-\dfrac{y^2}{b^2}+\dfrac{z^2}{c^2}=1$	双曲放物面 $z=\dfrac{x^2}{a^2}-\dfrac{y^2}{b^2}$
楕円柱面 $\dfrac{x^2}{a^2}+\dfrac{y^2}{b^2}=1$	双曲柱面 $\dfrac{x^2}{a^2}-\dfrac{y^2}{b^2}=1$	放物柱面 $y^2=4ax$

5.2.3 コンピュータと2次曲線

本項では，東京書籍発行の文部省検定済み教科書「数学C」(1995年検定)のプログラムをN88互換BASIC for Windows 95で最適に描画するように変更したものを例として掲載している。

●**プログラミング言語BASICのグラフィック機能**●

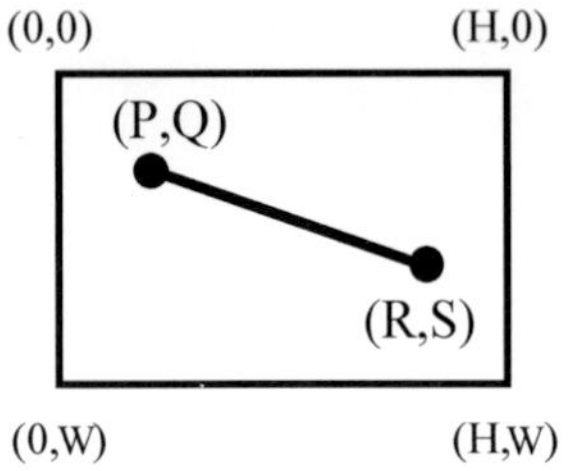

画面上にさまざまな曲線を書いてみよう。ただし，グラフィック機能はコンピュータの機種などによってかなり異なることがあるので，注意する必要がある。グラフィック機能を用いるとき，コンピュータの画面は細かい点でできていると考えるとよい。それらの点の位置は座標で表される。この座標は，数学で用いる座標と異なり，画面の左上を(0,0)，右上を(H,0)，左下を(0,W)，右下を(H,W)とするものである(図5.2.7)。ここでは，H=639,W=399として，プログラムをつくるが，このHおよびWは機種などにより異なる。また，SCREEN命令を実行することにより，W=399とできるようになるものもある。画面に曲線を書くとき用いるのは，PSET命令とLINE命令である。PSET命令はPSET(P,Q)と書き，座標(P,Q)の位置に点を打つ命令である。LINE命令はLINE(P,Q)-(R,S)とすると，点(P,Q)から点(R,S)までの線分を引く命令である。機種などによってはLINE(P,Q)-(R,S),PSETとしなければならないものもある。LINE命令では，前の点の指定を省くことができる。すなわちLINE-(P,Q)(または，LINE-(P,Q),PSET)とすると，直前に打った点または直前に引いた線分の終点から点(P,Q)まで直線を引く。

図5.2.7 BASICの画面(左上が原点でY軸は下向きである)

《One Point Advice》
ここでは座標のHはHeight(高さ)，WはWidth(幅)を表す。通常はHとVで表すことが多く，HはHorizontal(水平)，VはVertical(垂直)を表す。

●**方程式の表す曲線**●

《例》与えられたa, bに対し1次関数，$y=ax+b$を画面上に描くには，プログラム1を用いる。ここで，UとVは，それぞれ，x座標，y座標の座標1あたりの長さを，画面上何個の点で表すかを定めている。V=399のときは，W=80とおく。1010行では原点が画面の中央にくるように，画面上の座標を定めている1000行に$y=ax+b$を書いている。

〈プログラム1〉
```
100  H=639 : W=199 : U=40 : V=40
110  LINE (0,W/2)-(H,W/2)
120  LINE (H/2,0)-(H/2,W)
130  INPUT "a,b=" ; A,B
```

```
140 X=-6 : GOSUB 1000
150 PSET (P,Q)
155 REM 線分の始点に点を打つ
160 X=6 : GOSUB 1000
170 LINE-(P,Q)
175 REM 線分の終点まで線を引く
180 END
1000 Y=A*X+B
1010 P=H/2+X*U : Q=W/2-Y*V
1020 RETURN
```

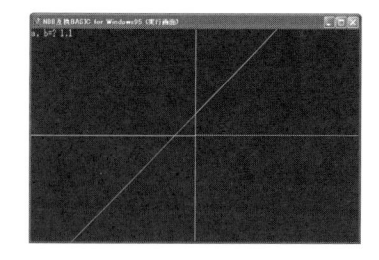

図 5.2.8　BASICによる直線の描画
〈プログラム1〉

練習 2.2

プログラムの実行画面で，$a=1$，$b=1$ を与えて，傾き1，切片1 の直線が x 軸や y 軸と 45°で交わっていることを確認せよ（解答は図 5.2.8）。

《例》　a，b，c を与えて2次関数，$y=ax^2+bx+c$ を描くには，プログラム2を用いる。

〈プログラム2〉

```
100 H=639 : W=399 : U=40 : V=40
110 LINE (0,W/2)-(H,W/2)
120 LINE (H/2,0)-(H/2,W)
130 INPUT "a,b,c=" ; A,B,C
140 X=-4 : GOSUB 1000
150 PSET (P,Q)
160 FOR X=-4 TO 4 STEP 8/H
170 GOSUB 1000
180 LINE-(P,Q)
190 NEXT
200 END
1000 Y=A*X*X+B*X+C
1010 P=H/2+X*U : Q=W/2-Y*V
1020 RETURN
```

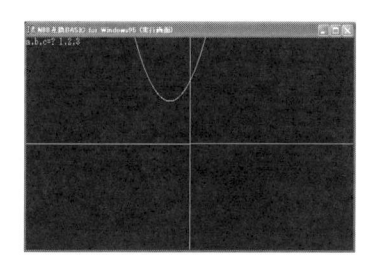

図 5.2.9　BASICによる描画
〈プログラム2〉

練習 2.3

プログラム 2 の実行画面で，$a=1$，$b=2$，$c=3$をとして実行せよ（解答は図 5.2.9）。

● 円錐曲線 ●

いよいよ円錐曲線を書いてみよう。まずは放物線からはじめよう。

《例》 つぎのプログラムは放物線 $x=\dfrac{1}{4p}y^2$ を描くものである。

〈プログラム 3〉

```
100 H=639 : W=399 : U=40 :V =40
110 LINE (0,W/2)-(H,W/2)
120 LINE (H/2,0)-(H/2,W)
130 INPUT "p=" ; P
140 Y=-5 : GOSUB 1000
150 PSET (R,S)
160 FOR Y=-5 TO 5 STEP 10/W
170 GOSUB 1000
180 LINE-(R,S)
190 NEXT
200 END
1000 X=(Y*Y)/(4*P)
1010 R=H/2+X*U : S=W/2-Y*V
1020 RETURN
```

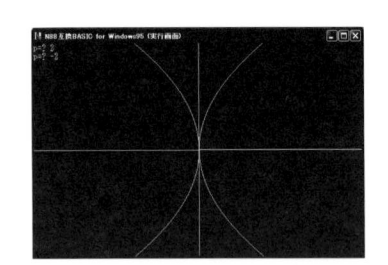

図 5.2.10 BASIC による放物線の描画〈プログラム 3〉

練習 2.4

プログラム 3 の実行画面で，$p=2$ の場合と $p=-2$ の場合を実行せよ（解答は図 5.2.10）。

つぎに楕円を描いてみよう。これは少し難しい。

《例》 つぎのプログラムは楕円 $\dfrac{x^2}{a^2}+\dfrac{y^2}{b^2}=1$ を描くものである。楕円の方程式を y について解くと，つぎのようになる。$y=\pm\dfrac{b}{a}\sqrt{a^2-x^2}$
これを用いて 1000 行で y 座標の値を計算し，150〜170 行で楕円の上半分を，180〜200 行で下半分を描いている（図 5.2.11）。

〈プログラム4〉

```
100 H=639 : W=399 : U=40 : V=40
110 LINE (0,W/2)-(H,W/2)
120 LINE (H/2,0)-(H/2,W)
130 INPUT "a=" ; A : INPUT "b=" ; B
140 X=A : GOSUB 1000 : PSET (P,Q)
150 FOR X=A TO-A STEP-4*A/H
160 GOSUB 1000 : LINE-(P,Q)
170 NEXT
180 FOR X=-A TO A STEP 4*A/H
190 GOSUB 1000 : LINE-(P,W-Q)
200 NEXT
210 END
1000 Y=B/A*SQR(A*A-X*X)
1010 P=H/2+X*U : Q=V/2-Y*V
1020 RETURN
```

練習2.5

プログラム4の実行画面で，$a=5$，$b=2$ の場合を実行せよ（解答は図5.2.11）。

最後に双曲線を書いてみよう。

《例》 つぎのプログラムは双曲線 $\dfrac{x^2}{a^2}-\dfrac{y^2}{b^2}=1$ を書くものである。

〈プログラム5〉

```
100 H=639 : W=399 : U=40 : V=40
110 LINE (0,W/2)-(H,W/2)
120 LINE (H/2,0)-(H/2,W)
130 INPUT "a=" ; A : INPUT "b=" ; B
140 Y=-5 : GOSUB 1000 : PSET (P,Q)
150 FOR Y=-5 TO 5 STEP 5/W
160 GOSUB 1000 : LINE-(P,Q)
170 NEXT
180 Y=-5 : GOSUB 1000 : PSET (H-P,Q)
190 FOR Y=-5 TO 5 STEP 5/W
200 GOSUB 1000 : LINE-(H-P,Q)
210 NEXT
```

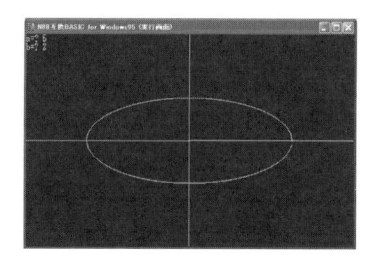

図5.2.11　BASICによる楕円の描画〈プログラム4〉

```
220 END
1000 X=A/B*SQR(B*B+Y*Y)
1010 P=H/2+X*U : Q=W/2-Y*V
1020 RETURN
```

練習2.6

プログラム5の実行画面で，$a=2$，$b=3$の場合を実行せよ（解答は図5.2.12）。

[コラム] 弧度法とラジアン単位

　角は，長さや時間と同じように一つの量であるから，単位の大きさを定めることによってその量を測ることができる。小学校から用いてきた度（°）は1回転の角を360等分した角を単位としている。これに対して，中心角に対応する円弧の長さが，ちょうど半径の長さに等しい角を1ラジアンと定め，これを新しい単位に用いて角を測る方法がある。この方法を弧度法という。1ラジアンに対する円弧の長さは，半径が5mなら5m，半径が1mなら1mである。

　ラジアンというのは英語ではradian（レイディアン）といい，これはradius（半径）に関係がある。円周率とは円周の長さを直径で割ったものであり，それをπで表す。もし，円周の長さを半径で割れば，2πとなり，これは360°のラジアンに相当する。ラジアンをわかりやすくしたければ，半径1の円弧の長さと考えればよいのである。

　コンピュータで三角関数の計算をするときには，原則としてラジアンを使うことになる。コンピュータでは$\sin\theta$や$\cos\theta$はθをラジアン単位で表して，以下のような無限数列の和の計算（無限級数和）で三角関数の値を求めているのである。

$$\sin\theta = \theta - \frac{1}{3!}\theta^3 + \frac{1}{5!}\theta^5 - \frac{1}{7!}\theta^7 + \cdots$$

$$\cos\theta = 1 - \frac{1}{2!}\theta^2 + \frac{1}{4!}\theta^4 - \frac{1}{6!}\theta^6 + \cdots$$

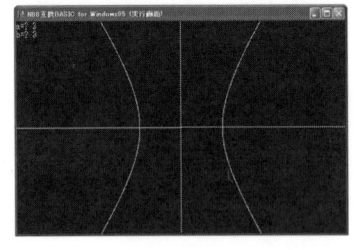

図5.2.12　BASICによる双曲線の描画〈プログラム5〉

●円錐曲線の極座標表示●

《例》　極方程式$r=\dfrac{e}{1-e\cos\theta}$を用いて2次曲線を書くプログラムをつくろう（図5.2.11）。

〈プログラム6〉

```
100 H=639 : W=399 : U=50 : V=50
110 PI=3.14159
120 LINE (0,W/2)-(H,W/2)
130 LINE (H/2,0)-(H/2,W)
140 INPUT "e=" ; E
150 T=-PI
160 GOSUB 1000 : PSET (P,Q)
```

```
170 FOR T=-PI TO PI STEP 0.01
180 GOSUB 1000
182 F=ABS(R) : IF F>400 THEN GOTO 200
184 IF F>12 THEN PSET(P,Q) : GOTO 200
190 LINE-(P,Q)
200 NEXT
210 END
1000 R=E/(1-E*COS(T))
1010 X=R*COS(T) : Y=R*SIN(T)
1020 P=H/2+X*U : Q=W/2-Y*V
1030 RETURN
```

練習 2.7

プログラム6を実行し，$e=0.2$, 0.4, 0.6, 0.8, 1, 1.2, 1.4, 1.6, 1.8 で曲線はどう変わるか調べよ（解答は図 5.2.13）。

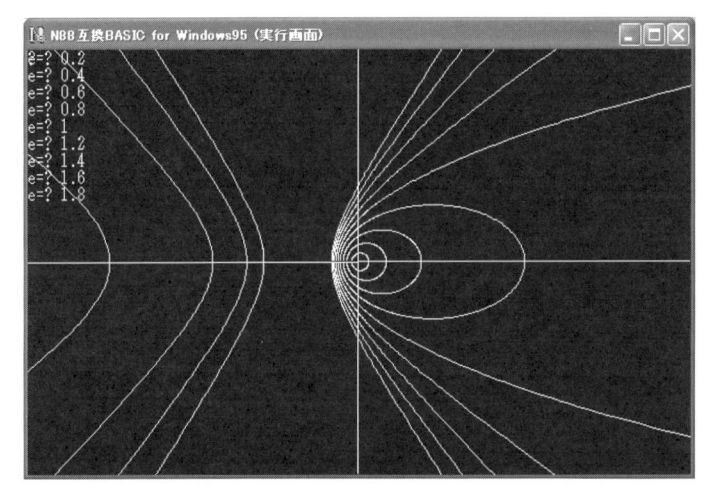

図 5.2.13　離心率の違い〈プログラム6〉。図 5.1.29 と比較せよ。

● 2次曲線と直線 ●

5.2.1項の例題（双曲線と直線の共有点）であつかったように，双曲線 $\dfrac{x^2}{25}-\dfrac{y^2}{9}=1$ と直線 $y=x+b$ の共有点の個数は，k の値の変化によってどのように変化するのだろうか。図 5.2.5. は下のプログラムを実行して，双曲線

$$\frac{x^2}{25}-\frac{y^2}{9}=1 \tag{2.11}$$

といろいろな k に対する直線
$$y = x + b \tag{2.12}$$
を書いたものである。この図から，k を -5 から 5 へと変化させていくと，共有点の個数は，2個，1個，0個，1個，2個と変化していくことがわかる。上の双曲線 (2.11) と直線 (2.12) の共有点の座標は，方程式 (2.11) と (2.12) を連立させて得られる解である。そこで，共有点の個数を b の値によって正確に分類するには，式 (2.12) を式 (2.11) に代入して，x についての2次方程式の実数の解を考えるとよい。

2次方程式 $ax^2 + bx + c = 0$ の実数の解を実数解，$D = b^2 - 4ac$ を判別式という。この D を用いると，その実数解の個数は $D > 0$ のとき2個，$D = 0$ のとき1個，$D < 0$ のとき0個となり，共有点の個数は，実数解の個数と一致する。

〈プログラム 7〉

```
100 H=639 : V=399 : U=40 : W=40
110 LINE (0,V/2)-(H,V/2)
120 LINE (H/2,0)-(H/2,V)
130 Y=-5 : GOSUB 1000 : PSET(P,Q)
140 FOR Y=-5 TO 5 STEP 5/V
150 GOSUB 1000 : LINE-(P,Q)
160 NEXT
170 Y=-5 : GOSUB 1000 : PSET(H-P,Q)
180 FOR Y=-5 TO 5 STEP 5/V
190 GOSUB 1000 : LINE-(H-P,Q)
200 NEXT
210 INPUT "b=" ; B
220 X=-10 : Y=X+B
230 GOSUB 1010 : PSET(P,Q)
240 X=10 : Y=X+B
250 GOSUB 1010 : LINE-(P,Q)
260 GOTO 210
1000 X=SQR(25+25*Y*Y/9)
1010 P=H/2+X*U : Q=V/2-Y*W
1020 RETURN
```

練習 2.8

プログラム 7 を実行して，b の値が -5，-4，2，4，5 で共有点の数がどのように変化するかを調べよう（解答は図 5.2.14）。

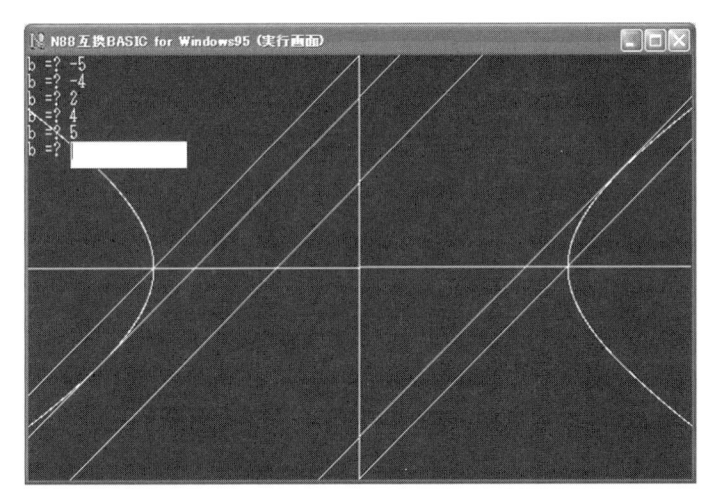

図 5.2.14　双曲線と直線の共有点〈プログラム 7〉

第1節と第2節　復習問題

1 つぎの曲線上の点Pにおける接線の方程式を求めよ。

(1) $\dfrac{x^2}{4}+\dfrac{y^2}{3}=1$, $P\left(1,\dfrac{3}{2}\right)$

(2) $\dfrac{x^2}{2}-\dfrac{y^2}{9}=1$, $P(2,3)$

(3) $y^2=8x$, $P(2,-4)$

2 楕円 $x^2+4y^2=4$ と，直線 $y=x+b$ との共有点の数を調べよ（図5.2.15）。

3 放物線 $y=\left(\dfrac{1}{4}\right)x^2$ と，直線 $y=x+k$ との交点を P，Q とし，PQ の中点を R とする。k が変化するとき，R は，どんな図形を描くか（図5.2.16）。

4 点 $(3,3)$ から，双曲線 $\dfrac{x^2}{36}-\dfrac{y^2}{63}=1$ に引いた接線の方程式を求めよ。

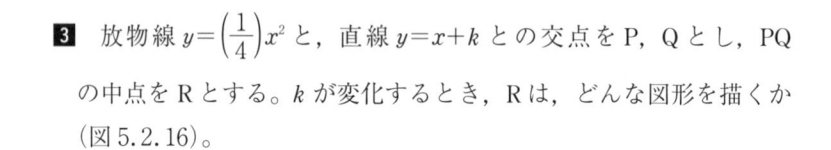

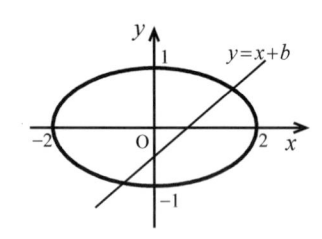

図5.2.15

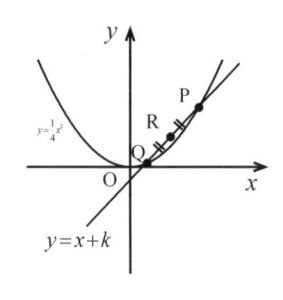

図5.2.16

第5章　章末問題

❶ つぎの円錐曲線の焦点を求めよ。
(1) $9x^2-54x+25y^2+100y-44=0$
(2) $y^2-2y+8x+9=0$

❷ 2次曲線を $y^2=8x+16$ 極方程式で表せ。

❸ 原点をOとして，点Pから直線 $x=-6$ へ引いた垂線をPHとする。OP：PHがつぎの比であるとき，点Pの軌跡の方程式を求めよ。
(1) 1：2　　(2) 1：1　　(3) 2：1

❹ 以下の式で表される曲線の方程式を求めよ。
$$x=\frac{1}{1+t^2},\ y=\frac{t}{1+t^2}$$

❺ 長さ a m のはしごが立て掛けてあり，下から b m のところにハンカチが結んである。はしごがずれて，上端は建物の壁を，下端は地面をすべったとする（図5.2.17）。ハンカチは楕円の一部を描くことを示せ。

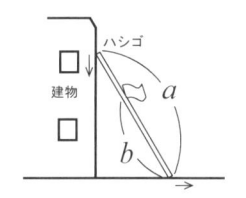

図 5.2.17

第1章第1節　練習の解

練習 1.1

$\begin{pmatrix} 3 \\ -4 \end{pmatrix} = 3\vec{e}_1 - 4\vec{e}_2$, $\begin{pmatrix} -2 \\ 0 \end{pmatrix} = -2\vec{e}_1$

練習 1.2

P は $(10, 8, 10)$ で、
バターケーキ 2 個, カップケーキ 2 個
Q は $(13, 6, 9)$ で、
バターケーキ 3 個, カップケーキ 1 個
R は $(12, 3, 6)$ で、
バターケーキ 3 個, カップケーキ 0 個

練習 1.3

(1) $\overline{OA} = \sqrt{(3-0)^2 + (4-0)^2 + (5-0)^2}$
$= \sqrt{50} = 5\sqrt{2}$

(2) $\overline{BC} = \sqrt{(3+1)^2 + (-5-2)^2 + (1-3)^2}$
$= \sqrt{16 + 49 + 4} = \sqrt{69}$

(3) $\overline{PQ} = \sqrt{(-1-3)^2 + (2-2)^2 + (3-5)^2}$
$= \sqrt{16 + 0 + 4} = \sqrt{20} = 2\sqrt{5}$
$\overline{QR} = \sqrt{(2+1)^2 + (4-2)^2 + (0-3)^2}$
$= \sqrt{9 + 4 + 9} = \sqrt{22}$
$\overline{PR} = \sqrt{(2-3)^2 + (4-2)^2 + (0-5)^2}$
$= \sqrt{1 + 4 + 25} = \sqrt{30}$

練習 1.4

x 軸上の点を $P(x, 0, 0)$ とおくことができる。
AP = BP より
$\sqrt{(x-2)^2 + 9 + 4} = \sqrt{(x+1)^2 + 16 + 1}$
$(x-2)^2 + 13 = (x+1)^2 + 17$
$x^2 - 4x + 17 = x^2 + 2x + 18$
$-6x = 1$
$x = -\dfrac{1}{6}$

よって、$\left(-\dfrac{1}{6}, 0, 0 \right)$

練習 1.5

(1) $|\vec{a}| = \sqrt{(-2)^2 + 3^2} = \sqrt{13}$

(2) $|\vec{b}| = \sqrt{1^2 + 1^2 + 1^2} = \sqrt{3}$

練習 1.6

(1) $\vec{a} - 2\vec{b} = \begin{pmatrix} 2 \\ 3 \end{pmatrix} - \begin{pmatrix} -2 \\ 4 \end{pmatrix} = \begin{pmatrix} 4 \\ -1 \end{pmatrix}$
$|\vec{a} - 2\vec{b}| = \sqrt{4^2 + (-1)^2} = \sqrt{17}$

(2) $2\vec{a} = 2\begin{pmatrix} 2 \\ 3 \end{pmatrix} = \begin{pmatrix} 4 \\ 6 \end{pmatrix}$
$|2\vec{a}| = \sqrt{4^2 + 6^2} = \sqrt{52} = 2\sqrt{13}$

練習 1.7

(1) $|\vec{a}| = \sqrt{3}$ だから

$\vec{a}$ 方向の単位ベクトルは, $\vec{e} = \begin{pmatrix} \dfrac{1}{\sqrt{3}} \\ \dfrac{1}{\sqrt{3}} \\ \dfrac{1}{\sqrt{3}} \end{pmatrix}$

(2) $|\vec{a}| = \sqrt{(-3)^2 + 4^2 + 5^2} = \sqrt{50} = 5\sqrt{2}$ だから

$\vec{a}$ 方向の単位ベクトルは, $\vec{e} = \begin{pmatrix} -\dfrac{3}{5\sqrt{2}} \\ \dfrac{4}{5\sqrt{2}} \\ \dfrac{1}{\sqrt{2}} \end{pmatrix}$

練習 1.8

$\dfrac{1}{\sqrt{3}}, \dfrac{1}{\sqrt{3}}, \dfrac{1}{\sqrt{3}}$

第1章第2節　練習の解

練習 2.1

(1) $\vec{a} \cdot \vec{b} = 2 \times 3 + 3 \times (-1) + (-3) \times 1 = 6 - 3 - 3 = 0$
よって垂直。

(2) $\vec{a} \cdot \vec{b} = 1 \times 0 + 1 \times 1 + 0 \times 1 = 1$
よって垂直でない。

(3) $\vec{a} \cdot \vec{b} = 2 \times 1 + (-1) \times 2 = 0$

よって垂直。
(4) $\vec{a}\cdot\vec{b}=1\times 0+0\times 1=0$
よって垂直。

練習 2.2

(1) $\vec{a}\cdot\vec{b}=3\times 1+4\times(-7)=-25$
$|\vec{a}|=\sqrt{3^2+4^2}=5,\ |\vec{b}|=\sqrt{1^2+7^2}=5\sqrt{2}$
よって $\cos\theta=\dfrac{\vec{a}\cdot\vec{b}}{|\vec{a}||\vec{b}|}=\dfrac{-25}{25\sqrt{2}}=-\dfrac{1}{\sqrt{2}}$
したがって $\theta=135°$

(2) $\vec{a}\cdot\vec{b}=1-\sqrt{3}+1+\sqrt{3}=2$
$|\vec{a}|=\sqrt{2},\ |\vec{b}|=\sqrt{(1-\sqrt{3})^2+(1+\sqrt{3})^2}=2\sqrt{2}$
よって $\cos\theta=\dfrac{\vec{a}\cdot\vec{b}}{|\vec{a}||\vec{b}|}=\dfrac{2}{4}=\dfrac{1}{2}$
したがって $\theta=60°$

(3) $\vec{a}\cdot\vec{b}=1\times 2+2\times(-3)+3\times(-1)=-7$
$|\vec{a}|=\sqrt{1+4+9}=\sqrt{14},\ |\vec{b}|=\sqrt{4+9+1}=\sqrt{14}$
よって $\cos\theta=\dfrac{\vec{a}\cdot\vec{b}}{|\vec{a}||\vec{b}|}=-\dfrac{7}{14}=-\dfrac{1}{2}$
したがって $\theta=120°$

(4) $\vec{a}\cdot\vec{b}=1\times 4+(-1)\times(-5)+2\times 3=15$
$|\vec{a}|=\sqrt{1+1+4}=\sqrt{6},\ |\vec{b}|=\sqrt{16+25+9}=5\sqrt{2}$
よって $\cos\theta=\dfrac{\vec{a}\cdot\vec{b}}{|\vec{a}||\vec{b}|}=\dfrac{15}{10\sqrt{3}}=\dfrac{3}{2\sqrt{3}}=\dfrac{\sqrt{3}}{2}$
したがって $\theta=30°$

練習 2.3
$(2\vec{a}+3\vec{b})\cdot\vec{b}=(2\vec{a})\cdot\vec{b}+(3\vec{b})\cdot\vec{b}$
$=2(\vec{a}\cdot\vec{b})+3(\vec{b}\cdot\vec{b})$
$=2(\vec{a}\cdot\vec{b})+3|\vec{b}|^2$
$=2\times 4+3\times 2^2=20$

練習 2.4
(1) $(2\vec{a}-3\vec{b})\cdot\vec{a}=2|\vec{a}|^2-3(\vec{a}\cdot\vec{b})$
$=2\times 25-3\times 1=47$
(2) $(2\vec{a}+3\vec{b})\cdot(\vec{a}-2\vec{b})=2|\vec{a}|^2-\vec{a}\cdot\vec{b}-6|\vec{b}|^2$
$=2\times 25-1-6\times 4=25$
(3) $|\vec{a}+\vec{b}|^2=(\vec{a}+\vec{b})\cdot(\vec{a}+\vec{b})$
$=|\vec{a}|^2-2(\vec{a}\cdot\vec{b})+|\vec{b}|^2$
$=25+2\times 1+4=31$

(4) $|2\vec{a}+3\vec{b}|^2=(2\vec{a}+3\vec{b})\cdot(2\vec{a}+3\vec{b})$
$=4|\vec{a}|^2+12(\vec{a}\cdot\vec{b})+9|\vec{b}|^2$
$=4\times 25+12\times 1+9\times 4=148$

練習 2.5
$|\vec{a}+\vec{b}|^2=3^2=9$
また
$|\vec{a}+\vec{b}|^2=(\vec{a}+\vec{b})\cdot(\vec{a}+\vec{b})=|\vec{a}|^2+2(\vec{a}\cdot\vec{b})+|\vec{b}|^2$
$=4+2(\vec{a}\cdot\vec{b})+1$
だから，$4+2(\vec{a}\cdot\vec{b})+1=9$
これを整理すると，$2(\vec{a}\cdot\vec{b})=9-4-1=4$
よって，$\vec{a}\cdot\vec{b}=2$

第 2 章第 1 節　練習の解

練習 1.1

(1) $\begin{pmatrix}5\\5\end{pmatrix}$　　　(2) $\begin{pmatrix}-5\\0\end{pmatrix}$

練習 1.2

(1) $\begin{pmatrix}13 & 7\\20 & 10\end{pmatrix}$　　(2) $\begin{pmatrix}2 & 3\\1 & 4\end{pmatrix}$　　(3) $\begin{pmatrix}7 & 3\\3 & 2\end{pmatrix}$

(4) $\begin{pmatrix}3 & 2\\2 & 3\end{pmatrix}$　　(5) $\begin{pmatrix}-2 & -1\\2 & 1\end{pmatrix}$

(6) $\begin{pmatrix}1 & -1\\1 & 1\end{pmatrix}$

練習 1.3

$\begin{pmatrix}1 & -2\\3 & 1\end{pmatrix}\begin{pmatrix}2 & -5\\-1 & 3\end{pmatrix}=\begin{pmatrix}2+2 & -5-6\\6-1 & -15+3\end{pmatrix}$
$=\begin{pmatrix}4 & -11\\5 & -12\end{pmatrix}$

《注意》 左右をまちがえないように。

練習 1.4

(1) $\begin{pmatrix}10 & 20\\-5 & -10\end{pmatrix}$　　(2) $\begin{pmatrix}9 & -27\\3 & -9\end{pmatrix}$

練習 1.5

（1） $AB = \begin{pmatrix} 3 & -1 \\ 6 & -2 \end{pmatrix}$, $BA = 1$

（2） $AB = \begin{pmatrix} 2 & 4 \\ 6 & 3 \end{pmatrix}$, $BA = \begin{pmatrix} 2 & 6 \\ 4 & 3 \end{pmatrix}$

（3） $AB = BA = \begin{pmatrix} 6 & 6 \\ -3 & 6 \end{pmatrix}$

（4） $AB = \begin{pmatrix} 0 & 0 \\ 0 & 0 \end{pmatrix}$, $BA = \begin{pmatrix} 10 & -10 \\ 10 & -10 \end{pmatrix}$

練習 1.6

$AB + AC$
$= A(B+C) = \begin{pmatrix} 2 & 3 \\ 1 & -2 \end{pmatrix} \left\{ \begin{pmatrix} 1 & -1 \\ 2 & 1 \end{pmatrix} + \begin{pmatrix} 0 & 2 \\ 1 & -1 \end{pmatrix} \right\}$
$= \begin{pmatrix} 2 & 3 \\ 1 & -2 \end{pmatrix} \begin{pmatrix} 1 & 1 \\ 3 & 0 \end{pmatrix} = \begin{pmatrix} 2+9 & 2+0 \\ 0-2 & 1+0 \end{pmatrix} = \begin{pmatrix} 11 & 2 \\ -5 & 1 \end{pmatrix}$

$A(2B+C) - 2A(B-2C) = 2AB + AC - 2AB + 4AC$
$= 5AC = 5 \begin{pmatrix} 2 & 3 \\ 1 & -2 \end{pmatrix} \begin{pmatrix} 0 & 2 \\ 1 & -1 \end{pmatrix}$
$= 5 \begin{pmatrix} 0+3 & 4-3 \\ 0-2 & 2+2 \end{pmatrix} = 5 \begin{pmatrix} 3 & 1 \\ -2 & 4 \end{pmatrix} = \begin{pmatrix} 15 & 5 \\ -10 & 20 \end{pmatrix}$

練習 1.7

（1） $\begin{pmatrix} -8 & 4 \\ -6 & 3 \end{pmatrix}$ （2） $\begin{pmatrix} 6 & 2 & -4 \\ -9 & -3 & 6 \\ -3 & -1 & 2 \end{pmatrix}$

（3） $\begin{pmatrix} -4 \\ 8 \\ 4 \end{pmatrix}$ （4） $(7 \quad 4)$

（5） $(-3 \quad -2)$ （6） $(3 \quad 0 \quad 5)$

（7） $\begin{pmatrix} 6 & 0 \\ -3 & 0 \end{pmatrix}$

練習 1.8

（1） $\begin{pmatrix} 1 & -2 \\ 3 & 4 \end{pmatrix}$ （2） $\begin{pmatrix} 1 & 2 \\ 4 & 0 \end{pmatrix}$

（3） $\begin{pmatrix} 2 \\ 1 \end{pmatrix}$ （4） $\begin{pmatrix} 1 & -2 & 4 \\ 2 & 3 & 1 \\ 3 & 5 & 2 \end{pmatrix}$

（5） $\begin{pmatrix} 1 & 5 \\ 4 & 2 \\ 2 & 7 \end{pmatrix}$

第2章第2節　練習の解

練習 2.1

（1） $\begin{pmatrix} 5 & -2 \\ -7 & 3 \end{pmatrix}$ （2） もたない

（3） $\begin{pmatrix} \frac{1}{3} & 0 \\ 0 & \frac{1}{3} \end{pmatrix}$ （4） もたない

（5） $\begin{pmatrix} -5 & 4 \\ -9 & 7 \end{pmatrix}$ （6） $\begin{pmatrix} \sin\theta & \cos\theta \\ -\cos\theta & \sin\theta \end{pmatrix}$

（7） $\begin{pmatrix} 1-a & a \\ -a & a+1 \end{pmatrix}$

練習 2.2

（1） $\begin{pmatrix} x_1 \\ x_2 \end{pmatrix} = \begin{pmatrix} 2 & 1 \\ -1 & 1 \end{pmatrix}^{-1} \begin{pmatrix} y_1 \\ y_2 \end{pmatrix}$

$= \frac{1}{2-(-1)} \begin{pmatrix} 1 & -1 \\ 1 & 2 \end{pmatrix} \begin{pmatrix} y_1 \\ y_2 \end{pmatrix} = \begin{pmatrix} \frac{1}{3} & -\frac{1}{3} \\ \frac{1}{3} & \frac{2}{3} \end{pmatrix} \begin{pmatrix} y_1 \\ y_2 \end{pmatrix}$

（2） $\begin{pmatrix} x_1 \\ x_2 \end{pmatrix} = \begin{pmatrix} -1 & 1 \\ 2 & 0 \end{pmatrix}^{-1} \begin{pmatrix} y_1 \\ y_2 \end{pmatrix}$

$= \frac{1}{0-2} \begin{pmatrix} 0 & -1 \\ -2 & -1 \end{pmatrix} \begin{pmatrix} y_1 \\ y_2 \end{pmatrix} = \begin{pmatrix} 0 & \frac{1}{2} \\ 1 & \frac{1}{2} \end{pmatrix} \begin{pmatrix} y_1 \\ y_2 \end{pmatrix}$

練習 2.3

（1） $A = \begin{pmatrix} 1 & 3 \\ 2 & 1 \end{pmatrix}$ （2） $A = \begin{pmatrix} 1 & 1 \\ 1 & 2 \end{pmatrix}$

（3） $A = \begin{pmatrix} -2 & 4 \\ 0 & 2 \end{pmatrix}$, $B = \begin{pmatrix} 2 & 0 \\ 4 & 2 \end{pmatrix}$

$$\left[\begin{array}{l}(1)\ A\begin{pmatrix}1 & 2\\ 2 & 1\end{pmatrix}=\begin{pmatrix}7 & 5\\ 4 & 5\end{pmatrix}\\(2)\ A^2\begin{pmatrix}1\\ 1\end{pmatrix}=A\left(A\begin{pmatrix}1\\ 1\end{pmatrix}\right)=A\begin{pmatrix}2\\ 3\end{pmatrix}=\begin{pmatrix}5\\ 8\end{pmatrix}\\(3)\ A\begin{pmatrix}1\\ 2\end{pmatrix}=\begin{pmatrix}6\\ 4\end{pmatrix},\ A\begin{pmatrix}2\\ 8\end{pmatrix}=\begin{pmatrix}28\\ 16\end{pmatrix}\ \text{から}\\ \quad A\begin{pmatrix}1 & 2\\ 2 & 8\end{pmatrix}=\begin{pmatrix}6 & 28\\ 4 & 16\end{pmatrix},\ B\begin{pmatrix}1 & 6\\ 2 & 4\end{pmatrix}=\begin{pmatrix}2 & 12\\ 8 & 32\end{pmatrix}\end{array}\right]$$

練習 2.4

(1) $\begin{pmatrix}3 & 5\\ 1 & 2\end{pmatrix}\begin{pmatrix}x\\ y\end{pmatrix}=\begin{pmatrix}11\\ 4\end{pmatrix}$ と表せるから

$$\begin{pmatrix}x\\ y\end{pmatrix}=\begin{pmatrix}3 & 5\\ 1 & 2\end{pmatrix}^{-1}\begin{pmatrix}11\\ 4\end{pmatrix}=\begin{pmatrix}2 & -5\\ -1 & 3\end{pmatrix}\begin{pmatrix}11\\ 4\end{pmatrix}$$
$$=\begin{pmatrix}22-20\\ -11+12\end{pmatrix}=\begin{pmatrix}2\\ 1\end{pmatrix}$$

ゆえに $x=2,\ y=1$

(2) $\begin{pmatrix}3 & 5\\ 1 & 2\end{pmatrix}\begin{pmatrix}x\\ y\end{pmatrix}=\begin{pmatrix}-1\\ -1\end{pmatrix}$ と表せるから

$$\begin{pmatrix}x\\ y\end{pmatrix}=\begin{pmatrix}3 & 5\\ 1 & 2\end{pmatrix}^{-1}\begin{pmatrix}-1\\ -1\end{pmatrix}=\begin{pmatrix}2 & -5\\ -1 & 3\end{pmatrix}\begin{pmatrix}-1\\ -1\end{pmatrix}$$
$$=\begin{pmatrix}-2+5\\ 1-3\end{pmatrix}=\begin{pmatrix}3\\ -2\end{pmatrix}$$

ゆえに $x=3,\ y=-2$

(3) $\begin{pmatrix}2 & -1\\ 1 & 3\end{pmatrix}\begin{pmatrix}x\\ y\end{pmatrix}=\begin{pmatrix}1\\ 2\end{pmatrix}$ と表せるから

$$\begin{pmatrix}x\\ y\end{pmatrix}=\begin{pmatrix}2 & -1\\ 1 & 3\end{pmatrix}^{-1}\begin{pmatrix}1\\ 2\end{pmatrix}=\begin{pmatrix}\frac{3}{7} & \frac{1}{7}\\ -\frac{1}{7} & \frac{2}{7}\end{pmatrix}\begin{pmatrix}1\\ 2\end{pmatrix}$$
$$=\begin{pmatrix}\frac{3}{7}+\frac{2}{7}\\ -\frac{1}{7}+\frac{4}{7}\end{pmatrix}=\begin{pmatrix}\frac{5}{7}\\ \frac{3}{7}\end{pmatrix}$$

ゆえに $x=\frac{5}{7},\ y=\frac{3}{7}$

(4) $\begin{pmatrix}2 & -1\\ 1 & 3\end{pmatrix}\begin{pmatrix}x\\ y\end{pmatrix}=\begin{pmatrix}4\\ 0\end{pmatrix}$ と表せるから

$$\begin{pmatrix}x\\ y\end{pmatrix}=\begin{pmatrix}2 & -1\\ 1 & 3\end{pmatrix}^{-1}\begin{pmatrix}4\\ 0\end{pmatrix}=\begin{pmatrix}\frac{3}{7} & \frac{1}{7}\\ -\frac{1}{7} & \frac{2}{7}\end{pmatrix}\begin{pmatrix}4\\ 0\end{pmatrix}$$
$$=\begin{pmatrix}\frac{12}{7}\\ -\frac{4}{7}\end{pmatrix}$$

ゆえに $x=\frac{12}{7},\ y=-\frac{4}{7}$

練習 2.5

平面上のすべての点が1つの直線上にうつるのは $\begin{pmatrix}1 & 2\\ -3 & a\end{pmatrix}$ が逆行列をもたないときである。

よって $a-(-6)=0,\ a=-6$ のとき,この写像は
$$\begin{cases}y_1=x_1+2x_2\\ y_2=-3x_1-6x_2\end{cases}$$

すなわち,$y_2=-3y_1$ が成り立つ。いま,点 (x, y) が,点 (X, Y) にうつったとすると
$$\begin{cases}X=x+2y\\ Y=-3x-6y\end{cases}$$

であるからどんな $x,\ y$ の値についても $Y=-3X$ が成り立つ。したがって,平面上のすべての点は $y=3x$ という直線上にうつる。

練習 2.6

(1) $\begin{pmatrix}a & -2\\ 1 & 3\end{pmatrix}\begin{pmatrix}x\\ y\end{pmatrix}=\begin{pmatrix}0\\ 0\end{pmatrix}$ と表せる。$\begin{pmatrix}a & -2\\ 1 & 3\end{pmatrix}$ が逆行列をもてば $\begin{pmatrix}x\\ y\end{pmatrix}=\begin{pmatrix}a & -2\\ 1 & 3\end{pmatrix}^{-1}\begin{pmatrix}0\\ 0\end{pmatrix}=\begin{pmatrix}0\\ 0\end{pmatrix}$ となり,解は $x=0,\ y=0$ となる。

そこで,逆行列をもたない場合を考える。
$$3a-(-2)=0\ \text{より}\ a=-\frac{2}{3}$$

このとき,方程式は
$$\begin{cases}-\frac{2}{3}x-2y=0\\ x+3y=0\end{cases}$$

となり,$x=0,\ y=0$ 以外の解をもつことがわかる。

(2) (1)と同様にして $1-a^2=0$ より $a=\pm 1$

第2章第3節　練習の解

練習3.1

（1）　$x=1,\ y=1$
（2）　$x=-5,\ y=10,\ z=4$
（3）　$2x-3y=-1$ を満たす (x,y)
（4）　解はない

練習3.2

（1）　$\begin{pmatrix} -5 & 2 \\ 3 & -1 \end{pmatrix}$

（2）　$\begin{pmatrix} 12 & -1 & -4 \\ -13 & 1 & 5 \\ 2 & 0 & -1 \end{pmatrix}$

（3）　$\begin{pmatrix} 1 & a+2 & 3a+4 \\ 0 & -1 & -3 \\ 0 & 2a+5 & 6a+10 \end{pmatrix}$

第3章第1節　練習の解

練習1.1

（1）　$x'=-x,\ y'=y$
$$\therefore\ \begin{pmatrix} x' \\ y' \end{pmatrix} = \begin{pmatrix} -1 & 0 \\ 0 & 1 \end{pmatrix}\begin{pmatrix} x \\ y \end{pmatrix}$$

（2）　$x'=-x,\ y'=-y$
$$\therefore\ \begin{pmatrix} x' \\ y' \end{pmatrix} = \begin{pmatrix} -1 & 0 \\ 0 & -1 \end{pmatrix}\begin{pmatrix} x \\ y \end{pmatrix}$$

（3）　$x'=y,\ y'=x$
$$\therefore\ \begin{pmatrix} x' \\ y' \end{pmatrix} = \begin{pmatrix} 0 & 1 \\ 1 & 0 \end{pmatrix}\begin{pmatrix} x \\ y \end{pmatrix}$$

練習1.2

$x'=px,\ y'=qy$ となり，
$$\therefore\ \begin{pmatrix} x' \\ y' \end{pmatrix} = \begin{pmatrix} p & 0 \\ 0 & q \end{pmatrix}\begin{pmatrix} x \\ y \end{pmatrix}$$

このように左上から右下方向への対角線上の成分以外が0の行列を「対角行列」という。対角行列は拡大・縮小に関係するのである。

練習1.3

（1）　$\begin{pmatrix} x' \\ y' \end{pmatrix} = \begin{pmatrix} \cos 30° & -\sin 30° \\ \sin 30° & \cos 30° \end{pmatrix}\begin{pmatrix} x \\ y \end{pmatrix}$
$= \begin{pmatrix} \frac{\sqrt{3}}{2} & -\frac{1}{2} \\ \frac{1}{2} & \frac{\sqrt{3}}{2} \end{pmatrix}\begin{pmatrix} x \\ y \end{pmatrix}$

（2）　$\begin{pmatrix} x' \\ y' \end{pmatrix} = \begin{pmatrix} \cos 90° & -\sin 90° \\ \sin 90° & \cos 90° \end{pmatrix}\begin{pmatrix} x \\ y \end{pmatrix}$
$= \begin{pmatrix} 0 & -1 \\ 1 & 0 \end{pmatrix}\begin{pmatrix} x \\ y \end{pmatrix}$

（3）　$\begin{pmatrix} x' \\ y' \end{pmatrix} = \begin{pmatrix} \cos(-\theta) & -\sin(-\theta) \\ \sin(-\theta) & \cos(-\theta) \end{pmatrix}\begin{pmatrix} x \\ y \end{pmatrix}$
$= \begin{pmatrix} \cos\theta & \sin\theta \\ -\sin\theta & \cos\theta \end{pmatrix}\begin{pmatrix} x \\ y \end{pmatrix}$

【注意】

（1）　$\begin{pmatrix} \cos\theta & -\sin\theta \\ \sin\theta & \cos\theta \end{pmatrix}$ の θ に代入する。

（3）　$\sin(-\theta)=-\sin\theta,\ \cos(-\theta)=\cos\theta$ を使う。

練習1.4

（1）　$\begin{pmatrix} x' \\ y' \end{pmatrix} = \begin{pmatrix} 4 & 1 \\ 1 & 3 \end{pmatrix}\begin{pmatrix} 0 \\ 0 \end{pmatrix} = \begin{pmatrix} 0 \\ 0 \end{pmatrix}$

（2）　$\begin{pmatrix} x' \\ y' \end{pmatrix} = \begin{pmatrix} 4 & 1 \\ 1 & 3 \end{pmatrix}\begin{pmatrix} 1 \\ 0 \end{pmatrix} = \begin{pmatrix} 4 \\ 1 \end{pmatrix}$

（3）　$\begin{pmatrix} x' \\ y' \end{pmatrix} = \begin{pmatrix} 4 & 1 \\ 1 & 3 \end{pmatrix}\begin{pmatrix} 0 \\ 1 \end{pmatrix} = \begin{pmatrix} 1 \\ 3 \end{pmatrix}$

（4）　$\begin{pmatrix} x' \\ y' \end{pmatrix} = \begin{pmatrix} 4 & 1 \\ 1 & 3 \end{pmatrix}\begin{pmatrix} 5 \\ 2 \end{pmatrix} = \begin{pmatrix} 22 \\ 11 \end{pmatrix}$

《One Point Advice》

　線形変換では，原点は原点にうつる。また，線形変換の行列は基本ベクトルの変換後が縦ベクトルで並んでいることを思い出せ。

練習1.5

$f \circ g$ は $AB = \begin{pmatrix} 0 & -1 \\ 1 & 0 \end{pmatrix}\begin{pmatrix} 2 & 0 \\ 0 & 1 \end{pmatrix} = \begin{pmatrix} 0 & -1 \\ 2 & 0 \end{pmatrix}$ という行列で表される。

g^{-1} は $B^{-1} = \begin{pmatrix} 2 & 0 \\ 0 & 1 \end{pmatrix}^{-1} = \dfrac{1}{2-0} \begin{pmatrix} 1 & 0 \\ 0 & 2 \end{pmatrix} = \begin{pmatrix} \dfrac{1}{2} & 0 \\ 0 & 1 \end{pmatrix}$ という

行列で表される。

練習 1.6

f は $\begin{pmatrix} x' \\ y' \end{pmatrix} = \begin{pmatrix} \dfrac{1}{2} & -\dfrac{\sqrt{3}}{2} \\ \dfrac{\sqrt{3}}{2} & \dfrac{1}{2} \end{pmatrix}$ と表され, g は $\begin{cases} x' = y \\ y' = x \end{cases}$,

すなわち $\begin{pmatrix} x' \\ y' \end{pmatrix} = \begin{pmatrix} 0 & 1 \\ 1 & 0 \end{pmatrix} \begin{pmatrix} x \\ y \end{pmatrix}$ と表される。

(1) $f : \begin{pmatrix} \dfrac{1}{2} & -\dfrac{\sqrt{3}}{2} \\ \dfrac{\sqrt{3}}{2} & \dfrac{1}{2} \end{pmatrix}$, $g : \begin{pmatrix} 0 & 1 \\ 1 & 0 \end{pmatrix}$

(2) $f \circ g : \begin{pmatrix} \dfrac{1}{2} & -\dfrac{\sqrt{3}}{2} \\ \dfrac{\sqrt{3}}{2} & \dfrac{1}{2} \end{pmatrix} \begin{pmatrix} 0 & 1 \\ 1 & 0 \end{pmatrix} = \begin{pmatrix} -\dfrac{\sqrt{3}}{2} & \dfrac{1}{2} \\ \dfrac{1}{2} & \dfrac{\sqrt{3}}{2} \end{pmatrix}$

(3) $f^{-1} : \begin{pmatrix} \dfrac{1}{2} & -\dfrac{\sqrt{3}}{2} \\ \dfrac{\sqrt{3}}{2} & \dfrac{1}{2} \end{pmatrix}^{-1} = \begin{pmatrix} \dfrac{1}{2} & \dfrac{\sqrt{3}}{2} \\ -\dfrac{\sqrt{3}}{2} & \dfrac{1}{2} \end{pmatrix}$

$g^{-1} : \begin{pmatrix} 0 & 1 \\ 1 & 0 \end{pmatrix}^{-1} = \begin{pmatrix} 0 & 1 \\ 1 & 0 \end{pmatrix}$

練習 1.7

$x - y + 2 = 0$ 上の任意の点の x 座標を t とすると, y 座標は, $t+2$ となり, この直線は
$$\begin{cases} x = t \\ y = t+2 \end{cases}$$
と表される。点 $(t, t+2)$ が点 (x', y') にうつるとすると
$$\begin{pmatrix} x' \\ y' \end{pmatrix} = \begin{pmatrix} 2 & 1 \\ -1 & 2 \end{pmatrix} \begin{pmatrix} t \\ t+2 \end{pmatrix} = \begin{pmatrix} 3t+2 \\ t+4 \end{pmatrix}$$
したがって
$$\begin{cases} x' = 3t+2 \\ y' = t+4 \end{cases}$$
t を消去して $x' = 3(y'-4) + 2 = 3y' - 10$, $x' - 3y' = -10$ が得られ, (x', y') は直線 $x - 3y = -10$ 上にあ

ることがわかる。

練習 1.8

点 (x, y) が点 (x', y') にうつされる式は
$$\begin{cases} x' = 2x + y \\ y' = -x + 2y \end{cases}$$
であり, (x', y') が $x + y = 1$ 上にあるので $(2x+y) + (-x+2y) = 1$ よって, 直線 $x + 3y = 1$ が求める図形である。

練習 1.9

(1) 点 (x, y) が点 (x', y') にうつされるとすると
$$\begin{cases} x' = ax + y \\ y' = -2x + by \end{cases}$$
と表される。(x', y') が $x + y = 1$ 上にあるから $(ax+y) + (-2x+by) = 1$, $(a-2)x + (1+b)y = 1$。これが $x + 2y = 1$ と一致するから $a - 2 = 1$, $1 + b = 2$ となる。

よって, $a = 3$, $b = 1$

(2) 上と同様に考えて, $(ax+y) + (-2x+by) = 1$, $(a-2)x + (1+b)y = 1$。これが $x + y = 1$ と一致するから, $a - 2 = 1$, $1 + b = 1$ となる。

よって, $a = 3$, $b = 0$

練習 1.10

点 (x, y) が点 (x', y') にうつるとすると, この変換は
$$\begin{cases} x' = x \\ y' = \dfrac{3}{2} y \end{cases}$$
という線形変換である。したがって $x = x'$, $y = \dfrac{2}{3} y'$ であるから, $\dfrac{x^2}{9} + \dfrac{y^2}{4} = 1$ に代入すると $\dfrac{x'^2}{9} + \dfrac{1}{4} \times \dfrac{4}{9} y'^2 = 1$ となる。

すなわち, $x'^2 + y'^2 = 9$ という式が得られ, (x', y') は円 $x^2 + y^2 = 9$ 上にあることがわかる。

第3章第2節　練習の解

練習 2.1

A, B, P の位置ベクトルを $\vec{a}$, $\vec{b}$, $\vec{p}$ とすると A′, B′, P′ の位置ベクトルは $f(\vec{a})$, $f(\vec{b})$, $f(\vec{p})$ であり，P が線分 AB を $m:n$ に内分する点であることから

$$\vec{p} = \frac{m\vec{b} + n\vec{a}}{m+n}$$

$$\therefore\ f(\vec{p}) = f\left(\frac{m\vec{b} + n\vec{a}}{m+n}\right) = \frac{f(m\vec{b} + n\vec{a})}{m+n}$$

$$= \frac{f(m\vec{b}) + f(n\vec{a})}{m+n} = \frac{mf(\vec{b}) + nf(\vec{a})}{m+n}$$

ゆえに，P′ は線分 A′，B′ を $m:n$ に内分する点である。

練習 2.2

M, N はそれぞれ図の M′, N′ にうつる。また OE$_1$, OE$_2$ を 2 辺とする正方形は，図の OP, OQ を 2 辺とする平行四辺形にうつる。

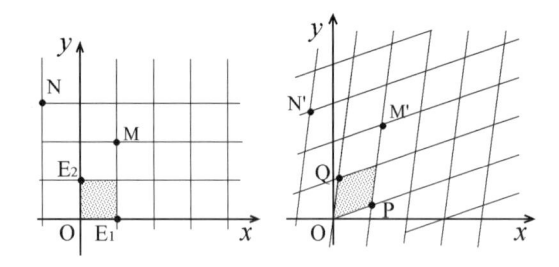

図 3.2.8　直交座標と斜交座標

練習 2.3

（1） $\begin{pmatrix} x' \\ y' \end{pmatrix} = \begin{pmatrix} 4 & 2 \\ -2 & -1 \end{pmatrix}\begin{pmatrix} x \\ y \end{pmatrix}$ より $\begin{cases} x' = 4x + 2y \\ y' = 2x - y \end{cases}$

したがって $y' = -\dfrac{1}{2}x'$ であるから，どんな点 (x, y) も直線 $y = -\dfrac{1}{2}x$ 上にうつされる。

（2） $\begin{pmatrix} x' \\ y' \end{pmatrix} = \begin{pmatrix} 0 & 0 \\ 0 & 0 \end{pmatrix}\begin{pmatrix} x \\ y \end{pmatrix}$ より $\begin{cases} x' = 0 \\ y' = 0 \end{cases}$

だから，すべての点は，原点 $(0,0)$ にうつる。

第3章第3節　練習の解

練習 3.1

（1）$\lambda = 1$ のとき $x + y = 0$ を満たせばよくて，例えば $(x, y) = (1, -1)$ となる。

$\lambda = 3$ のとき $x - y = 0$ を満たせばよくて，例えば $(x, y) = (1, 1)$ となる。

（2）$\lambda = 2$ のとき $x + y = 0$ を満たせばよくて，例えば $(x, y) = (1, -1)$ となる。

$\lambda = 3$ のとき $x - y = 0$ を満たせばよくて，例えば $(x, y) = (1, 1)$ となる。

（3）$\lambda = 3$ のとき $x + 2y = 0$ を満たせばよくて，例えば $(x, y) = (1, -1/2)$ となる。

$\lambda = 8$ のとき $2x - y = 0$ を満たせばよくて，例えば $(x, y) = (1, 2)$ となる。

練習 3.2

下表のように整理するとよい。

表 3.5　固有値問題の整理

（1）	固有値	$\lambda = 2$	$\lambda = 3$
（2）	固有ベクトル	$\begin{pmatrix} 2 \\ 1 \end{pmatrix}$	$\begin{pmatrix} 1 \\ 1 \end{pmatrix}$
（3）	行列 P	$P = \begin{pmatrix} 2 & 1 \\ 1 & 1 \end{pmatrix}$, $P^{-1} = \begin{pmatrix} 1 & -1 \\ -1 & 2 \end{pmatrix}$	
	対角化	$P^{-1}AP = \begin{pmatrix} 2 & 0 \\ 0 & 3 \end{pmatrix}$	
（4）	A^n	$A^n = P\begin{pmatrix} 2^n & 0 \\ 0 & 3^n \end{pmatrix}P^{-1}$ $= \begin{pmatrix} 2^{n+1} - 3^n & -2^{n+1} + 2\cdot 3^n \\ 2^n - 3^n & -2^n + 2\cdot 3^n \end{pmatrix}$	

練習 3.3

$\begin{cases} x' = 0.7x + 0.3y \\ y' = 0.3x + 0.7y \end{cases} \iff \begin{pmatrix} x' \\ y' \end{pmatrix} = \begin{pmatrix} 0.7 & 0.3 \\ 0.3 & 0.7 \end{pmatrix} = A\begin{pmatrix} x \\ y \end{pmatrix}$

そこで A の固有値を求めると，

$\begin{pmatrix} 0.7 - \lambda & 0.3 \\ 0.3 & 0.7 - \lambda \end{pmatrix}\begin{pmatrix} x \\ y \end{pmatrix} = \begin{pmatrix} 0 \\ 0 \end{pmatrix} \iff (A - \lambda I)\begin{pmatrix} x \\ y \end{pmatrix} = \begin{pmatrix} 0 \\ 0 \end{pmatrix}$

そこで行列 $A - \lambda I$ は逆行列をもたないので，

$|A-\lambda I|=0 \iff (0.7-\lambda)^2-0.3^2=0$

$\lambda^2-1.4\lambda+0.4=0$

$\therefore \lambda=0.4, 1$

$\lambda=1.0$ のとき $\begin{pmatrix}x\\y\end{pmatrix}=t\begin{pmatrix}1\\1\end{pmatrix}$

$\lambda=0.4$ のとき $\begin{pmatrix}x\\y\end{pmatrix}=t\begin{pmatrix}1\\-1\end{pmatrix}$

となる。したがって，

$$A^n\vec{x}=1.0^n\begin{pmatrix}1\\1\end{pmatrix}+0.4^n\begin{pmatrix}1\\-1\end{pmatrix}$$

となり，

$$A^n\vec{x}\approx 1.0^n\begin{pmatrix}1\\1\end{pmatrix}$$

というぐらいに，両者は同じ濃度に近づいていくことがわかる。直感的に考えたことに一致する。

第3章第5節　練習の解

練習5.1

（1）このことは，この4つの行列が左から順に，原点のまわりの

$$0°, 90°, 180°, 270°$$

の回転を表す線形変換の行列であることを考えれば例題（回転行列と群）から明らかであろう。

（2）$0°$ の回転を表す行列 $\begin{pmatrix}1&0\\0&1\end{pmatrix}$ が，この群の単位元である。また，$0°$ の回転を表す線形変換と $360°$ の回転を表す線形変換は同じものであり，

$$0°+0°=0°,$$
$$90°+270°=360°,$$
$$180°+180°=360°,$$
$$270°+90°=360°$$

であるから

$\begin{pmatrix}1&0\\0&1\end{pmatrix}$ の逆元は，$\begin{pmatrix}1&0\\0&1\end{pmatrix}$，$\begin{pmatrix}0&-1\\1&0\end{pmatrix}$ の逆元は $\begin{pmatrix}0&1\\-1&0\end{pmatrix}$，$\begin{pmatrix}-1&0\\0&-1\end{pmatrix}$ の逆元は，$\begin{pmatrix}-1&0\\0&-1\end{pmatrix}$，$\begin{pmatrix}0&1\\-1&0\end{pmatrix}$ の逆元は $\begin{pmatrix}0&1\\-1&0\end{pmatrix}$ である。

（3）

$$I=\begin{pmatrix}1&0\\0&1\end{pmatrix}, \quad P=\begin{pmatrix}0&-1\\1&0\end{pmatrix},$$

$$Q=\begin{pmatrix}-1&0\\0&-1\end{pmatrix}, \quad R=\begin{pmatrix}0&1\\-1&0\end{pmatrix}$$

とおく。

表5.2　XY の積

X \ Y	I	P	Q	R
I	I	P	Q	R
P	P	Q	R	I
Q	Q	R	I	P
R	R	I	P	Q

練習5.2

この集合を M とし，M の要素である2つの行列 A と B の積 AB をつくると，表5.3のようになる。これからつぎの4つの性質が成り立つことがわかる。

（i）$A\in M$，$B\in M$ ならば $AB\in M$

（ii）演算は行列の積であるから，結合法則が成り立つ。

（iii）$\begin{pmatrix}1&0\\0&1\end{pmatrix}$ が単位元

（iv）$\begin{pmatrix}1&0\\0&-1\end{pmatrix}$ の逆元は $\begin{pmatrix}1&0\\0&-1\end{pmatrix}$，

$\begin{pmatrix}1&0\\0&1\end{pmatrix}$ の逆元は $\begin{pmatrix}1&0\\0&1\end{pmatrix}$

ゆえに，この2つの行列の集合は行列の乗法について群をなす。

表5.3　AB の積

A \ B	$\begin{pmatrix}1&0\\0&-1\end{pmatrix}$	$\begin{pmatrix}1&0\\0&1\end{pmatrix}$
$\begin{pmatrix}1&0\\0&-1\end{pmatrix}$	$\begin{pmatrix}1&0\\0&1\end{pmatrix}$	$\begin{pmatrix}1&0\\0&-1\end{pmatrix}$
$\begin{pmatrix}1&0\\0&1\end{pmatrix}$	$\begin{pmatrix}1&0\\0&-1\end{pmatrix}$	$\begin{pmatrix}1&0\\0&1\end{pmatrix}$

第4章第1節　練習の解

練習1.1

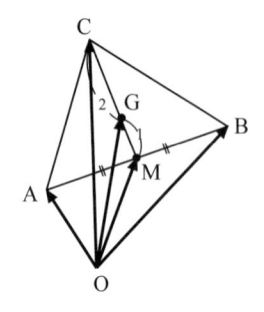

$\vec{OG} = \vec{OC} + \dfrac{2}{3}\vec{CM}$, ところが $\vec{CM} = \vec{OM} - \vec{OC}$。

また, $\vec{OM} = \vec{OA} + \dfrac{1}{2}\vec{AB} = \dfrac{\vec{OA} + \vec{OB}}{2}$ であるから

$$\vec{OG} = \vec{OC} + \dfrac{2}{3}(\vec{OM} - \vec{OC}) = \dfrac{1}{3}\vec{OC} + \dfrac{2}{3}\vec{OM}$$

$$= \dfrac{1}{3}\vec{OC} + \dfrac{2}{3}\left(\dfrac{\vec{OA} + \vec{OB}}{2}\right)$$

$$= \dfrac{1}{3}(\vec{OA} + \vec{OB} + \vec{OC})$$

図4.1.15　正四面体の重心

練習1.2

(1) $\dfrac{x-4}{-2} = y-2 = \dfrac{z+5}{3}$ $\left(\text{もちろん} \dfrac{4-x}{2} = y-2 = \dfrac{z+5}{3} \text{としてもよい}\right)$

(2) 与えられた直線の方向ベクトルは $(1, 3, -6)$ である。よって，求める直線は，

$x - 7 = \dfrac{y+2}{3} = \dfrac{z-3}{-6}$ $\left(\text{または,} \quad x - 7 = \dfrac{y+2}{3} = \dfrac{3-z}{6}\right)$

練習1.3

(1) $\dfrac{x+1}{4+1} = \dfrac{y-2}{-5-2} = \dfrac{z-3}{6-3}$

∴ $\dfrac{x+1}{5} = \dfrac{2-y}{7} = \dfrac{z-3}{3}$

(2) $\dfrac{x+2}{3+2} = \dfrac{y-0}{7-0} = \dfrac{z-2}{-5-2}$

∴ $\dfrac{x+2}{5} = \dfrac{y}{7} = \dfrac{2-z}{7}$

練習1.4

$\dfrac{x}{x_1} = \dfrac{y}{y_1} = \dfrac{z}{z_1}$ $\left(\text{ただし，例えば} x_1 = 0 \text{ならば,} \dfrac{y}{y_1} = \dfrac{z}{z_1}, x = 0 \text{などとなる}\right)$

練習1.5

$x = 0, 1, 2, 3, 4$ とおいて y, z の値を求めてもよいが，そうすると分数の値が多くなるので，つぎのようにするとよい。

$$\dfrac{x-3}{2} = \dfrac{y+2}{3} = \dfrac{z-3}{-1} = t$$

とおくと

$$\begin{cases} x = 3 + 2t \\ y = -2 + 3t \\ z = 3 - t \end{cases}$$

ここで $t = 0, \pm 1, \pm 2$ を代入すると，$(x, y, z) = (3, -2, 3)$, $(1, -5, 4)$, $(5, 1, 2)$, $(-1, -8, 5)$, $(7, 4, 1)$ が得られる。

練習1.6

方向ベクトル $\begin{pmatrix} 2 \\ 3 \\ 1 \end{pmatrix}$ と $\begin{pmatrix} 3 \\ 1 \\ 2 \end{pmatrix}$ をみると平行でないことがわかる。2式をそれぞれ s, t とおくと

$L : \begin{cases} x = 1 + 2s \\ y = 4 + 3s \\ z = -1 + s \end{cases}$ $\quad L' : \begin{cases} x = -1 + 3t \\ y = -1 + t \\ z = 0 + 2t \end{cases}$

となる。

$$\begin{cases} 1 + 2s = -1 + 3t \cdots ① \\ 4 + 3s = -1 + t \cdots ② \\ -1 + s = 0 + 2t \cdots ③ \end{cases}$$

を同時に満たす s, t があれば L, L' は共有点をもつのだが，式①，式②から $s = -\dfrac{13}{7}, t = -\dfrac{4}{7}$ となり，これは式③を満たさない。つまり上の連立方程式を満たす s, t は存在しないので L, L' は共有点をもたない。以上より，L, L' はねじれの位置にある。

練習 1.7

球の方程式 $(x-2)^2+(y+1)^2+(z-3)^2=16$ に，それぞれ代入してみる。

$A(5,1,1)$: $3^2+2^2+2^2=17\neq 16$
$B(6,-1,3)$: $4^2+0+0=16$
$C(0,0,0)$: $2^2+1^2+3^2=14\neq 16$
$D(3,2,3-\sqrt{6})$: $1^2+3^2+(\sqrt{6})^2=16$

したがって，BとDが球の上にのっている。ちなみに，Aは球面外，Cは球面内である。

練習 1.8

(1) $(x-3)^2+y^2+(z+2)^2=4$
(2) $x^2+y^2+z^2=r^2$
(3) 中心の座標は $\left(\dfrac{3+7}{2},\dfrac{-2+4}{2},\dfrac{5+1}{2}\right)$

すなわち $(5,1,3)$，半径は
$$\sqrt{(7-5)^2+(4-1)^2+(1-3)^2}=\sqrt{4+9+4}=\sqrt{17}$$
よって，球の式は
$$(x-5)^2+(y-1)^2+(z-3)^2=17$$
(4) 半径 $\sqrt{1^2+1^2+1^2}=\sqrt{3}$ であるから，
$$(x-1)^2+(y-1)^2+(z-1)^2=3$$

練習 1.9

求める球の式を
$$x^2+y^2+z^2+Ax+By+Cz+D=0$$
とおく。

これに4点の座標をそれぞれ代入して

$(0,0,0)$ を通るから　　$D=0$,
$(4,0,0)$ を通るから　　$4^2+4A+D=0$,
$(0,3,0)$ を通るから　　$3^2+3B+D=0$,
$(0,0,-1)$ を通るから　　$1-C+D=0$,

したがって求める球の式は
$$x^2+y^2+z^2-4x-3y+z=0$$
なお，この式を変形すると
$$(x-2)^2+\left(y-\dfrac{3}{2}\right)^2+\left(z+\dfrac{1}{2}\right)^2=\dfrac{13}{2}$$
よって，中心は $\left(2,\dfrac{3}{2},-\dfrac{1}{2}\right)$，半径は $\sqrt{\dfrac{13}{2}}$

練習 1.10

この球は $(x-1)^2+(y-1)^2+(z-1)^2=9$ と変形できるから，中心が $(1,1,1)$ で，半径は3，原点 $(1,1,1)$ との距離は
$$\sqrt{(1-0)^2+(1-0)^2+(1-0)^2}=\sqrt{3}$$
だから，内接する球の半径は $3-\sqrt{3}$，外接する球の半径は $3+\sqrt{3}$ である。

よって求める球の式は
$$x^2+y^2+z^2=(3-\sqrt{3})^2, \quad x^2+y^2+z^2=(3+\sqrt{3})^2$$
である。

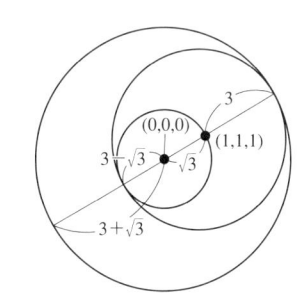

図 4.1.16　三つの球の半径の関係

練習 1.11

$|2\vec{p}-\vec{a}|=6$ から，$2\left|\vec{p}-\dfrac{\vec{a}}{2}\right|=6$

∴ $\left|\vec{p}-\dfrac{\vec{a}}{2}\right|=3$，ここで $\dfrac{\vec{a}}{2}=(2,-5,4)$

である。

よって，中心 $(2,-5,4)$，半径は 3

第4章第2節　練習の解

練習 2.1

(1) $2(x+2)+4y+3(z-1)=0$
　　すなわち，$2x+4y+3z=-1$
(2) 左辺に $x=2$, $y=1$, $z=-2$ を代入すると $4+4-6=2$ となり，成り立たないので π 上にない。

練習 2.2

(1) $-(x-0)+3(y-0)+2(z-0)=0$
　　すなわち，$-x+3y+2z=0$

(2) $1(x-3)+1(y+1)+0(z-5)=0$
すなわち, $(x-3)+(y+1)=0$
だから, $x+y=2$

練習 2.3

(1) x 軸が法線だから, 線ベクトルとして $\begin{pmatrix} 1 \\ 0 \\ 0 \end{pmatrix}$ をとると
$$1(x-2)+0(y-3)+0(z-4)=0$$
すなわち, $x=2$

(2) xy 平面：$z=0$, yz 平面：$x=0$, zx 平面：$y=0$

練習 2.4

(1) 線ベクトルとして $\begin{pmatrix} 1 \\ -2 \\ 3 \end{pmatrix}$ をとればよいから
$$1(x-3)-2(y-0)+3(z+5)=0$$
すなわち, $x-2y+3z=-12$

(2) xy 平面の法線ベクトルとして $\begin{pmatrix} 0 \\ 0 \\ 1 \end{pmatrix}$ をとることができるので
$$0(x-5)+0(y-3)+1(z-4)=0$$
すなわち, $z=4$

練習 2.5

それぞれの法線ベクトル $\begin{pmatrix} 2 \\ -1 \\ 3 \end{pmatrix}$, $\begin{pmatrix} 3 \\ a \\ b \end{pmatrix}$ が平行であればよいから $\begin{pmatrix} 3 \\ a \\ b \end{pmatrix}=k\begin{pmatrix} 2 \\ -1 \\ 3 \end{pmatrix}$
すなわち, $3=2k$, $a=-k$, $b=3k$
よって $k=\dfrac{3}{2}$ より $a=-\dfrac{3}{2}$, $b=\dfrac{9}{2}$

【注意】
2直線の平行条件と同じように, 2平面の平行条件は $\dfrac{2}{3}$
$=\dfrac{-1}{a}=\dfrac{3}{b}$ である。

練習 2.6

2つの平面が一致するには, 平行で1点を共有すればよいから,
$$\begin{pmatrix} a \\ 1 \\ -2 \end{pmatrix}=k\begin{pmatrix} 2 \\ -3 \\ c \end{pmatrix} \quad (1)$$
$ax+y-2z=3$ は $(0,3,0)$ を通るから
$$2\cdot 0-3\cdot 3+c\cdot 0=d \quad (2)$$
式(2)より $d=-9$
式(1)より $a=2k$, $1=-3k$, $-2=ck$
∴ $k=-\dfrac{1}{3}$, $a=-\dfrac{2}{3}$, $c=6$, $d=-9$

【別解】
2平面が一致するには, それぞれの方程式が方程式として同じであればよいから
$$\dfrac{2}{a}=\dfrac{-3}{1}=\dfrac{c}{-2}=\dfrac{d}{3}$$
したがって, $a=-\dfrac{2}{3}$, $c=6$, $d=-9$

【注意】
たとえば, $x-1=0$, $2x-2=0$, $3x-3=0$, $kx-k=0$ ($k\neq 0$) など, すべて方程式として同じである。

練習 2.7

直線の方向ベクトルが $\begin{pmatrix} 3 \\ -1 \\ 2 \end{pmatrix}$ だから, 求める平面は, このベクトルを法線として, 原点を通るから,
$$3(x-0)-1(x-0)+2(x-0)=0$$
$$3x-y+2z=0$$

練習 2.8

(1) $\overrightarrow{AB}=\begin{pmatrix} 1 \\ 3 \\ 0 \end{pmatrix}$, $\overrightarrow{AC}=\begin{pmatrix} -2 \\ 0 \\ 4 \end{pmatrix}$

法線ベクトルを $\vec{n}=\begin{pmatrix}a\\b\\c\end{pmatrix}$ とすると $\vec{n}\cdot\overrightarrow{AB}=0$, $\vec{n}\cdot\overrightarrow{AC}=0$ より

$$a+3b=0,\quad -2a+4c=0$$

よって $a=-3b$, $c=-\dfrac{3}{2}b$

すなわち，法線ベクトルとして

$$\vec{n}=\begin{pmatrix}-3b\\b\\-\dfrac{3}{2}b\end{pmatrix},\text{ つまり }\vec{n}=\begin{pmatrix}-6\\2\\-3\end{pmatrix}\text{を選ぶ．}$$

平面は $(2,0,0)$ を通るので，$-6(x-2)+2y-3z=0$
すなわち，$6x-2y+3z=12$

（2） $\overrightarrow{AB}=\begin{pmatrix}-1\\1\\1\end{pmatrix}$, $\overrightarrow{AC}=\begin{pmatrix}-2\\-1\\3\end{pmatrix}$ 法線ベクトルを $\vec{n}=\begin{pmatrix}a\\b\\c\end{pmatrix}$ とすると $\vec{n}\cdot\overrightarrow{AB}=0$, $\vec{n}\cdot\overrightarrow{AC}=0$ より

$$\begin{cases}-a+b+c=0\\-2a-b+3c=0\end{cases}$$

これから $b=\dfrac{1}{4}a$, $c=\dfrac{3}{4}a$

すなわち，法線ベクトルとして $\vec{n}=\begin{pmatrix}4\\1\\3\end{pmatrix}$ を選ぶ．

平面は $(1,1,0)$ を通るので，$4(x-1)+(y-1)-3(z-0)=0$

すなわち，$4x+y+3z=5$

練習 2.9

（1） $\dfrac{|2-2\cdot4+3\cdot(-1)-5|}{\sqrt{1^2+(-2)^2+3^2}}=\dfrac{14}{\sqrt{14}}=\sqrt{14}$

（2） $\dfrac{|3\cdot1+2+1-(-2)|}{\sqrt{3^2+1^2+1^2}}=\dfrac{8}{\sqrt{11}}=\dfrac{8\sqrt{11}}{11}$

練習 2.10

直線上の任意の点を $X(x,y)$ とすると $\vec{n}\cdot\overrightarrow{AX}=0$, すなわち

$$\begin{pmatrix}-1\\4\end{pmatrix}\cdot\begin{pmatrix}x-3\\y-2\end{pmatrix}=0,\quad -(x-3)+4(y-2)=0$$

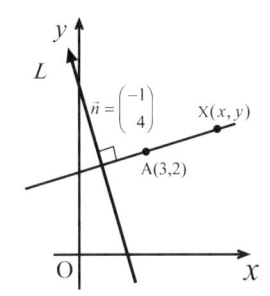

ゆえに，$x-4y=-5$

図 4.2.21 平面上の直線の法線ベクトル

練習 2.11

（1） $\begin{pmatrix}2\\3\end{pmatrix}$ （2） $\begin{pmatrix}3\\0\end{pmatrix}$

【注意】

この実数倍はすべて法線ベクトルとなり得るから，これは1つの例である．

練習 2.12

（1） 両辺を $\sqrt{1^2+(-2)^2}=\sqrt{5}$ で割って

$\dfrac{1}{\sqrt{5}}x-\dfrac{2}{\sqrt{5}}y=\dfrac{3}{\sqrt{5}}$ となるから，求める距離は，$3\sqrt{5}$

（2） $\dfrac{5}{\sqrt{3^2+4^2}}=1$

（3） $3x+2y=6$ と変形し，$\dfrac{6}{\sqrt{3^2+2^2}}=\dfrac{6}{\sqrt{13}}$ となる．

（4） 3 であることは明らか．

練習 2.13

$L: 2x+3y=4$ の両辺を $\sqrt{2^2+3^2}=\sqrt{13}$ で割ると $\dfrac{2}{\sqrt{13}}x+\dfrac{3}{\sqrt{13}}y=\dfrac{4}{\sqrt{13}}$ であるから，L の原点からの高さは $\dfrac{4}{\sqrt{13}}$ となる．

つぎに，点 $A(1,2)$ を通って，直線 L に平行な直線 L' の方程式は

$2(x-1)+3(y-2)=0$, すなわち $2x+3y=8$

両辺を $\sqrt{13}$ で割って $\frac{2}{\sqrt{13}}x+\frac{3}{\sqrt{13}}y=\frac{8}{\sqrt{13}}$ であるから, L' の原点からの高さは $\frac{8}{\sqrt{13}}$ となる。したがって, 点 A と直線 L との距離は $\left|\frac{8}{\sqrt{13}}-\frac{4}{\sqrt{13}}\right|=\frac{4}{\sqrt{13}}$, もちろん, $\frac{|2\cdot1+3\cdot2-4|}{\sqrt{2^2+3^2}}=\frac{4}{\sqrt{13}}$ としてもよい。

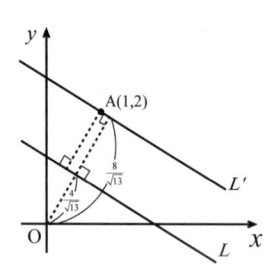

図 4.2.22 直線から原点までの距離

第 4 章第 3 節　練習の解

練習 3.1

（1）$\vec{AB}=\begin{pmatrix}1\\3\\0\end{pmatrix}$, $\vec{AC}=\begin{pmatrix}-2\\0\\4\end{pmatrix}$

外積を利用すると, 法線ベクトル $\vec{n}$ は,

$$\vec{n}=\vec{AB}\times\vec{AB}=\begin{pmatrix}1\\3\\0\end{pmatrix}\times\begin{pmatrix}-2\\0\\4\end{pmatrix}=\begin{pmatrix}3\times4-0\times0\\0\times(-2)-1\times4\\1\times0-3(-2)\end{pmatrix}=\begin{pmatrix}12\\-4\\6\end{pmatrix}$$

平面は $(2,0,0)$ を通るので, $12\cdot(x-2)-4y+6z=0$, すなわち, $6x-2y+3z=12$ となる。

（2）$\vec{AB}=\begin{pmatrix}-1\\1\\1\end{pmatrix}$, $\vec{AC}=\begin{pmatrix}-2\\-1\\3\end{pmatrix}$

外積を利用すると, 法線ベクトル $\vec{n}$ は

$$\vec{n}=\vec{AB}\times\vec{AC}=\begin{pmatrix}1\times3-1(-1)\\1\times(-2)-(-1)\times3\\(-1)\times(-1)-1\times(-2)\end{pmatrix}=\begin{pmatrix}4\\1\\3\end{pmatrix}$$

$\vec{n}\cdot\vec{AB}=0$, $\vec{n}\cdot\vec{AC}=0$ より平面は $(1,1,0)$ を通るので, $4(x-1)+1\cdot(y-1)-3(z-0)=0$, すなわち, $4x+y+3z=5$ となる。

練習 3.2

$V=(\vec{a}\times\vec{b})\cdot\vec{c}$
$=\begin{pmatrix}2\cdot(-2)-3\cdot1\\3\cdot4-1\cdot(-2)\\1\cdot1-2\cdot4\end{pmatrix}\cdot\begin{pmatrix}-1\\7\\-3\end{pmatrix}$
$=126$

第 4 章第 4 節　練習の解

練習 4.1

（1）$\frac{x-3}{1}=\frac{y}{-2}=\frac{x+2}{2}=t$ とおくと, $x=t+3$, $y=-2t$, $z=2t-2$ となる。これを $2x-3y-z=0$ に代入して
$2(t+3)-3(-2t)-(2t-2)=0$, $6t=-8$
よって, $t=-\frac{4}{3}$
したがって
$x=t+3=-\frac{4}{3}+3=\frac{5}{3}$, $y=-2t=\frac{8}{3}$,
$z=2t-2=-\frac{14}{3}$

ゆえに, 交点の座標は, $\left(\frac{5}{3}, \frac{8}{3}, -\frac{14}{3}\right)$ となる。

（2）$\frac{x-1}{2}=\frac{y+1}{3}=t$ とおくと, $x=2t+1$, $y=3t-1$
これと $z=2$ を $x+y+z=1$ に代入して
$(2t+1)+(3t-1)+2=1$, $5t=-1$
よって, $t=-\frac{1}{5}$
したがって
$x=2t+1=\frac{3}{5}$, $y=3t-1=-\frac{8}{5}$

ゆえに, 交点の座標は, $\left(\frac{3}{5}, -\frac{8}{5}, 2\right)$ となる。

【注意】

$\frac{x-1}{2}=\frac{y+1}{3}=\frac{z-2}{0}$ と思えばよい。

練習 4.2

A を通りこの平面に垂直な直線の方向ベクトルとして, この平面の法線ベクトルを使えるので垂線の式は

$\dfrac{x-3}{1}=\dfrac{y-4}{2}=\dfrac{z-1}{3}$ と書ける。この式を t とおくと
$$\begin{cases} x=t+3 \\ y=2t+4 \\ z=3t+1 \end{cases}$$
これを平面の式に代入すると
$(t+3)+2(2t+4)+3(3t+1)=56$　$14t=42$ から　$t=3$
よって，$x=6$，$y=10$，$z=10$
したがって　H の座標は $(6,10,10)$ となる。

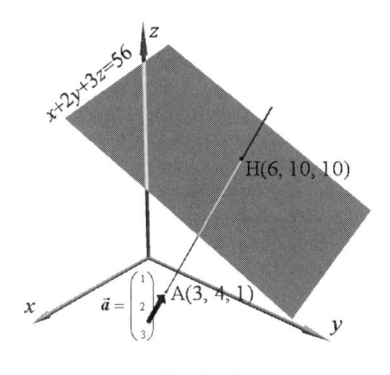

図 4.4.12

練習 4.3

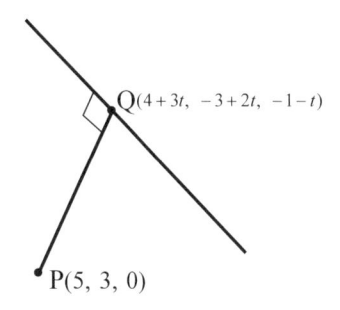

図 4.4.13　直線への垂線

交点 Q は直線上の点だから，Q$(4+3t,-3+2t,-1-t)$。これより，
$$\vec{PQ}=\begin{pmatrix} 4+3t-5 \\ -3+2t-3 \\ -1-t \end{pmatrix}=\begin{pmatrix} -1+3t \\ -6+2t \\ -1-t \end{pmatrix}$$
直線の方向ベクトル $\vec{d}$ は，$\vec{d}=\begin{pmatrix} 3 \\ 2 \\ -1 \end{pmatrix}$ で $\vec{d}\cdot\vec{PQ}=0$ より $3(-1+3t)+2(-6+2t)-(-1-t)=0$。よって $t=1$
求める直線の方向ベクトルは $\vec{PQ}$ であるから
$$\vec{PQ}=\begin{pmatrix} -1+3 \\ -6+2 \\ -1-1 \end{pmatrix}=\begin{pmatrix} 2 \\ -4 \\ -2 \end{pmatrix}$$
すなわち，方向ベクトルとして，$\begin{pmatrix} 1 \\ -2 \\ -1 \end{pmatrix}$ をとると，直線の方程式は，$\dfrac{x-5}{1}=\dfrac{y-3}{-2}=\dfrac{z}{-1}$ となる。
また，Q$=(7,-1,-2)$ より
$$|\vec{PQ}|=\sqrt{2^2+(-4)^2+(-2)^2}=2\sqrt{6}$$

練習 4.4

平面 $2x-y+z=2$，$x+2y-4z=0$ の法線ベクトルは，それぞれ $(2,-1,1)$，$(1,2,-4)$ である。求める g の方向ベクトル (a,b,c) はこの両者に垂直であるから，内積を考えて
$$2a-b+c=0,\ 2a+2b-4c=0$$
これから，
$$a:b:c=2:9:5$$
すなわち，
$$(a,b,c)=(2,9,5)$$

第 5 章第 2 節　練習の解

練習 2.1

固有値は 2，4 で
$$P=\dfrac{1}{\sqrt{2}}\begin{pmatrix} 1 & -1 \\ 1 & 1 \end{pmatrix}$$
となる。
よって，$\dfrac{x'^2}{2}+y'^2=1$ となる。

第1章第1節　復習問題の解

1

(1) $\vec{a}+\vec{b}=\begin{pmatrix}3\\-1\end{pmatrix}+\begin{pmatrix}2\\4\end{pmatrix}=\begin{pmatrix}5\\3\end{pmatrix}$

$\vec{a}-\vec{b}=\begin{pmatrix}3\\-1\end{pmatrix}-\begin{pmatrix}2\\4\end{pmatrix}=\begin{pmatrix}1\\-5\end{pmatrix}$

$3\vec{a}+5\vec{b}=3\begin{pmatrix}3\\-1\end{pmatrix}+5\begin{pmatrix}2\\4\end{pmatrix}$

$=\begin{pmatrix}9\\-3\end{pmatrix}+\begin{pmatrix}10\\20\end{pmatrix}=\begin{pmatrix}19\\17\end{pmatrix}$

$2\vec{a}-4\vec{b}=2\begin{pmatrix}3\\-1\end{pmatrix}-4\begin{pmatrix}2\\4\end{pmatrix}$

$=\begin{pmatrix}6\\-2\end{pmatrix}-\begin{pmatrix}8\\16\end{pmatrix}=\begin{pmatrix}-2\\-18\end{pmatrix}$

(2) $\begin{pmatrix}21\\7\end{pmatrix}=s\begin{pmatrix}3\\-1\end{pmatrix}+t\begin{pmatrix}2\\4\end{pmatrix}$ とおくと,

$\begin{cases}3s+2t=21\\-s+4t=7\end{cases}$

これを解いて, $s=5$, $t=3$ よって, $\vec{c}=5\vec{a}+3\vec{b}$

(3) $\begin{pmatrix}0\\0\end{pmatrix}=s\begin{pmatrix}3\\-1\end{pmatrix}+t\begin{pmatrix}2\\4\end{pmatrix}$ より,

$\begin{cases}3s+2t=0\\-s+4t=0\end{cases}$

これを解くと, $s=0$, $t=0$

2

(1)

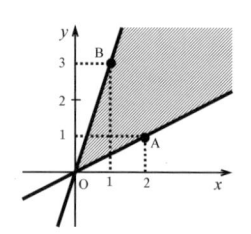

図 1.1.20　境界は含まない

(2)

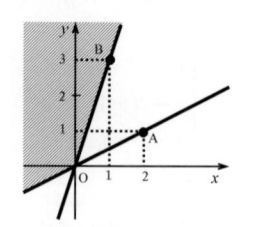

図 1.1.21　境界は含まない

3

(1) $2\vec{x}+3\vec{a}=\vec{b}$

$\vec{x}=-\dfrac{3}{2}\vec{a}+\dfrac{1}{2}\vec{b}=-\dfrac{3}{2}\begin{pmatrix}4\\1\\2\end{pmatrix}+\dfrac{1}{2}\begin{pmatrix}-1\\3\\0\end{pmatrix}$

$=\begin{pmatrix}-\dfrac{12}{2}\\-\dfrac{3}{2}\\-3\end{pmatrix}+\begin{pmatrix}-\dfrac{1}{2}\\\dfrac{3}{2}\\0\end{pmatrix}=\begin{pmatrix}-\dfrac{13}{2}\\0\\-3\end{pmatrix}$

(2) $4\vec{b}-3\vec{y}=\vec{a}$

$\vec{y}=-\dfrac{1}{3}\vec{a}+\dfrac{4}{3}\vec{b}=-\dfrac{1}{3}\begin{pmatrix}4\\1\\2\end{pmatrix}+\dfrac{4}{3}\begin{pmatrix}-1\\3\\0\end{pmatrix}$

$=\begin{pmatrix}-\dfrac{4}{3}\\-\dfrac{1}{3}\\-\dfrac{2}{3}\end{pmatrix}+\begin{pmatrix}-\dfrac{4}{3}\\4\\0\end{pmatrix}=\begin{pmatrix}-\dfrac{8}{3}\\\dfrac{11}{3}\\-\dfrac{2}{3}\end{pmatrix}$

4

(1) $(0,6,3)$, $(0,-1,4)$

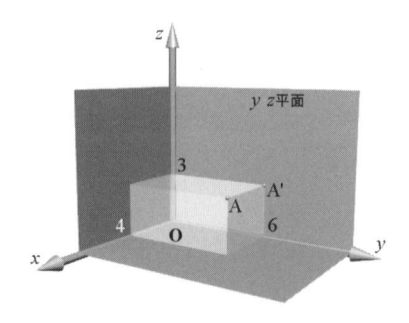

図 1.1.22

(2) $(4,-6,3)$, $(2,1,4)$

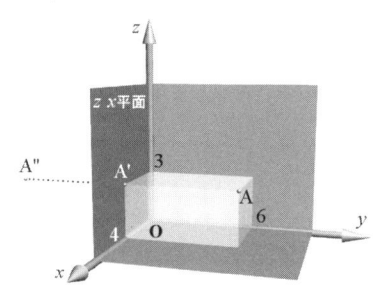

図 1.1.23

(3) 対称点を $C(x,y,z)$ とすると，$\overrightarrow{AB}=\overrightarrow{BC}$ だから，
$$\begin{pmatrix} 2-4 \\ -1-6 \\ 4-3 \end{pmatrix}=\begin{pmatrix} x-2 \\ y-(-1) \\ z-4 \end{pmatrix}$$
よって，$\begin{cases} x-2=-2 \\ y+1=-7 \\ z-4=1 \end{cases}$ より，$x=0$, $y=-8$, $z=5$

となり，$(0,-8,5)$

5

$$|\vec{e}|^2=l^2+m^2+n^2=1 \quad \cdots ①$$

$\vec{e}_1=(1,0,0)$, $\vec{e}_2=(0,1,0)$ とすると，条件から

$l=\vec{e}\cdot\vec{e}_1=\cos 45°=-\dfrac{1}{\sqrt{2}}$, $m=\vec{e}\cdot\vec{e}_2=\cos 60°$

l, m の値を式①に代入して整理すると
$$n^2=\dfrac{1}{4}$$

$n\geqq 0$ から，$n=\dfrac{1}{2}$

よって，$l=\dfrac{1}{\sqrt{2}}$, $m=n=\dfrac{1}{2}$

第1章第2節　復習問題の解

1

(1) $2\vec{a}+\vec{b}=2\begin{pmatrix} 1 \\ 2 \\ 3 \end{pmatrix}+\begin{pmatrix} -3 \\ 2 \\ 2 \end{pmatrix}=\begin{pmatrix} -1 \\ 6 \\ 8 \end{pmatrix}$

よって，$|2\vec{a}+\vec{b}|=\sqrt{(-1)^2+6^2+8^2}=\sqrt{101}$

(2) $\vec{a}+2\vec{b}=\begin{pmatrix} 1 \\ 2 \\ 3 \end{pmatrix}+2\begin{pmatrix} -3 \\ 2 \\ 2 \end{pmatrix}=\begin{pmatrix} -5 \\ 6 \\ 7 \end{pmatrix}$

よって，$|2\vec{a}+\vec{b}|=-\sqrt{(-5)^2+6^2+7^2}=\sqrt{110}$

2

$$\vec{a}+t\vec{b}=\begin{pmatrix} 1 \\ 2 \\ -1 \end{pmatrix}+t\begin{pmatrix} 2 \\ -3 \\ -1 \end{pmatrix}=\begin{pmatrix} 1+2t \\ 2-3t \\ -1-t \end{pmatrix}$$

$(\vec{a}+t\vec{b})\perp\vec{b}$ より $(\vec{a}+t\vec{b})\cdot\vec{b}=0$

だから
$$2(1+2t)-3(2-3t)-1(-1-t)=0$$
$$-3+14t=0$$

よって，$t=\dfrac{3}{14}$

3

求めるベクトルを $\vec{x}=\begin{pmatrix} x \\ y \\ z \end{pmatrix}$ とすると

$$\vec{a}\cdot\vec{x}=2x+y-z=0 \quad \cdots ①$$
$$\vec{b}\cdot\vec{x}=x-y-5z=0 \quad \cdots ②$$
$$|\vec{x}|=\sqrt{x^2+y^2+z^2}=1 \quad \cdots ③$$

式①，式②より $x=2z$, $y=-3z$

式③に代入して $4z^2+9z^2+z^2=1$

$$\therefore \quad z=\pm\dfrac{1}{\sqrt{14}}$$

求めるベクトルは $\begin{pmatrix} \dfrac{2}{\sqrt{14}} \\ -\dfrac{3}{\sqrt{14}} \\ \dfrac{1}{\sqrt{14}} \end{pmatrix}$, $\begin{pmatrix} -\dfrac{2}{\sqrt{14}} \\ \dfrac{3}{\sqrt{14}} \\ -\dfrac{1}{\sqrt{14}} \end{pmatrix}$

4

(1) $\cos\theta=\dfrac{\vec{a}\cdot\vec{b}}{|\vec{a}||\vec{b}|}=\dfrac{2}{2\sqrt{2}}=\dfrac{1}{\sqrt{2}}$

よって，$\theta=45°$

(2) $|\vec{a}+\vec{b}|=\sqrt{3}$ より $(\vec{a}+\vec{b})\cdot(\vec{a}+\vec{b})=3$
$$|\vec{a}|^2+2\vec{a}\cdot\vec{b}+|\vec{b}|^2=3$$

$$\vec{a}\cdot\vec{b}=-1$$
$$\cos\theta=\frac{-1}{1\cdot 2}=-\frac{1}{2}$$
よって，$\theta=120°$

(3) $\vec{a}+\vec{b}=-\vec{c}$ より $|\vec{a}+\vec{b}|=|\vec{c}|$
すなわち $(\vec{a}+\vec{b})\cdot(\vec{a}+\vec{b})=|\vec{c}|^2$
$$9+2\vec{a}\cdot\vec{b}+25=49$$
$$\vec{a}\cdot\vec{b}=\frac{15}{2}$$
よって，$\cos\theta=\dfrac{\vec{a}\cdot\vec{b}}{|\vec{a}||\vec{b}|}=\dfrac{\frac{15}{2}}{3\cdot 5}=\dfrac{1}{2}$

したがって，$\theta=60°$

5

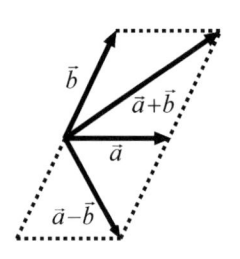

$(\vec{a}+\vec{b})\cdot(\vec{a}-\vec{b})=\vec{a}\cdot\vec{a}-\vec{b}\cdot\vec{b}=|\vec{a}|^2-|\vec{b}|^2=0$
よって，$(\vec{a}+\vec{b})\perp(\vec{a}-\vec{b})$

図1.2.17 平行四辺形とベクトル

第2章第1節と第2節 復習問題の解

1

(1) $3(A+B)+2(A-B)=3A+3B+2A-2B$
$$=5A+B$$
$$=5\begin{pmatrix}1&2\\3&4\end{pmatrix}+\begin{pmatrix}3&2\\-1&1\end{pmatrix}$$
$$=\begin{pmatrix}5&10\\15&20\end{pmatrix}+\begin{pmatrix}3&2\\-1&1\end{pmatrix}$$
$$=\begin{pmatrix}8&12\\14&21\end{pmatrix}$$

(2) $(A+B)A=\begin{pmatrix}4&4\\2&5\end{pmatrix}\begin{pmatrix}1&2\\3&4\end{pmatrix}=\begin{pmatrix}16&24\\17&24\end{pmatrix}$

(3) $AB+BA$
$$=\begin{pmatrix}1&2\\3&4\end{pmatrix}\begin{pmatrix}3&2\\-1&1\end{pmatrix}+\begin{pmatrix}3&2\\-1&1\end{pmatrix}\begin{pmatrix}1&2\\3&4\end{pmatrix}$$
$$=\begin{pmatrix}1&4\\5&10\end{pmatrix}+\begin{pmatrix}9&14\\2&2\end{pmatrix}=\begin{pmatrix}10&18\\7&12\end{pmatrix}$$

(4) $B^{-1}A^{-1}=(AB)^{-1}=\begin{pmatrix}1&4\\5&10\end{pmatrix}^{-1}$
$$=\frac{1}{10-20}\begin{pmatrix}10&-4\\-5&1\end{pmatrix}=\begin{pmatrix}-1&\frac{2}{5}\\\frac{1}{2}&-\frac{1}{10}\end{pmatrix}$$

2

$A^2=AA=\begin{pmatrix}1&3\\0&1\end{pmatrix}\begin{pmatrix}1&3\\0&1\end{pmatrix}=\begin{pmatrix}1+0&3+3\\0+0&0+1\end{pmatrix}=\begin{pmatrix}1&6\\0&1\end{pmatrix}$

$A^3=A^2A=\begin{pmatrix}1&6\\0&1\end{pmatrix}\begin{pmatrix}1&3\\0&1\end{pmatrix}=\begin{pmatrix}1+0&3+6\\0+0&0+1\end{pmatrix}=\begin{pmatrix}1&9\\0&1\end{pmatrix}$

3

(1) $(A+B)^2=(A+B)(A+B)$
$$=(A+B)A+(A+B)B=A^2+BA+AB+B^2$$

(2) $(A+I)^2=(A+I)(A+I)=(A+I)A+(A+I)I$
$$=A^2+IA+AI+I^2=A^2+2A+I$$

(3) $(A^2+1)\{(A^{-1})^2-I\}=(A^2+I)(A^{-1})^2-(A^2+I)I$
$$=A^2(A^{-1})^2+(A^{-1})^2-A^2-I$$
$$=AAA^{-1}A^{-1}+(A^{-1})^2-A^2-I=I+(A^{-1})^2-A^2$$

4

$AB=AC$ の両辺に左から A^{-1} を掛け，
$A^{-1}(AB)=A^{-1}(AC)$，$(A^{-1}A)B=(A^{-1}A)C$，$IB=IC$
よって，$B=C$ となる。

5

その1次写像を表す行列を A とすると
$A(-3\vec{x}+\vec{y})=-3A\vec{x}+A\vec{y}=-3\vec{a}+(2\vec{a}+\vec{b})$
$$=-\vec{a}+\vec{b}$$

6

Aセット，Bセットそれぞれ x，y のときの，りんごとかきの個数をそれぞれ u，v とすると

$$\begin{pmatrix} u \\ v \end{pmatrix} = \begin{pmatrix} 5 & 4 \\ 3 & 7 \end{pmatrix} \begin{pmatrix} x \\ y \end{pmatrix}$$

と表せる。また，りんごとかきの個数が u, v のときの合計の個数と重さを z, w とすると

$$\begin{pmatrix} z \\ w \end{pmatrix} = \begin{pmatrix} 200 & 120 \\ 500 & 300 \end{pmatrix} \begin{pmatrix} u \\ v \end{pmatrix}$$

と表せる。よって

$$\begin{pmatrix} z \\ w \end{pmatrix} = \begin{pmatrix} 200 & 120 \\ 500 & 300 \end{pmatrix} \begin{pmatrix} 5 & 4 \\ 3 & 7 \end{pmatrix} \begin{pmatrix} x \\ y \end{pmatrix}$$

$$= \begin{pmatrix} 1360 & 1640 \\ 3400 & 4100 \end{pmatrix} \begin{pmatrix} x \\ y \end{pmatrix} = \begin{pmatrix} 1360x + 1640y \\ 3400x + 4100y \end{pmatrix}$$

ゆえに，値段は $1360x + 1640y$，重さは $3400x + 4100y$

7

(1) $x = 1$, $y = 0$ (2) $x = -\dfrac{2}{5}$, $y = \dfrac{11}{5}$

(3) $x = \dfrac{1}{5}$, $y = -\dfrac{2}{5}$ (4) $x = 0$, $y = 0$

(5) $x - 3y = 2$ を満たす (x, y) (6) 解はない

第2章第3節　復習問題の解

1

x, y, z の係数と右辺の定数を並べた 3×4 行列を変形。解をもつとき，ある行の x, y, z の係数を表す成分がすべて 0 になれば，定数を表す成分も 0 になる。解答は $5a - 2b - c = 0$ となる。

2

(1) $\begin{pmatrix} 1 & 0 & 0 \\ 0 & 0 & 1 \\ 0 & 1 & 0 \end{pmatrix}$ (2) $\begin{pmatrix} 1 & 0 & 5 \\ 0 & 1 & 0 \\ 0 & 0 & 1 \end{pmatrix}$

3

(1) $P_1 = \begin{pmatrix} 0 & 0 & 1 \\ 0 & 1 & 0 \\ 1 & 0 & 0 \end{pmatrix}$, $P_2 = \begin{pmatrix} -1 & 0 & 0 \\ 0 & 1 & 0 \\ 0 & 0 & 1 \end{pmatrix}$,

$P_3 = \begin{pmatrix} 1 & 0 & 2 \\ 0 & 1 & -5 \\ 0 & 0 & 1 \end{pmatrix}$

(2) $D = \begin{pmatrix} 1 & 0 & 0 \\ 0 & 1 & 0 \\ 0 & 0 & 1 \end{pmatrix}$, $A^{-1} = P_3 P_2 P_1$

4

(1) 第1行と第2行を入れ替える。

(2) 第2行に5を掛ける。

(3) 第2行に第3行の3倍を加える。

《OnePointAdvice》

基本変形は行列の積として定義できるのである。

第3章第1節　復習問題の解

1

(1) (x, y) が (x', y') にうつるとすると

$$\begin{cases} x' = -y \\ y' = -x \end{cases}$$

よって $\begin{pmatrix} x' \\ y' \end{pmatrix} = \begin{pmatrix} 0 & -1 \\ -1 & 0 \end{pmatrix} \begin{pmatrix} x \\ y \end{pmatrix}$

答 $\begin{pmatrix} 0 & -1 \\ -1 & 0 \end{pmatrix}$

(2) (x', y') は $\begin{cases} X = -y \\ Y = -x \end{cases}$ によってきまる (X, Y) と (x, y) の中点だから

$$\begin{cases} x' = \dfrac{x + X}{2} = \dfrac{x - y}{2} \\ y' = \dfrac{y + Y}{2} = \dfrac{y - x}{2} \end{cases}$$

よって，$\begin{pmatrix} x' \\ y' \end{pmatrix} = \begin{pmatrix} \dfrac{1}{2} & -\dfrac{1}{2} \\ -\dfrac{1}{2} & \dfrac{1}{2} \end{pmatrix} \begin{pmatrix} x \\ y \end{pmatrix}$

答 $\begin{pmatrix} \dfrac{1}{2} & -\dfrac{1}{2} \\ -\dfrac{1}{2} & \dfrac{1}{2} \end{pmatrix}$

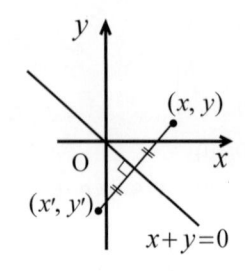

図 3.1.11 直線に関する鏡映

2

(x, y) が (x', y') にうつるとすると

$$\begin{pmatrix} x' \\ y' \end{pmatrix} = \begin{pmatrix} \cos 30° & -\sin 30° \\ \sin 30° & \cos 30° \end{pmatrix} \begin{pmatrix} x \\ y \end{pmatrix}$$

$$= \begin{pmatrix} \frac{\sqrt{3}}{2} & -\frac{1}{2} \\ \frac{1}{2} & \frac{\sqrt{3}}{2} \end{pmatrix} \begin{pmatrix} x \\ y \end{pmatrix}$$

$$\begin{pmatrix} x \\ y \end{pmatrix} = \begin{pmatrix} \frac{\sqrt{3}}{2} & -\frac{1}{2} \\ \frac{1}{2} & \frac{\sqrt{3}}{2} \end{pmatrix}^{-1} \begin{pmatrix} x' \\ y' \end{pmatrix} = \begin{pmatrix} \frac{\sqrt{3}}{2} & \frac{1}{2} \\ -\frac{1}{2} & \frac{\sqrt{3}}{2} \end{pmatrix} \begin{pmatrix} x' \\ y' \end{pmatrix}$$

したがって,

$$\begin{cases} x = \frac{\sqrt{3}}{2} x' + \frac{1}{2} y' \\ y = -\frac{1}{2} x' + \frac{\sqrt{3}}{2} y' \end{cases}$$

を $x + y = 4$ に代入すると

$$\frac{\sqrt{3}-1}{2} x' + \frac{1+\sqrt{3}}{2} y' = 4$$

よって, $(\sqrt{3}-1)x + (1+\sqrt{3})y = 8$ となる。

3

$$\begin{pmatrix} x' \\ y' \end{pmatrix} = \begin{pmatrix} 3 & 1 \\ 1 & 2 \end{pmatrix} \begin{pmatrix} x \\ y \end{pmatrix}$$

によって, (x, y) は (x', y') にうつる。(x', y') は $x - y = 1$ 上にあるとすると

$$\begin{cases} x' = 3x + y \\ y' = x + 2y \end{cases}$$ を $x' - y' = 1$ に代入して

$(3x+y) - (x+2y) = 1$, $2x - y = 1$

この直線が求める元の図形である。

4

線形変換を $\begin{pmatrix} x' \\ y' \end{pmatrix} = \begin{pmatrix} a & b \\ c & d \end{pmatrix} \begin{pmatrix} x \\ y \end{pmatrix}$ とすると

$$\begin{pmatrix} 4 \\ 0 \end{pmatrix} = \begin{pmatrix} a & b \\ c & d \end{pmatrix} \begin{pmatrix} 3 \\ 1 \end{pmatrix} \text{ より } \begin{cases} 4 = 3a + b \\ 0 = 3c + d \end{cases}$$

$$\begin{pmatrix} 0 \\ 2 \end{pmatrix} = \begin{pmatrix} a & b \\ c & d \end{pmatrix} \begin{pmatrix} 2 \\ 1 \end{pmatrix} \text{ より } \begin{cases} 0 = 2a + b \\ 2 = 2c + d \end{cases}$$

これから, $a = 4$, $b = -8$, $c = -2$, $d = 6$

$$\begin{pmatrix} 4 & -8 \\ -2 & 6 \end{pmatrix} \begin{pmatrix} 9 \\ 3 \end{pmatrix} = \begin{pmatrix} 36-24 \\ -18+18 \end{pmatrix} = \begin{pmatrix} 12 \\ 0 \end{pmatrix}$$

$$\begin{pmatrix} 4 & -8 \\ -2 & 6 \end{pmatrix} \begin{pmatrix} 16 \\ 6 \end{pmatrix} = \begin{pmatrix} 64-48 \\ -32+36 \end{pmatrix} = \begin{pmatrix} 16 \\ 4 \end{pmatrix}$$

よって $(9, 3)$, $(16, 6)$ はそれぞれ $(12, 0)$, $(16, 4)$ にうつる。

【別解】

$\begin{pmatrix} 9 \\ 3 \end{pmatrix} = 3\begin{pmatrix} 3 \\ 1 \end{pmatrix}$, $\begin{pmatrix} 16 \\ 6 \end{pmatrix} = 4\begin{pmatrix} 3 \\ 1 \end{pmatrix} + 2\begin{pmatrix} 2 \\ 1 \end{pmatrix}$ として, 線形性を使うと,

$$A\begin{pmatrix} 9 \\ 3 \end{pmatrix} = 3A\begin{pmatrix} 3 \\ 1 \end{pmatrix} = 3\begin{pmatrix} 4 \\ 0 \end{pmatrix} = \begin{pmatrix} 12 \\ 0 \end{pmatrix}$$

【注意】

$\begin{pmatrix} 16 \\ 6 \end{pmatrix} = s\begin{pmatrix} 3 \\ 1 \end{pmatrix} + t\begin{pmatrix} 2 \\ 1 \end{pmatrix}$ として s, t を求めると $s = 4$, $t = 2$ となる。

5

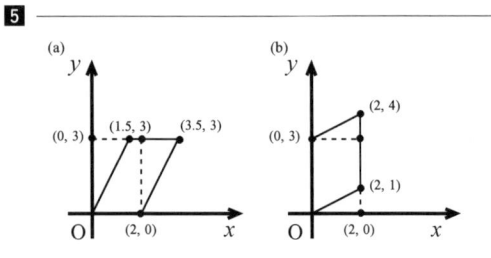

図 3.1.12 せん断に関する図解

第 3 章第 2 節 復習問題の解

1

求める直線を $y = mx$ とおく。この直線上の任意の点 (t, mt) が A によって (u, v) にうつったとすると

$$\begin{pmatrix} u \\ v \end{pmatrix} = \begin{pmatrix} -4 & -10 \\ 3 & 7 \end{pmatrix} \begin{pmatrix} t \\ mt \end{pmatrix} = \begin{pmatrix} -4t - 10mt \\ 3t + 7mt \end{pmatrix}.$$

すなわち $\begin{cases} u = -(4+10m)t \\ v = (3+7m)t. \end{cases}$

点 (u, v) が $y = mx$ 上にあることより
$$(3+7m)t = m\{-(4+10m)\}t.$$

t は任意の数だから
$$3 + 7m = m\{-(4+10m)\}.$$

すなわち
$$10m^2 + 11m + 3 = 0.$$

これを解いて $m = -\dfrac{3}{5}, -\dfrac{1}{2}.$

したがって求める直線 $y = -\dfrac{3}{5}x, \ y = -\dfrac{1}{2}x$ となる。

2

原点のまわりに $30°$ 回転させる線形変換 f は

$$\begin{pmatrix} x' \\ y' \end{pmatrix} = \begin{pmatrix} \cos 30° & -\sin 30° \\ \sin 30° & \cos 30° \end{pmatrix} \begin{pmatrix} x \\ y \end{pmatrix} = \begin{pmatrix} \dfrac{\sqrt{3}}{2} & -\dfrac{1}{2} \\ \dfrac{1}{2} & \dfrac{\sqrt{3}}{2} \end{pmatrix} \begin{pmatrix} x \\ y \end{pmatrix}$$

と表せる。また，x 軸に関する対称移動の線形変換 f は

$\begin{cases} x' = x \\ y' = -y \end{cases}$ すなわち， $\begin{pmatrix} x' \\ y' \end{pmatrix} = \begin{pmatrix} 1 & 0 \\ 0 & -1 \end{pmatrix} \begin{pmatrix} x \\ y \end{pmatrix}$

と表せる。したがって $g \circ f$ を表す行列は

$$\begin{pmatrix} 1 & 0 \\ 0 & -1 \end{pmatrix} \begin{pmatrix} \dfrac{\sqrt{3}}{2} & -\dfrac{1}{2} \\ \dfrac{1}{2} & \dfrac{\sqrt{3}}{2} \end{pmatrix} = \begin{pmatrix} \dfrac{\sqrt{3}}{2} & -\dfrac{1}{2} \\ -\dfrac{1}{2} & -\dfrac{\sqrt{3}}{2} \end{pmatrix}$$

となる。

さらに，$x - y + 2 = 0$ 上の点 $(t, t+2)$ が (x', y') にうつったとすると

$$\begin{pmatrix} x' \\ y' \end{pmatrix} = \begin{pmatrix} \dfrac{\sqrt{3}}{2} & -\dfrac{1}{2} \\ \dfrac{1}{2} & \dfrac{\sqrt{3}}{2} \end{pmatrix} \begin{pmatrix} t \\ t+2 \end{pmatrix} = \begin{pmatrix} \dfrac{\sqrt{3}-1}{2}t - 1 \\ -\dfrac{1+\sqrt{3}}{2}t - \sqrt{3} \end{pmatrix}$$

よって

$\begin{cases} x' = \dfrac{\sqrt{3}-1}{2}t - 1 \\ y' = -\dfrac{1+\sqrt{3}}{2}t - \sqrt{3} \end{cases}$

t を消去すると
$$\dfrac{x'+1}{\sqrt{3}-1} = \dfrac{y' + \sqrt{3}}{-(1+\sqrt{3})}$$

よって，求める直線は
$$\dfrac{x+1}{\sqrt{3}-1} = \dfrac{y + \sqrt{3}}{-(1+\sqrt{3})}$$

すなわち，$x + (2-\sqrt{3})y + 2\sqrt{3} - 2 = 0$ となる。

3

f を表す線形変換は
$$\begin{pmatrix} x' \\ y' \end{pmatrix} = \begin{pmatrix} \cos 90° & -\sin 90° \\ \sin 90° & \cos 90° \end{pmatrix} \begin{pmatrix} x \\ y \end{pmatrix} = \begin{pmatrix} 0 & -1 \\ 1 & 0 \end{pmatrix} \begin{pmatrix} x \\ y \end{pmatrix}$$

g を表す線形変換は
$\begin{cases} x' = -x \\ y' = y \end{cases}$ すなわち $\begin{pmatrix} x' \\ y' \end{pmatrix} = \begin{pmatrix} -1 & 0 \\ 0 & 1 \end{pmatrix} \begin{pmatrix} x \\ y \end{pmatrix}$

(1) $g \circ f$: $\begin{pmatrix} -1 & 0 \\ 0 & 1 \end{pmatrix} \begin{pmatrix} 0 & -1 \\ 1 & 0 \end{pmatrix} = \begin{pmatrix} 0 & 1 \\ 1 & 0 \end{pmatrix}$

(2) $f \circ g$: $\begin{pmatrix} 0 & -1 \\ 1 & 0 \end{pmatrix} \begin{pmatrix} -1 & 0 \\ 0 & 1 \end{pmatrix} = \begin{pmatrix} 0 & -1 \\ -1 & 0 \end{pmatrix}$

(3) $\begin{pmatrix} 0 & -1 \\ 1 & 0 \end{pmatrix}^{-1} = \begin{pmatrix} 0 & 1 \\ -1 & 0 \end{pmatrix}$ だから

$f^{-1} \circ g \circ f$: $\begin{pmatrix} 0 & 1 \\ -1 & 0 \end{pmatrix} \begin{pmatrix} 0 & 1 \\ 1 & 0 \end{pmatrix} = \begin{pmatrix} 1 & 0 \\ 0 & -1 \end{pmatrix}$

4

$\begin{pmatrix} \dfrac{1}{2} & -\dfrac{\sqrt{3}}{2} \\ \dfrac{\sqrt{3}}{2} & \dfrac{1}{2} \end{pmatrix} = \begin{pmatrix} \cos 60° & -\sin 60° \\ \sin 60° & \cos 60° \end{pmatrix}$ であるから，

$\begin{pmatrix} \dfrac{1}{2} & -\dfrac{\sqrt{3}}{2} \\ \dfrac{\sqrt{3}}{2} & \dfrac{1}{2} \end{pmatrix}^n$ は，$60°$ 回転を n 回合成する線形変換を表す。

$n = 6m+1$ $(m=0,1,2,3,...)$ のとき $\begin{pmatrix} \frac{1}{2} & -\frac{\sqrt{3}}{2} \\ \frac{\sqrt{3}}{2} & \frac{1}{2} \end{pmatrix}$

$n = 6m+2$ のとき, $\begin{pmatrix} \cos 120° & -\sin 120° \\ \sin 120° & \cos 120° \end{pmatrix}$

$= \begin{pmatrix} -\frac{1}{2} & -\frac{\sqrt{3}}{2} \\ \frac{\sqrt{3}}{2} & -\frac{1}{2} \end{pmatrix}$

$n = 6m+3$ のとき, $\begin{pmatrix} \cos 180° & -\sin 180° \\ \sin 180° & \cos 180° \end{pmatrix}$

$= \begin{pmatrix} -1 & 0 \\ 0 & -1 \end{pmatrix}$

$n = 6m+4$ のとき, $\begin{pmatrix} \cos 240° & -\sin 240° \\ \sin 240° & \cos 240° \end{pmatrix}$

$= \begin{pmatrix} -\frac{1}{2} & \frac{\sqrt{3}}{2} \\ -\frac{\sqrt{3}}{2} & -\frac{1}{2} \end{pmatrix}$

$n = 6m+5$ のとき, $\begin{pmatrix} \cos 300° & -\sin 300° \\ \sin 300° & \cos 300° \end{pmatrix}$

$= \begin{pmatrix} \frac{1}{2} & \frac{\sqrt{3}}{2} \\ -\frac{\sqrt{3}}{2} & \frac{1}{2} \end{pmatrix}$

$n = 6m+6$ のとき, $\begin{pmatrix} \cos 360° & -\sin 360° \\ \sin 360° & \cos 360° \end{pmatrix} = \begin{pmatrix} 1 & 0 \\ 0 & 1 \end{pmatrix}$

あとはこれを繰り返す.

5

点 (x, y) が動かないとすると

$\begin{pmatrix} 2 & 1 \\ 2 & 3 \end{pmatrix} \begin{pmatrix} x \\ y \end{pmatrix} = \begin{pmatrix} x \\ y \end{pmatrix}$

$\begin{cases} 2x+y=x \\ 2x+3y=y \end{cases}$, $\begin{cases} x+y=0 \\ 2x+2y=0 \end{cases}$

よって, 直線 $x+y=0$ 上の点は動かない. すなわち
$$\{(x,y) \mid x+y=0\}$$
が求める点の集合である.

第3章第3節 復習問題の解

1

(1) $P^{-1}AP = \begin{pmatrix} 1 & 3a-b \\ 0 & 5 \end{pmatrix}$ より $p=1, q=5; b=3a$

(2) $A^n = PB^nP^{-1}$, $B^n = \begin{pmatrix} 1 & 0 \\ 0 & 5^n \end{pmatrix}$ より

$A^n = \frac{1}{4} \begin{pmatrix} 3+5^n & -1+5^n \\ -3+3 \cdot 5^n & 1+3 \cdot 5^n \end{pmatrix}$

2

(1) $P^{-1}AP = \begin{pmatrix} 2i & 0 \\ 0 & -2i \end{pmatrix}$ (2) $P^{-1}AP = \begin{pmatrix} 2 & 0 \\ 0 & 1 \end{pmatrix}$

(3) $P^{-1}AP = \begin{pmatrix} 2 & 0 & 0 \\ 0 & 1 & 0 \\ 0 & 0 & -3 \end{pmatrix}$ (4) $P^{-1}AP = \begin{pmatrix} 3 & 0 & 0 \\ 0 & 2 & 0 \\ 0 & 0 & 1 \end{pmatrix}$

3

固有値は $-4, 3$ より

$A^n = \frac{1}{7} \begin{pmatrix} (-4)^n + 6 \cdot 3^n & -2 \cdot (-4)^n + 2 \cdot 3^n \\ (-3) \cdot (-4)^n + 3 \cdot 3^n & 6 \cdot (-4)^n + 3^n \end{pmatrix}$ …(答)

第4章第1節 復習問題の解

1

$\dfrac{x-4}{-2} = y-2 = \dfrac{z+5}{3}$

$\left(\text{もちろん } \dfrac{4-x}{2} = y-2 = \dfrac{z+5}{3} \text{ としてもよい}\right)$

2

与えられた直線の方向ベクトルは $(1, 3, -6)$ である.
よって, 求める直線は,

$x-7 = \dfrac{y+2}{3} = \dfrac{z-3}{-6}$

$\left(\text{または, } x-7 = \dfrac{y+2}{3} = \dfrac{3-z}{6}\right)$

3

(1) $\dfrac{x+1}{4+1}=\dfrac{y-2}{-5-2}=\dfrac{z-3}{6-3}$

∴ $\dfrac{x+1}{5}=\dfrac{2-y}{7}=\dfrac{z-3}{3}$

(2) $\dfrac{x+2}{3+2}=\dfrac{y-0}{7-0}=\dfrac{z-2}{-5-2}$ ∴ $\dfrac{x+2}{5}=\dfrac{y}{7}=\dfrac{2-z}{7}$

4

与えられた2点を通る直線は $\dfrac{x-1}{2}=\dfrac{y-2}{-1}=\dfrac{z-3}{-4}$ となる。

これと xy 平面,すなわち $z=0$ との交点は,

$$\dfrac{x-1}{2}=2-y=\dfrac{3}{4}$$

から,

$$\left(\dfrac{5}{2},\dfrac{5}{4},0\right)$$

また xy 平面,すなわち $y=0$ との交点は

$$\dfrac{x-1}{2}=2=\dfrac{3-z}{4}$$

から,

$$(5,0,-5)$$

第4章第2節　復習問題の解

1

$(x-2)-(y-4)-2(z-5)=0$ ∴ $x-y-2z+12=0$

2

$\overrightarrow{AB}=(2,-5,-4)$ であるから,$2(x-2)-5(y-3)-4(z-5)=0$ ∴ $2x-5y-4z+31=0$

3

xy 平面に平行な平面の方程式は $z=k$ となる。よって,求める方程式は,$z=3$

4

原点を通る平面は,$ax+by+cz=0$ と表される。これが,点 $(1,0,-1)$,$(0,2,3)$ を通るから

$$a-c=0,\ 2b+3c=0$$

∴ $a=c,\ b=-\dfrac{3}{2}c$

よって,$cx-\dfrac{3}{2}cy+cz=0$

ここで $c=0$ ならば,$a=0$,$b=0$ となって不適。よって $c\neq 0$,すなわち求める平面の方程式は,$2x-3y+2z=0$ となる。

5

与えられた平面は,ベクトル $(2,-1,3)$ に垂直である。したがって,ベクトル $(2,-1,3)$ を法線ベクトルとし,点 $(3,5,-2)$ を通る平面の方程式を求めればよい。すなわち,

$$2(x-3)-(y-5)+3(z+2)=0$$

∴ $2x-y+3z+5=0$

6

原点からの距離が3である平面の方程式は

$$lx+my+nz=3\cdots(1)$$
$$l^2+m^2+n^2=1\cdots(2)$$

求める平面の法線ベクトル (l,m,n) は法線ベクトル $(6,2,9)$ に平行であるから,任意の実数 $k(\neq 0)$ に対して,

$$(l,m,n)=k(6,2,9)$$

∴ $l=6k,\ m=2k,\ n=9k$

これを式(2)に代入して $k=\pm\dfrac{1}{11}$

よって求める平面の方程式は

$$6x+2y+9z=33,\ 6x+2y+9z=-33$$

第4章第3節　復習問題の解

1

(1) それぞれの辺の長さは
$|\overrightarrow{OA}|=2\sqrt{3}$, $|\overrightarrow{OB}|=\sqrt{6}$, $|\overrightarrow{OC}|=\sqrt{3}$

となり,

$\overrightarrow{OA}\cdot\overrightarrow{OB}=0$ であるから OA⊥OB となる。

C から □OADB へ下ろした垂線を CH とすれば,
$\overrightarrow{OH}=s\overrightarrow{OA}+t\overrightarrow{OB}=(2s+2t,2s+t,2s+t)$

とおくことができて，
$\vec{CH} = \vec{OH} - \vec{OC} = (2s+2t+1, 2s+t+1, 2s+t-1)$
CH⊥OA，CH⊥OB であるから，
$2(2s+2t+1) + 2(2s+t+1) + 2(2s+t-1) = 0$
$-2(2s+2t+1) + 1\cdot(2s+t+1) + 1\cdot(2s+t-1) = 0$
よって，$s = -\dfrac{1}{6}$，$t = \dfrac{1}{3}$
∴ $\vec{CH} = (0, 1, -1)$，$|\vec{CH}| = \sqrt{2}$
したがって，$V = 6\sqrt{2} \cdot \sqrt{2} = 12$ となる．
(2) $\vec{a} \times \vec{b} = (2\cdot 1 - 2\cdot 1, 2\cdot(-1) - 2\cdot 1, 2\cdot 1 - 2\cdot(-2)) = (0, -6, 6)$
$(\vec{a} \times \vec{b}) \cdot \vec{c} = (-6)(-1) + 6\cdot 1 = 12$
∴ $V = 12$

2

求めるベクトルは2つのベクトルの外積から求められる．
$\begin{pmatrix} 2 \\ 1 \\ -1 \end{pmatrix} \times \begin{pmatrix} 1 \\ -1 \\ -5 \end{pmatrix} = \begin{pmatrix} 1\cdot(-5) - (-1)\cdot(-1) \\ (-1)\cdot 2 - 2\cdot(-5) \\ 2\cdot(-1) - 1\cdot 1 \end{pmatrix} = \begin{pmatrix} -6 \\ 9 \\ -3 \end{pmatrix}$
求めるベクトルは単位ベクトルであり，逆向きもあるので
$\begin{pmatrix} -\dfrac{2}{\sqrt{14}} \\ \dfrac{3}{\sqrt{14}} \\ -\dfrac{1}{\sqrt{14}} \end{pmatrix}, \begin{pmatrix} \dfrac{2}{\sqrt{14}} \\ -\dfrac{3}{\sqrt{14}} \\ \dfrac{1}{\sqrt{14}} \end{pmatrix}$

3

(1) $\vec{a} \cdot \vec{x} = x_1 + 2x_2 - x_3 = 0$，$\vec{b} \cdot \vec{x} = 2x_1 - x_2 - 2x_3 = 0$
この2式からx_1を消去して，
$5x_2 - 4x_3 = 0$ ∴ $x_2 : x_3 = 4 : 5$
また，x_2を消去して，$5x_1 - 7x_3 = 0$ ∴ $x_1 : x_3 = 7 : 5$
よって，$x_1 : x_2 : x_3 = 7 : 4 : 5$
(2) 2つのベクトルのなす角をθとすると
$\cos\theta = \dfrac{1\cdot 2 + 2\cdot(-1) + (-3)\cdot(-2)}{\sqrt{1^2+2^2+(-3)^2}\sqrt{2^2+(-1)^2+(-2)^2}} = \dfrac{6}{3\sqrt{14}}$
$\sin\theta = \dfrac{\sqrt{90}}{3\sqrt{14}}$

よって面積は
$\sqrt{1^2+2^2+(-3)^2}\sqrt{2^2+(-1)^2+(-2)^2} \times \dfrac{\sqrt{90}}{3\sqrt{14}} = \sqrt{90}$
となり，求めるベクトルは
$\begin{pmatrix} 7 \\ 4 \\ 5 \end{pmatrix}$
(3) 外積を求めると
$\begin{pmatrix} 1 \\ 2 \\ -3 \end{pmatrix} \times \begin{pmatrix} 2 \\ -1 \\ -2 \end{pmatrix} = \begin{pmatrix} -7 \\ -4 \\ -5 \end{pmatrix}$

【注意】
図を描かずに，$\vec{a}$ から $\vec{b}$ へ右ねじの回る向きへ定めるのは意外と難しい．外積の効用がわかるはずだ．

第4章第4節　復習問題の解

1

(1) $x = 4$
(2) $-3(x-3) + (y+2) - 5(z-5) = 0$
∴ $3x - y + 5z = 36$
(3) 与えられた平面の法線ベクトルは $(3, 6, -4)$．
よって，
$3(x-4) + 6(y+5) - 4(z-3) = 0$
∴ $3x + 6y - 4z + 30 = 0$

【別解】
与えられた平面に平行な平面は，$3x+6y-4z = d$ と表される．これが点 $(4, -5, 3)$ を通るから $12-30-12 = d$．
∴ $d = -30$
よって，求める方程式は $3x+6y-4z = -30$ となる．
(4) 求める方程式を $ax+by+cz = d$ とする．与えられた各点を通ることから
$\left.\begin{array}{r} a+2b-3c = d \\ -a+2b+3c = d \\ a-2b+3c = d \end{array}\right\}$
これから $a = d$，$b = \dfrac{1}{2}d$，$c = \dfrac{1}{3}d$
よって，求める方程式は，$6x+3y+2z = 6$ となる．

2

球の中心を O,与えられた点を P とすると,O$(2,1,0)$,P$(3,1,-2)$ であるから,
$$\overrightarrow{OP}=(1,0,-2)$$
これが接平面の法線ベクトルである。
よって,$(x-3)-2(z+2)=0$
$$\therefore \quad x-2z=7$$

3

それぞれの平面の法線ベクトルを $\vec{a},\vec{b}$ とすると
$$\vec{a}=(3,0,1),\ \vec{b}=(1,-\sqrt{5},2)$$
$\vec{a},\vec{b}$ のなす角を θ とおくと,
$$\cos\theta=\frac{(\vec{a},\vec{b})}{|\vec{a}||\vec{b}|}=\frac{3+2}{\sqrt{10}\times\sqrt{10}}=\frac{5}{10}=\frac{1}{2} \quad \therefore \quad \theta=60°$$

【注意】
この角は,与えられた 2 平面のなす角に等しい。したがって,2 平面のなす角も,この問と全く同じように求めることができる。

4

平面 $x-y+z=0$ の法線ベクトル $\vec{a}$ は $(1,-1,1)$,
平面 $2x+3y-z=5$ の法線ベクトル $\vec{b}$ は $(2,3,-1)$ よって,求める平面の法線ベクトルを $\vec{p}=(p_1,p_2,p_3)$ とすると,$\vec{p}\perp\vec{a},\ \vec{p}\perp\vec{b}$ となる。
$$p_1-p_2+p_3=0$$
$$2p_1+3p_2-p_3=0$$
$$\therefore \quad p_1:p_2:p_3=2:-3:-5$$
よって,求める平面は,ベクトル $(2,-3,-5)$ に垂直で,点 $(1,2,2)$ を通る。すなわち,
$$2(x-1)-3(y-2)-5(z-2)=0$$
$$\therefore \quad 2x-3y-5z+14=0$$

5

(1) $x-2=y+3=\dfrac{7-z}{2}$

(2) $x-3=\dfrac{y-3}{-2}=\dfrac{z-5}{2}$ と変形して方向,ベクトルは $(1,-2,2)$ となる。

(3) 2 直線のなす角は,それらの方向ベクトルのな

す角に等しい。
よって求める角を θ とすると,
$$\cos\theta=\frac{1-2-8}{\sqrt{18}\times\sqrt{9}}=\frac{-9}{9\sqrt{2}}=-\frac{\sqrt{2}}{2} \quad \therefore \quad \theta=135°$$

6

(1) $x-1=\dfrac{2-y}{4}=z+2$ から $y=-4x+6,\ z=x-3$
これを平面の方程式に代入して
$$x+2(-4x+6)-2(x-3)=0$$
$$\therefore \quad x=2,\ y=-2,\ z=-1$$
すなわち,P$(2,-2,-1)$ となる。

(2) 平面 α の法線ベクトルを $\vec{a}$ とすると,$\vec{a}=(1,2,-2)$。直線 g の方向ベクトルを $\vec{b}$ とすると,$\vec{b}=(1,-4,1)$。この $\vec{a},\vec{b}$ のなす角が ψ であるから,
$$\cos\psi=\frac{(\vec{a},\vec{b})}{|\vec{a}||\vec{b}|}=\frac{1-2-8}{\sqrt{9}\times\sqrt{18}}=\frac{-1}{\sqrt{2}}$$
ψ は鋭角であるから $\psi=45°$

(3) $\overrightarrow{PR}\perp\vec{a}$ であるから,$\overrightarrow{PR}$ と $\vec{b}$ のなす角を θ とすると,θ と ψ とは余角となる。よって,$\theta=45°$ となる。

【注意】
(1),(2),(3)の順に考えることによって,半面と直線のなす角を求めることができる。いきなり平面と直線のなす角を求めのは難しい。

第 5 章第 1 節と第 2 節　復習問題の解

1

(1) $\dfrac{x}{4}+\dfrac{1}{3}\cdot\dfrac{3}{2}y=1$ より,$x+2y=4$ となる。

(2) $x-\dfrac{y}{3}=1$ より,$y=3x-3$ となる。

(3) $-4y=4(x+2)$ より,$y=-x-2$ となる。

2

$y=x+b$ を $x^2+4y^2=4$ に代入すると
$$x^2+4(x+b)^2=4 \quad 5x^2+8bx+4b^2-4=0$$

判別式を D とすると, $\dfrac{D}{4}=16b^2-20(b^2-1)=4(5-b^2)$ となる。

（1） $b>\sqrt{5}$, または $b<-\sqrt{5}$ のとき, 共有点 0 個。
（2） $b=\pm\sqrt{5}$ のとき, 共有点 1 個（接点）。
（3） $-\sqrt{5}<b<\sqrt{5}$ のとき, 共有点 2 個。

3

$P(\alpha, \alpha+k)$, $Q(\beta, \beta+k)$ とし, $R(X, Y)$ とすると
$$X=\dfrac{\alpha+\beta}{2},\ Y=X+k$$
α, β は $\dfrac{1}{4}x^2=x+k$ の 2 根であるから, $\alpha+\beta=4$ そこで, $X=2$, $Y=2+k$ となる。共有点が存在するには, $(-1)^2-4\times\dfrac{1}{4}\times(-k)\geq 0$ のときだから
$k\geq -1$ となる。よって, $Y\geq 1$ から $x=2(y\geq 1)$ となる。

4

点 $(3,3)$ を通る傾き m の直線の方程式は
$$y-3=m(x-3) \tag{1}$$
$\dfrac{x^2}{36}-\dfrac{y^2}{63}=1$ を変形して $7x^2-4y^2=252$ とし, これに式（1）を代入すると
$$7x^2-4\{m^2x^2+6m(1-m)x+9(1-m)^2\}=252$$
$$(7-4m^2)x^2-24m(1-m)x-36\{(1-m)^2+7\}=0$$
$$\dfrac{D}{4}=144m^2(1-m)^2+(7-4m^2)\cdot 36\{(1-m)^2+7\}=0$$
$$4m^2(1-m)^2+(7-4m^2)\{(1-m)^2+7\}=0$$

これを解くと, $m=\dfrac{4}{3}$, または $m=-2$

$m=\dfrac{4}{3}$ のとき $y=\dfrac{4}{3}(x-3)+3$, $y=\dfrac{4}{3}x-1$

$m=-2$ のとき $y=-2(x-3)+3$, $y=-2x+9$

よって, $y=\dfrac{4}{3}x-1$, $y=-2x+9$ となる。

第1章　章末問題の解

❶

(1) $\vec{x} = 3\vec{b} - 2\vec{a} = (13, 31, -34)$

(2) $\vec{x} = \dfrac{1}{2}(\vec{a} - \vec{b}) = \left(-\dfrac{3}{2}, -\dfrac{11}{2}, \dfrac{13}{2}\right)$

(3) $\vec{x} = \dfrac{1}{7}(\vec{a} + 2\vec{b}) = \left(\dfrac{18}{7}, \dfrac{16}{7}, -\dfrac{11}{7}\right)$

❷

(1) $\vec{p} = m\vec{a} + n\vec{b}$ (m, n は実数) とおくと，
$$(-4, 6) = m(1, 2) + n(3, 4)$$
$$\therefore\ m + 3n = -4,\ 2m + 4n = 6$$
$$\therefore\ m = 17,\ n = -7$$
よって，$\vec{p} = 17\vec{a} - 7\vec{b}$

(2) $\vec{p} = l\vec{a} + m\vec{b} + n\vec{c}$ (l, m, n は実数) とおき，成分を比較して
$$5 = l + m,\ 6 = l + m,\ 7 = m + n$$
$$\therefore\ l = 2,\ m = 3,\ n = 4$$
よって，$\vec{p} = 2\vec{a} + 3\vec{b} + 4\vec{c}$

❸

求める角を θ とする。

(1) $\cos\theta = \dfrac{6}{3 \times 4} = \dfrac{1}{2}$　∴ $\theta = 60°$

(2) $\cos\theta = \dfrac{\sqrt{2}}{2}$　∴ $\theta = 45°$

❹

$\vec{a} \perp \vec{b}$ であるから，$(\vec{a}, \vec{b}) = 0$
$$|\vec{a} + \vec{b}|^2 = |\vec{a}|^2 + 2(\vec{a}, \vec{b}) + |\vec{b}|^2 = |\vec{a}|^2 + |\vec{b}|^2$$
$$|\vec{a} - \vec{b}|^2 = |\vec{a}|^2 - 2(\vec{a}, \vec{b}) + |\vec{b}|^2 = |\vec{a}|^2 + |\vec{b}|^2$$
$$\therefore\ |\vec{a} + \vec{b}|^2 = |\vec{a} - \vec{b}|^2 = |\vec{a}|^2 + |\vec{b}|^2$$

❺

$\vec{a} = (x, 4, 6)$, $\vec{b} = (2, y, 6)$, $\vec{c} = (2, 4, z)$ とおく．
$(\vec{a}, \vec{b}) = 2x + 4y + 36 = 0$　∴ $x + 2y + 18 = 0$
$(\vec{b}, \vec{c}) = 4 + 4y + 6z = 0$　∴ $2 + 2y + 3z = 0$
$(\vec{c}, \vec{a}) = 2x + 16 + 6z = 0$　∴ $x + 8 + 3z = 0$

これを解いて，$x = -12$, $y = -3$, $z = \dfrac{4}{3}$

❻

$\vec{a} \cdot \vec{x} = x_1 + 2x_2 - x_3 = 0$, $\vec{b} \cdot \vec{x} = 2x_1 - x_2 - 2x_3 = 0$
この2式から x_1 を消去して，$5x_2 - 4x_3 = 0$
$$\therefore\ x_2 : x_3 = 4 : 5$$
また，x_2 を消去して，$5x_1 - 7x_3 = 0$
$$\therefore\ x_1 : x_3 = 7 : 5$$
よって，$x_1 : x_2 : x_3 = 7 : 4 : 5$

❼

求める単位ベクトルを $\vec{e} = (l, m, n)$ とすると
$$l^2 + m^2 + n^2 = 1,\ m - n = 0,\ l = \cos 30° = \dfrac{\sqrt{3}}{2}$$
よって，$m = n$, $l = \dfrac{\sqrt{3}}{2}$ を第1式に代入して，
$$\dfrac{3}{4} + n^2 + n^2 = 1$$
ゆえに，$n^2 = \dfrac{1}{8}$, $m = n = \pm\dfrac{\sqrt{2}}{4}$
したがって，$\vec{e} = \left(\dfrac{\sqrt{3}}{2}, \dfrac{\sqrt{2}}{4}, \dfrac{\sqrt{2}}{4}\right), \left(\dfrac{\sqrt{3}}{2}, -\dfrac{\sqrt{2}}{4}, -\dfrac{\sqrt{2}}{4}\right)$

第2章　章末問題の解

❶

(1) $(A+B)(A-B) = \begin{pmatrix} -1 & 3 \\ -2 & 5 \end{pmatrix} \begin{pmatrix} 3 & 5 \\ -4 & -1 \end{pmatrix}$
$$= \begin{pmatrix} -15 & -8 \\ -26 & -15 \end{pmatrix}$$

(2) $A^2 - B^2 = \begin{pmatrix} 1 & 4 \\ -3 & 2 \end{pmatrix} \begin{pmatrix} 1 & 4 \\ -3 & 2 \end{pmatrix}$
$$- \begin{pmatrix} -2 & -1 \\ 1 & 3 \end{pmatrix} \begin{pmatrix} -2 & -1 \\ 1 & 3 \end{pmatrix}$$
$$= \begin{pmatrix} -11 & 12 \\ -9 & -8 \end{pmatrix} - \begin{pmatrix} 3 & -1 \\ 1 & 8 \end{pmatrix}$$
$$= \begin{pmatrix} -14 & 13 \\ -10 & -16 \end{pmatrix}$$

（3） $AB = \begin{pmatrix} 1 & 4 \\ -3 & 2 \end{pmatrix}\begin{pmatrix} -2 & -1 \\ 1 & 3 \end{pmatrix} = \begin{pmatrix} 2 & 11 \\ 8 & 9 \end{pmatrix}$ および（2）の途中の計算を使って

$$(A-B)(A^2+AB+B^2) = \begin{pmatrix} 3 & 5 \\ -4 & -1 \end{pmatrix}\left\{\begin{pmatrix} -11 & 12 \\ -9 & -8 \end{pmatrix} + \begin{pmatrix} 2 & 11 \\ 8 & 9 \end{pmatrix} + \begin{pmatrix} 3 & -1 \\ 1 & 8 \end{pmatrix}\right\}$$

$$= \begin{pmatrix} 3 & 5 \\ -4 & -1 \end{pmatrix}\begin{pmatrix} -6 & 22 \\ 0 & 9 \end{pmatrix}$$

$$= \begin{pmatrix} -18 & 111 \\ 24 & -97 \end{pmatrix}$$

（4） $A^3 - B^3 = A^2 A - B^2 B = \begin{pmatrix} -11 & 12 \\ -9 & -8 \end{pmatrix}\begin{pmatrix} 1 & 4 \\ -3 & 2 \end{pmatrix}$

$- \begin{pmatrix} 3 & -1 \\ 1 & 8 \end{pmatrix}\begin{pmatrix} -2 & -1 \\ 1 & 3 \end{pmatrix}$

$= \begin{pmatrix} -47 & -20 \\ 15 & -52 \end{pmatrix} - \begin{pmatrix} -7 & -6 \\ 6 & 23 \end{pmatrix}$

$= \begin{pmatrix} -40 & -14 \\ 9 & -75 \end{pmatrix}$

❷

$\begin{pmatrix} 0 & 1 \\ 0 & 0 \end{pmatrix}^2 = \begin{pmatrix} 0 & 0 \\ 0 & 0 \end{pmatrix}$ であるから，$A^2 = O$ であって $A \neq O$ であるような行列 A が存在する．ゆえに，"$A^2 = O$ ならば $A = O$" は誤りである．命題を成り立たせない A の例としては，$\begin{pmatrix} 0 & 0 \\ 1 & 0 \end{pmatrix}$ や $\begin{pmatrix} 1 & -1 \\ 1 & -1 \end{pmatrix}$ など $\begin{pmatrix} a & b \\ c & -a \end{pmatrix}$ （ただし $a^2 + bc = 0$）の型の行列をあげればよい．

❸

結合法則によって
$A^2 B^2 = ((AA)B)B = (A(AB))B = (AI)B = AB = I$

❹

（1） v は 2×1 型の行列で，$Xu = v$ であるから，X は 2×2 型の行列である．いま，

$$X = \begin{pmatrix} a & b \\ c & d \end{pmatrix}, \quad v = \begin{pmatrix} u \\ v \end{pmatrix}$$

とおけば

$$\begin{pmatrix} a & b \\ c & d \end{pmatrix}\begin{pmatrix} u \\ v \end{pmatrix} = \begin{pmatrix} u \\ v \end{pmatrix} \quad (1)$$

式（1）は任意の u, v に対して成り立つから，$u = 1$, $v = 0$ とおけば

$$\begin{pmatrix} a \\ c \end{pmatrix} = \begin{pmatrix} 1 \\ 0 \end{pmatrix}$$

また式（1）において，$u = 0$, $v = 1$ とおけば

$$\begin{pmatrix} b \\ d \end{pmatrix} = \begin{pmatrix} 0 \\ 1 \end{pmatrix}$$

$$\therefore \quad X = \begin{pmatrix} a & b \\ c & d \end{pmatrix} = \begin{pmatrix} 1 & 0 \\ 0 & 1 \end{pmatrix} \quad (2)$$

逆に，式（2）ならば式（1）が成り立つ．ゆえに，X は2次の単位行列（2×2 型の単位行列）である．

（2） 2次の正方行列 A に対して，XA と AX が存在するから，X は 2×2 型の行列である．いま，

$X = \begin{pmatrix} a & b \\ c & d \end{pmatrix}$, $A = \begin{pmatrix} x & y \\ u & v \end{pmatrix}$ とおけば，つぎの式が任意の x, y, u, v に対して成り立つ．

$$\begin{pmatrix} a & b \\ c & d \end{pmatrix}\begin{pmatrix} x & y \\ u & v \end{pmatrix} = \begin{pmatrix} x & y \\ u & v \end{pmatrix}\begin{pmatrix} a & b \\ c & d \end{pmatrix} \quad (3)$$

また，式（3）において $x = 1$, $y = 0$, $u = 0$, $v = 0$ とおけば

$$\begin{pmatrix} a & 0 \\ c & 0 \end{pmatrix} = \begin{pmatrix} a & b \\ 0 & 0 \end{pmatrix}$$

また，式（3）において $x = 0$, $y = 1$, $u = 0$, $v = 0$ とおけば

$$\begin{pmatrix} 0 & a \\ 0 & c \end{pmatrix} = \begin{pmatrix} c & d \\ 0 & 0 \end{pmatrix}$$

$$\therefore \quad a = d$$

ゆえに $a = d = k$ とおけば

$$X = \begin{pmatrix} k & 0 \\ 0 & k \end{pmatrix} = k\begin{pmatrix} 1 & 0 \\ 0 & 1 \end{pmatrix} = kI$$

これは $XA = AX$ を満たす．

したがって，任意の2次の正方行列 A に対して，つねに $XA = AX$ となる行列 X は，k を任意の数，I を2次の単位行列として，$X = kI$ という形をもつ．

【注意】

式(3)の両辺の (1,1) 要素を比較して $bu=cy$。式(3)の両辺の (1,2) 要素を比較して $y(a-d)=b(x-v)$
これらが任意の $x,\ y,\ u,\ v$ に対して成り立つ条件を考えて
$$a=c=a-d=0$$
を導くのもよい。

❺

求める行列 X は 2×2 型でなければならない。これを $\begin{pmatrix} x & y \\ u & v \end{pmatrix}$ とおくと
$$\begin{pmatrix} x & y \\ u & v \end{pmatrix}\begin{pmatrix} a & b \\ c & d \end{pmatrix} = \begin{pmatrix} ax+cy & bx+dy \\ au+cv & bu+dv \end{pmatrix}$$

(1)
$$\begin{pmatrix} ax+cy & bx+dy \\ au+cv & bu+dv \end{pmatrix} = \begin{pmatrix} 2a & 2b \\ c & d \end{pmatrix}$$
が任意の $a,\ b,\ c,\ d$ に対して成り立つ条件は，恒等式の性質により $x=2,\ y=0,\ u=0,\ v=1$
ゆえに求める行列は
$$\begin{pmatrix} 2 & 0 \\ 0 & 1 \end{pmatrix}$$

(2) (1)と同様にして，任意の $a,\ b,\ c,\ d$ に対して $ax+cy=a,\ bx+dy=b,\ au+cv=3c,\ bu+dv=3d$ が成り立つ条件を求めれば $x=1,\ y=0,\ u=0,\ v=3$
ゆえに求める行列は
$$\begin{pmatrix} 1 & 0 \\ 0 & 3 \end{pmatrix}$$

(3) (1)と同様にして，任意の $a,\ b,\ c,\ d$ に対して $ax+cy=a,\ bx+dy=b,\ au+cv=a+c,\ bu+dv=b+d$ が成り立つ条件を求めれば $x=1,\ y=0,\ u=1,\ v=1$
ゆえに求める行列は
$$\begin{pmatrix} 1 & 0 \\ 1 & 1 \end{pmatrix}$$

(4) (1)と同様にして，任意の $a,\ b,\ c,\ d$ に対して $ax+cy=a-2c,\ bx+dy=b-2d,\ au+cv=c,\ bu+dv=d$ が成り立つ条件を求めれば $x=1,\ y=-2,\ u=0,\ v=1$
ゆえに求める行列は
$$\begin{pmatrix} 1 & -2 \\ 0 & 1 \end{pmatrix}$$

(5) (1)と同様にして，任意の $a,\ b,\ c,\ d$ に対して $ax+cy=c,\ bx+dy=d,\ au+cv=a,\ bu+dv=b$ が成り立つ条件を求めれば $x=0,\ y=1,\ u=1,\ v=0$
ゆえに求める行列は
$$\begin{pmatrix} 0 & 1 \\ 1 & 0 \end{pmatrix}$$

《One Point Advice》

たとえば式(1)の場合に，
$$\begin{pmatrix} x & y \\ u & v \end{pmatrix}\begin{pmatrix} a & b \\ c & d \end{pmatrix} = \begin{pmatrix} 2a & 2b \\ c & d \end{pmatrix} \qquad (1)$$
が，任意の $a,\ b,\ c,\ d$ に対して成り立つならば，
$$\begin{pmatrix} a & b \\ c & d \end{pmatrix} = \begin{pmatrix} 1 & 0 \\ 0 & 1 \end{pmatrix} \qquad (2)$$
のときにも成り立たなければならない。そこで式(2)を式(1)に代入すると
$$\begin{pmatrix} x & y \\ u & v \end{pmatrix} = \begin{pmatrix} 2 & 0 \\ 0 & 1 \end{pmatrix} \qquad (3)$$

式(3)が，任意の $a,\ b,\ c,\ d$ に対して式(1)を成り立たせることは，式(3)を式(1)の左辺に代入してみることによって，ただちにわかる。(2)〜(5)の場合も，同様な考え方で答が得られる。

❻

(3) $p_n,\ q_n$ についての2つの漸化式から，$p_n+q_n,\ p_n-3q_n$ に着目。

(1) $-\dfrac{1}{3}\begin{pmatrix} 2 & 1 \\ -5 & -4 \end{pmatrix}$ (2) $p=\dfrac{2}{3},\ q=\dfrac{1}{3}$

(3) $p_{n+1}I+q_{n+1}A=(A^{-1})(p_nI+q_nA),\ A^2=-2A+3I$ から
$$p_{n+1}I+q_{n+1}A=\left(\dfrac{2}{3}p_n+q_n\right)I+\left(\dfrac{1}{3}p_n\right)A$$
$A\neq kI$ より $p_{n+1}=\dfrac{2}{3}p_n+q_n,\ q_{n+1}=\dfrac{1}{3}P_n$

この 2 つの漸化式と

$$p_1=\frac{2}{3},\ q_1=\frac{1}{3}\ \text{から}\ p_n+q_n=1,\ p_n-3q_n=\left(-\frac{1}{3}\right)^n$$

$$\therefore\ p_n=\frac{1}{4}\left\{3+\left(-\frac{1}{3}\right)^n\right\}$$

→ 「3.3.3 項 その他の固有値問題, [コラム] スペクトル分解による行列の n 乗計算」を参照するとよい。

第 3 章 章末問題の解

❶

求める行列は 2×2 型であるから $\begin{pmatrix} a & b \\ c & d \end{pmatrix}$ とおけば

$$\begin{pmatrix} a & b \\ c & d \end{pmatrix}\begin{pmatrix} 0 \\ 1 \end{pmatrix}=\begin{pmatrix} -1 \\ 3 \end{pmatrix},\ \begin{pmatrix} a & b \\ c & d \end{pmatrix}\begin{pmatrix} 1 \\ 0 \end{pmatrix}=\begin{pmatrix} 1 \\ -1 \end{pmatrix}$$

これより, $a=2,\ b=-1,\ c=-1,\ d=3$
ゆえに, 求める行列は

$$\begin{pmatrix} 2 & -1 \\ -1 & 3 \end{pmatrix}$$

❷

(1) $\begin{pmatrix} \cos 30° & -\sin 30° \\ \sin 30° & \cos 30° \end{pmatrix}\begin{pmatrix} 3 \\ 2 \end{pmatrix}=\begin{pmatrix} \frac{\sqrt{3}}{2} & -\frac{1}{2} \\ \frac{1}{2} & \frac{\sqrt{3}}{2} \end{pmatrix}\begin{pmatrix} 3 \\ 2 \end{pmatrix}$

$$=\begin{pmatrix} \frac{3\sqrt{3}-2}{2} \\ \frac{3+2\sqrt{3}}{2} \end{pmatrix}$$

ゆえに $\left(\frac{3\sqrt{3}-2}{2},\frac{2\sqrt{3}+3}{2}\right)$

(2) $\begin{pmatrix} \cos(-45°) & -\sin(-45°) \\ \sin(-45°) & \cos(-45°) \end{pmatrix}\begin{pmatrix} 3 \\ 2 \end{pmatrix}=\begin{pmatrix} \frac{1}{\sqrt{2}} & \frac{1}{\sqrt{2}} \\ -\frac{1}{\sqrt{2}} & \frac{1}{\sqrt{2}} \end{pmatrix}$

$$=\begin{pmatrix} \frac{5}{\sqrt{2}} \\ -\frac{1}{\sqrt{2}} \end{pmatrix}$$

ゆえに $\left(\frac{5}{\sqrt{2}},-\frac{1}{\sqrt{2}}\right)$

(3) $\begin{pmatrix} \cos 150° & -\sin 150° \\ \sin 150° & \cos 150° \end{pmatrix}\begin{pmatrix} 3 \\ 2 \end{pmatrix}=\begin{pmatrix} -\frac{\sqrt{3}}{2} & -\frac{1}{2} \\ \frac{1}{2} & \frac{\sqrt{3}}{2} \end{pmatrix}\begin{pmatrix} 3 \\ 2 \end{pmatrix}$

$$=\begin{pmatrix} \frac{-3\sqrt{3}-2}{2} \\ \frac{3-2\sqrt{3}}{2} \end{pmatrix}$$

ゆえに $\left(\frac{-3\sqrt{3}-2}{2},\frac{-2\sqrt{3}+3}{2}\right)$

❸

問題中の式 (1), 式 (2) より

$$\begin{pmatrix} x \\ y \end{pmatrix}=\begin{pmatrix} a & 5 \\ 4 & b \end{pmatrix}\begin{pmatrix} u \\ v \end{pmatrix} \qquad (3)$$

$$\begin{pmatrix} u \\ v \end{pmatrix}=\begin{pmatrix} c & -5 \\ d & 3 \end{pmatrix}\begin{pmatrix} x \\ y \end{pmatrix} \qquad (4)$$

式 (4) を式 (3) に代入して

$$\begin{pmatrix} x \\ y \end{pmatrix}=\begin{pmatrix} a & 5 \\ 4 & b \end{pmatrix}\begin{pmatrix} c & -5 \\ d & 3 \end{pmatrix}\begin{pmatrix} x \\ y \end{pmatrix}=\begin{pmatrix} ac+5d & -5a+15 \\ 4c+bd & -20+3b \end{pmatrix}\begin{pmatrix} x \\ y \end{pmatrix}$$

上の式は, $x,\ y$ の任意の値に対して成り立つから, $x=1,\ y=0$ とおくことにより $ac+5d=1,\ 4c+bd=0$。また, $x=0,\ y=1$ とおくことにより $-5a+15=0,\ -20+3b=1$。

これらから $a=3,\ b=7,\ c=7,\ d=-4$

❹

(1) y 軸上の 2 点 $(0,0),\ (0,1)$ がどのような点にうつるかを調べると,

$$\begin{pmatrix} 3 & 2 \\ 1 & 4 \end{pmatrix}\begin{pmatrix} 0 \\ 0 \end{pmatrix}=\begin{pmatrix} 0 \\ 0 \end{pmatrix},\ \begin{pmatrix} 3 & 2 \\ 1 & 4 \end{pmatrix}\begin{pmatrix} 0 \\ 1 \end{pmatrix}=\begin{pmatrix} 2 \\ 4 \end{pmatrix}$$

であるから, 2 点 $(0,0),\ (2,4)$ を通る直線 $y=2x$ にうつる。

(2) 直線 $y=kx$ 上の 2 点 $(0,0),\ (1,k)$ がどのような点にうつるかを調べると,

$$\begin{pmatrix} 3 & 2 \\ 1 & 4 \end{pmatrix}\begin{pmatrix} 0 \\ 0 \end{pmatrix}=\begin{pmatrix} 0 \\ 0 \end{pmatrix},\ \begin{pmatrix} 3 & 2 \\ 1 & 4 \end{pmatrix}\begin{pmatrix} 1 \\ k \end{pmatrix}=\begin{pmatrix} 3+2k \\ 1+4k \end{pmatrix}$$

であり, $3+2k$ と $1+4k$ は同時には 0 になれない。
ゆえに, 直線 $y=kx$ 上の点は, つねに, 2 点 $(0, 0)$, $(3+2k, 1+4k)$ を通る直線上にうつされる。題意

により，この直線は直線 $y=kx$ と一致するから，
$$3+2k \neq 0 \quad \text{かつ} \quad \frac{1+4k}{3+2k}=k$$
$$\therefore \quad k \neq -\frac{3}{2} \quad \text{かつ} \quad 1+4k=k(3+2k)$$
$$\therefore \quad k=1 \quad \text{または} \quad k=-\frac{1}{2}$$

❺

直線 l の方程式は行列を用いて
$$\begin{pmatrix} x \\ y \end{pmatrix} = \begin{pmatrix} 4 \\ 3 \end{pmatrix} + t \begin{pmatrix} 2 \\ 1 \end{pmatrix} \quad (1)$$
と書ける。いま，点 (x, y) が，行列 $\begin{pmatrix} 4 & -3 \\ -2 & 2 \end{pmatrix}$ の表す線形変換によって，点 (X, Y) にうつされるならば
$$\begin{pmatrix} X \\ Y \end{pmatrix} = \begin{pmatrix} 4 & -3 \\ -2 & 2 \end{pmatrix} \begin{pmatrix} x \\ y \end{pmatrix} \quad (2)$$
式(1)を式(2)に代入して
$$\begin{pmatrix} X \\ Y \end{pmatrix} = \begin{pmatrix} 4 & -3 \\ -2 & 2 \end{pmatrix} \left(\begin{pmatrix} 4 \\ 3 \end{pmatrix} + t \begin{pmatrix} 2 \\ 1 \end{pmatrix} \right) = \begin{pmatrix} 7 \\ -2 \end{pmatrix} + t \begin{pmatrix} 5 \\ -2 \end{pmatrix}$$
すなわち
$$\begin{cases} X = 7 + 5t \\ Y = -2 - 2t \end{cases}$$
t を消去して $2X+5Y=4$。ゆえに，直線 $2x+5y=4$ にうつされる。

❻

この集合の要素は，$\begin{pmatrix} a & 0 \\ 0 & b \end{pmatrix}$ および $\begin{pmatrix} 0 & p \\ q & 0 \end{pmatrix}$ という型の行列で，a, b, p, q が 1 または -1 であるもの全体からなる。
$$\begin{pmatrix} a & 0 \\ 0 & b \end{pmatrix} \begin{pmatrix} c & 0 \\ 0 & d \end{pmatrix} = \begin{pmatrix} ac & 0 \\ 0 & bd \end{pmatrix} = \begin{pmatrix} \pm 1 & 0 \\ 0 & \pm 1 \end{pmatrix}$$
$$\begin{pmatrix} a & 0 \\ 0 & b \end{pmatrix} \begin{pmatrix} 0 & p \\ q & 0 \end{pmatrix} = \begin{pmatrix} 0 & ap \\ bq & 0 \end{pmatrix} = \begin{pmatrix} 0 & \pm 1 \\ \pm 1 & 0 \end{pmatrix}$$
$$\begin{pmatrix} 0 & p \\ q & 0 \end{pmatrix} \begin{pmatrix} a & 0 \\ 0 & b \end{pmatrix} = \begin{pmatrix} 0 & pb \\ qa & 0 \end{pmatrix} = \begin{pmatrix} 0 & \pm 1 \\ \pm 1 & 0 \end{pmatrix}$$
$$\begin{pmatrix} 0 & p \\ q & 0 \end{pmatrix} \begin{pmatrix} 0 & r \\ s & 0 \end{pmatrix} = \begin{pmatrix} ps & 0 \\ 0 & qr \end{pmatrix} = \begin{pmatrix} \pm 1 & 0 \\ 0 & \pm 1 \end{pmatrix}$$

であるから，この集合は行列の乗法について閉じている。

また，
$$\begin{pmatrix} a & 0 \\ 0 & b \end{pmatrix} \begin{pmatrix} a & 0 \\ 0 & b \end{pmatrix} = \begin{pmatrix} a^2 & 0 \\ 0 & b^2 \end{pmatrix} = \begin{pmatrix} 1 & 0 \\ 0 & 1 \end{pmatrix} = I$$
$$\begin{pmatrix} 0 & p \\ q & 0 \end{pmatrix} \begin{pmatrix} 0 & p \\ q & 0 \end{pmatrix} = \begin{pmatrix} pq & 0 \\ 0 & pq \end{pmatrix} = \begin{pmatrix} 1 & 0 \\ 0 & 1 \end{pmatrix} = I$$
であるから，どの要素も逆元がある。結合法則の成立や，単位元の存在は明らかである。ゆえに群をなす。

《One Point Advice》

行列式の値は ± 1 であることに注意せよ。

❼

$f \circ f$ を表す行列は
$$\begin{pmatrix} a & -3 \\ 1 & b \end{pmatrix} \begin{pmatrix} a & -3 \\ 1 & b \end{pmatrix} = \begin{pmatrix} a^2-3 & -3(a+b) \\ a+b & b^2-3 \end{pmatrix}$$
である。点 (x, y) を動かさないためには
$$\begin{pmatrix} a^2-3 & -3(a+b) \\ a+b & b^2-3 \end{pmatrix} \begin{pmatrix} x \\ y \end{pmatrix} = \begin{pmatrix} x \\ y \end{pmatrix}$$
$$\begin{cases} (a^2-3)x - 3(a+b)y = x \\ (a+b)x + (b^2-3)y = y \end{cases}$$
$$\begin{cases} (a^2-4)x - 3(a+b)y = 0 \\ (a+b)x + (b^2-4)y = 0 \end{cases}$$
これが，どんな x, y の値に対しても成り立つには
$$\begin{cases} a^2 = 4 \\ a+b = 0 \\ b^2 = 4 \end{cases}$$
が成り立つことが必要である。よって
$$\begin{cases} a=2 \\ b=-2 \end{cases} \quad \begin{cases} a=-2 \\ b=2 \end{cases}$$

第4章 章末問題の解

❶

曲面上の任意の点を $P(x, y, z)$ とする。$PA^2 + PA'^2 = k$（一定）であるから
$(x-a)^2 + (y-b)^2 + (z-c)^2 + (x-a')^2$
$\qquad\qquad\qquad + (y-b')^2 + (z-c')^2 = k$

$$\therefore \quad \left(x-\frac{a+a'}{2}\right)^2+\left(y-\frac{b+b'}{2}\right)^2+\left(z-\frac{c+c'}{2}\right)^2$$
$$=\frac{k}{2}-\frac{(a-a')^2}{4}-\frac{(b-b')^2}{4}-\frac{(c-c')^2}{4}$$

【注意】

上の式の右辺が正のとき球面，0ならば点 $\left(\frac{a+a'}{2},\frac{b+b'}{2},\frac{c+c'}{2}\right)$ 負のときは，曲面は存在しない（虚の球面）。

❷ ─────────────

$|t\vec{a}+\vec{b}|=|\vec{a}-t\vec{b}|$ から，$|t\vec{a}+\vec{b}|^2=|\vec{a}-t\vec{b}|^2$ となり，
$$(t\vec{a}+\vec{b},t\vec{a}+\vec{b})=(\vec{a}-t\vec{b},\vec{a}-t\vec{b})$$
$$t^2|\vec{a}|^2+2t(\vec{a},\vec{b})+|\vec{b}|^2=|\vec{a}|^2-2t(\vec{a},\vec{b})+t^2|\vec{b}|^2$$

ここで，$|\vec{a}|^2=|\vec{b}|^2=1$ であるから
$$t^2+2t(\vec{a},\vec{b})+1=1-2t(\vec{a},\vec{b})+t^2$$
$$\therefore \quad 4t(\vec{a},\vec{b})=0$$

$t\neq 0$ であるから，
$$(\vec{a},\vec{b})=0$$

よって，$\vec{a}\perp\vec{b}$

すなわち，$\vec{a}$ と $\vec{b}$ のなす角は $90°$

❸ ─────────────

(1)
$$|\vec{b}-t\vec{a}|^2=(\vec{b}-t\vec{a},\vec{b}-t\vec{a})$$
$$=|\vec{b}|^2-2t(\vec{b},\vec{a})+t^2|\vec{a}|^2$$

ここで $|\vec{a}|^2=4, |\vec{b}|^2=14, (\vec{b},\vec{a})=3+3\sqrt{2}$ から，
$$|\vec{b}-t\vec{a}|^2=4t^2-6(1+\sqrt{2})t+14$$

したがって $|\vec{b}-t\vec{a}|$ を最小にする t の値は
$$t=\frac{3(1+\sqrt{2})}{4}$$

(2)
$$(\vec{b}-t_0\vec{a},\vec{a})=(\vec{b},\vec{a})-t_0|\vec{a}|^2=3(1+\sqrt{2})-4t_0$$
$$t_0=\frac{3(1+\sqrt{2})}{4}$$

であるから
$$(\vec{b}-t_0\vec{a},\vec{a})=0$$

よって，$\vec{b}-t_0\vec{a}$ と $\vec{a}$ は垂直である。

【注意】

この問題を図形的に考えるとつぎの図 4.4.14 ようになる。$\vec{p}=\vec{b}-t\vec{a}$ とおくと，これは $\vec{b}$ の終点を通り，$\vec{a}$ に平行な直線のベクトル方程式である。したがって，$|\vec{p}|$ が最小になるには，この直線と $\vec{p}$ とが垂直の場合（図 4.4.14 の $\vec{p_0}$）である。直線と $\vec{a}$ が平行で，直線と $\vec{p_0}$ が垂直であるから $\vec{a}$ と $\vec{p_0}$ とは垂直となる。

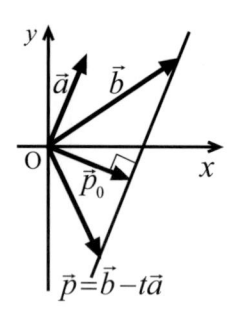

図 4.4.14 直線への距離

❹ ─────────────

与えられた円の方程式は，$|\vec{x}-\vec{c}|=r$，すなわち $(\vec{x}-\vec{c},\vec{x}-\vec{c})=r^2$ となる。

$\vec{x_0}$ は円周上の点であるから，
$$(\vec{x_0}-\vec{c},\vec{x_0}-\vec{c})=r^2$$
$$\therefore \quad (\vec{x_0},\vec{x_0}-\vec{c})-(\vec{c},\vec{x_0}-\vec{c})=r^2 \quad ①$$

また，接線上の任意の点 X の位置ベクトルを $\vec{x}$ とすると，$\overrightarrow{CX_0}\perp\overrightarrow{XX_0}$ であるから
$$(\overrightarrow{CX_0},\overrightarrow{XX_0})=(\vec{x_0}-\vec{c},\vec{x_0}-\vec{x})=0$$
$$\therefore \quad (\vec{x_0},\vec{x_0}-\vec{c})=(\vec{x},\vec{x_0}-\vec{c})$$

これを式①に代入して
$$(\vec{x},\vec{x_0}-\vec{c})-(\vec{c},\vec{x_0}-\vec{c})=r^2$$
$$\therefore \quad (\vec{x}-\vec{c},\vec{x_0}-\vec{c})=r^2$$

これが接線のベクトル方程式である。

【別解】

中心 $C(c_1,c_2)$ 半径 r の円周上の点 (x_0,y_0) における接線の方程式は，
$$(x_0-c_1)(x-c_1)+(y_0-c_2)(y-c_2)=r^2$$

左辺は，2 つのベクトル $(x_0-c_1,y_0-c_2),(x-c_1,y-c_2)$ の内積である。

よって，接線のベクトル方程式は
$$(x_0-c_1,y_0-c_2)=\vec{x_0}-\vec{c},\quad(x-c_1,y-c_2)=\vec{x}-\vec{c}$$

よって，接線ベクトル方程式は
$$(\vec{x}-\vec{c},\ \vec{x_0}-\vec{c})=r^2$$

❺

(1) g の方向ベクトルは，$(3,2,4)$ である。よって，直線 g の方程式は
$$\frac{x-2}{3}=\frac{y-3}{2}=\frac{z+4}{4}$$

(2) 平面 $ax+by+cz=d$ の法線ベクトル (a,b,c) が，g の方向ベクトルと平行であればよいから，
$$a:b:c=3:2:4$$

(3) (2)より平面の方程式は $3x+2y+4z=d$ となる。これが点 $(3,-2,1)$ を通るから，$d=9-4+4=9$
よって，求める平面の方程式は，$3x+2y+4z=9$ となる。

【注意】
この問によって，1点を通り，ある直線に垂直な平面の方程式が求められることになる。

❻

与えられた直線は，点 $(1,2,1)$ を通り，方向ベクトルは $(3,2,3)$ である。よって，求める平面を $ax+by+cz=d$ とすると，これは，2点 $(1,2,1)$，$(1,-1,2)$ を通り，その法線ベクトル (a,b,c) は，ベクトル $(3,2,3)$ と垂直になる。
$$\left.\begin{array}{r}a+2b+c=d\\a-b+2c=d\\3a+2b+3c=0\end{array}\right\}$$
これから
$$a=-\frac{11}{3}b,\ c=3b,\ d=\frac{4}{3}b$$
$$\therefore\ 11x-3y-9z+4=0$$

第5章　章末問題の解

❶

(1) $9x^2-54x+25y^2+100y-44=0$
$\quad 9(x^2-6x+9)+25(y^2+4y+4)=44+81+100$
$\quad 9(x-3)^2+25(y+2)^2=225$

$$\frac{(x-3)^2}{25}+\frac{(y+2)^2}{9}=1\quad ①$$
$$\frac{x^2}{25}+\frac{y^2}{9}=1$$

この式の焦点は $(\pm 4,0)$ であるから，式①の焦点は，これを x 軸方向に 3，y 軸方向に -2 だけ平行移動したものになる。ゆえに，$(7,-2)$，$(-1,-2)$ となる。

(2) $y^2-2y+8x+9=0$
$\quad (y^2-2y+1)-8x-9+1$
$\quad (y-1)^2=-8(x+1)\quad ②$

$y^2=-8x$ の焦点は $(-2,0)$ であるから，式②の焦点は，これを x 軸方向に -1，y 軸方向に 1 だけ平行移動したものになる。ゆえに，$(-3,1)$ となる。

❷

$y^2=8x+16$ より
$r^2\sin^2\theta=8r\cos\theta+16,\ r^2(1-\cos^2\theta)=8r\cos\theta+16$
$r^2=r^2\cos^2\theta+8r\cos\theta+16,\ r^2=(r\cos\theta+4)^2$
$r=r\cos\theta+4,\ r(1-\cos\theta)=4$
ゆえに，$r=\dfrac{4}{1-\cos\theta}\ (\theta\neq 0)$

❸

点 P の座標を (x,y) とおくと，$OP=\sqrt{x^2+y^2}$，$PH=|x+6|$ となる。

(1) $OP:PH=1:2$ より $2OP=PH$，$4OP^2=PH^2$
よって，
$$4(x^2+y^2)=(x+6)^2$$
$3x^2-12x+4y^2=36,\ 3(x^2-4x+4)+4y^2=48$
$3(x-2)^2+4y^2=48,\ \dfrac{(x-2)^2}{16}+\dfrac{y^2}{12}=1$

ゆえに，求める軌跡は，楕円
$$\frac{(x-2)^2}{16}+\frac{y^2}{12}=1$$

(2) $OP:PH=1:1$ より $OP=PH$，$OP^2=PH^2$
よって，$x^2+y^2=(x+6)^2,\ y^2=12(x+3)$
ゆえに求める軌跡は，放物線
$$y^2=12(x+3)$$

(3) $OP:PH=2:1$ より，$OP=2PH$　$OP^2=4PH^2$
よって，$x^2+y^2=4(x+6)^2$

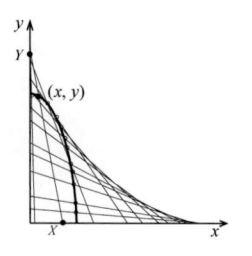

$y^2=3x^2+48x+144$, $y^2=3(x^2+16x+64)+144-192$
$3(x+8)^2-y^2=48$, $(x+8)^2 16-y^2 48=1$

ゆえに，求める軌跡は，双曲線
$$\frac{(x+8)^2}{16}-\frac{y^2}{48}=1$$

図5.2.18

❹

$x=\dfrac{1}{1+t^2}$ より $1+t^2=\dfrac{1}{x}$。これを $y=\dfrac{t}{1+t^2}$ に代入

すると $y=xt$ より $t=\dfrac{y}{x}$ となる。

したがって，
$$y=\frac{\dfrac{y}{x}}{1+\left(\dfrac{y}{x}\right)^2},\quad y\left(1+\frac{y^2}{x^2}\right)=\frac{y}{x}$$

$$1+\frac{y^2}{x^2}=\frac{1}{x},\quad x^2+y^2=x,\quad \left(x-\frac{1}{2}\right)^2+y^2=\frac{1}{4}$$

ゆえに，点 $\left(\dfrac{1}{2},0\right)$ を中心とし，半径 $\dfrac{1}{2}$ の円になる（ただし，原点は除く）。

【別解】
$$x^2+y^2=\frac{1}{(1+t^2)^2}+\frac{t^2}{(1+t^2)^2}=\frac{1}{1+t^2}=x$$

よって，$x^2-x+y^2=0$

ゆえに $\left(x-\dfrac{1}{2}\right)^2+y^2=\dfrac{1}{4}$ となる。

❺

建物の壁を y 軸，地面の線を x 軸にとる。はしごの直線の x 切片を X，y 切片を Y とすると相似形の性質から，

$$\frac{Y}{y}=\frac{a}{b},\quad \frac{X}{x}=\frac{a}{a-b},\quad X=\frac{ax}{a-b},\quad Y=\frac{ay}{b}$$

ところで，$X^2+Y^2=a^2$ だから

$$\frac{a^2x^2}{(a-b)^2}+\frac{a^2y^2}{b^2}=a^2$$

$$\frac{x^2}{(a-b)^2}+\frac{y^2}{b^2}=1$$

これは楕円の方程式である。この楕円のうち，$x>0$，$y>0$ の部分がハンカチの動く軌道である。

索 引

ア

アーベル群　128
アフィン変換　120

イ

1次結合　6
1次従属　6
1次独立　6

エ

円錐曲線　181

オ

折り返し　97

カ

階数　171
外積　157
回転　79, 97
拡大変換　78

キ

可換群　128
加法群　128

キ

基本ベクトル　7
逆行列　49
逆変換　83
球面のベクトル方程式　142
球面の方程式　141
鏡映　78
行列　30
行列の積の非可換　125
行列の線形微分方程式　112
極性ベクトル　24

ク

群　127

ケ

ケプラーの法則　187

コ

合成変換　83
弧度法　208
固有値　103
固有値重解　114
固有ベクトル　103
固有値問題　103

サ

座標空間　8
座標軸　8
サラスの公式　64
三角関数の公式　85
産業連関　40
3元連立方程式　60
3次元幾何変換　120
三垂線の定理　162

シ

軸性ベクトル　24
四元数(しげんすう)　130
準線　190
消去法　62
焦点　186
ジョルダン標準形　115

セ

正則行列　50
漸近線　188
線形結合　5
線形従属　6
線形性　32, 46
線形独立　6

線形変換　78
せん断　79

ソ

双曲線　183

タ

退化型線形変換　99
対角化　104
対角行列の n 乗　106
楕円　182
多次元量　2
多変量解析　174
単位行列　36
単位ベクトル　13

チ

直線の方程式　134
直交変換　82

テ

転置行列　56

ト

同次形　95
度数　174

ナ

内積　18

ニ

2次曲線の標準化　200
2次曲面　203
2次元線形変換　78

ハ

パウリのスピン行列　130
掃き出し　60
ハミルトン・ケーリーの定理　54
半群　128

ヒ

左手系　7
非同次形　95

フ

不定　53, 63
不能　53, 63

ヘ

平行六面体　161
平面のベクトル方程式　145
平面の方程式の標準形　151
ベクトル　2
変位ベクトル　10
変量　174

ホ

方向余弦　15
放物線　184

ミ

右手系　7

モ

モノイド（単系）　128

ヨ

余弦定理　19
ラジアン　208
ランク　171
離心率　190
零因子　37

〈著者紹介〉

江見　圭司（えみ　けいじ）

現職　京都情報大学院大学助教授　京都コンピュータ学院eラーニング開発室担当　博士（人間・環境学）

略歴　1968年生まれ。灘高校卒業，京都大学理学部卒業，同大学院理学研究科化学専攻修士修了，人間・環境学研究科博士修了後（1998年），専修学校京都コンピュータ学院や佛教大学などの非常勤講師を経て，2001年から金沢工業大学工学部情報工学科講師，2004年4月から情報フロンティア学部メディア情報学科講師。2006年4月から現職。

江見　善一（えみ　ぜんいち）

現職　京朋社代表。京都産業大学，京都女子大学で非常勤講師（情報リテラシー，関係データベース，CGなどの科目），専修学校京都コンピュータ学院でも非常勤講師（コンピュータ科学概論の科目）

略歴　1939年生まれ。大阪府立北野高校卒業，京都大学工学部機械工学，同大学院工学研究科修士課程1年卒業後，ダイハツ工業入社。その後，中古車販売，工務店経営を経て現職。

ベクトル・行列がビジュアルにわかる
線形代数と幾何
―多次元量の図形的解釈―

2004年6月25日　初版1刷発行
2017年3月25日　初版10刷発行

著　者　江見　圭司・江見　善一　ⓒ 2004
発　行　共立出版株式会社／南條光章
東京都文京区小日向4-6-19
電話　03-3947-2511（代表）
〒112-0006／振替口座 00110-2-57035
http://www.kyoritsu-pub.co.jp/

印刷・製本　日経印刷(株)

一般社団法人
自然科学書協会
会員

検印廃止
NDC 411.3, 414.5, 007.642
ISBN 978-4-320-01764-1

Printed in Japan

JCOPY　〈出版者著作権管理機構委託出版物〉

本書の無断複製は著作権法上での例外を除き禁じられています。複製される場合は，そのつど事前に，出版者著作権管理機構（TEL：03-3513-6969，FAX：03-3513-6979，e-mail：info@jcopy.or.jp）の許諾を得てください。

◆ 色彩効果の図解と本文の簡潔な解説により数学の諸概念を一目瞭然化！

ドイツ Deutscher Taschenbuch Verlag 社の『dtv-Atlas事典シリーズ』は，見開き２ページで１つのテーマが完結するように構成されている。右ページに本文の簡潔で分り易い解説を記載し，かつ左ページにそのテーマの中心的な話題を図像化して表現し，本文と図解の相乗効果で理解をより深められるように工夫されている。これは，他の類書には見られない『dtv-Atlas事典シリーズ』に共通する最大の特徴と言える。本書は，このシリーズの『dtv-Atlas Mathematik』と『dtv-Atlas Schulmathematik』の日本語翻訳版である。

カラー図解 数学事典

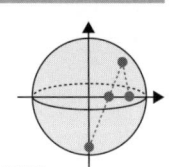

Fritz Reinhardt・Heinrich Soeder [著]
Gerd Falk [図作]
浪川幸彦・成木勇夫・長岡昇勇・林　芳樹 [訳]

数学の最も重要な分野の諸概念を網羅的に収録し，その概観を分り易く提供。数学を理解するためには，繰り返し熟考し，計算し，図を書く必要があるが，本書のカラー図解ページはその助けとなる。

【主要目次】　まえがき／記号の索引／序章／数理論理学／集合論／関係と構造／数系の構成／代数学／数論／幾何学／解析幾何学／位相空間論／代数的位相幾何学／グラフ理論／実解析学の基礎／微分法／積分法／関数解析学／微分方程式論／微分幾何学／複素関数論／組合せ論／確率論と統計学／線形計画法／参考文献／索引／著者紹介／訳者あとがき／訳者紹介

■菊判・ソフト上製本・508頁・定価（本体5,500円＋税）■

カラー図解 学校数学事典

Fritz Reinhardt [著]
Carsten Reinhardt・Ingo Reinhardt [図作]
長岡昇勇・長岡由美子 [訳]

『カラー図解 数学事典』の姉妹編として，日本の中学・高校・大学初年級に相当するドイツ・ギムナジウム第５学年から13学年で学ぶ学校数学の基礎概念を１冊に編纂。定義は青で印刷し，定理や重要な結果は緑色で網掛けし，幾何学では彩色がより効果を上げている。

【主要目次】　まえがき／記号一覧／図表頁凡例／短縮形一覧／学校数学の単元分野／集合論の表現／数集合／方程式と不等式／対応と関数／極限値概念／微分計算と積分計算／平面幾何学／空間幾何学／解析幾何学とベクトル計算／推測統計学／論理学／公式集／参考文献／索引／著者紹介／訳者あとがき／訳者紹介

■菊判・ソフト上製本・296頁・定価（本体4,000円＋税）■

http://www.kyoritsu-pub.co.jp/　　共立出版　（価格は変更される場合がございます）

https://www.facebook.com/kyoritsu.pub